国家科技重大专项
大型油气田及煤层气开发成果丛书
（2008—2020）

卷 26

我国深海油气开发工程技术及装备的起步与发展

曾恒一 谢 彬 等著

石油工业出版社

内容提要

本书结合我国南海及海外深水油气田开发的实际需求,介绍了"十一五"至"十三五"期间国家科技重大专项"海洋深水油气田开发工程技术"项目所取得的重大研究进展,具体内容包括:形成了 1500m 深水油气田开发工程设计技术体系,构建了国内深水工程实验技术及实验体系,研制了一批 1500m 水深的水下关键设备和产品,开发了深水工程设施监测系统及管理平台。主要内容涉及深水钻完井、深水平台、水下生产系统、深水流动安全保障、深水海底管道和立管、大型 FLNG/FDPSO、深水半潜式起重铺管船及配套技术。

本书可供从事海洋深水油气田开发工程研发、设计以及现场操作等相关人员参考和借鉴,也可供船舶和海洋工程专业高年级本科生与研究生学习参考。

图书在版编目(CIP)数据

我国深海油气开发工程技术及装备的起步与发展 / 曾恒一等著. —北京:石油工业出版社,2023.3

(国家科技重大专项·大型油气田及煤层气开发成果丛书:2008—2020)

ISBN 978-7-5183-5450-4

Ⅰ.①我⋯ Ⅱ.①曾⋯ Ⅲ.①深海—海上油气田—油气田开发—研究—中国 Ⅳ.①TE5

中国版本图书馆 CIP 数据核字(2022)第 103355 号

责任编辑:何 莉 李熹蓉
责任校对:刘晓雪
装帧设计:李 欣 周 彦

出版发行:石油工业出版社
　　　　　(北京安定门外安华里 2 区 1 号　100011)
　　　　　网　　址:www.petropub.com
　　　　　编辑部:(010)64523535　图书营销中心:(010)64523633
经　　销:全国新华书店
印　　刷:北京中石油彩色印刷有限责任公司

2023 年 3 月第 1 版　2023 年 3 月第 1 次印刷
787×1092 毫米　开本:1/16　印张:24
字数:550 千字

定价:240.00 元

(如出现印装质量问题,我社图书营销中心负责调换)

版权所有,翻印必究

《国家科技重大专项·大型油气田及煤层气开发成果丛书（2008—2020）》

编委会

主　任：贾承造

副主任：（按姓氏拼音排序）

　　　　常　旭　　陈　伟　　胡广杰　　焦方正　　匡立春　　李　阳
　　　　马永生　　孙龙德　　王铁冠　　吴建光　　谢在库　　袁士义
　　　　周建良

委　员：（按姓氏拼音排序）

　　　　蔡希源　　邓运华　　高德利　　龚再升　　郭旭升　　郝　芳
　　　　何治亮　　胡素云　　胡文瑞　　胡永乐　　金之钧　　康玉柱
　　　　雷　群　　黎茂稳　　李　宁　　李根生　　刘　合　　刘可禹
　　　　刘书杰　　路保平　　罗平亚　　马新华　　米立军　　彭平安
　　　　秦　勇　　宋　岩　　宋新民　　苏义脑　　孙焕泉　　孙金声
　　　　汤天知　　王香增　　王志刚　　谢玉洪　　袁　亮　　张　玮
　　　　张君峰　　张卫国　　赵文智　　郑和荣　　钟太贤　　周守为
　　　　朱日祥　　朱伟林　　邹才能

《《我国深海油气开发工程技术及装备的起步与发展》》

编写组

组 长：曾恒一 谢 彬

副组长：许亮斌 王世圣 洪 毅 李清平 曹 静 钟文军
　　　　喻西崇

成 员：（按姓氏拼音排序）

安维峥	陈　品	陈海宏	程　兵	邓小康	杜宝银
冯加果	郭　宏	郭江艳	韩旭亮	郝希宁	何　宁
何玉发	侯广信	呼文佳	康　庄	李　丹	李　博
李　焱	李　阳	李朝玮	李峰飞	李丽玮	李梦博
刘　健	刘华清	刘团结	刘永飞	路　宏	罗洪斌
马　强	庞维新	裴晓梅	彭小佳	秦　蕊	盛磊祥
宋本健	宋平娜	孙　钦	王　清	王　玮	王　宇
王金龙	王君傲	王云飞	吴　露	伍　壮	武　旭
肖凯文	谢文会	闫嘉钰	杨　博	姚海元	殷志明
尹　丰	袁俊亮	张　迪	张　雷	张恩勇	张法富
张晓灵	赵晶瑞	郑利军	周巍伟	周云健	朱海山
朱军龙	朱小松				

丛书·序

能源安全关系国计民生和国家安全。面对世界百年未有之大变局和全球科技革命的新形势，我国石油工业肩负着坚持初心、为国找油、科技创新、再创辉煌的历史使命。国家科技重大专项是立足国家战略需求，通过核心技术突破和资源集成，在一定时限内完成的重大战略产品、关键共性技术或重大工程，是国家科技发展的重中之重。大型油气田及煤层气开发专项，是贯彻落实习近平总书记关于大力提升油气勘探开发力度、能源的饭碗必须端在自己手里等重要指示批示精神的重大实践，是实施我国"深化东部、发展西部、加快海上、拓展海外"油气战略的重大举措，引领了我国油气勘探开发事业跨入向深层、深水和非常规油气进军的新时代，推动了我国油气科技发展从以"跟随"为主向"并跑、领跑"的重大转变。在"十二五"和"十三五"国家科技创新成就展上，习近平总书记两次视察专项展台，充分肯定了油气科技发展取得的重大成就。

大型油气田及煤层气开发专项作为《国家中长期科学和技术发展规划纲要（2006—2020年）》确定的10个民口科技重大专项中唯一由企业牵头组织实施的项目，以国家重大需求为导向，积极探索和实践依托行业骨干企业组织实施的科技创新新型举国体制，集中优势力量，调动中国石油、中国石化、中国海油等百余家油气能源企业和70多所高等院校、20多家科研院所及30多家民营企业协同攻关，参与研究的科技人员和推广试验人员超过3万人。围绕专项实施，形成了国家主导、企业主体、市场调节、产学研用一体化的协同创新机制，聚智协力突破关键核心技术，实现了重大关键技术与装备的快速跨越；弘扬伟大建党精神、传承石油精神和大庆精神铁人精神，以及石油会战等优良传统，充分体现了新型举国体制在科技创新领域的巨大优势。

经过十三年的持续攻关，全面完成了油气重大专项既定战略目标，攻克了一批制约油气勘探开发的瓶颈技术，解决了一批"卡脖子"问题。在陆上油气勘探、陆上油气开发、工程技术、海洋油气勘探开发、海外油气勘探开发、非常规油气勘探开发领域，形成了6大技术系列、26项重大技术；自主研发20项重大工程技术装备；建成35项示范工程、26个国家级重点实验室和研究中心。我国油气科技自主创新能力大幅提升，油气能源企业被卓越赋能，形成产量、储量增长高峰期发展新态势，为落实习近平总书记"四个革命、一个合作"能源安全新战略奠定了坚实的资源基础和技术保障。

《国家科技重大专项·大型油气田及煤层气开发成果丛书（2008—2020）》（62卷）是专项攻关以来在科学理论和技术创新方面取得的重大进展和标志性成果的系统总结，凝结了数万科研工作者的智慧和心血。他们以"功成不必在我，功成必定有我"的担当，高质量完成了这些重大科技成果的凝练提升与编写工作，为推动科技创新成果转化为现实生产力贡献了力量，给广大石油干部员工奉献了一场科技成果的饕餮盛宴。这套丛书的正式出版，对于加快推进专项理论技术成果的全面推广，提升石油工业上游整体自主创新能力和科技水平，支撑油气勘探开发快速发展，在更大范围内提升国家能源保障能力将发挥重要作用，同时也一定会在中国石油工业科技出版史上留下一座书香四溢的里程碑。

在世界能源行业加快绿色低碳转型的关键时期，广大石油科技工作者要进一步认清面临形势，保持战略定力、志存高远、志创一流，毫不放松加强油气等传统能源科技攻关，大力提升油气勘探开发力度，增强保障国家能源安全能力，努力建设国家战略科技力量和世界能源创新高地；面对资源短缺、环境保护的双重约束，充分发挥自身优势，以技术创新为突破口，加快布局发展新能源新事业，大力推进油气与新能源协调融合发展，加大节能减排降碳力度，努力增加清洁能源供应，在绿色低碳科技革命和能源科技创新上出更多更好的成果，为把我国建设成为世界能源强国、科技强国，实现中华民族伟大复兴的中国梦续写新的华章。

中国石油董事长、党组书记
中国工程院院士　戴厚良

丛书·前言

　　石油天然气是当今人类社会发展最重要的能源。2020年全球一次能源消费量为 $134.0×10^8 t$ 油当量，其中石油和天然气占比分别为30.6%和24.2%。展望未来，油气在相当长时间内仍是一次能源消费的主体，全球油气生产将呈长期稳定趋势，天然气产量将保持较高的增长率。

　　习近平总书记高度重视能源工作，明确指示"要加大油气勘探开发力度，保障我国能源安全"。石油工业的发展是由资源、技术、市场和社会政治经济环境四方面要素决定的，其中油气资源是基础，技术进步是最活跃、最关键的因素，石油工业发展高度依赖科学技术进步。近年来，全球石油工业上游在资源领域和理论技术研发均发生重大变化，非常规油气、海洋深水油气和深层—超深层油气勘探开发获得重大突破，推动石油地质理论与勘探开发技术装备取得革命性进步，引领石油工业上游业务进入新阶段。

　　中国共有500余个沉积盆地，已发现松辽盆地、渤海湾盆地、准噶尔盆地、塔里木盆地、鄂尔多斯盆地、四川盆地、柴达木盆地和南海盆地等大型含油气大盆地，油气资源十分丰富。中国含油气盆地类型多样、油气地质条件复杂，已发现的油气资源以陆相为主，构成独具特色的大油气分布区。历经半个多世纪的艰苦创业，到20世纪末，中国已建立完整独立的石油工业体系，基本满足了国家发展对能源的需求，保障了油气供给安全。2000年以来，随着国内经济高速发展，油气需求快速增长，油气对外依存度逐年攀升。我国石油工业担负着保障国家油气供应安全，壮大国际竞争力的历史使命，然而我国石油工业面临着油气勘探开发对象日趋复杂、难度日益增大、勘探开发理论技术不相适应及先进装备依赖进口的巨大压力，因此急需发展自主科技创新能力，发展新一代油气勘探开发理论技术与先进装备，以大幅提升油气产量，保障国家油气能源安全。一直以来，国家高度重视油气科技进步，支持石油工业建设专业齐全、先进开放和国际化的上游科技研发体系，在中国石油、中国石化和中国海油建立了比较先进和完备的科技队伍和研发平台，在此基础上于2008年启动实施国家科技重大专项技术攻关。

国家科技重大专项"大型油气田及煤层气开发"（简称"国家油气重大专项"）是《国家中长期科学和技术发展规划纲要（2006—2020年）》确定的16个重大专项之一，目标是大幅提升石油工业上游整体科技创新能力和科技水平，支撑油气勘探开发快速发展。国家油气重大专项实施周期为2008—2020年，按照"十一五""十二五""十三五"3个阶段实施，是民口科技重大专项中唯一由企业牵头组织实施的专项，由中国石油牵头组织实施。专项立足保障国家能源安全重大战略需求，围绕"6212"科技攻关目标，共部署实施201个项目和示范工程。在党中央、国务院的坚强领导下，专项攻关团队积极探索和实践依托行业骨干企业组织实施的科技攻关新型举国体制，加快推进专项实施，攻克一批制约油气勘探开发的瓶颈技术，形成了陆上油气勘探、陆上油气开发、工程技术、海洋油气勘探开发、海外油气勘探开发、非常规油气勘探开发6大领域技术系列及26项重大技术，自主研发20项重大工程技术装备，完成35项示范工程建设。近10年我国石油年产量稳定在2×10^8t左右，天然气产量取得快速增长，2020年天然气产量达$1925\times10^8m^3$，专项全面完成既定战略目标。

通过专项科技攻关，中国油气勘探开发技术整体已经达到国际先进水平，其中陆上油气勘探开发水平位居国际前列，海洋石油勘探开发与装备研发取得巨大进步，非常规油气开发获得重大突破，石油工程服务业的技术装备实现自主化，常规技术装备已全面国产化，并具备部分高端技术装备的研发和生产能力。总体来看，我国石油工业上游科技取得以下七个方面的重大进展：

（1）我国天然气勘探开发理论技术取得重大进展，发现和建成一批大气田，支撑天然气工业实现跨越式发展。围绕我国海相与深层天然气勘探开发技术难题，形成了海相碳酸盐岩、前陆冲断带和低渗—致密等领域天然气成藏理论和勘探开发重大技术，保障了我国天然气产量快速增长。自2007年至2020年，我国天然气年产量从$677\times10^8m^3$增长到$1925\times10^8m^3$，探明储量从$6.1\times10^{12}m^3$增长到$14.41\times10^{12}m^3$，天然气在一次能源消费结构中的比例从2.75%提升到8.18%以上，实现了三个翻番，我国已成为全球第四大天然气生产国。

（2）创新发展了石油地质理论与先进勘探技术，陆相油气勘探理论与技术继续保持国际领先水平。创新发展形成了包括岩性地层油气成藏理论与勘探配套技术等新一代石油地质理论与勘探技术，发现了鄂尔多斯湖盆中心岩性地层大油区，支撑了国内长期年新增探明 10×10^8 t 以上的石油地质储量。

（3）形成国际领先的高含水油田提高采收率技术，聚合物驱油技术已发展到三元复合驱，并研发先进的低渗透和稠油油田开采技术，支撑我国原油产量长期稳定。

（4）我国石油工业上游工程技术装备（物探、测井、钻井和压裂）基本实现自主化，具备一批高端装备技术研发制造能力。石油企业技术服务保障能力和国际竞争力大幅提升，促进了石油装备产业和工程技术服务产业发展。

（5）我国海洋深水工程技术装备取得重大突破，初步实现自主发展，支持了海洋深水油气勘探开发进展，近海油气勘探与开发能力整体达到国际先进水平，海上稠油开发处于国际领先水平。

（6）形成海外大型油气田勘探开发特色技术，助力"一带一路"国家油气资源开发和利用。形成全球油气资源评价能力，实现了国内成熟勘探开发技术到全球的集成与应用，我国海外权益油气产量大幅度提升。

（7）页岩气、致密气、煤层气与致密油、页岩油勘探开发技术取得重大突破，引领非常规油气开发新兴产业发展。形成页岩气水平井钻完井与储层改造作业技术系列，推动页岩气产业快速发展；页岩油勘探开发理论技术取得重大突破；煤层气开发新兴产业初见成效，形成煤层气与煤炭协调开发技术体系，全国煤炭安全生产形势实现根本性好转。

这些科技成果的取得，是国家实施建设创新型国家战略的成果，是百万石油员工和科技人员发扬艰苦奋斗、为国找油的大庆精神铁人精神的实践结果，是我国科技界以举国之力团结奋斗联合攻关的硕果。国家油气重大专项在实施中立足传统石油工业，探索实践新型举国体制，创建"产学研用"创新团队，创新人才队伍建设，创新科技研发平台基地建设，使我国石油工业科技创新能力得到大幅度提升。

为了系统总结和反映国家油气重大专项在科学理论和技术创新方面取得的重大进展和成果，加快推进专项理论技术成果的推广和提升，专项实施管理办公室与技术总体组规划组织编写了《国家科技重大专项·大型油气田及煤层气开发成果丛书（2008—2020）》。丛书共62卷，第1卷为专项理论技术成果总论，第2～9卷为陆上油气勘探理论技术成果，第10～14卷为陆上油气开发理论技术成果，第15～22卷为工程技术装备成果，第23～26卷为海洋油气理论技术装备成果，第27～30卷为海外油气理论技术成果，第31～43卷为非常规油气理论技术成果，第44~62卷为油气开发示范工程技术集成与实施成果（包括常规油气开发7卷，煤层气开发5卷，页岩气开发4卷，致密油、页岩油开发3卷）。

各卷均以专项攻关组织实施的项目与示范工程为单元，作者是项目与示范工程的项目长和技术骨干，内容是项目与示范工程在2008—2020年期间的重大科学理论研究、先进勘探开发技术和装备研发成果，代表了当今我国石油工业上游的最新成就和最高水平。丛书内容翔实，资料丰富，是科学研究与现场试验的真实记录，也是科研成果的总结和提升，具有重大的科学意义和资料价值，必将成为石油工业上游科技发展的珍贵记录和未来科技研发的基石和参考资料。衷心希望丛书的出版为中国石油工业的发展发挥重要作用。

国家科技重大专项"大型油气田及煤层气开发"是一项巨大的历史性科技工程，前后历时十三年，跨越三个五年规划，共有数万名科技人员参加，是我国石油工业史上一项壮举。专项的顺利实施和圆满完成是参与专项的全体科技人员奋力攻关、辛勤工作的结果，是我国石油工业界和石油科技教育界通力合作的典范。我有幸作为国家油气重大专项技术总师，全程参加了专项的科研和组织，倍感荣幸和自豪。同时，特别感谢国家科技部、财政部和发改委的规划、组织和支持，感谢中国石油、中国石化、中国海油及中联公司长期对石油科技和油气重大专项的直接领导和经费投入。此次专项成果丛书的编辑出版，还得到了石油工业出版社大力支持，在此一并表示感谢！

中国科学院院士 贾承造

《国家科技重大专项·大型油气田及煤层气开发成果丛书（2008—2020）》分卷目录

序号	分卷名称
卷 1	总论：中国石油天然气工业勘探开发重大理论与技术进展
卷 2	岩性地层大油气区地质理论与评价技术
卷 3	中国中西部盆地致密油气藏"甜点"分布规律与勘探实践
卷 4	前陆盆地及复杂构造区油气地质理论、关键技术与勘探实践
卷 5	中国陆上古老海相碳酸盐岩油气地质理论与勘探
卷 6	海相深层油气成藏理论与勘探技术
卷 7	渤海湾盆地（陆上）油气精细勘探关键技术
卷 8	中国陆上沉积盆地大气田地质理论与勘探实践
卷 9	深层—超深层油气形成与富集：理论、技术与实践
卷 10	胜利油田特高含水期提高采收率技术
卷 11	低渗—超低渗油藏有效开发关键技术
卷 12	缝洞型碳酸盐岩油藏提高采收率理论与关键技术
卷 13	二氧化碳驱油与埋存技术及实践
卷 14	高含硫天然气净化技术与应用
卷 15	陆上宽方位宽频高密度地震勘探理论与实践
卷 16	陆上复杂区近地表建模与静校正技术
卷 17	复杂储层测井解释理论方法及 CIFLog 处理软件
卷 18	成像测井仪关键技术及 CPLog 成套装备
卷 19	深井超深井钻完井关键技术与装备
卷 20	低渗透油气藏高效开发钻完井技术
卷 21	沁水盆地南部高煤阶煤层气 L 型水平井开发技术创新与实践
卷 22	储层改造关键技术及装备
卷 23	中国近海大中型油气田勘探理论与特色技术
卷 24	海上稠油高效开发新技术
卷 25	南海深水区油气地质理论与勘探关键技术
卷 26	我国深海油气开发工程技术及装备的起步与发展
卷 27	全球油气资源分布与战略选区
卷 28	丝绸之路经济带大型碳酸盐岩油气藏开发关键技术

序号	分卷名称
卷 29	超重油与油砂有效开发理论与技术
卷 30	伊拉克典型复杂碳酸盐岩油藏储层描述
卷 31	中国主要页岩气富集成藏特点与资源潜力
卷 32	四川盆地及周缘页岩气形成富集条件、选区评价技术与应用
卷 33	南方海相页岩气区带目标评价与勘探技术
卷 34	页岩气气藏工程及采气工艺技术进展
卷 35	超高压大功率成套压裂装备技术与应用
卷 36	非常规油气开发环境检测与保护关键技术
卷 37	煤层气勘探地质理论及关键技术
卷 38	煤层气高效增产及排采关键技术
卷 39	新疆准噶尔盆地南缘煤层气资源与勘查开发技术
卷 40	煤矿区煤层气抽采利用关键技术与装备
卷 41	中国陆相致密油勘探开发理论与技术
卷 42	鄂尔多斯盆缘过渡带复杂类型气藏精细描述与开发
卷 43	中国典型盆地陆相页岩油勘探开发选区与目标评价
卷 44	鄂尔多斯盆地大型低渗透岩性地层油气藏勘探开发技术与实践
卷 45	塔里木盆地克拉苏气田超深超高压气藏开发实践
卷 46	安岳特大型深层碳酸盐岩气田高效开发关键技术
卷 47	缝洞型油藏提高采收率工程技术创新与实践
卷 48	大庆长垣油田特高含水期提高采收率技术与示范应用
卷 49	辽河及新疆稠油超稠油高效开发关键技术研究与实践
卷 50	长庆油田低渗透砂岩油藏 CO_2 驱油技术与实践
卷 51	沁水盆地南部高煤阶煤层气开发关键技术
卷 52	涪陵海相页岩气高效开发关键技术
卷 53	渝东南常压页岩气勘探开发关键技术
卷 54	长宁—威远页岩气高效开发理论与技术
卷 55	昭通山地页岩气勘探开发关键技术与实践
卷 56	沁水盆地煤层气水平井开采技术及实践
卷 57	鄂尔多斯盆地东缘煤系非常规气勘探开发技术与实践
卷 58	煤矿区煤层气地面超前预抽理论与技术
卷 59	两淮矿区煤层气开发新技术
卷 60	鄂尔多斯盆地致密油与页岩油规模开发技术
卷 61	准噶尔盆地砂砾岩致密油藏开发理论技术与实践
卷 62	渤海湾盆地济阳坳陷致密油藏开发技术与实践

本卷·前言

当前我国能源供需矛盾突出，原油和天然气对外依存度逐年攀升，原油对外依存度已经超过 70%，天然气的对外依存度已经超过 45%。加大油气勘探开发力度，强化油气供应保障能力，构建全面开放条件下的油气安全保障体系，成为当务之急。党的十九大报告提出了"加快建设海洋强国"战略部署，而实现海洋油气资源的高效开发是"加快建设海洋强国"战略目标的重要组成部分。世界海洋蕴藏着极其丰富的油气资源，其资源量约占全球油气资源总量的 34%，世界陆上及浅海油气资源日益枯竭，深水区域已成为油气储量和产量的主要接替区，已成为支撑世界石油公司未来发展的新领域。

深海是世界资源的宝库，是未来经济的主战场和科技创新的前沿，更是践行"四个全面"、实现"深海进入、深海探测、深海开发"关键核心技术自立自强、维护海洋权益、保护海洋生态的重要战略领域。习近平总书记在 2016 年 5 月全国科技创新大会、两院院士大会、中国科协第九次全国代表大会上提出"深海蕴藏着地球上远未认知和开发的宝藏，但要得到这些宝藏，就必须在深海进入、深海探测、深海开发方面掌握关键技术"。加快发展南海深水油气资源开发装备和技术不仅是国家能源开发的现实需求，而且是建设海洋强国的重要内容，也是维护我国南海领海主权的重要抓手，更是国家综合实力的象征。

深水油气田的开发需要深水油气开发工程装备和技术作为支撑和保障。21 世纪初，我国海洋石油的工程实践经验仅在 300m 水深之内，虽然已经具备了 300m 以内水深油气田的勘探、开发和生产的全套能力，在 300m 水深的工程设计、建造、安装、运行和维护等方面与国外同步，但在深水油气开发方面尚未起步，深水工程装备、设备和技术均处于空白，与国外还存在极大差距。面临海洋环境及地质调查数据不足，工程设计、建造和施工技术匮乏，安装装备和配套设施基本为零，深水工程经验严重缺乏等一系列问题，难以满足深水油气开发需求。所以迫切需要启动面向深水油气开发工程装备、设备与技术的科技攻关和建设。

2008年，国家科技重大专项启动了"海洋深水油气田开发工程技术"项目研究，该项目由中海油研究总院有限责任公司牵头，联合国内海洋工程领域知名的48家企业和科研院所组成了1200人的产学研用一体化研发团队，历经"十一五""十二五"和"十三五"，历时12年，围绕南海深水油气田开发工程亟待解决的六大技术方向开展技术攻关，研发了涵盖水面、水中和海底等核心设备、产品和关键技术，项目在深水油气田开发工程设计技术、深海工程实验系统和实验模拟技术、深水工程关键装置/设备国产化、深水工程关键材料和产品国产化以及深水工程设施监测系统等方面取得5项标志性成果。通过国家科技重大专项"海洋深水油气田开发工程技术"项目的实施，突破了深水油气工程五大关键核心技术，构建了1500m深水油气田开发工程技术体系，形成了国内深水油气田自主开发工程能力，主要核心技术打破国外封锁，部分关键设备和产品解决了"卡脖子"难题，支撑了LW3-1周边气田、LH油田群、LS17-2气田的自主开发，带动了我国海洋石油工程装备由浅水向深水的跨越式发展，提升了中方在海外合作深水油气田开发中的话语权，增强了我国海洋石油工业的国家实力。

通过国家科技重大专项三个五年的科技攻关，我国深水油气开发工程技术取得了显著的进步和突破，但我国深水油气田开发产业才刚刚起步，中国南海还将面临与国外其他海域不同的复杂油气藏、海底地貌和特殊海洋环境条件等挑战，因此今后的路仍然任重道远，需要继续加大科技投入，充分发挥国内外科技资源的作用，以产、学、研、用协同攻关的模式，大力提升原始创新能力，最终实现我国深海工程领域的完全自主可控。

本书正是基于国家科技重大专项"海洋深水油气田开发工程技术"项目的研究报告、设计报告、论文等编写而成，项目研究内容丰富，著作仅能从整体上反映我国海洋深水油气开发工程装备和技术成果，个别章节在研究深度上阐述不够，有一定局限性。另外，因书中内容涉及面广、专业性强，受笔者水平所限，书中难免会有疏漏或不足之处，敬请读者批评指正。

致谢单位

1. 中海油研究总院有限责任公司
2. 中海石油深海开发有限公司
3. 中海石油（中国）有限公司湛江分公司
4. 海洋石油工程股份有限公司
5. 海洋石油工程（青岛）有限公司
6. 中海油田服务股份有限公司
7. 中海石油气电集团有限责任公司
8. 中海油能源发展股份有限公司工程技术分公司
9. 中海油能源发展股份有限公司管道工程分公司
10. 湛江南海西部石油勘察设计有限公司
11. 中国石油大学（华东）
12. 中国石油大学（北京）
13. 大连理工大学
14. 上海交通大学
15. 天津市海王星海上工程技术股份有限公司
16. 西安交通大学
17. 天津大学
18. 西南石油大学
19. 深圳市远东石油钻采工程有限公司
20. 吴忠仪表有限责任公司
21. 南阳二机石油装备集团股份有限公司

22. 北京科技大学
23. 华南理工大学
24. 西安石油大学
25. 中国科学院力学研究所
26. 中国科学院海洋研究所
27. 长江大学
28. 中国船舶工业集团公司第七〇八研究所
29. 大连船舶重工集团有限公司
30. 深圳市行健自动化股份有限公司
31. 兰州海默科技股份有限公司
32. 中船重工第七一九研究所
33. 浙江巨化技术中心有限公司
34. 中船重工（昆明）灵湖科技发展有限公司
35. 中石化集团胜利石油管理局钻井工艺研究院
36. 浙江大学
37. 华北电力大学
38. 中国科学院金属研究所
39. 西北工业大学
40. 上海利策科技有限公司
41. 中国船级社
42. 宁波威瑞泰默赛多相流仪器设备有限公司
43. 上海船舶研究设计院
44. 哈尔滨工程大学
45. 北京高泰深海技术有限公司

目 录

第一章　我国深海油气开发工程技术及装备概况 …… 1

第一节　我国南海深水油气资源开发现状 …… 1
第二节　我国深水油气田开发工程技术和装备现状 …… 2
第三节　我国南海深水油气田开发面临的挑战 …… 5

第二章　我国深水油气田开发工程设计技术的建立 …… 7

第一节　深水油气田开发的典型工程模式 …… 7
第二节　深水钻完井工程设计技术 …… 19
第三节　深水浮式平台工程设计技术 …… 44
第四节　水下生产系统设计技术 …… 64
第五节　深水流动安全设计技术 …… 67
第六节　深水海底管道和立管设计技术 …… 73

第三章　深海油气工程实验系统及实验技术 …… 83

第一节　深水浮式生产设施实验系统及实验技术 …… 83
第二节　水下生产系统实验系统及实验测试技术 …… 92
第三节　深水流动安全实验系统及实验技术 …… 112
第四节　深水海管和立管实验系统及实验技术 …… 123

第四章　深海油气开发工程关键设备的研制 …… 148

第一节　深水钻完井关键设备 …… 148
第二节　水下生产系统关键设备 …… 158
第三节　深水流动安全关键设备 …… 176

第五章　深海油气工程关键产品和材料的研发 … 193

第一节　保温输送软管研发 … 193
第二节　湿式保温材料及保温管研发 … 200
第三节　深水钻完井液体系 … 210
第四节　深水流动安全化学药剂体系 … 232

第六章　深海油气田开发工程监测系统的开发 … 251

第一节　深水钻井隔水管监测系统 … 251
第二节　深水工程设施现场监测网络化远程实时监测系统 … 257
第三节　深水油气田流动安全监测与管理系统 … 269
第四节　海底油气管道泄漏监测系统 … 276
第五节　水下结构气体泄漏监测系统 … 280

第七章　深水半潜式起重铺管船及配套工程技术 … 289

第一节　深水半潜式起重铺管船船型设计技术 … 289
第二节　深水半潜式起重铺管船 J-Lay 铺管系统设计技术 … 316
第三节　深水半潜式起重铺管船建造技术 … 322

第八章　深水油气工程技术和设备的工程实践 … 337

第一节　中国南海典型的深水油气田开发工程 … 337
第二节　深水装备及工程技术应用 … 346

第九章　展望 … 357

第一节　深水钻完井工程技术 … 357
第二节　深水平台工程技术 … 358
第三节　水下生产系统技术 … 359
第四节　深水流动安全保障技术 … 360
第五节　深水海底管道和立管技术 … 362

参考文献 … 365

第一章　我国深海油气开发工程技术及装备概况

国际上海洋工程界通常将水深大于 200m 的海域称为深水，将水深超过 1500m 的海域称为超深水。深水油气田开发具有高投入、高风险和高回报等特点；根据深水油气田开发的特点，深水油气田开发工程技术主要包括深水钻完井技术、深水平台技术、水下生产技术、深水海底管道和立管以及深水流动安全保障等关键技术；深水工程装备主要包括深水勘探装备、深水钻井装备、深水施工装备、深水生产装备、深水应急救援装备等。我国在海洋工程浅水传统领域的装备和技术能力处于第一梯队，部分技术处于先进行列，但在深水工程技术和装备领域仍然与国外水平存在较大差距。本章从我国南海深水油气资源开发的现状出发，全面分析了我国深水油气田开发工程技术和装备现状、遇到的技术挑战等。

第一节　我国南海深水油气资源开发现状

我国海域面积约 $473.5\times10^4 km^2$，专属经济区的海域面积达 $300\times10^4 km^2$，是名副其实的海洋大国。我国深水油气资源主要在南海，南海属于世界四大海洋油气聚集中心之一，有"第二个波斯湾"之称（周守为，2014）。我国南海海域水深在 500m 以上的深水区域约占该海域总面积的 75%，其北部陆坡区的盆地和南沙海域 13 个新生代沉积盆地均部分位于深水区，深水油气开发前景广阔（潘云鹤等，2017）。

在中国南海，与我国传统疆界线相关的新生代沉积盆地主要有 18 个。初步估计石油地质储量约为 $230\times10^8\sim300\times10^8 t$（其中天然气占 83%）；同时，我国南海拥有丰富的天然气水合物资源，初步圈定的该海域 11 个潜在水合物赋存区域，远景资源约 $800\times10^8 t$。总之，中国南海深水油气资源约占我国油气资源总量的 1/3，是未来油气资源的重要增长点（潘云鹤等，2020）。

我国不仅是世界上油气资源大国，也是世界能源消耗大国，随着我国经济保持持续高效发展，石油和天然气对外依存度屡创新高。2017 年我国成为世界上第一大原油进口国，2020 年原油对外依存度超过 70%；2018 年，我国成为世界上第一大天然气进口国，2018 年天然气对外依存度为 45.3%，天然气进口量 $1254\times10^8 m^3$，国内产量仅 $1573\times10^8 m^3$；党的十九大报告中指出："坚持陆海统筹，加快建设海洋强国"，可见我国目前油气资源供给和需求矛盾非常突出，加大海洋油气资源开发已经成为国家战略的重要组成部分。我国南海深水勘探主要集中在珠江口盆地—琼东南盆地深水区，水深介于 $300\sim3000 m$，面积约 $10\times10^4 km^2$；近几年，中国南海深水油气勘探取得了一系列重大突破（周守为等，2016），LW3-1 深水气田群、LH 深水油田群和 LS 深水气田群等被陆续发现。LW3-1 气田及周边的 LH34-2 气田和 LH29-1 气田已经投产运营，LH 深水油田群于 2020 年投产运行，LS17-2 深水气田于 2021 年 6 月底投产运行。但目前我国南海深海区勘探发现率较低，多数集中在该海域北部区域，占比不足 1%，在中国南海中南部九段线内目前仅进行二维勘探，还没有进行实质性钻井，更没有一座生产平台。

第二节　我国深水油气田开发工程技术和装备现状

我国深水油气田开发工程技术起步较晚，与欧美国家差距 10～15 年；2004 年中国海油成立了深水工程重点实验室专门从事深水油气田开发工程技术研发设计，引领了我国深水油气田开发工程技术的研究和发展；2004 年由中国海油牵头启动了"十五"国家 863"深水油气田开发共用技术平台"课题，该课题是我国第一个深水油气田开发工程方面的科研项目，通过该课题开展了深水油气田开发工程模式、深水浮式生产设施关键技术和概念设计研究，依托上海交通大学建成了我国第一个深水试验水池，该深水试验水池（长 50m，宽 40m，主体水深 10m，深井 40m），模拟的最大实际水深达 4000m，可覆盖中国南海等大部分深海海域。

在"十五"期间，由中国海油牵头联合国内科研院所开展了深水油气田开发工程关键技术攻关，主要是对国外深水工程关键技术进行跟踪学习，突破了单项关键技术；从 2006 年开始，国家科技部启动了国家 863"3000m 水深半潜式钻井平台关键技术"课题，该课题由中海油研究总院有限责任公司（以下简称中海油研究总院）牵头，联合国内多家知名科研院所，采用产学研用相结合的方式开展四年的技术攻关，以"南海奋进号"建造工程为依托，突破了 3000m 水深半潜式钻井平台设计、建造、试验和深水井控安全等 36 项关键技术，为具有世界先进水平的我国首座超深水半潜式钻井平台"南海奋进号"的研制提供强有力的技术保障，"超深水半潜式钻井平台研发和应用成果"获得 2014 年国家科学技术进步特等奖。从 2008 年开始，国家科技重大专项"海洋深水油气田开发工程技术"项目正式启动（谢彬，曾恒一，2021），该项目由中海油研究总院牵头，联合国内 48 家科研院所和高校共计 1200 余人，采用产学研用相结合的方式开展技术攻关，该项目分为三期，到 2020 年底结束，该项目共涉及 7 个方向：深水钻完井工程技术、深水平台工程技术、水下生产技术、深水流动安全保障技术、深水海底管道和立管技术、大型 FLNG/FDPSO 关键技术和深水半潜式起重铺管船及配套工程技术。结合我国南海 LW3-1 及周边深水气田、LH 深水油田群和 LS17-2 深水气田等南海及海外的深水油气田开发工程项目，通过 13 年的技术攻关，构建了涵盖深水油气田开发工程设计、试验系统、核心设备和产品、监测系统等较为系统的技术体系，突破 1500m 深水油气田开发工程设计、建造、施工作业和运维等全产业链关键技术，构建了 1500m 深水油气田开发工程技术体系，基本形成了 1500m 深水油气田开发工程设计、建造、安装和运维能力，初步形成了国内深水油气田自主开发工程能力，部分核心技术打破国外封锁，部分关键设备和产品解决了"卡脖子"难题，实现了深水工程关键技术的体系化、设计技术的标准化、关键设备和产品的国产化、科研成果的工程化等"四化"目标，相关技术成果成功应用于中国南海 LW3-1 及周边深水气田、LH 深水油田群和 LS17-2 深水气田等中国南海及海外的深水油气田开发工程项目，支撑了 LW3-1 周边气田、LH 油田群、LS17-2 气田的自主开发，带动了我国海洋石油工程装备由浅水向深水的跨越式发展，提升了中方在海外合作深水油气田开发中的话语权，增强了我国海洋石油工业的国家实力。培养了一批深水工程专业人才队伍和"产学研用"研发团队，形成了我国深水油气田工程项目的自主开发能力。

目前中国国内深水海洋工程重大装备主要包括深水物探船、深水工程勘探装备、半潜式钻井装备、深水作业施工装备、生产装备和应急救援装备等类型，这些深水大型工程装备均已投入实际工程应用；中国海油经过 30 多年的发展，已经建成了以"南海奋进号""海洋石油 201"为代表的五型六船深水作业船队，已经初步具备深水油气勘探和开发的能力，但应该看到，我国在深水油气田开发工程装备和技术方面起步较晚，与国外先进水平相比，仍存在较大差距（表 1-2-1 和表 1-2-2），主要表现在作业装备类型单一，没有深水浮式生产平台，大量船型和关键设备专利掌握在国外公司手中，关键设备配套能力不足（谢彬，喻西崇，2021）。

表 1-2-1 国内外深水油气田开发技术差距分析表

关键技术	国外发展现状	国内发展现状
深水钻完井工程技术	最大钻井作业水深为 3400m；同时具备勘探井和开发井能力，控压钻井、高温高压深水钻井装备和技术能力较强	最大钻井作业水深为 2619m；多为常规深水勘探井，复杂深水井作业装备和能力不足
深水浮式设施技术	已投产各类深水生产设施 325 座；最大作业水深 2895.5m；具备各类平台设计、采购、建造、安装（简称 EPCI）能力	仅具备 FPSO 的设计、采购、建造、安装（简称 EPCI）能力，具备各类平台的概念设计能力
水下生产技术	水下井口 6000 多套，最大作业水深 2934m	水下井口 90 多套，作业水深约 1500m
深水流动安全技术	气田最大回接距离约为 150km，油田最大回接距离为 69.8km	气田水下井口最大回接距离约为 120km（LH29-1 深水气田）；油田水下井口最大回接距离约为 28km（LH16-2 深水油田）
深水海底管道和立管技术	已有顶张紧式立管（TTR）、钢悬链式立管（SCR）、塔式立管等工程应用；具备 2500m 保温输油软管工程能力	无 TTR、SCR、塔式立管等工程应用；具备 300m 保温输油软管国产化能力

表 1-2-2 国内外深水勘探开发装备差距分析表

装备类型	国外发展现状	国内发展现状
深水勘探装备	物探装备：3D 物探船为主流，已达 24 缆	物探装备：最大为 12 缆
	工程勘察装备：最大工作水深达 4000m	工程勘察装备：最大工作水深达 3000m

续表

装备类型	国外发展现状	国内发展现状
钻井装备	半潜式钻井平台（SEMI-FPS）（213艘），钻井船（170艘），最大作业水深达3600m，最大钻深超过15000m	半潜式钻井平台（11艘），无钻井船，最大作业水深3600m，最大钻深超过15000m
生产装备	329座深水生产设施［包括：深吃水立柱式平台（SPAR），张力腿平台（TLP），半潜式钻井平台（SEMI-FPS），浮式生产储卸油装置（FPSO）］5座浮式液化天然气生产储卸装置（FLNG）投产	2座SEMI-FPS（1艘钻井平台改造，1艘新建），14艘深水FPSO，最大作业水深约420m
水下生产系统	国外应用最大作业水深2900m	国内最大作业水深约1500m，主要设备均为进口
作业施工装备	铺管船作业水深达3000m，浮吊起重能力超过14000tf	国内最大铺管水深为1480m，浮吊起重能力超过12000tf
潜水器	拥有大型遥控水下机器人（ROV）500多套，最大潜深达10909m	ROV最大作业水深3500m，大部分为进口
	载人深潜器（HOV）的最大工作深度达11000m	"蛟龙号"载人深潜器最大下潜深度7000m
	智能作业机器人（AUV）最大潜深达11000m	AUV最大作业水深6000m
水下应急封井回收系统	目前世界上有7个应急救援组织，17套水下封井回收系统	国内没有水下封井回收系统，加入国外应急救援组织
应急救援船	已建多艘功能完备的应急响应救援船（ERRV）和多功能工程船（MSV）以及溢油环保船，成立了应急响应救援船协会，制定了相关标准	有应急工作船、溢油环保船，但功能不全面
远程补给基地	日本提出了油气开发保障平台概念，国外设计建造多座半潜式生活服务平台	正在开展相关研究，处于概念设计阶段

尽管通过技术攻关，基本形成了国内深水油气田自主开发工程能力，部分核心技术打破了国外封锁，部分关键设备和产品解决了"卡脖子"难题，但是也要看到，中国深水油气田开发工程技术起步较晚，相关产业才刚刚起步。无论是在深水油气田开发工程技术还是在深水工程装备方面，中国与国外先进水平相比仍存在一定差距。

中国海洋石油经过近40年的发展，已经具备了300m以内水深油气田的勘探、开发和生产的全套能力，海洋工程实践经验仅在300m水深之内，已经具备了300m以内水深油气田的勘探、开发和生产的全套能力。在深海油气开发方面，虽然在中国南海北部的LW深水气田群、LH油田群和LS17-2深水气田等进行了商业开发，但仍然面临海洋环境及地质调查数据不足、工程技术匮乏，安装资源不足，缺少工程经验等难题，难以满足深水油气自主开发需求。

第三节　我国南海深水油气田开发面临的挑战

中国南海深水油气田开发还面临比其他海域深水油气田开发更大的挑战，如恶劣的海洋环境条件（内波和台风）、复杂海底地形和工程地质条件（大高差）、离岸距离远（远距离控制和供电）、复杂的油气藏特性（高温、高压）、高压和低温的深水环境、海上突发事故的应急救援以及该海域中南部油气开发远程补给问题。

主要包括：

（1）恶劣自然环境和复杂的地质条件。

中国南海海域有频繁的台风、热带风暴、冬季季风、海底砂脊砂坡，工程地质条件复杂，与国际上几个典型海域环境条件比较，见表1-3-1。

表1-3-1　中国南海与国际上几个典型海域环境条件比较表

海域环境参数	10年一遇				100年一遇		
	墨西哥湾	西非（安哥拉海）	巴西	中国南海	墨西哥湾	西非（安哥拉海）	中国南海
有义波高/m	5.9	3.6	6.9	9.9	12.2	4.4	12.9
谱峰周期/s	10.5	14~18	14.6	13.5	14.2	14~18	13.7
1min风速/(m/s)	25	5.7	22.1	41.5	39	5.7	41.5
表面流速/(m/s)	0.4	0.9	1.7	1.38	1	0.9	2.09

（2）油气藏特性复杂、超深水3000m、埋深大于5000m。

中国南海深水油气藏不仅水深、埋深大，而且具有高含CO_2、高凝点、高温高压等特性。具体如下：

① 高含CO_2，含量为3%~46%，最高达85%；

② 高凝点，平均为32℃，最高达45℃；

③ 高温高压，莺琼盆地高温达249℃。

中国南海莺歌海地区与北美墨西哥湾和英国北海谢尔瓦特地区油藏参数比较（表1-3-2），可以看出南海油藏埋藏更深、温度压力更高。

表1-3-2　中国南海与国际上几个典型油藏参数比较表

地区	油藏埋深/m	井底温度/℃（℉）	所用钻井液密度/g/cm³（lb/gal）
北美墨西哥湾地区	4500	204.4（400）	2.13（17.8）
英国北海谢尔瓦特地区	5334	198.9（390）	2.27（18.9）
中国南海莺歌海地区	5638	249（480）	2.38（19.8）

（3）水下关键设备主要依赖进口。

由于我国水下关键设备自主研发起步晚，核心关键技术尚未全面突破，设备设施工程试验测试系统及技术体系尚未建立，严重制约了水下关键设备（水下采油树、水下控制系统、水下分离及增压设施等）国产化进程。

（4）缺乏深水工程经验。

我国深水油气田开发工程装备和技术与国外先进水平相比，深水油气资源开发起步较晚，深水工程实践应用刚起步，缺乏工程经验，存在较大差距。

第二章　我国深水油气田开发工程设计技术的建立

从 2008 年开始,"海洋深水油气田开发工程技术"项目以突破 1500m 深水油气田开发工程关键技术,构建深水油气田开发工程设计技术体系为目标,形成了涵盖水面、水中和水下,包括深水钻完井工程、浮式生产装置、水下生产系统、深水流动安全、深水海管及立管等系列化和一体化的设计技术体系,形成了包括中国南海内波流场数学模型等 10 余种理论模型、柔性立管设计方法等 20 余种设计方法;形成了包括浮式生产系统、张力腿平台、深水立管和流动安全保障等 10 余套设计标准和指南;自主开发了近 40 套涵盖深水钻完井、深水浮式平台、水下生产系统、深水流动安全以及深水海管和立管等专业的设计软件。本章从深水油气田开发的典型工程模式出发,分别介绍深水钻完井工程、深水平台工程、水下生产系统、深水流动安全、深水海管及立管等设计技术。

第一节　深水油气田开发的典型工程模式

深水油气田开发不同于浅海油气田开发,它具有更高的技术风险和经济风险,一般呈现以下特征:

(1)海洋环境恶劣;
(2)离岸远;
(3)水深增加将使平台负荷增大;
(4)平台类型多种多样;
(5)钻井难度大和费用高;
(6)海上施工难度大、费用高和风险大;
(7)油井产量高。

由于上述特点及浮式平台的多样性,深水油气田开发工程模式也呈现多种多样的特点,因此,深水油气田开发面临更多的方案选择,确定经济合理的油气田开发工程模式是前期研究阶段的主要任务。

深水油气田开发工程模式可以根据采油方式(谢彬等,2007)不同分为湿式采油、干式采油和干湿组合式采油三种。干式采油是将采油树置于水面以上甲板,井口作业(包括钻井、固井、完井和修井等)均可在甲板进行,井口布置相对集中,平台甲板为了容纳水上采油树的井槽需要足够大的甲板面积,其大小取决于井数和井间距,上部设备只能布置在井区周围,甲板设置大量的生产管汇和可滑移的钻机(或修井机),因此甲板面积需求较大。湿式采油是将采油树置于海底或水中,所有的井口作业(包括钻井、固井、完井和修井等)均需要在水下进行,水下井口分散布置,平台需要设置立管、水下防喷器（BOP）和水下采油树通过的月池，立管和 BOP 的操作及存放需要较大的甲板，但管汇集成在水下，钻机（修井机）固定，所以甲板面积相对较小。干湿组合式采油模式是将湿式采油和干式采油联合应用的开发工程模式，如果地质油藏分布呈集中和分散的双重特征，一般需要采用干湿组合式采油模式。

深水油气田开发工程模式还可以按照是否有海底管道到陆上/终端，分为半海半陆式和全海式。半海半陆式是指海上油气需要通过海底管道集输系统到陆上终端进行油气处理，全海式是指全部油气处理都在海上，不需要铺设海底管道，也不需要陆上终端。

深水油气田开发工程模式的两种分类方法分别从不同的角度进行分类，相互补充。前者是根据采油方式不同分为湿式采油、干式采油和干湿组合式采油三种（谢彬等，2021）。后者是根据油气处理的位置、是否有海底管道和终端等进行分类，是海洋油气田开发常用的分类方式，适合于深水和浅水油气田开发。根据采油方式不同分为湿式采油、干式采油和干湿组合式采油三种开发模式更适合于深水油气田开发的特点。深水油田和深水气田由于油气藏性质不同，开发工程模式也会有所不同；因此下面重点分深水油田和深水气田分别就湿式采油、干式采油两种工程模式进行介绍。

一、深水油田开发的典型工程模式

1. 干式井口为主的深水油田开发典型工程模式

1）TLP/SPAR+FPSO 工程模式

TLP/SPAR 作为干式井口和钻井/修井平台，在 FPSO 进行油气处理，处理的原油用穿梭油轮外运。该工程模式只适用于油田，是一种全海式工程模式。ExxonMobil 公司在安哥拉的 Kizomba 油田开发采用 TLP+FPSO 工程模式。Murphy 公司在中国南海中南部的 Kikeh 油田（水深 1300m）开发采用 SPAR+FPSO 工程模式，如图 2-1-1 所示。

图 2-1-1　SPAR+FPSO 工程模式图

2）TLP/SPAR+外输管道工程模式

TLP/SPAR 既作为干式井口、钻井/修井平台，又作为原油处理平台，处理后的原油通过外输管道到终端,是一种半海半陆式油田开发工程模式。Shell 公司在马来西亚海域 Malikai 油田(水深 470m)开发采用 TLP+外输管道的工程模式,如图 2-1-2 所示。

图 2-1-2　TLP+外输管道工程模式图

2. 湿式井口为主的深水油田开发典型工程模式

1)水下生产系统+FPSO 工程模式

FPSO 无法实现干式采油,通过水下井口回接到 FPSO 实现深水油田开发。水下井口可以直接回接到 FPSO,也可以是多个水下井口通过管汇后再通过管道回接到 FPSO,在 FPSO 上原油处理储存后定期实现外输,是一种全海式工程模式。水下井口只能通过钻井船或半潜式钻井平台等实现预钻井,修井需要采用专门的修井装置来实现。中国南海的 LF22-1 深水油田(水深 330m)开发采用水下生产系统+FPSO 工程模式,如图 2-1-3 所示。

图 2-1-3　LF22-1 深水油田开发采用的水下生产系统+FPSO 工程模式图

2）水下生产系统+FPSO+SEMI 工程模式

该工程模式类似水下生产系统+FPSO，不同之处是通过半潜式平台（SEMI-FPS）实现水下井口的钻井和修井服务，同时 SEMI-FPS 平台可为水下生产系统提供电力、化学药剂等供应，是一种全海式工程模式。中国 LH 11-1 油田（水深 300m）开发采用典型的生产系统+FPSO+SEMI-FPS 工程模式，如图 2-1-4 所示。

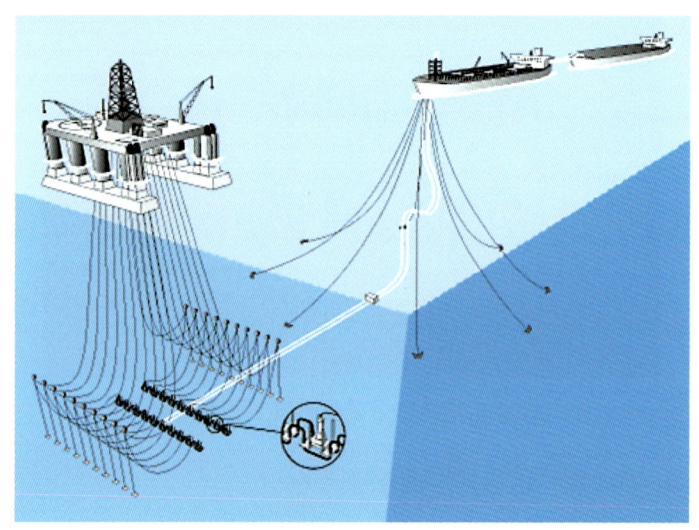

图 2-1-4　LH 11-1 油田开发采用的生产系统+FPSO+SEMI-FPS 工程模式图

3）水下生产系统+FPSO+外输天然气管道工程模式

该工程模式适合于天然气量比较大的深水油田开发，是一种半海半陆式的油田开发工程模式，FPSO 无法实现干式采油，通过水下井口或管汇回接到 FPSO，在 FPSO 上进行油气处理，处理后合格的原油储存在 FPSO 后定期通过穿梭油轮外输，处理后满足管道输送的天然气进入天然气管道进行外输。中国海油在尼日利亚的 AKPO 深水油气田开发采用这种工程模式（图 2-1-5）。该油气田采用水下井口回接到 FPSO 进行油气处理，原油通过穿梭油轮外输，天然气通过 150km 的海底管线输送到 Amenam/Kpono 浅水平台后再和浅水平台的天然气混合后输送到终端 Bonny LNG 厂进行处理。

4）水下生产系统+FDPSO 工程模式

该工程模式类似于水下生产系统+FPSO，FDPSO 是一种具有钻井、修井、处理、储存和装卸于一体的装置。目前世界上仅有一艘 FDPSO 投入运行，Murphy 公司在西非刚果 Azurite Marine 油田开发中采用了水下生产系统+FDPSO 工程模式（图 2-1-6）。

5）水下生产系统回接到现有设施工程模式

水下生产系统回接到现有设施这种工程模式是在深水油田开发中首先要考虑的模式之一，若可行，它可能是比较经济的油田开发工程模式。回接方式包括回接到现有的浮式设施或固定平台或者直接回接到岛礁或者陆上终端。

水下井口可以直接回接到浮式设施，水下井口也可以通过先回接到管汇再通过管道回接到浮式设施。浮式设施可以是浮式平台（TLP/SPAR/SEMI-FPS），也可以是 FPSO。

浮式设施可以放在水下井口附近海域，也可以放在距离比较远的海域。回接距离受到水下井口压力、水下处理和增压设备、水下控制和电力供应等技术限制，目前世界上水下生产系统最长回接距离为69.8km，位于Shell公司在墨西哥湾的Penguin油田。

图 2-1-5　AKPO 深水油气田开发工程模式图

图 2-1-6　Azurite Marine 油田开发采用的水下生产系统 +FDPSO 工程模式图

二、深水气田开发的典型工程模式

1. 干式井口为主的深水气田开发典型工程模式

TLP/SPAR＋外输管道是干式井口为主的深水气田开发的典型工程模式，与深水油田开发不同之处是天然气无法在TLP/SPAR储存，需要在TLP/SPAR平台上处理后通过海底管道外输；因此 TLP/SPAR＋外输管道是常用的干式井口为主的深水气田开发工程模式，TLP 和 SPAR 投产应用最多的是在墨西哥湾海域，管网成熟，因此 TLP/SPAR＋外输管道是墨西哥湾深水气田开发的典型工程模式。科麦奇石油公司（Kerr-McGee 公司）在墨西哥湾的 Red Hawk 深水凝析气田（水深 1615m）开发中采用 SPAR＋外输天然气工程模式，在 SPAR 实现干式采油，同时投产后期通过较远的水下生产系统回接到 SPAR 上实现干式和湿式井口相结合的工程模式；在 SPAR 进行天然气处理后进入外输管道实现外输。

2. 湿式井口为主的深水气田开发典型工程模式

1）水下生产系统＋SEMI＋外输管道工程模式

该工程模式是一种半海半陆式的深水气田开发工程模式，通过水下井口或管汇回接到 SEMI-FPS，在 SEMI-FPS 上进行油气处理，处理后的原油和天然气可以分别进入输油管道和输气管道，也可以是原油和天然气混合后进入油气混输管道。墨西哥湾的 Na Kika 深水油气田就是采用水下系统回接到 SEMI-FPS 上进行油气处理后，原油和天然气可以分别进入输油管道和输气管道（图 2-1-7）。

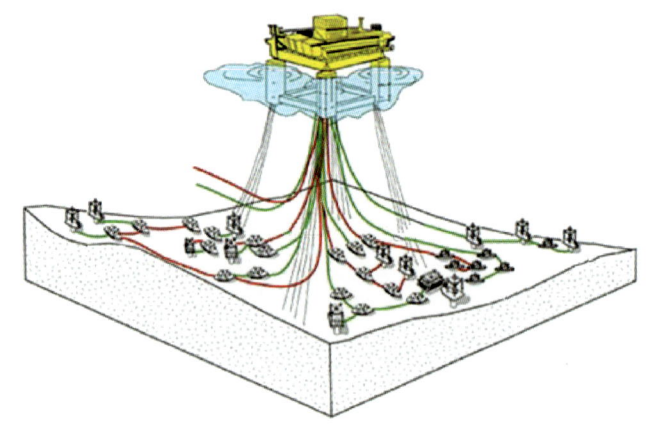

图 2-1-7 Na Kika 深水油气田开发工程模式图

2）水下生产系统＋浅水平台＋外输管道工程模式

深水气田开发水下生产系统回接到浅水平台处理后再外输到终端是深水气田开发中重要工程模式之一，这种工程模式与水下生产系统回接到 SEMI-FPS 处理后再外输的区别在于浅水平台取代了置于深水区的 SEMI-FPS 平台，降低了平台设施的费用，但增加了水下回接管道和水下脐带缆等费用，要保证回接系统的流动安全。

中国南海海域共有 2 个已投产的深水气田，分别是该海域北部的 LW3-1 深水气田和中南部的 Malampaya 深水凝析气田，这两个气田主要采用水下井口回接到浅水平台，在浅水平台处理后天然气通过管道外输上岸。

LW3-1 深水气田是中国第一个真正意义上的深水油气田，位于南海东部，香港东南 300km 处，平均水深 1500m，在 2014 年 3 月全面建成投产。LW3-1 深水气田探明储量为

$1000\times10^8\sim1500\times10^8m^3$,年产量可望达到 $50\times10^8\sim80\times10^8m^3$。作业者是 Husky 公司。开发模式:水下井口通过 2 根 22in 海底管线回接 79km 到位于 200m 水深浅水平台,在平台处理后的天然气和凝析油混合后通过 1 根 30in 外输管线到珠海高栏终端进行最终处理(图 2-1-8)。LW3-1 深水气田于 2014 年 3 月正式投产。

图 2-1-8　LW3-1 深水气田开发工程模式图

Malampaya 深水凝析气田位于菲律宾群岛西部的巴拉望岛西北 80km 的 Service Contract 38(SC38)区块,水深为 850m,可采天然气储量为 $707.5\times10^8m^3$;Malampaya 深水凝析气田于 1995 年发现,2001 年 10 月 1 日正式投产,作业者是 Shell Philippines Exploration B.V. 公司。开发工程模式为位于水深为 820m 的 5 口水下采油树(水平采油树)通过跨接管与管汇(10 端口,可以接入 10 口井)相连,将采出的天然气通过 2 根 16in 的海底管线回接到距离 30km、水深为 43m 的重力式固定平台上进行油气处理,处理后(稳定)的凝析油储存在重力式平台下面的储油箱中定期(通常为每 2 个星期)通过穿梭油轮运走,处理后的天然气(脱水、烃露点控制)通过 1 根直径为 24in、长度为 504km 的海底管线输送到陆上的三个天然气发电厂进行发电。

3)水下生产系统 + 回接管道 + 陆上终端工程模式

"水下生产系统 + 回接管道 + 陆上终端"工程模式,天然气不需要经过海上浮式设施/固定平台进行处理,直接由水下生产系统通过回接管道到陆上终端再进行天然气处理。这种工程模式的回接距离受到水下井口压力、水下处理和增压设备、水下控制等技术限制,世界上水下生产系统直接回接到终端典型的项目为位于挪威北海的 Snøhvit 气田(平均水深 330m),水下回接距离约为 143km,作业者为挪威国家石油公司(图 2-1-9)。

4)水下生产系统 +FLNG 工程模式

FLNG 类似于 FPSO,不能实现干式采油,只能通过水下生产系统回接到 FLNG 装置上进行天然气处理、液化和储存、装卸等(谢彬等,2012)。

通常为节约水下回接海管长度,降低海管投资,可将 FLNG 直接置于气藏附近区域;

在这种工程模式中，FLNG 需要具备完整的天然气处理、液化和储存、装卸等功能，宜采用新建的 FLNG 装置，不会考虑改造的 FLNG 装置（谢彬等，2016）。目前已经投产的马来西亚 Petronas Kanowit FLNG 项目和澳大利亚 SHELL Prelude FLNG 项目都是采用将 FLNG 置于气藏附近区域，通过海管回接到 FLNG 装置。

图 2-1-9　Snøhvit 气田开发工程模式图

（1）Petronas Kanowit FLNG 项目。

世界上第一艘新建的 FLNG 于 2017 年 1 月在中国南海九段线内 Kanowit 气田正式投产，作业者为马来西亚国家石油公司（Petronas），水深 70m，离岸距离 180km，规模为 120×10^4t（LNG）/a，LNG 舱容为 $17.7 \times 10^4 m^3$，FLNG 主尺度：长 365m、宽 60m、高 33m，采用 APCI 公司的双氮膨胀液化工艺，采用外转塔系统，该 FLNG 在韩国大宇船厂建造（图 2-1-10）。

图 2-1-10　Petronas 公司 Kanowit FLNG

（2）Shell Prelude FLNG 项目。

Prelude FLNG 位于澳大利亚海域，作业者为 Shell 公司，距离终端 200km，水深 250m，主尺度：长 488m、宽 74m、高 40m，钢结构重：260000t，满载排水量：600000t；年产量：360×10^{4}t LNG，采用双混合制冷液化工艺；在韩国三星重工船厂建造，投资约 120 亿美元。2017 年 6 月 29 日离开韩国三星船厂，安装和调试需要花费 9～12 个月时间，该项目在 2018 年底正式投产（图 2-1-11）。

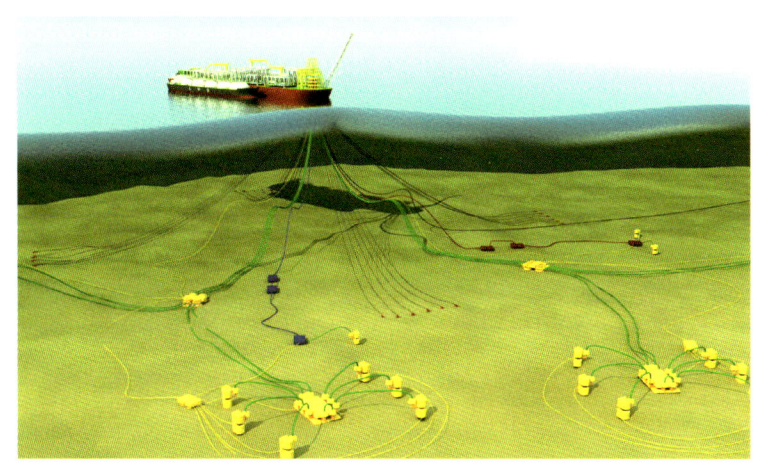

图 2-1-11 Shell 公司 Prelude FLNG 示意图

如果陆上生产的天然气在当地没有天然气的需求，需要通过液化处理后以 LNG 销售进入外部市场（谢彬等，2017），可以将 FLNG 置于靠近终端附近，在 FLNG 上进行天然气处理、液化、储存和装卸等，也可以将天然气在陆上终端进行净化处理，在 FLNG 上只进行液化，FLNG 上也可以只进行临时储存，在 FLNG 附近可以布置 LNG 运输船进行长期储存 LNG 产品。FLNG 功能的设定以及 FLNG 采用新建和改造等需要通过技术和经济分析进行最终确定。

三、深水油气田开发工程模式选择的原则

深水油气田开发工程模式选择需要考虑：油藏规模、油品性质、钻完井方式、井口数量、开采速度、采油方式（干式或湿式开采）、原油外输（外运）方式、油（气）田水深、海洋环境、工程地质条件、现有可依托设施情况、离岸距离、施工建造和海上安装能力、地方法规、公司偏好和经济指标等。深水油气总体开发工程模式的确定是综合考虑上述各种因素的结果，同时还要考虑技术上的可行性，最大限度地降低技术和经济上的风险，使得油气田在整个生命周期内都能经济有效地开发，如取得最大的净现值、最大的内部收益率和最短的投资回收期等。

影响深水油气田开发工程模式选择的因素很多，但归纳起来主要体现在：油气田开发条件和要求，各类浮式设施的特点以及平台功能要求。

1. 油气田开发条件和要求

深水油气田开发工程模式及其生产设施首先必须满足油田开发的条件和要求，这方面的因素主要包括：

（1）油气藏特征。油气藏的集中或分散、油气藏以油为主还是以气为主均是油气田开发工程模式的首要考虑因素。集中的油气藏一般采用丛式开发井方式，分散的油气藏可考虑水下井口回接方式；油田开发需要考虑原油储存和外输方式，气田开发更适合采用水下井口开发方式。

（2）油气产量。可采油气量决定生产设施的规模，可采油气量小可采用水下设施回接到附近平台上的工程模式，边际油气田可采用小型低成本的平台来开发，大型油气田可采用 TLP 或 SPAR 或 SEMI-FPS+ 外输管线或 FPSO 模式来开发。

（3）水文环境条件。环境条件决定一些浮式平台类型的选用，恶劣的环境会引起浮式平的运动响应过大，比如，当水深较深时，可能优先考虑 SEMI-FPS、SPAR 或 FPSO 等浮式设施。

（4）水深。水深直接影响平台类型的选择，直接影响到平台的技术可行性和工程费用，同时对系泊系统和立管系统的选择有重要影响。

（5）油田离岸距离。油气田离岸距离的远近影响到总体开发工程模式：离岸近，可能考虑采用海底管道外输上岸工程模式；离岸远，可能考虑全海式开发工程模式，利用 FPSO 进行原油储存和外输。

（6）有无现有依托设施。充分利用海上现有工程设施是最有经济效益的开发工程模式，如果具有依托条件，应优先考虑依托开发工程模式。

（7）开发井布置及数量。开发井的布置模式（分布或丛式）将影响开发工程的钻井和工程设施的方案，距离较远的分布式油藏构造可考虑采用水下井口设施开发，井数较多的丛式开发井布置可采用干式采油平台（如 TLP 或 SPAR）开发，而开发井的数量影响到平台的规模。

（8）修井作业频率。修井作业频率高时一般采用干式采油树，修井作业频率低时一般采用湿式采油树，干式采油和湿式采油会影响到平台的选型和平台设施的配置不同。

（9）作业人员的安全风险。人员安全风险随油田开发工程模式不同会有所差异，不同的平台形式会因其结构响应和水动力响应的不同导致安全风险的差别，良好的平台设计应具备适当的完整稳性和破损稳性的冗余度、足够的疲劳强度和性能良好的结构韧性。依据上述各因素对项目安全、费用和计划上的综合评估结果来确定深海油气田开发工程方案。

2. 各式浮式平台的特点

深水浮式平台是深水油气田开发方案中最主要的设施，在确定总体方案后，应依据各类平台的特点和适应性，选择合理的平台类型。表 2-1-1 给出各型浮式平台的特点，供选择平台类型时参考。

表 2-1-1 各种平台选择方案

平台类型	TLP	SPAR	FPSO	SEMI-FPS
采油树类型	干式，可回接湿式	干式，可回接湿式	湿式	湿式
钻井/修井能力	有（受限）	有（可偏移钻井）	无	有
井槽数量	多（8～76个）	受限（8～20个）	多（9～59个）	多（15～42个）
甲板布置	较易	较难	易	较易
上部重量	受限（敏感）	中等	高	中等
储油能力	无	可能	有	无
外输形式	管线/其他形式	管线/其他形式	油轮	管线/其他形式
早期生产	不可以	不可以	可以	可以
适应水深范围/m	600～2000	500～3000	20～3000	30～3000
运动性能	稳定	比较好	中等	中等
可迁移性	困难	中等	容易	容易
立管形式	TTR/SCR	TTR/SCR	柔性管/SCR	柔性管/SCR
油田投资规模/亿美元	6～15	7～12	10～34	29～54

由于采用干式井口和湿式井口对于前期投资和维护/维修费用有直接影响。下面分别就干式/湿式井口和适于干式/湿式井口的平台类型和特点加以说明。

（1）干式/湿式采油树的特点。

干式采油树的特点：可直接进行修井作业及对采油树维护，干式采油树适于油层深且集中的油藏。采用干式采油树的不足是钻井可控制的油藏面积受限，干式采油树可能会投资高，但检测容易和维护费用低。

湿式采油树的特点：井口位置灵活，特别适于油气田面积大或分散的油藏，可控制的油气田面积大。若附近存在可供利用的现有设施，如固定平台、FPSO、TLP、SPAR或SEMI-FPS等，则前期投资小。湿式采油树适于超深水开发，特别适于高温高压井。采用湿式采油树的不足是水下采油树和控制系统复杂，若平台没有钻井设施，通常要动用移动式钻井船钻井/修井，钻井/修井费用高。

（2）干式/湿式井口的深水浮式平台的特点。

TLP和SPAR适用干式采油树，前期投资高，但检测容易和维护费用低。TLP和SPAR适于钻多口井，平台钻机利用率（钻井速度）高，适于修井频繁高的情况，特别适用于油层深且集中的油气田。若采用TLP和SPAR钻水平井，则可能非常昂贵。

对于面积大或分散的油田，更适于使用FPSO和SEMI-FPS，这时必须采用湿式采油树，通过管线和管汇连接水下井口，然后回接到 FPSO 或 SEMI-FPS。由于采用湿式采油树，水下采油树和控制系统复杂，若平台没有钻井设施，通常要动用移动式钻井船钻井 / 修井，钻井 / 修井费用高。SEMI-FPS 虽然有钻井 / 修井能力，但仅可维修自己范围内的水下井口。通常动用钻井船费用是比较昂贵的，而且要事先做好计划安排，并不是随叫随到。

（3）干式井口的 TLP 和 SPAR 平台适应的水深。

水深在 1500m 以内，采用 TLP 和 SPAR 两种类型的平台没有太大的差别，主要根据用户的偏好选择。

由于 TLP 平台的张力腿长度与水深呈线性关系，水深越深则张力腿的重量增加越大，其费用非常昂贵，加之 TLP 平台对有效荷载敏感，张力腿的适用水深通常认为应限制在 2000m 以内。若在超深水（超过 1500m）采用干式采油树时，则采用 SPAR 比 TLP 更经济。

在选择深水油气开发放案时，除了要考虑上述各种投资因素外，有时还可以考虑 TLP、SPAR、FPSO 和 SEMI-FPS 各型平台特点的互补。这些特点主要集中在：适应水深的能力、钻井 / 修井和维护的需要、采用干式采油树还是湿式采油树、对有效载荷的敏感性、平台的运动性能、外输（外运）方式等。特别是既有集中油藏又有分散油藏的情况下就要考虑使用干式 / 湿式井口平台的搭配。上述 4 种平台设施具有自己的特点和适用范围，在自己的特长范围内就可能最经济，并不能仅单靠油气田的投资规模大小来衡量。

结合中国南海深水油气田的特点，在水深小于 1500m 的水域，TLP/SPAR 有应用优势；在水深超过 1500m 的水域，SEMI-FPS 和 SPAR 有应用优势。

3. 平台的功能要求

为实现钻井、生产和外输等作业要求，浮式平台一般需要满足以下要求：

（1）足够的甲板面积、承载能力，以及储油和储水能力。

（2）在环境荷载作用下具有可接受的运动响应。

（3）足够的稳性。

（4）能够抵御极端环境条件的结构强度。

（5）具有抵御疲劳损伤的结构自振周期。

（6）有时需要适应平台多功能的组合。

（7）可运输和安装。

没有哪种平台能够完全提供上述所有要求的最优功能，所以，每个油气田开发项目都需要根据油气田的具体情况，从各种类型的浮式结构中筛选出较为优化的平台类型。因为上述要求有些是互相矛盾的，比如稳性优异的平台可能导致过大波浪运动，因此，为了解决上述矛盾，海洋石油工业开发了各种类型的浮式平台概念，这些概念呈现出不同的特点，表现出不同的优势和不足。如果深水油气藏埋藏较深且集中，则可选用以 TLP 或 SPAR 与 FPSO（或 FSO）联合开发的模式，其中 TLP 可适用于油藏集中需要井口多的情况，而小型 TLP 和 SPAR 适用于需要井口少的情况。这种开发模式还可适用于同时有分散油藏的情况，这时水下井口可回接到 TLP 或 SPAR，也可直接回接到 FPSO，产出的原油通过穿梭油轮外运。

如果深水油气藏埋藏较浅或者分散，则可选用以 FPSO 与水下井口联合的开发模式，可回接水下井口数量取决于油藏面积大小。若考虑有钻修井需要，还可采用 FPSO 与 SEMI-FPS 或 SEMI-FPS 与 FSO 联合开发的形式。

第二节　深水钻完井工程设计技术

本节主要介绍深水钻井工程设计技术，内容主要包括深水表层钻井设计技术、深水地层孔隙压力预测技术、深水井身结构设计技术、深水钻井水力学设计技术和深水钻井井控设计技术。

一、深水表层钻井设计技术

深水导管下入方式主要有钻入法和喷射法。钻入法按照常规钻井、下套管、固井程序下入表层套管；喷射法利用钻头水射流和管串的重力，边喷射开孔边下导管，将导管下到位，钻至预定井深后，静止管串，利用地层的黏附力和摩擦力稳固住导管，然后脱手送入工具并起出管内钻具，从而完成导管的安装，喷射作业能够节省作业时间。钻入法与喷射法的选择主要取决于土壤强度，在深水海底软黏土环境条件下主要采用喷射法。

喷射法钻井时钻井液返出不通过导管和井眼的环空，而是通过导管和管内钻具的环空从送入工具上的返出口返出。钻井过程中必须监测浅层水流，以降低由浅层水流带来的风险。为了控制浅层水流的影响，需要利用动态压井系统来实现钻井液密度的快速调整，使压井钻井液当量密度保持在地层压力和破裂压力窗之间。

喷射导管钻井时使用随钻测井 MWD 监控井斜角变化，同时喷射钻孔下导管到位后不需固井，静止管串一段时间，等待疏松地层收缩稳固住导管，然后倒开送入工具，起出管内钻具，施工即告完成。喷射导管深度需要根据海底土壤性质和导管承重等因素分析计算，一般来说，墨西哥湾海域喷射导管深度在 80m 左右。

对于喷射法下导管，要建立合理的导管下入深度计算模型，就必须考虑导管载荷、导管尺寸、导管与海底土的胶结力、海底土性质等因素影响。导管的轴向载荷是影响其下入深度的主要因素，其轴向载荷大致由 4 部分组成：管柱上提载荷、底部钻压、导管自重、钻柱自重和侧壁摩擦力，如图 2-2-1 所示。

由导管受力分析，在喷射下入过程中垂直方向上可得如下受力平衡方程：

$$N_{上}+N_{f}+W_{钻压}=W_{导管}+W_{钻柱} \quad (2-2-1)$$

式中　$N_{上}$——上提管柱的轴向载荷，kN；

$W_{导管}$——导管在海水中的重量，kN；

$W_{钻柱}$——钻柱在海水中的重量，kN；

$W_{钻压}$——喷射过程中施加给海底土的压力，kN；

N_f——导管侧向受到的摩擦力，kN。

只有当 $N_f \geqslant W_{导管} + W_{钻柱}$ 时，导管才能保持稳定，而不发生失稳下陷。

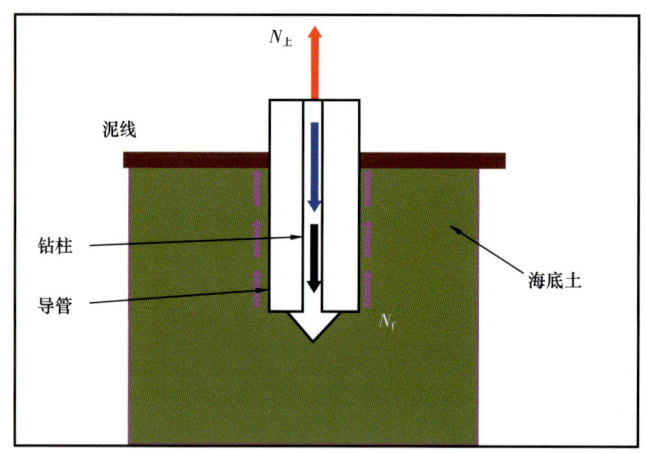

图 2-2-1　导管下入受力示意图

在给定载荷条件下导管入泥深度（H）计算模型为：

$$H\pi D f(t) - W \geqslant 0 \quad (2\text{-}2\text{-}2)$$

表层导管最小入泥深度计算模型为：

$$H_{\min} = \frac{W}{\pi D f(t)} \quad (2\text{-}2\text{-}3)$$

式中　$H_{\min}$——表层导管最小入泥深度，m；

H——导管入泥深度，m；

W——给定的管柱载荷（包括导管自重），kN；

D——导管外径，m；

$f(t)$——导管与海底土之间单位面积的摩擦力，其大小取决于海底土与导管接触时间长短，kN/m²。

可以看出，导管的下入深度与导管上部所受的载荷、导管直径、导管壁厚、侧向摩擦力有关。由于导管的直径和壁厚一般是确定的，所以导管的入泥深度只与导管上部所受的载荷和侧向摩擦力有关。

采用喷射法下入导管过程中，钻井导管与周围海底土之间的摩擦力，与喷射后的静止时间有很大关系。由模拟试验得知：导管与海底土固结强度随时间变化关系如图 2-2-2 所示。

导管桩与海底土之间的摩擦力随着时间的变化规律可用式（2-2-4）表达：

$$\tau = 0.0026 \ln t - 0.0002 \quad (2\text{-}2\text{-}4)$$

式中　τ——导管与海底土之间的单位面积摩擦力，MPa；

t——导管与海底土之间的作用时间，h。

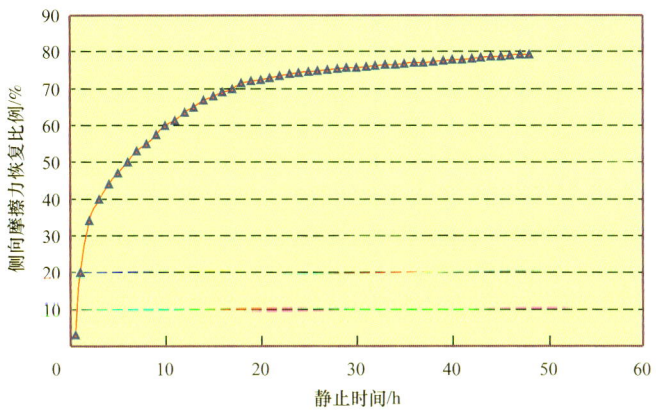

图 2-2-2 导管与海底土固结强度随时间变化关系曲线

根据喷射导管侧向摩擦力计算结果，在实际施工过程中可根据现场给定的施工时间来确定合理的钻井导管下入深度。

导管套管强度计算与校核：

（1）抗挤强度。套管在外挤压力作用下的破坏与受压杆件的破坏相似，根据径厚比不同可分为失稳破坏和强度破坏两种形式。径厚比较大时属于失稳破坏，即当外力达到某一临界值时，套管产生弯曲变形而被挤扁。当径厚比较小时属于强度破坏，即当外压力达到某一值时，套管管壁发生强度破坏。API 标准根据套管外径与壁厚比值和套管材料屈服强度，将套管抗挤毁压力的计算分为 4 种公式分别进行计算，即屈服强度挤毁压力、塑性挤毁压力、塑弹性挤毁压力和弹性挤毁压力，这 4 种公式应用的范围取决于径厚比的大小。

（2）抗内压强度。套管的内压破坏发生于管体爆裂、接箍断裂或接箍压漏。为此，API 对套管和油管规定了两项附加的抗内压强度，三者中的最低值作为套管或油管的抗内压强度。

（3）钻压的控制与设计。喷射导管钻井的主要控制参数为钻压。保持合适的钻压，一方面可以保证导管在施工过程中处于垂直状态，另一方面保证钻具外环空畅通，确保钻井液从导管和管内钻具之间返出。如图 2-2-3 所示，为喷射导管钻井时位于泥线以下的管串浮重和导管入泥深度的对应关系，并由此绘制出钻压区间。最大喷射管串总质量为导管管串、管内钻具组合、井口头短节和送入工具在海水中的质量之和。钻压控制的原则是：用钻入泥线以下管串自身重力钻进，保持泥线以上导管和钻杆处于垂直拉伸状态，即保持中和点在泥线以下，控制钻压大于入泥导管的重力，小于入泥喷射管串总重力。

二、深水地层孔隙压力预测技术

1. Alixant 方法

Alixant 和 Desbrandes 像 Bryant 一样利用了一个双单元模型来定义孔隙压力。提出这种新方法的原因是之前的方法中存在两个困难。这些困难是建立一个该地区的趋势线以及寻找岩石物理量之间的经验关系，如测井数据和孔隙压力梯度之间。该方法与之前 Holbrook 和 Bryant 一样有两个相同的单位，岩石物理的单位和机械单位（李梦博等，2018）。

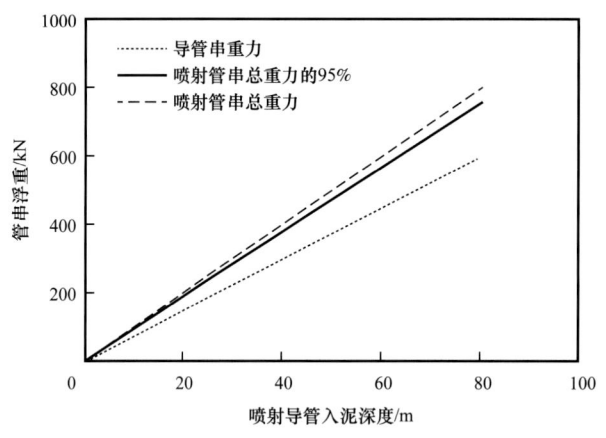

图 2-2-3　喷射导管钻压设计曲线

岩石物理单位估算了泥页岩孔隙度，其是孔隙压力的指标。而机械单位则利用 Terzaghi 有效主应力和孔隙—有效应力关系来估算孔隙压力。这两种方法的方程和假设都不同。

Alixant 和 Desbrandes 利用 Perez-Rosales 方程来获得孔隙度：

$$R_o / R_w = 1 + G\left[(1-\phi)/(1-\phi_r)\right] \quad (2-2-5)$$

式中　R_o，R_w——油层、水层电阻率，$\Omega \cdot m$；

G——表征颗粒形状与圆球颗粒差异的地质因素；

ϕ——地层孔隙度，%；

ϕ_r——剩余孔隙度，它不会影响电导率。

这些参数会随着地层岩性的变化而变化。

和 Bryant 一样，他们也假设页岩孔隙中的水的电阻率在全井中是常数。然而，Alixant 和 Desbrande 在他们的模型中还是引入了温度修正系数。他们利用式（2-2-6）计算边水电阻率的真实值：

$$R_{wb} = 297.6 T^{-1.76} \quad (2-2-6)$$

式中　R_{wb}——边水电阻率，$\Omega \cdot m$；

T——温度，°F。

为了计算模型中所需的孔隙度，他们利用 Perez-Rosales 公式计算孔隙度。他们利用地层一维压缩成形机理，利用 Perez-Rosales 公式计算垂直有效应力：

$$\sigma_{eV} = 10^{(r-r_i)(1-I_c)} \quad (2-2-7)$$

其中

$$r=\phi/(1-\phi) \qquad (2-2-8)$$

式中 σ_{eV}——垂直有效应力，MPa；

r——孔隙比；

r_i——初始孔隙比；

I_c——压缩指数。

可以从给定地层的实验室岩心分析中得到 I_c 和 r_i。在得到 σ_{eV} 之后，他们利用 Biot 多孔弹性理论和有效应力发展计算孔隙压力。

$$\sigma_{eV}=S_V-\alpha p_p \qquad (2-2-9)$$

式中 S_V——上覆岩层压力，MPa；

α——Biot 系数，取 1；

p_p——孔隙压力，MPa。

这个方法中还需要 G、ϕ_r、I_c 和 r_i 作为标定系数，但是对于一个新的地区，要获得这么多参数是十分困难的。

2. Eaton 方法

Eaton 法是预测孔隙压力应用最广泛的定量方法之一。该方法是 Eaton 根据墨西哥湾等地区经验及理论分析建立起来的地层孔隙压力与测井参数之间的关系式。

根据计算中运用的数据不同，有以下 5 种不同的 Eaton 方程。

（1）电阻率法：

$$p_p = p_{OBG} - (p_{OBG} - p_{PN})\left(\frac{R_0}{R_N}\right)^n \qquad (2-2-10)$$

（2）电导率法：

$$p_p = p_{OBG} - (p_{OBG} - p_{PN})\left(\frac{C_N}{C_0}\right)^n \qquad (2-2-11)$$

（3）声波时差法：

$$p_p = p_{OBG} - (p_{OBG} - p_{PN})\left(\frac{\Delta t_N}{\Delta t_0}\right)^n \qquad (2-2-12)$$

（4）层速度法：

$$p_p = p_{OBG} - (p_{OBG} - p_{PN})\left(\frac{v_0}{v_N}\right)^n \qquad (2-2-13)$$

（5）Dc 指数法：

$$p_p = p_{OBG} - (p_{OBG} - p_{PN})\left(\frac{d_{c0}}{d_{cN}}\right)^n \quad (2\text{-}2\text{-}14)$$

式中 p_p——孔隙压力，MPa；

p_{OBG}——上覆岩层压力，MPa；

p_{PN}——静液柱压力，MPa；

R_N，R_0——正常压实泥岩电阻率、测井确定的泥岩电阻率，$\Omega \cdot m$；

C_N，C_0——正常压实泥岩电导率、测井确定的泥岩电导率，S/m；

Δt_N，Δt_0——正常压实泥岩声波时差、测井确定的泥岩声波时差，μs/ft；

v_N，v_0——正常压实泥岩层速度、测井或地震确定的泥岩层速度，m/s；

d_{cN}，d_{c0}——正常压实泥岩钻井 d_c 指数、实钻泥岩 d_c 指数；

n——Eaton 指数，由区域规律或实钻数据确定。

Eaton 方法实质上是反映的由于泥岩欠压实造成的异常高压，对其他因素引起的异常高压，该方法不适用。

3. 简易方法

中国石油大学（北京）樊洪海教授于 2005 年提出了一个关于复杂地层地层孔隙压力求取的新技术。他针对泥质沉积物沉积压实特点及不平衡压实造成异常高压，利用声波速度计算泥页岩地层垂直有效应力。

$$v = a + k\sigma_{eV} - be^{-d\sigma_{eV}} \quad (2\text{-}2\text{-}15)$$

式中 v——声波速度，m/s；

a，k，b，d——与地区相关的模型系数；

σ_{eV}——垂直有效应力，MPa。

$$p_p = p_0 - p_e \quad (2\text{-}2\text{-}16)$$

式中 p_p——地层孔隙压力；

p_0——上覆岩层压力，MPa。

该模型能够很好地反映泥质沉积物压实过程中声波速度随垂直有效应力的变化情况。当垂直有效应力较小时（沉积厚度较薄，上覆地层压力小），声波速度随垂直有效应力增加很快，主要呈指数形式增加，这对应于沉积物压实初期孔隙度随深度减少较快的情况。随垂直有效应力的进一步增加，声波速度与垂直有效应力的关系逐渐线性化，垂直有效应力越大，这种线性化的程度越高；当垂直有效应力达到一定程度时，声波速度随垂直有效应力增加的趋势逐渐变缓，最后不再随垂直有效应力增加而增加，这时孔隙度已接近于零。

对于一定地区，模型参数 a、k、b 和 d 应为常数，现场一般采用两种方法确定：（1）可以根据上部正常压实段的声波速度 v 和正常孔隙压力条件下计算的相应的有效应力 p_0 进行非线性回归求得；（2）利用实测的地层孔隙压力及相应的声波时差测井或 VSP 测井的速度数据进行非线性回归求得。

该方法不用建立正常趋势线，且主要利用声波测井资料，因此使用起来比较方便，易于推广。多年来在国内多个地区的应用实践证明，该方法对泥岩为主的砂泥岩剖面适用性良好，精度较传统的正常趋势线方法高。

4. Bowers 方法

Bowers 研究了流体膨胀对于异常高压的影响。生烃或是黏土成岩作用中，会产生温度的升高，这将会引起地层流体的膨胀。通过声波测井可以发现这种现象。对于一给定的地区，一系列有效应力与声波速度的对应就可以显示出该地区压实的趋势。观察到的趋势显示了该地区为正常压实。Bowers 称之为"原始曲线"。Bowers 发现了很重要的一点，就是由于流体膨胀，所以欠压实并不会导致有效应力降低。如 Bowers 所言，欠压实的影响反映在声波测井上，通常是孔隙压力"冻结"。当有效应力降低时，就会发现声波速度读数上就会出现一个反向现象。如果除了原始曲线之外，还发现存在有效应力与声波速度的趋势，这种趋势就叫作"卸载"。

Bowers 提出，墨西哥湾的一些异常高压是由于流体膨胀造成的。根据 Bowers 的研究，Hottmann 和 Johnson 在他们的研究中准确地预测了孔隙压力，虽然他们并不知道这一个压力的形成机制是流体膨胀。

对于流体膨胀造成的孔隙压力，如果利用原始曲线代替卸载曲线预测孔隙压力，可能会低估孔隙压力。一种用于欠压实地区，另一种用于声波速度出现反向的地区。第一种方法类似于 Weakley 方法。这个方法中，通过标定孔隙压力的值，来调整该地区的声波速度比值的指数幂。

如果同时发现声波速度反向和流体膨胀的迹象，则使用第二种方法。这种方法过程如下，原始曲线可用如下公式表示：

$$v = 5000 + A\sigma^B \tag{2-2-17}$$

式中　v——声波速度，ft/s；

　　　σ——有效应力，psi；

　　　A，B——给定地区的曲线参数，通常由该地区的探井原始曲线获得。

卸载曲线可以用经验公式表示：

$$v = 5000 + A\left[\sigma_{\max}\left(\sigma/\sigma_{\max}\right)^{1/U}\right]^B \tag{2-2-18}$$

式中　U——卸载参数，它反映了沉积物的塑性变形。

Bowers 认为 U 通常在 3～8 之间变化。$U=1$ 表示不存在任何永久性变形，$U=\infty$ 表示沉积物处于最大变形的状态。利用观测到的最大声波速度 $v_{\max}$ 来计算 $\sigma_{\max}$，在这一点开始卸载。

$$\sigma_{\max} = \left(\frac{v_{\max} - 5000}{A}\right)^{1/B} \tag{2-2-19}$$

需要定义 U。可以通过给定一个速度从而定义一个应力 σ_{vc}，与原始曲线相交从而获得 U。

$$\sigma_{vc} = \left(\frac{v-5000}{A}\right)^{1/B} \tag{2-2-20}$$

可以通过式（2-2-21）获得 U：

$$(\sigma/\sigma_{max}) = (\sigma_{vc}/\sigma_{max})^U \tag{2-2-21}$$

所以可以通过 Eaton 修正方程和 Bowers 卸载曲线来估算一个井的孔隙压力。对于一口预钻井，这两套孔隙压力数据可以给定一个大概的孔隙压力范围。Bowers 可以分别利用声波速度和层速度来计算孔隙压力，计算方法如下：

（1）Browers 法—声波法。

d_{maxv} 为最大速度深度，也就是卸载发生时的深度。d 为总垂深。当 $d_{maxv} > d$ 时没有发生卸载，则：

$$p_p = p_{OBG} - \frac{\left(\dfrac{\dfrac{10^6}{\Delta t} - \dfrac{10^6}{\Delta t_{ml}}}{A}\right)^{(1/B)}}{d} \tag{2-2-22}$$

当 $d_{maxv} \leqslant d$ 时假设发生卸载，则孔隙压力为：

$$p_p = p_{OBG} - \frac{(\sigma_{max})^{(1-U)} \left(\dfrac{\dfrac{10^6}{\Delta t} - \dfrac{10^6}{\Delta t_{ml}}}{A}\right)^{(U/B)}}{d} \tag{2-2-23}$$

$$\sigma_{max} = \left(\dfrac{\dfrac{10^6}{\Delta t_{min}} - \dfrac{10^6}{\Delta t_{ml}}}{A}\right)^{(1/B)} \tag{2-2-24}$$

式中　Δt_{ml}——v_{max} 对应的声波时差；

A，B，U——经验值。

（2）Browers 法—层速度法。

当 $d_{maxv} > d$ 时没有发生卸载，则：

$$p_p = p_{OBG} - \frac{\left(\dfrac{v - v_{ml}}{A}\right)^{(1/B)}}{d} \tag{2-2-25}$$

当 $d_{maxv} \leqslant d$ 时假设发生卸载，则孔隙压力为：

$$p_{\text{p}} = p_{\text{OBG}} - \frac{(\sigma_{\max})^{(1-U)}\left(\dfrac{v - v_{\text{ml}}}{A}\right)^{(U/B)}}{d} \quad (2\text{-}2\text{-}26)$$

$$\sigma_{\max} = \left(\frac{v_{\min} - v_{\text{ml}}}{A}\right)^{(1/B)} \quad (2\text{-}2\text{-}27)$$

式中 v_{ml}——$v_{\max}$ 对应的层速度。

Bowers 给出的主要规则就是，检测所有测井曲线的趋势，包括电阻率、密度和声波测井。如果电阻率测井和声波测井曲线出现了反向现象，而密度测井没有这种现象，这可能就是出现卸载现象的预兆。这是因为电阻率和声波测井反映了岩石的传播性质，而密度测井反映了岩石的体积性质。Bowers 同时也利用了密度和有效应力数据对其公式进行了修正。他通过式（2-2-28）把声波速度和密度数据联系起来：

$$v = v_{\text{o}} + C(\rho - \rho_{\text{o}})^{D} \quad (2\text{-}2\text{-}28)$$

v_{o}、ρ_{o}、C 和 D 是由声波速度与密度测井关系曲线得到的。密度数据可以用于：

$$\rho - \rho_{\text{o}} = (\rho_{\max} - \rho_{\text{o}})\left(\frac{\rho_{\text{v}} - \rho_{\text{o}}}{\rho_{\max} - \rho_{\text{o}}}\right)^{\mu} \quad (2\text{-}2\text{-}29)$$

其中 $\rho_{\text{o}} = 1.03\text{g/cm}^3$，$\rho_{\text{v}} = 2.0\text{g/cm}^3$。

式中 ρ——当前密度，g/cm^3；

$\rho_{\max}$——卸载曲线与加载曲线相交处的密度，g/cm^3；

μ——弹性回跳系数，$\mu = 1/U$。

$$\rho_{\max} = \rho_{\text{o}} + \left[\frac{\rho - \rho_{\text{o}}}{(\rho_{\text{v}} - \rho_{\text{o}})^{\mu}}\right]^{1/(1-\mu)} \quad (2\text{-}2\text{-}30)$$

Bowers 方法既可以预测由于欠压实引起的异常压力，又可以预测由于其他原因引起的异常压力，只要符合卸载曲线，但只有在对地层的应力历史了解得比较清晰的情况下才有可能准确地确定预测方程中的参数。

三、深水井身结构设计技术

深水井身结构设计应充分考虑地层压力窗口和潜在的钻井地质风险，应特别关注浅层地质灾害，如浅层流和浅层气等问题，制订相应的应急措施和备用套管。合理的井身结构设计与钻前对不同井段钻井复杂风险进行预测是保证调整井钻井工作顺利高效完成的前提条件之一。井身结构设计的基本原则是满足钻井中同一裸眼段内的压力要求，同时也需要考虑地层情况与钻井复杂风险，合理的井身结构设计应来自安全钻井液密度窗口预测与钻井经验的统一认识。

1. 压力约束条件

钻井过程中,同一裸眼井段必须同时满足防喷、防井塌和防井漏的要求,即在考虑安全系数的前提下,同一裸眼段中使用的钻井液密度要高于孔隙压力和坍塌压力当量密度,低于破裂压力或漏失压力当量密度,其压力约束条件为:

防喷、防塌

$$\rho_{\max} = \max\left\{\left(\rho_{\mathrm{pmax}} + S_{\mathrm{b}} + \Delta\rho\right), \rho_{\mathrm{cmax}}\right\} \quad (2\text{-}2\text{-}31)$$

防卡

$$\left(\rho_{\max} - \rho_{\mathrm{p}i}\right)H_i \times 0.00981 \leqslant \Delta p \quad (2\text{-}2\text{-}32)$$

防漏

$$\rho_{\max} + S_{\mathrm{g}} + S_{\mathrm{f}} \leqslant \rho_{\mathrm{f}i} \quad (2\text{-}2\text{-}33)$$

关井时防漏

$$\rho_{\max} + S_{\mathrm{f}} + S_{\mathrm{k}}\frac{H_{\mathrm{pmax}}}{H_i} \leqslant \rho_{\mathrm{f}i} \quad (2\text{-}2\text{-}34)$$

式中　i——计算点序号,在设计程序中每米取一个计算点;

$\rho_{\max}$——裸眼井段的最大钻井液密度,g/cm³;

ρ_{pmax}——裸眼井段钻遇的最大地层孔隙压力当量密度,g/cm³;

S_{b}——抽吸压力当量密度,g/cm³;

$\Delta\rho$——附加钻井液密度,g/cm³;

ρ_{cmax}——裸眼井段的最大井壁稳定压力当量密度,g/cm³;

$\rho_{\mathrm{p}i}$——计算点处的地层孔隙压力当量密度,g/cm³;

H_i——计算点处的深度,m;

Δp——压差卡钻允值,MPa;

S_{g}——激动压力当量密度,g/cm³;

S_{f}——地层破裂压力当量密度安全增值,g/cm³;

$\rho_{\mathrm{f}i}$——计算点处的地层破裂压力当量密度,g/cm³;

H_{pmax}——裸眼井段最大地层孔隙压力处的井深,m;

S_{k}——井涌允量,g/cm³。

2. 井身结构设计方法

1)求中间套管下入深度的假定点

确定套管下入深度的依据,是在钻下部井段的过程中所预测的最大井内压力不致压裂套管鞋处的裸露地层。利用压力剖面图中最大地层压力梯度求上部地层不致被压裂所应具有的地层破裂压力梯度的当量密度 ρ_{f}。ρ_{f} 的确定有两种方法,当钻下部井段时如肯定不会发生井涌，可用式（2-2-35）计算：

$$\rho_f = \rho_{pmax} + S_b + S_g + S_f \quad (2\text{-}2\text{-}35)$$

式中　ρ_{pmax}——地层压力剖面图中最大地层压力梯度的当量密度，g/cm³。

在横坐标上找出地层的设计破裂压力梯度当量密度 ρ_f，从该点向上引垂直线与破裂压力线相交，交点所在的深度即为中间套管下入深度假定点（D_{21}）。

若预计要发生井涌，可用式（2-2-36）计算：

$$\rho_f = \rho_{pmax} + S_b + S_f + \frac{D_{pmax}}{D_{21}} S_k \quad (2\text{-}2\text{-}36)$$

式中　D_{pmax}——地层压力剖面图中最大地层压力梯度点所对应的深度，m。

式（2-2-36）中的 D_{21} 可用试算法求得，试取 D_{21} 的值代入式（2-2-36）求 ρ_f，然后在地层破裂压力梯度曲线上求 D_{21} 所对应的地层破裂压力梯度。若计算值 ρ_f 与实际值相差不大或略小于实际值，则 D_{21} 即为中间套管下入深度的假定点。否则另取 D_{21} 值计算，直到满足要求为止。

2）验证中间套管下到深度 D_{21} 是否有被卡的危险

先求出该井段最小地层压力处的最大静止压差。

$$\Delta p = 0.00981(\rho_m - \rho_{pmin}) D_{pmin} \quad (2\text{-}2\text{-}37)$$

式中　Δp——压力差，MPa；
　　　ρ_m——当钻进深度 D_{21} 时使用的钻井液密度，g/cm³；
　　　ρ_{pmin}——该井段内最小地层压力当量密度，g/cm³；
　　　D_{min}——最小地层压力点所对应的井深，m。

若 $\Delta p < \Delta p_N$（Δp_N 为压差允值，分为正常压力地层压差允值 Δp_n 和异常压力地层压差允值 Δp_a，MPa），则假定点深度为中间套管下入深度。若 $\Delta p > \Delta p_N$，则有可能产生压差卡套管，这时中间套管下入深度应小于假定点深度。在第二种情况下，中间套管下入深度按下面的方法计算。

在压差允值 Δp_N 下所允许的最大地层压力当量密度（g/cm³）为：

$$\rho_{pper} = \frac{\Delta p_N}{0.00981 D_{min}} + \rho_{pmin} - S_b \quad (2\text{-}2\text{-}38)$$

在压力剖面图上找出 ρ_{pper} 值，该值所对应的深度即为中间套管下入深度 D_2。

3）求尾管下入深度的假定点

当中间套管下入深度小于假定点时，则需要下尾管，并确定尾管的下入深度。

根据中间套管下入深度 D_2 处的地层破裂压力梯度 ρ_{f2}，由式（2-2-39）可求得允许的最大地层压力梯度：

$$p_{\text{pper}} = \rho_{\text{f2}} - S_\text{b} - S_\text{f} - \frac{D_{31}}{D_2} S_\text{k} \qquad (2\text{-}2\text{-}39)$$

式中 D_{31}——尾管下入深度的假定点，m。

式（2-2-39）的计算方法同式（2-2-36）。

4）校核尾管下到假定深度 D_{31} 处是否会产生压差卡套管

校核方法同上文。

5）计算表层套管下入深度 D_1

根据中间套管鞋处（D_2）的地层压力梯度，给定井涌条件 S_k，用试算法计算表层套管下入深度。每次给定 D_1，并代入式（2-2-40）计算：

$$\rho_{\text{fe}} = \left(\rho_{\text{p2}} + S_\text{b} + S_\text{f} \right) + \frac{D_2}{D_1} S_\text{k} \qquad (2\text{-}2\text{-}40)$$

式中 ρ_{fe}——井涌压井时表层套管鞋承受的压力的当量密度，g/cm³；

ρ_{p2}——中间套管鞋 D_2 处的地层压力当量密度，g/cm³。

试算结果，当 ρ_{fe} 接近或小于 D_2 处的破裂压力梯度当量密度 0.024~0.048g/cm³ 时符合要求，该深度即为表层套管下入深度。

3. 井身结构关键设计参数

井身结构设计的合理与否，其中一个重要的决定因素是设计中所用到的抽吸压力系数、压力系数、破裂压力安全系数、井涌允量和压差卡钻允值这些基础系数是否合理。目前这些系数一般采用经验值。

1）抽吸压力系数 S_b 和压力系数 S_g

石油钻井过程中，起下钻或下套管作业时将在井眼内产生的波动压力，下放管柱产生激动压力，上提管柱产生抽吸压力。由于现代井身结构设计方法是建立在井眼与地层间的压力平衡基础上的，因此，这种由起下钻或起下套管引起的井眼压力波动势必要引入井身结构设计中。

波动压力可采用稳态或瞬态模型进行计算。稳态波动压力分析模型是在刚性管—不可压缩流体理论基础上建立的，它不考虑流体的可压缩性和管道的弹性。瞬态井内波动压力分析模型是建立在弹性管—可压缩流体理论基础上，这一理论认为运动管柱在井内引起的压力变化，将以一个很大的但又有限的波速在环空流道内传遍液柱，它考虑了液体的压缩性和流通的弹性，其结果是使井内容纳的钻井液比其不受压状态下所容纳的要多，因而使环空流速减小。瞬态井内波动压力计算模式更为精确。

对于抽吸和激动压力系数可通过以下步骤求出：

（1）收集所研究地区常用钻井液体系的性能，主要包括密度、黏度以及 300r/min 和 600r/min 读数。

（2）收集所研究地区常用的套管钻头系列、井眼尺寸及钻具组合。

（3）根据稳态或瞬态波动压力计算公式，计算不同钻井液性能、井眼尺寸、钻具组合以及起下钻速度条件下的井内波动压力，根据波动压力和井深计算抽吸压力系数和激动压力系数。

根据《海洋钻井手册》（董星亮等，2011），按以下范围选取抽吸压力当量密度和激动压力当量密度：$S_b=S_g=0.02\sim0.04\text{g/cm}^3$。

对于不同的井段由于井眼尺寸的不同，抽吸压力系数和激动压力系数是不同的。所以，对不同的井段采用统一的抽吸压力当量密度和激动压力系数是不科学的，应根据不同井段的情况选取不同的压力系数，对于较深的井段，应采用精确的计算获得压力系数。

在海洋深水井身结构设计中，对不同井眼尺寸，建议使用以下抽吸压力当量密度和激动压力当量密度推荐值，见表2-2-1。

表2-2-1 海洋深水井身结构设计中抽吸压力当量密度和激动压力当量密度取值

井眼尺寸 /in	抽吸压力当量密度 S_b/（g/cm³）	激动压力当量密度 S_g/（g/cm³）
$17\frac{1}{2}$	<0.1	<0.3
$12\frac{1}{4}$	<0.2	<0.4
$8\frac{1}{2}$	<0.35	—

国外对抽吸压力当量密度的取值为 $S_b=0.3\text{g/cm}^3$。

2）地层破裂压力安全系数 S_f

地层破裂压力安全系数 S_f 是考虑地层破裂压力预测可能的误差而设的安全系数，它与破裂压力预测的精度有关。直井中一般取 $S_f=0.024$，在其他地区的井身结构设计中，可根据对地层破裂压力预测或测试结果的信心程度来定。测试数据（漏失试验）较充分、生产井或在地层破裂压力预测中偏于保守时，S_f 取值可小一些；而在测试数据较少、探井或在地层破裂压力预测中把握较小时，S_f 取值需大一些。一般可取 $S_f=0.03\sim0.06$。

对于地层破裂压力安全系数 S_f 可通过以下步骤求出：

（1）收集所研究地区不同层位的破裂压力实测值和破裂压力预测值。

（2）根据实测值与预测值的对比分析，找出统计误差作为破裂压力安全系数。

深水钻井中，泥线以下的岩石胶结强度较低，井身结构设计时一般采用漏失压力，相比破裂压力已经很保守了，因此，国外在深水井身结构设计时均未考虑 S_f。

3）井涌允量 S_k 的确定

钻井施工中，由于对地层压力预测不够准确，所用钻井液密度可能小于异常高压地层的孔隙压力当量钻井液密度值，从而可能发生井涌。发生溢流关井时，关井立管压力的大小反映了环空静液柱压力与地层压力之间的欠平衡量。

真实地层压力：

$$p_p = p_d + 0.00981\rho_m H \tag{2-2-41}$$

式中　p_p——地层压力，MPa；

p_d——关井立管压力，MPa；

ρ_m——井内钻井液密度，g/cm³；

H——溢流深度，m。

p_d 反映井眼欠平衡的程度，这种欠平衡主要是地层压力预测误差引起的。

关井套管压力为：

$$p_a + 0.00981\rho_m(H-h_w) + 0.00981\rho_w h_w = p_p \quad (2-2-42)$$

式中 p_a——关井套管压力，MPa；

ρ_w——溢流密度，g/cm³；

h_w——溢流柱高度，m。

因此，有：

$$p_a = p_d + 0.00981(\rho_m - \rho_w)h_w \quad (2-2-43)$$

可知，关井套管压力的大小取决于井内钻井液与地层压力之间的欠平衡量 p_d、溢流量大小 h_w 和溢流密度 ρ_w。关井套管压力受防喷设备、套管抗内压强度和地层破裂压力三者的制约，并应低于最大允许套管压力。在井内钻井液密度和溢流类型一定时，井眼安全性取决于欠平衡量 p_d 和溢流量大小 h_w。

衡量一个地区地层压力预测误差 p_d 的大小通常用井涌允量 S_k 来表示：

$$p_d = 0.00981 S_k H \quad (2-2-44)$$

井涌允量 S_k 也就表示井涌时能够安全关且循环压井时不至于压漏地层所允许的井筒最大溢流量。根据估计的最大井涌地层的压力与钻井液密度的差别来确定，该值也取决于现场控制井涌的能力，设备技术条件较好时，可取低值。而且，风险较大的是高压气层和浅层气，高压水层控制起来较容易。国际上一般取 $S_k=0.06$g/cm³；国内方面，一般取 $S_k=0.05\sim0.1$g/cm³。

由以上分析可知，井涌允值还可写为：

$$S_k = \rho_b - \rho_m \quad (2-2-45)$$

式中 ρ_b——井底地层压力当量密度，g/cm³；

ρ_m——井内钻井液密度，g/cm³。

4）压差允值（Δp_n 和 Δp_a）的确定

压差允值主要用来防止压差卡钻，压差卡钻是指钻具在井中静止时，在钻井液与地层孔隙压力之间的压差作用下，紧压在井壁滤饼上而导致的卡钻。对压差卡钻的机理可做如下解释：当钻柱旋转时，它被一层钻井液薄膜所润滑，钻柱各边的压力均相等。但是，当钻柱静止时，钻具的一部分重量压在滤饼上，迫使滤饼中的孔隙水流入地层，造成滤饼的孔隙压力降低，而滤饼内的有效应力则随其孔隙压力降低而增加。如果钻具较长时间停靠井壁，滤饼内的孔隙压力逐渐降至与地层的孔隙压力相等，此时在钻柱两侧则会产生一个压差，此压差等于钻井液在井眼内的液柱压力与地层孔隙压力之间的差。

这种压差的产生必然会增加上提钻柱的阻力，如果该阻力超过了钻机的提升能力，就造成了卡钻。

另外，裸眼中钻井液液柱压力与地层孔隙压力的差值过大时，除了易造成压差卡钻外，还使机械钻速降低外，也会使下套管过程中发生压差卡套管事故。特别是在高渗透地层、钻井液失水较大并且钻具在井下长期静止时，更容易发生卡钻。

因此，在井身结构设计中应考虑避免压差卡钻和压差卡套管事故的发生。具体方法就是在井身结构设计时保证裸眼段任何部位钻井液液柱压力与地层孔隙压力的差值小于某一安全的数值，即压差允值。它的大小与钻井工艺技术和钻井液性能有关，也与裸眼井段的地层孔隙压力有关。若正常地层压力和异常高压同处一个裸眼井段，卡钻易发生在正常压力井段，所以压差允值又有正常压力井段和异常压力井段之分，分别用 Δp_n 和 Δp_a 表示。

压差允值受以下因素的影响：

（1）井深，主要影响钻柱重量及实际压差的大小；

（2）地层渗透性，渗透性好的地层易形成滤饼，增大钻柱与滤饼的接触面积，增大压差卡钻的可能性；

（3）钻井液性能，钻井液的密度、黏度、失水、滤饼及含沙量直接影响摩擦系数的大小；

（4）井斜角，影响钻柱与井壁或滤饼的接触面积。

由上所述，发生压差卡钻的压差临界值是一个与井深、地层、钻井液性能以及井眼状况等多种因素有关的一个变量，以往将其视为一固定值的做法显然是不妥当的，它不利于压差卡钻事故的预防与处理。各个地区，由于地层条件、所采用的钻井液体系、钻井液性能、钻具结构、钻井工艺措施有所不同，因此压差允值也不同，应通过大量的现场统计获得。

对于压差允值（Δp_n 和 Δp_a）可通过以下步骤求出：

（1）通过卡钻事故统计资料，确定易压差卡钻层位及井深。

（2）记录卡钻层位的地层孔隙压力。

（3）统计卡钻事故发生前井内曾用过的最大钻井液密度，卡钻发生时的钻井液密度。

（4）根据卡钻井深、卡点地层压力、井内最大安全钻井液密度计算单点压差卡钻允值。

（5）统计分析各单点压差卡钻允值，确定适合于所研究地区的压差卡钻允值。

《海洋钻井手册》中压差允值的推荐系数为：$\Delta p_n = 11.7 \sim 16.5 \text{MPa}$，$\Delta p_a = 14.5 \sim 21.4 \text{MPa}$；美国现场取：$\Delta p_n = 16.6 \text{MPa}$，$\Delta p_a = 21.6 \text{MPa}$。

在深水钻井中，由于安全钻井液密度窗口相对较窄，井身结构设计时按漏失压力作为上限进行设计，所以压差允值的估计是相对保守的，再加上深水钻井中普遍使用油基钻井液，降低了滤饼的摩擦系数，使得深水钻井压差卡钻风险减小。

四、深水钻井水力学设计技术

钻井水力参数是表征钻头水力特性、射流水力特性以及地面水力设备性质的量，主要包括钻井泵的功率、排量、泵压以及钻头水功率、钻头水力压降、钻头喷嘴直径、射流冲击力、射流速度和环空钻井液上返速度等。水力参数优化设计的目标就是寻找合理的水力参数配合，使井底获得最大的水力能量分配，从而达到最优的井底净化效果，提高机械钻速。由于人们在水力作用对井底清洗机理认识上的差异，通常有最大钻通水功率、最大射流冲击力和最大射流速度三种水力参数优选的标准。

随着动力钻具等先进工具的应用，以最大钻头水功率等常规的喷射钻井水力参数优化方法不能完全适用于深水钻井水力学分析，需要进行不断完善与改进。在深水钻井中需要考虑以下问题（李朝玮等，2019）：

（1）深水钻井中需要考虑温度和压力对钻井液性能的影响，以精确预测和控制钻井液当量循环密度（ECD），使其在安全密度窗口之内。

（2）上部无隔水管井段，环空直径大，受井眼稳定和泵能力限制的最大排量小于井眼清洁所需的最小排量，需要通过打稠浆和控制机械钻速等方法来保持井眼清洁和控制 ECD。

（3）下部井段需要通过增压泵来辅助大直径长隔水管段环空的携岩，随着增压泵排量的增大，其注入环空的高密度低温钻井液越多，井底 ECD 也随之增大，需在保证井眼清洁的同时控制 ECD 在安全密度窗口之内。

深水钻井水力学的任务是在井眼稳定和井眼清洁的条件下，合理分配水力参数，提高钻井效率，降低钻井成本，安全、高效钻至目的层，达到地质和油藏的目的。水力参数设计应满足井壁稳定、井眼清洁和经济可行的原则。

1. 深水钻井动态当量循环密度计算方法

钻井水力参数是表征钻头水力特性、射流水力特性以及地面水力设备性质的量，水力参数优化设计的目标就是寻找合理的水力参数配合，使井底获得最大的水力能量分配，从而达到最优的井底净化效果，提高机械钻速。目前主要有最大钻头水功率、最大射流冲击力和最大射流速度三种水力参数优选目标。随着动力钻具等先进工具的应用，以最大钻头水功率等常规的喷射钻井水力参数优化方法不能完全适用于深水钻井水力学分析，需要进行不断完善与改进。在深水钻井中需要考虑温度和压力对钻井液性能的影响，以及大直径长隔水管段环空的携岩等问题，在井眼稳定和井眼清洁的条件下，合理分配水力参数，提高钻井效率，降低钻井成本，安全、高效钻至目的层，达到地质和油藏的目的。

1）深水钻井井筒流动和传热模型

在深水钻井过程中，不同深度处外界温度不同，由于钻井液的循环，井内流体与海水和地层之间存在温度差，因而发生热交换，形成动态温度场。该温度场对钻井液的密度和流变性都造成很大的影响，而钻井液的密度和流变性又是影响环空循环压耗的主要因素，从而进一步影响了钻井液当量循环密度，这些因素都会直接影响井底压力。目前，多数井底压力预测模型是基于井筒钻井液温度假设为地层温度，计算结果往往存在较大的误差。因此，为了准确预测井底钻井液当量循环密度，实现井底压力的精确控制，首先必须建立井筒内温度场的预测模型。

（1）海底以下井段井筒流动和传热模型。

正常钻进循环期间，没有地层流体涌入井筒时，井筒内的流动为稳定流动。为得到环空及钻杆内的流体温度，建立井筒流动的微元体，θ为井斜角。微元体满足能量平衡，环空能量方程为：

$$\frac{\mathrm{d}h_\mathrm{a}}{\mathrm{d}z} + w_\mathrm{a}\frac{v_\mathrm{a}\mathrm{d}v_\mathrm{a}}{\mathrm{d}z} - w_z g\cos\theta + \frac{\mathrm{d}q_\mathrm{F}}{\mathrm{d}z} - \frac{\mathrm{d}q_\mathrm{ta}}{\mathrm{d}z} = 0 \qquad (2\text{-}2\text{-}46)$$

式中 h_a——微元体的焓，包括内能和压能，J/s；

q_F——单位时间地层进入环空微元体的热量，J/s；

q_ta——单位时间环空传递给钻杆微元体的能量，J/s；

v_a——流体速度，m/s；

w_a，w_z——井筒环空内、钻杆内的流体质量流量，kg/s；

z——微元体沿井眼轴向上的长度，m。

而

$$\frac{\mathrm{d}h}{\mathrm{d}z} = \frac{w(c_\mathrm{pa}\mathrm{d}T - c_\mathrm{J}c_\mathrm{pa}\mathrm{d}p)}{\mathrm{d}z}$$

则环空能量方程可变为：

$$\frac{\mathrm{d}T_\mathrm{a}}{\mathrm{d}z} = \frac{1}{A}(T_\mathrm{a} - T_\mathrm{ei}) + \frac{1}{B}(T_\mathrm{a} - T_\mathrm{t}) - C_\mathrm{a} \qquad (2\text{-}2\text{-}47)$$

$$A = \frac{w_\mathrm{a}c_\mathrm{pa}}{2\pi}\frac{k_\mathrm{e} + r_\mathrm{co}U_\mathrm{a}T_\mathrm{D}}{r_\mathrm{co}U_\mathrm{a}k_\mathrm{e}}$$

$$B = \frac{w_\mathrm{a}c_\mathrm{pa}}{2\pi r_\mathrm{ti}U_\mathrm{t}}$$

$$C_\mathrm{a} = \frac{v_\mathrm{a}\dfrac{\mathrm{d}v_\mathrm{a}}{\mathrm{d}z} - g\cos\theta - \dfrac{c_\mathrm{J}c_\mathrm{pa}\cdot\mathrm{d}p}{\mathrm{d}z}}{c_\mathrm{pa}}$$

式中 c_pa——井筒环空内流体的比热容，J/(kg·℃)；

c_J——钻杆比热容，J/(kg·℃)；

T_a——井筒环空温度，℃；

T_ei——地层温度，℃；

T_t——钻柱内温度，℃；

k_e——地层导热系数，W/（m·℃）；

r_{co}——返回管线外径，m；

U_a——环空流体与地层的总传热系数；

U_t——流体与钻杆的传热系数；

T_D——瞬态传热函数；

r_{ti}——钻杆内径，m；

θ——井斜角，（°）。

通过相同的方法可得到钻杆内能量方程：

$$\frac{\mathrm{d}T_t}{\mathrm{d}z} = \frac{c_{pa}w_a}{c_{pt}w_t B}(T_a - T_t) - C_t \qquad (2\text{-}2\text{-}48)$$

其中

$$C_t = \frac{v_t \dfrac{\mathrm{d}v_t}{\mathrm{d}z} - g\cos\theta - \dfrac{c_J c_{pt} \cdot \mathrm{d}p}{\mathrm{d}z}}{c_{pt}}$$

式中 c_{pt}——钻杆内流体的比热容，J/（kg·℃）；

w_t——钻杆内流体质量流量，kg/s；

v_t——钻杆内流体流速，m/s；

C_t——钻柱常量系数。

钻头处的温度变化的计算公式为：

$$\Delta T_b = \frac{0.081Q^2}{C^2 d_{ne}} k_b \qquad (2\text{-}2\text{-}49)$$

式中 ΔT_b——钻头处的温度变化值，℃；

Q——钻井泵质量流量，kg/s；

C——钻头喷嘴流量系数；

d_{ne}——钻头直径，m；

k_b——钻头导热系数，W/（m·℃）。

式（2-2-47）至式（2-2-49）即为正常钻进循环期间海底以下井段井筒及钻柱内流体温度计算方程式，对于边界条件简单的单一地层温度梯度条件，采用理论或数值方法均可求解，如果边界条件较为复杂，则采用数值算法进行计算，从而得到整个井筒的温度场分布。

（2）海底以上井段井筒流动和传热模型。

海底以上井筒同外界的传热为与海水的热量交换，有隔水管时，环空及钻柱内能量方程式与海底以下井段相同，只是常量系数 A、B 和 C 的表达式有所不同。

当采用无隔水管钻井技术时，钻柱内的温度控制方程为：

$$\frac{\mathrm{d}T_\mathrm{t}}{\mathrm{d}z} = \frac{1}{B}(T_\mathrm{sea} - T_\mathrm{t}) - C_\mathrm{t} \qquad (2\text{-}2\text{-}50)$$

节流管线的温度控制方程为：

$$\frac{\mathrm{d}T_\mathrm{c}}{\mathrm{d}z} = \frac{1}{B}(T_\mathrm{c} - T_\mathrm{sea}) - C_\mathrm{c} \qquad (2\text{-}2\text{-}51)$$

式中　T_sea——海水温度，℃；
　　　T_t——钻柱内流体温度，℃；
　　　T_c——节流管线内流体温度，℃；
　　　C_t——钻柱常量系数；
　　　C_c——节流管线常量系数。

其中，B、C_t 和 C_c 的求解方法与海底以下井段类似。计算隔水管段温度场时，需要知道隔水管保温材料的导热系数，对于不同的保温层，其标准导热系数不同。

2）深水钻井环空压耗计算模型

当钻井液流动处于层流范围时，视为环空螺旋流，考虑钻柱旋转与偏心的影响，得到考虑钻柱旋转与偏心的环空层流摩阻计算模型，再通过附加钻柱接头影响因子得到环空压耗；当钻井液流动处于紊流范围时，通过附加影响因子考虑钻柱旋转、偏心及接头的影响。

（1）层流流态时环空压耗计算方法。

深水钻井常用的钻井液流变模式为宾汉流体及幂律流体，赫－巴流体可看作上述流体类型的综合，将赫－巴流体本构方程的系数进行简化或取特定的值，可得到牛顿流体、宾汉流体及幂律流体的本构方程。因此，以赫－巴流体为研究对象，建立可适合各种流体类型的层流环空压耗计算模型。

① 赫－巴流体压力梯度计算方法。赫－巴流体在偏心环空中视黏度的表达式非常复杂，为了方便起见，把偏心环空无限细分为无穷多个小曲边四边形，经过推导可以得到：

$$\eta(\sigma,\theta) = K\frac{1}{\eta^{n-1}(\sigma,\theta)}\Gamma^{n-1} + \frac{\tau_\mathrm{o}\eta(\sigma,\theta)}{\Gamma} \qquad (2\text{-}2\text{-}52)$$

其中

$$\Gamma = \left[\frac{\beta^2}{\sigma^4} + \frac{p^2 R^2 (\sigma^2 - \lambda^2)^2}{4\sigma^2}\right]^{\frac{1}{2}}$$

式中　σ——偏心环空的偏角，(°)；
　　　θ——井斜角，(°)；
　　　η——流体的视黏度，mPa·s；
　　　n——流性指数；

τ_o——屈服应力，Pa；

K——稠度系数，Pa·s^n；

β，λ——一个与环空内外径有关的常数变量。

平均流速定义为 $\bar{v}=\dfrac{Q}{s}$，$s=\pi\left(R_2^2-R_1^2\right)$，可得到赫–巴流体偏心螺旋流的压力梯度方程为：

$$p=\dfrac{-4\pi\left(R_2^2-R_1^2\right)\bar{v}}{\int_0^{2\pi}B(\theta)\left[\int_{K(\theta)}^1 M(\theta)\,\mathrm{d}\sigma(\theta)\right]\mathrm{d}\theta} \qquad (2\text{-}2\text{-}53)$$

式中　p——环空螺旋流的压力梯度，为常数；

$K(\theta)$——角度为θ的稠度系数。

在上面的计算过程中，对于任一角度θ，相应地就有一组B、K、β和λ值，计算过程较复杂。因此，引入了工程上实用的当量间隙，把偏心环空螺旋流问题转化为同心情况来进行处理。可以得到偏心环空螺旋流的计算方法，根据假定的p和相关参数通过式（2-2-54）计算出新的p：

$$p=-\dfrac{2Q}{\pi B_a^2}\dfrac{1}{\int_{K_a}^1\dfrac{\sigma\left(\sigma^2-\lambda^2\right)}{\eta(\sigma,\theta)}\mathrm{d}\sigma} \qquad (2\text{-}2\text{-}54)$$

式中　B_a——环空当量外径，mm；

K_a——环空流体稠度系数。

检验p是否满足精度要求，如不满足则重新利用p进行迭代，直到满足要求。

② 赫–巴流体流态的判断。根据汉克斯稳定性参数的定义，经过推导可以得到赫–巴流体螺旋流的稳定性参数H为：

$$H=\left|\dfrac{\rho}{p}\left[2B_a\sigma\omega^2+\dfrac{\beta B_a\omega}{\sigma\eta}+u\dfrac{pB_a\left(\sigma^2-\lambda^2\right)}{2\sigma\eta}\right]\right| \qquad (2\text{-}2\text{-}55)$$

式中　ω，u——环空中距z轴距离为r、偏角为θ的流体质点的旋转角速度和轴向角速度，rad/s。

判断流态需要确定环空中最大的汉克斯稳定性参数$H_{\max}$，在计算精度要求不高时，可以用一种简单的方法计算$H_{\max}$。假设流态为层流，利用上面的方法，计算出p、λ和β，令

$$\sigma(i)=\dfrac{R_1}{B_a}+\left(1-\dfrac{R_1}{B_a}\right)\dfrac{i}{100}$$

计算出$H(i)$（其中100为计算次数，实际计算中可以根据需要提高精度）。然后，

令 $H_{max}=H(i)_{max}$。当 $H_{max} \leqslant 404$，则流态为层流；当 $H_{max} \geqslant 404$，则为过渡流或者紊流状态。

③ 钻柱接头对循环压耗的影响。对外加厚或内加厚钻杆，计算循环压耗必须考虑接头对压耗的影响，钻柱接头影响系数为：

$$F_{CON} = \left[\left(\frac{\Delta p}{L} \right)_{CON} L_{CON} + \left(\frac{\Delta p}{L} \right)_{P} (L_P - L_{CON}) \right] / (\Delta p/L)_P L_P \qquad (2-2-56)$$

式中　F_{CON}——钻柱接头影响系数；
　　　L——钻柱长度，m；
　　　L_{CON}——钻柱接头长度，m。

钻杆接头和钻杆杆体压力梯度可以通过变换内径利用上面的迭代方法计算可得。考虑钻柱偏心、旋转、接头影响的环空层流压耗计算公式为：

$$\Delta p = pF_{CON}L \qquad (2-2-57)$$

（2）紊流流态时环空压耗计算方法。

由于紊流流动的复杂性与无序性，一般在常规压耗计算公式的基础上加入修正系数来进行计算。考虑钻柱的旋转、偏心和接头的影响，可以用下面的公式表示：

$$\Delta p_{sh} = \Delta p F_t R F_{CON} \qquad (2-2-58)$$

式中　Δp_{sh}——环空压耗，MPa；
　　　Δp——常规压耗计算值其表达式；
　　　F_t——旋转因子；
　　　R——偏心因子；
　　　F_{CON}——接头影响系数。

3）深水钻井当量循环密度预测

钻井循环过程中，环空钻井液的当量循环密度数值大小等于钻井液的当量静态密度与钻井液流动造成的环空压耗当量循环密度之和。因此，需要通过井筒流动和传热模型准确预测井筒温度分布，考虑不同温度和压力对钻井液流变参数和密度的影响，精确计算当量循环密度（ECD），控制 ECD 在地层孔隙压力和破裂压力的安全密度窗口之内，保障钻井作业的安全。

ECD 计算公式如下：

$$\text{ECD} = \text{ESD}(1-\xi_c) + \rho_c \xi_c + \frac{\Delta p_a}{gH} \qquad (2-2-59)$$

式中　ECD，ESD——钻井液当量循环密度和静态密度，kg/m^3；
　　　ρ_c，ξ_c——岩屑密度（kg/m^3）和浓度（%）；
　　　Δp_a——井深 H 处环空压耗，MPa；
　　　H——井深，m。

2. 大直径隔水管水力学及携岩能力计算

在深水钻井过程中，钻井液从套管环空返至隔水管环空时，由于大直径隔水管尺寸比套管的尺寸大很多，导致钻井液返速降低，举升效率下降，携岩效果变差。另外，深水钻井安全密度窗口窄，改变钻井液性能和提高钻井泵的排量等措施在经济和技术上不太现实。需要从隔水管底部注入钻井液，提高隔水管钻井液排量，以解决大直径隔水管携岩问题。通过系统分析颗粒在液体中的阻力和升力，以满足大直径隔水管内携岩能力为准则，得到了钻井液最优环空返速计算公式，确定了合理的环空返速范围。

1）携岩效率计算

钻井液的环空携岩能力或井眼净化能力，指的是环空岩屑的运移效率。一般要求钻井液的环空携岩能力 $E_t \geq 50\%$，岩屑的运移效率计算公式：

$$E_t = \frac{v_t}{v_a} \times 100\% = \left(1 - \frac{v_s}{v_a}\right) \times 100\% \qquad (2\text{-}2\text{-}60)$$

式中　v_t——岩屑的环空返速，m/s；

　　　v_s——岩屑的下沉速度，m/s；

　　　v_a——钻井液环空返速，m/s；

　　　E_t——岩屑运移效率。

2）岩屑下沉速度计算

设计排量必须既能满足有效地携带钻屑所需的环空上返速度和冷却钻头切削齿、清洁井底的需要，又要能保证井壁稳定。钻井液能否顺利地将大部分岩屑携带至地面，是关系到钻进速度快慢、井眼稳定和井身质量好坏的一个重要问题。

3）排量计算

根据井眼净化标准计算出满足携岩要求的环空上返速度，选择各井段所需环空返速较大的值作为主井筒最低环空返速，根据最低环空返速计算出满足井眼清洁的最小排量。增压管线排量为：

$$Q_2 = Q - Q_1 \qquad (2\text{-}2\text{-}61)$$

式中　Q——满足隔水管携岩的总排量，L/min；

　　　Q_1，Q_2——地层井段环空排量和增压管线排量，L/min。

4）环空流态稳定参数 Z 值计算

环空内钻井液的平均流速：

$$v_a = \frac{Q}{\left(D_h^2 - D_p^2\right) \times 2.448} \qquad (2\text{-}2\text{-}62)$$

式中　D_h——井眼直径或套管内径，mm；

　　　D_p——钻具外径，mm。

环空内钻井液的临界流速：

$$v_{ac} = \frac{1.08 \times PV + 1.08\sqrt{PV^2 + 12.34 \times d^2 \times YP \times P}}{P \times d} \quad (2\text{-}2\text{-}63)$$

式中　v_{ac}——环空内钻井液的临界流速，m/s；

　　　PV——钻井液的塑性黏度，mPa·s；

　　　YP——钻井液的屈服值，Pa；

　　　d——井眼或套管内通径，m；

　　　P——功率，MW。

环空流态稳定参数 Z 值的计算方法：

$$Z = 808\left(\frac{v_a}{v_c}\right)^{2-n_a} \quad (2\text{-}2\text{-}64)$$

式中　Z——环空流态稳定参数；

　　　n_a——环空的流性指数；

　　　v_a——环空流速，m/s；

　　　v_c——环空临界流速，m/s。

若 $Z>808$，环空流态为紊流；若 $Z\leqslant 808$，环空流态为层流。

Z 值只适用于判别环空的流态，对钻具内的流态却不能用它来判别。另外，Z 值更重要的意义在于它能反映钻井液对井壁的冲刷作用。

5）井底压力计算

注入同一密度的钻井液时，井底压力 p_{BHP}：

$$p_{BHP} = p_{hydrostatic} + p_{surface} + p_{Friction} \quad (2\text{-}2\text{-}65)$$

式中　p_{BHP}——井底压力，MPa；

　　　$p_{hydrostatic}$——静液柱压力，MPa；

　　　$p_{Friction}$——环空中压耗总和（包括层流段和紊流段），MPa；

　　　$p_{surface}$——井口回压，MPa。

在深水钻井过程中，大直径隔水管段水力参数需同时满足以下 5 个条件：

（1）环空携岩能力 $E_t \geqslant 50\%$。

钻井液的环空携岩能力或井眼净化能力，指的是环空岩屑的运移效率。一般要求钻井液的环空携岩能力 $E_t \geqslant 50\%$，这意味着岩屑在环空中下沉的速度小于或等于钻井液上返速度的一半，这样才能保证环空中岩屑的浓度不会继续增大，可以满足净化井眼的需要。

（2）井眼稳定参数 Z 值。

Z 值不仅可以用来判别环空中钻井液的流态，更重要的还在于它能反映出钻井液对井壁冲刷的严重程度。用 Z 值来判断液流是否会对井壁产生严重的冲刷，是通过统计分析的方法，根据已钻井的资料，统计出不同流速和钻井液性能对井壁的冲刷作用，从而得出某一地区的某一井段或地层的临界 Z 值。利用钻井数据库，可以方便地找出各地区、各层段的裸眼稳定参数 Z 值。

要注意的是，判断层流和紊流的临界 Z 值是 808，它与井眼稳定的临界 Z 值差别是较大的，一定要区别开来。

（3）井筒压力在安全密度窗口之内。

静液柱压力与环空摩阻压力之和大于薄弱地层的破裂压力会压漏地层，而小于孔隙压力则会发生井涌。

（4）环空中岩屑浓度 C_a＜5%。

如果环空中岩屑的浓度过高，就会发生堵塞现象，导致泵压升高，悬重下降，容易出现卡钻事故。为了控制环空岩屑的浓度，有时需要控制机械钻速。在上部地层或松软、可钻性很好的地层，如果机械钻速过高，岩屑量大，就有可能使环空中的岩屑浓度过大。

（5）隔水管内屈服压力。

当隔水管内的压力大于隔水管内屈服压力时，岩屑运移的环形空间将被破坏，无法完成。

根据上述 5 个约束条件，进行钻井液排量与流变参数的优选，保障钻井作业安全、优质、高效地完成。

五、深水钻井井控设计技术

深水井控作业与陆地钻井最大的不同在于防喷器在水下，需通过小尺寸的压井管线建立压井流动通道，而长距离小尺寸压井管线的存在，大大增加了压井作业的难度。此外，深水作业由于海水的存在，其温度剖面呈现反梯度形式，海底附近温度仅有 2℃，而地层处温度可高达 150℃以上，温度变化剧烈，流动机理更为复杂，深水井控设计技术也更为重要和复杂。

1. 深水井控安全裕量

深水井控安全裕量是指在深水井控过程中（关井及处理溢流过程中），套管鞋处（或套管鞋以下地层最薄弱处）允许达到的最大环空压力的当量钻井液密度与当前井内钻井液当量密度的差值。它包括关井安全裕量和压井安全裕量。

1）关井安全裕量

关井安全裕量的关系式为：

$$S_{\text{dshutin}} = \frac{(p_{\text{tf}} - p_{\text{as}} - p_{\text{h}}) \times 10^{-6}}{gh} \qquad (2\text{-}2\text{-}66)$$

式中　　S_{dshutin}——压井安全裕量，kg/m³；

　　　　p_{tf}——套管鞋处（或套管鞋以下地层最薄弱处）的破裂压力，MPa；

　　　　p_{as}——关井套管压力，MPa；

　　　　p_{h}——气侵发生后套管鞋处（或套管鞋以下地层最薄弱处）以上气液混合液柱的静液压力，MPa；

h——井深，m。

p_{as} 及 p_h 可以通过多相流控制方程对溢流过程进行模拟计算得出。

2）压井安全裕量

深水压井过程中使用的安全裕量是判断压井过程是否安全的重要参数，也是衡量节流管线的摩阻是否在合适范围内的重要参数，关系为：

$$S_{\text{dwellkill}} = \frac{(p_{a\max} - p_{as} - \Delta p_{ea} - \beta) \times 10^{-6}}{gh} \qquad (2\text{-}2\text{-}67)$$

式中 $S_{\text{dwellkill}}$——压井安全裕量，kg/m³；

$p_{a\max}$——最大允许套管压力，MPa；

Δp_{ea}——海底到套管鞋井段环空摩阻，MPa；

β——气体在上升到套管鞋处产生的过压，MPa。

气体在上升到套管鞋处产生的过压 β 以及环空摩阻 Δp_{ea} 可以通过多相流控制方程的数值计算方法得出。

压井安全裕量表征了压井处理溢流过程中剩余能力，压井安全裕量越大，压井越安全；在其他条件不变的情况下，发现溢流的钻井液池增量越大，压井余量越小，故实际工作应尽可能早地发现溢流并关井；一般情况下，深水压井裕量要小于陆地压井安全裕量，一方面由于深水钻井液安全密度窗口狭窄，另一方面由于较长的节流管线产生了较大的环空摩阻。

2. 压井方法

1）海洋司钻法压井

海洋司钻法压井是海洋钻井中经常使用的压井方法。深水钻井时，由于防喷器组是安放在海底，因此在海底防喷器和海面阻流器之间要有一根（或者2根）细长的垂直的阻流管线来连接。压井时，通过钻井泵从钻柱内注入钻井液，使钻井液从钻柱返到环空，顶替溢流流体。操作人员调节阻流器控制立管压力来保持井底压力不变的情况下，通过环空和阻流管线排出井内溢流。

基本原理：压井过程中需要循环两周钻井液：第一循环周，用原钻井液将环空中的井侵流体顶替到地面，同时配制压井钻井液；第二循环周，用压井钻井液将原钻井液顶替到地面。

适用条件：溢流、井喷发生后能正常关井，在泵入压井钻井液过程中始终保证井底压力略大于地层压力。

海洋司钻法压井可分为7个阶段：

（1）顶替阻流管内的盐水；

（2）气柱顶到防喷器；

（3）气柱顶到阻流管顶；

（4）气柱底部到防喷器；

（5）气柱底到阻流管顶；

（6）从开始注入大密度钻井液到大密度钻井液钻头处；

（7）大密度钻井液到阻流管顶。

2）海洋工程师法压井

海洋工程师法压井，是在一个循环周内完成压井的一种方法。

基本原理：压井时，通过钻井泵从钻柱内注入钻井液，再由环空向上顶替溢流流体。操作人员调节节流器控制立管压力，在保持井底压力不变的情况下，通过环空节流管线排出井内溢流流体。

适用条件：溢流、井喷发生后能正常关井，在泵入压井钻井液过程中始终保证井底压力略大于地层压力。与司钻法相比压井周期短，压井过程中，套管压力及井底压力低，这适用于井口装置承压低及套管鞋处与地层破裂压力低的情况。

第三节　深水浮式平台工程设计技术

一、深水浮式平台类型、结构形式与应用特点

1. 深水浮式平台类型

中国南海深水蕴藏着丰富的油气资源，极具勘探开发前景，深水油气开发是海洋石油工业发展的必然趋势。深水浮式平台是深水油气田开发的主要工程设施。浮式生产平台技术在国外已经发展成为成熟的技术，各种类型的深水浮式平台在世界范围内的深水油气田开发中已得到广泛应用。因此在我国向深水海洋工程进军的过程中，深水浮式平台工程技术是需要掌握的核心技术之一。自"十一五"以来，在国家科技重大专项、863计划和重点研发计划支持下，国内有关技术人员已经持续开展了10多年的深水浮式平台技术的相关研究，在浮式平台设计、建造和安装技术方面积累了一些经验。通过技术攻关已完成半潜式钻井平台、TLP、SPAR、FLNG和FDPSO概念设计和基本设计，基本形成了深水浮式平台的设计技术体系（王世圣等，2021）。

典型的深水浮式平台的主要类型包括：张力腿平台（TLP）、深吃水立柱平台（SPAR）、FPSO和半潜式平台。根据统计数据，在深水油气开发中，TLP，SPAR和FPSO应用较多，半潜式平台主要用于深水钻井。而TLP，SPAR和FPSO又有不同的应用特点。

2. 深水浮式平台结构形式与应用特点

典型深水浮式平台由于结构形式不同，其功能、结构组成以及应用有一定差别。深水油气田开发模式可以根据采油方式不同分为湿式采油、干式采油和干湿组合式三种。干式采油是将采油树置于水面以上甲板，井口作业（包括钻井、固井、完井和修井等）均可在甲板进行；湿式采油是将采油树置于海底或水中，所有的井口作业（包括钻井、

固井、完井和修井等）均需要在水下进行。TLP 和 SPAR 运动性能好、垂荡幅值小，可用于干式采油，同时可回接水下井口。半潜式生产平台运动幅值大，特别是垂荡幅值较大，不能满足干式采油的要求，只能用于湿式采油。在深水油气开发的工程模式中采用哪一种深水平台所涉及的影响因素很多，影响最大的应当是开发成本。TLP 和 SPAR 都是在技术上较为成熟的深水浮式平台。SPAR 由于其整体性能特点，在深水尤其在超过 2000m 水深的油气开发中具有较大应用潜力。

1）张力腿平台（TLP）

张力腿平台（TLP）包括：传统 TLP、海星式 TLP（STLP）、小型张力腿平台（MOSES TLP）、外伸式 TLP（ETLP），此类平台的共同特点是采用张力腿系泊，系泊系统垂向刚度较大，垂荡运动能满足干式采油要求。

传统 TLP 如图 2-3-1 所示，是由上部结构及设施、浮体、张力腿（高强钢管）、连接张力腿的桩以及生产立管/钢质悬链立管（SCR）所组成。浮体结构和张力腿的浮力使张力腿处于张紧状态，保持平台在垂直和水平方向的稳定。

张力腿平台上部结构由板式桁架和梁结构组成；通常甲板为 2~3 层，井口区尺寸很大，可容纳较多井口。上部结构与浮体共同受力；承受钻修井荷载、风荷载和加速度荷载。其连接处对疲劳敏感。

张力腿平台上部设备和设施等选型在很大程度上取决于油气田规模、气油比、井数、开采速度、钻修井要求等因素；张力腿平台主要采用干式采油树，也可以回接水下井口。

张力腿平台浮体为平台系统提供浮力，并与上部结构和张力腿连接。浮体结构由 4 根立柱和其下部的水平浮筒连接而成，受波浪和流荷载的作用，浮体结构对疲劳比较敏感，需要特殊的设计技术，通常结构使用 345kPa（50ksi）的高强钢材，建造技术要求高，浮体结构可在造船厂建造。

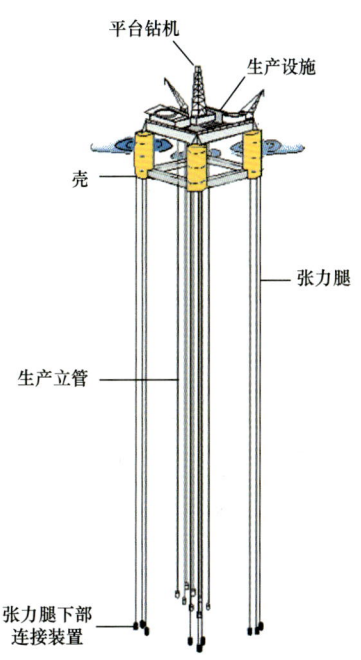

图 2-3-1 传统 TLP 示意图

张力腿系统：张力腿是空心钢管，为张力腿系统提供浮力。通常使用 448~483kPa（65~70ksi）高强钢材；钢管直径从 61cm 到 110cm 不等，壁厚在 2cm 到 3.5cm 之间；张力腿可以是同直径、同壁厚，也可以是变直径、变壁厚。张力腿垂直系泊在指定位置上，在平台的每个角落至少两根；通常张力腿每段长 76~91m（250~300ft），张力腿之间通过连接器连接；张力腿与浮体以及基础之间也需要连接器连接；操作状态下张力腿受预张力作用，承受波浪力和流力作用；张力腿受二阶和频力（Springing）及高阶脉冲力（Ringing）作用时对疲劳敏感；张力腿需要现场安装。

张力腿平台的基础系统由桩基组成，桩直径通常为 1.8~2.1m（6~7ft），承受拉伸荷载；桩与张力腿通过特殊的连接器连接；桩通过特殊的水下桩锤安装；桩通常为76~107m（250~350ft）长。

张力腿平台可保持自浮的稳定；可连接较多立管；张力腿连接在浮体立柱的外缘；平台运动很小，几乎没有垂向移动，平台升沉运动周期在3~4s之间。升沉、横摇和纵摇运动都很小。平台甲板放在立柱上部，尺寸与浮体尺寸相同。由于张力腿平台甲板放在立柱上部，使其支撑跨度大，设计比较复杂，需要与下部浮体进行整体耦合分析。通常张力腿平台上部组块安装到平台浮体上后，拖运到现场与张力腿连接。

2）深吃水立柱平台（SPAR）

深吃水立柱平台（SPAR）（图2-3-2）由上部组块、立柱圆筒、立管系统（生产、钻修井、输油等）、系泊系统和连接系泊锚链的桩组成。

SPAR平台上部组块通常有三层甲板：钻井甲板、生产甲板和下甲板；井口布置在甲板中部，甲板结构由板式桁架和梁结构组成。

SPAR平台的立柱圆筒：由上部筒体（硬舱），主要提供系统浮力；筒体下部软舱供放置压载物，中间一段用于连接上部筒体和下部压载舱。立柱圆筒承受波浪和流荷载作用，对疲劳敏感，需要特殊设计技术，使用345kPa（50ksi）高强钢材，建造技术要求高。

SPAR平台的系泊系统：扩展式系泊在固定位置；重量由SPAR立柱圆筒承担；系泊缆通常分三段，上部段是钢锚链连接到立柱圆筒，下部段也是钢锚链连接到桩，中间段为钢缆或合成缆。其直径通常为13~20cm（5~8in），最少6根，最多16根；系泊系统与基础需要特殊的连接，与立柱圆筒也需要特殊的连接；系泊缆对波的方向比较敏感；在操作状态下受预张力，受波浪和流荷载。

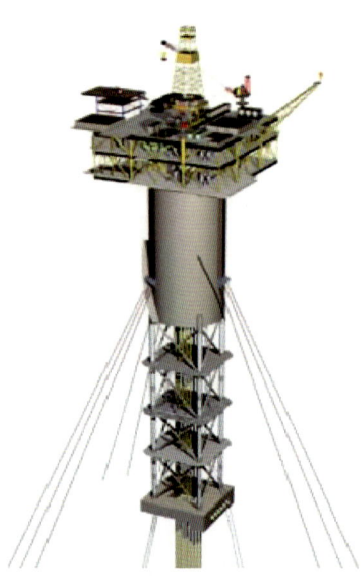

图2-3-2　SPAR平台

SPAR平台的基础系统：桩径通常为1.8~2.1m（6~7ft），连接到系泊锚链，通过特殊的水下桩锤安装；桩通常76~107m（250~350ft）长。

SPAR平台具有可迁移性，调节系泊系统可在一定范围内偏移钻井；平台对上部重量不敏感；采用干式井口，便于维修，也可以回接水下井口；立柱圆筒为深吃水，可达200m左右，垂直重心低以减少纵摇；升沉运动较小；水平方向顺应于环境进行大的慢漂移运动；可同时采用张紧式立管和刚悬链式立管；立柱圆筒中间井内设有浮力罐（Air Can），浮力罐通过浮力支撑立管，可对升沉运动和摆动进行补偿。

SPAR平台分为第一代传统式SPAR（Classic SPAR）、第二代桁架式SPAR（Truss SPAR）和第三代多筒式SPAR（Cell SPAR）。第一代Classic SPAR平台1987年获得专利。1996年世界上第一座Classic SPAR平台安装在Neptune油田，该平台位于墨西哥湾的Viosca Knoll油田826区块，作业水深588m，作业者是科麦奇石油有限公司。Classic

SPAR 平台第一次的成功应用，标志着 SPAR 平台成为深水油气田开发的可供选择的工程设施之一。

3）半潜式平台

半潜式平台可以按照其功能分为半潜式钻井平台和半潜式生产平台两类。半潜式生产平台由上部组块、浮体、系泊系统、悬链式立管（外输/输入）和桩基础构成。半潜式生产平台的构成如图 2-3-3 所示。浮体的作用是保持足够的浮力能支撑上部组块、系泊系统和立管的重量。系泊系统是把浮式平台锚泊在海底的桩基础或锚上，使平台在环境力作用下的运动在允许的范围内。半潜式平台长期以来被用在钻井和采油中，水下井口产出的油气通过立管输送到半潜式平台上处理，然后通过海底管线或其他设施把处理的油气外运。

图 2-3-3 半潜式生产平台

半潜式平台是一种应用比较普遍、传统型的深水平台。半潜式平台大多数作为移动式钻井平台，因其具有良好的稳定性，移动灵活，使用水深较深，作业可靠等特点，已经成为深海钻井的主要装置。半潜式生产平台一般由旧平台改造而成，少数采用新建。半潜式生产平台主要是借用海底管线或与 FSO（FPSO）联合起来进行深海油气（气仅限于海底管线）生产。半潜式平台可以根据上部设施的配置的不同，而适应不同的作业需求，可以用于钻井/修井、完井，也可以用作生产平台或上述功能的组合。半潜式平台由于其垂荡运动幅度大，只能利用 SCR 立管连接湿式采油树，将油气输送到在平台进行处理。

4）各型平台应用特点

SPAR 与 TLP 相比对上部载荷的变化不敏感；另外，SPAR 的系泊系统对水深也不像 TLP 的张力腿那么敏感，且迁移方便。但 TLP 也有垂向刚度大、稳定性好的特点，且几乎不存在竖直方向的位移，水平方向的位移量也被限制在很小的范围内，因而很适合使用干式采油，这样将大大降低平台的操作成本低。同时，TLP 已经发展出的各种类型，可以适应于不同规模和条件的深水油气开发，其适用范围相对广泛，而且世界上已经出现了约 20 座 TLP，将为今后中国南海的深水油气资源开发提供丰富的经验。在 2000m 水深范围内，SPAR 和 TLP 都是可选择的方案，两者并无大的区别。在水深超过 2000m 以后，TLP 的张力腿长度与水深呈线性关系，且张力腿的重量大、费用昂贵，加之 TLP 对有效荷载敏感，张力腿平台的使用受到限制，而采用 SPAR 在深水或超深水油气田开发中是一种更为经济的工程方案。

半潜式平台的结构形式决定了其应用特点包括：（1）扩展式系泊系统；（2）可由钻井平台改进而成，也可新造；（3）相对 FPSO 而言，比较稳定，运动较小；（4）初始投资小，易于连接钢制悬链式立管。

二、深水浮式平台设计

深水浮式平台的设计是根据油田和海洋地质环境的特点、平台功能和作业者的要求，使深水浮式平台的总体性能、结构强度和疲劳寿命满足设计要求。设计过程先进行总体尺度设计、结构设计，然后通过数值分析和水池模型试验来验证设计结果，因此深水浮式平台设计是采用螺旋上升式的设计流程，逐步逼近，最终得到满足要求的深水浮式平台。

1. 设计规范

深水浮式平台的设计一般基于现有的各个国家、船级社和相关组织发布的设计规范、标准、规程和要求，而这些设计规范、标准、规程和要求一般是以往成功的设计经验的总结和归纳。在设计深水浮式平台时，最关键和重要的一点就是设计者必须详细了解和熟练应用这些标准，以得到最优的安全可靠的设计。

在设计深水浮式平台时需要注意，各种现有的标准并不是一成不变的，其仅仅是对以往成功经验的一种总结，是随着海洋工程新技术的应用而不断发展更新的。

2. 深水浮式平台总体与结构设计内容

深水浮式平台设计技术核心内容之一是浮式平台的总体与结构设计。在深水油气田开发的前期，要根据油气田的基础参数和环境条件，选定浮式平台的类型，确定平台的总尺度、结构尺寸，基本功能，以及估算设计、建造和安装成本，并依据浮式平台的形式进行立管和海管系统的设计，以形成深水油气田开发工程方案。浮式平台的总体设计关系到整个油气田开发工程建设成本，占有重要的地位。

由于深水浮式平台是一个复杂的结构和设备系统，总体方案设计要依据油气田基本参数（据此设计立管、海管）、海洋环境参数和工程地质条件，考虑多种工况，首先进行浮体的总体设计，在总体设计完成后再进行结构设计，在这个过程中要涉及几千个总体和结构尺寸的确定，立管系统设计，压载系统设计，系泊系统设计，以及结构重量、主辅设备的重量估算。总体方案设计软件开发要解决的关键技术问题包括：

（1）深水浮式平台的总体尺度规划。

① 船型总尺度确定；

② 系泊系统总体设计；

③ 立管系统总体设计；

④ 压载系统设计与舱室布置；

⑤ 重量估算与控制；

⑥ 总体性能估算；

⑦ 设计、安装和建造成本估算。

（2）深水浮式平台的结构设计。

① 船体的结构尺寸的确定；

② 结构强度校核。

3. 深水浮式平台总体设计方法

深水浮式平台的总尺度规划是根据平台的功能选定平台上部模块的重量和重心位置及甲板面积、立管数目、适用环境条件、系泊要求等基础参数，确定平台浮体的总尺度、系泊系统的总体尺度、主体重量、辅助设备的重量，并对平台的运动和静力特性进行估算，完成一个初步的浮式平台设计方案。在此基础上进行平台的概念设计、基本设计，直到为建造提供详细的设计图纸和设计技术文件。因此，深水浮式平台的总尺度规划是浮式平台设计的关键一步，对后续的设计工作有很大的影响。深水浮式平台的总尺度规划传统方法是人工设计，通过类比，简单计算，依靠设计人员的经验来完成。

对于4类典型的深水浮式平台，由于它们的结构形式不同，在总尺度规划设计方面有不同的特点，根据我们的研究，归纳出针对4类典型的深水浮式平台的总尺度规划方法。

1) 半潜式平台总体尺度规划方法

半潜式平台总体尺度规划是在设计之初对平台主体尺度进行的估计，这种规划并不能给出精确的设计结果，而是得到一套大体合理的平台尺度数据，作为细化设计的初始模型，从而为系泊系统、立管系统等子系统的设计，以及稳性、水动力、结构强度等分析工作提供一个比较合理的基础。

总体尺度规划需要考虑的因素：

（1）浮筒，为平台提供主要的排水量；

（2）立柱，为平台提供稳性保障，也提供一部分排水量，是支撑上部载荷的主要部件；

（3）甲板，平台的主要承载部分；

（4）横撑，连接两个立柱，用以抵抗波浪对平台产生的水平分离力的承载部件。

半潜式平台尺度规划的主要目的是：

（1）通过下列参数的选择，使得平台在最大的海况条件下能够稳定地支撑上部荷载：

① 立柱的数量、尺度和立柱间距；

② 甲板的高度。

（2）通过下列参数的选择，尽可能减小平台对海况条件的响应：

① 浮筒的尺度与形状；

② 立柱的水线面积；

③ 立柱与浮筒的排水量分配；

④ 立柱间距和浮筒间距。

半潜式平台总体尺度规划方法是首先确定半潜式平台的船型，然后建立平台的参数模型，通过对平台的运动性能进行快速的判断，确定平台大致尺度，然后根据对其他性能参数的估算，判断方案的合理性，最后在几次调整后获得合理的总体尺度规划方案。

2）张力腿平台（TLP）总体尺度规划方法

张力腿平台浮体由 4 立柱和 4 个旁通组成，通过张力腿系泊。张力腿平台总体尺度规划需要考虑的因素，包括：

（1）浮筒。与半潜式平台不同，张力腿平台主要浮力不是来源于浮筒，4 个矩形截面浮筒构成的环形下浮体更多地担负着支撑整个结构的任务。

（2）立柱。张力腿平台的立柱和浮筒间距受到井口分布、干拖要求和甲板跨距的影响，立柱间距过大将引入结构强度问题。张力腿平台的浮力主要由立柱提供，因而其直径较大，为了获得较好的水动力性能，立柱往往采用圆形截面，或者采用倒角半径较大的矩形截面。

（3）张力腿。张力腿平台的张力腿用于系泊平台，平台在垂直方向刚度和在水平面的转动刚度来自张力腿的张力，张力腿预张力选择是张力腿平台总体尺度规划的内容之一。

张力腿平台总体尺度规划方法：

确定平台船型后，估计平台的有效荷载、大致重量，同样也对张力腿的预张力范围进行估算（预张力与平台作业水深、水平方向承受的荷载和偏移量等因素有关），然后得出平台排水量的大致范围（排水量等于平台重量、张力腿张力、立管张力之和）。

使用参数模型进行尺度规划，首先应当在给定的张力腿预张力和立柱吃水，通过调整浮筒与立柱之间的体积分配来减小升沉方向的波浪载荷；然后，通过调整立柱间距和浮筒、外伸浮筒的长度，找出张力腿张力最小的那一组参数，即为总体尺度规划结果。

3）深吃水立柱式平台（SPAR）总体尺度规划方法

深吃水立柱式平台主要由 4 部分组成：

（1）甲板，支撑上部有效荷载的多层结构；

（2）硬舱，为平台提供主要浮力；

（3）中间段，为壳体或桁架结构，连接硬舱与软舱，为平台提供深吃水性能；

（4）软舱，位于平台最下端，湿拖过程中为平台提供浮力，在位时为平台提供压载。

SPAR 平台总体尺度规划需要考虑到如下因素：

（1）平台需要支撑的上部结构重量、立管载荷；

（2）甲板的偏心情况及相应的压载平衡条件；

（3）容纳立管及其浮力罐的中心井口区面积要求；

（4）百年重现期环境条件下纵摇角小于 10°；

（5）立管竖向运动幅值小于 4.6m；

（6）干拖运输方式；

（7）出海装载时的吃水深度小于 9.2m。

SPAR 平台总体尺度规划方法：SPAR 平台的尺度除了受到上部结构重量和有效荷载的影响，还取决于中心井口区的尺度。SPAR 平台的中心井口区一般是正方形，可容纳 16 个、25 个或 36 个井槽，这些井槽可以按照 4×4、5×5 或者 6×6 的方式排列，通常位于中心的 4 个井槽安装钻井立管，另外 4 个井槽作为 ROV 等工具的通道，此外在中心井口区还需要预留 SCR 和人员通道的空间。

SPAR 平台浮体总尺度规划的步骤如下：
（1）确定足以平衡上部结构重量的最小活压载；
（2）指定平台直径、硬舱高度和吃水；
（3）估算平台重量和重心位置；
（4）估算排水量和浮心位置，并确定固定压载；
（5）计算平衡状态的静倾角；
（6）返回步骤（2），指定不同的平台直径、硬舱高度和吃水，再次计算直到获得满意结果。

4. 深水浮式平台结构设计方法

深水浮式平台的结构尺度规划主要是指其浮体部分的结构规划。总体设计确定了深水浮式平台的总体尺度包括壳体尺寸和分舱，而浮体及其内部舱室各部分的结构尺寸包括板厚、加强筋和板的尺寸则由结构规划确定。设计经验表明，深水浮式平台的浮体设计的控制载荷主要是浮体内外的液体产生的静水压力。因此按照静水压力设计浮体结构是结构规划的一般原则。

深水浮式平台的结构规划的一般流程如图 2-3-4 所示。

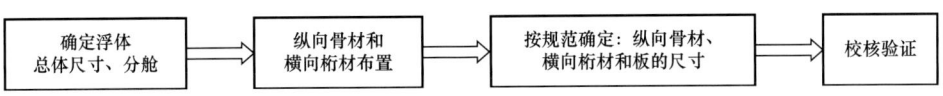

图 2-3-4 深水浮式平台结构规划一般流程

深水浮式平台的结构尺度规划是依据静水压力来确定浮体内部纵向与横向隔板的结构尺寸，结构尺寸的确定方法依据 ABS 移动式钻井装置建造与入级规范所规定的最小尺寸要求，或 ABS 关于浮式生产平台建造与入级规范。

关于浮体结构尺寸计算公式为：

板厚计算公式：

$$t = \frac{sk\sqrt{qh}}{254} + 2.5 \quad (2\text{-}3\text{-}1)$$

其中

$$q = 235/Y \text{（N/mm}^2\text{）} \quad \text{或} \quad q = 24/Y \text{（kgf/mm}^2\text{）}$$

式中　t——板厚，mm；

s——纵向加强筋的间隔距离，mm；

k——系数，当板块的长宽比 $\alpha > 2$ 时 $k=1$，当 $1 \leqslant \alpha \leqslant 2$ 时 $k = \dfrac{3.075\sqrt{\alpha} - 2.077}{\alpha + 0.272}$；

Y——材料的屈服强度，N/mm^2 或 kgf/mm^2；

h——从板的最下部的边到下列位置的最大距离：$\frac{2}{3}h_0$ 位置（h_0 为从液舱的顶部到通风口顶部之间距离）、液舱的顶部之上 0.91m 位置、表示载荷线的位置、$\frac{2}{3}h_1$ 位置，h_1 为干舷距离，m。

纵向加强筋截面模量的计算公式：

$$s_m = fchsl^2Q \tag{2-3-2}$$

式中　　s_m——纵向加强筋截面模量，cm^3；

$f=7.8$（或 0.0041）；

$c=0.9$，适用于在端部的平板上有夹头的纵向加强筋，或一端有夹头在另一端由横向筋板支撑；

h——设计压头，m；

s——纵向加强筋的间隔距离，m；

l——纵向加强筋的长度，m；

$Q=0.72$。

横向加强筋截面模量的计算公式：

$$s'_m = fchsl^2Q$$

式中　　s'_m——横向加强筋截面模量，cm^3；

$f=4.74$（或 0.0025）；

$c=1.5$；

h——设计压头，m；

l——两支撑之间的距离，m；

$Q=0.72$。

另外，ABS 规范也给出了壳体内部纵横垂直舱壁以及水平舱壁结构规划的计算公式，以及壳体内部储存液体舱室的结构规划的计算公式。

在完成浮体结构的结构尺寸规划以后，可以采用规范推荐的简化计算公式进行强度校核，校核计算公式如下：

弯曲强度校核公式

$$\sigma = M/W$$

$$M = \frac{ql^2}{10} \tag{2-3-3}$$

式中　　σ——弯曲应力；

M——弯矩；

q——单位长度上的均布载荷；

W——截面模量；

l——梁或桁材之间的距离。

剪切强度校核公式

$$\tau = v/(t_w d) \qquad (2\text{-}3\text{-}4)$$

$$v = \frac{ql}{2} \qquad (2\text{-}3\text{-}5)$$

式中　v——剪切力；
　　　τ——剪切应力；
　　　q——单位长度上的均布载荷；
　　　t_w——腹板厚度；
　　　l——梁或桁材之间的距离；
　　　d——桁材或骨材的高度。

深水浮式平台的结构规划是依据 ABS 规范规定的方法确定浮式平台浮体的结构尺寸，设计软件的编制是依据上述方法和原理。利用软件的计算功能，进行设计计算的步骤如下：

（1）输入各个工况下浮体的吃水深度；
（2）根据浮体的总尺度，将浮体从下到上分段；
（3）计算浮体每一段的吃水深度，确定该段的设计压头（同时考虑动水压力的影响）；
（4）应用上述规范给出的设计计算公式，确定浮体各段的结构尺寸；
（5）按简化的校核公式对浮体各段进行强度校核。

三、深水浮式平台总体性能分析和总体结构强度分析

1. 总体性能分析

1）总体运动性能分析

（1）理论与方法。

船舶与海洋结构物运动性能的理论与方法可以分为二维切片理论、二维半理论和三维水动力理论；按照 Green 函数表达形式的不同，可分为自由面 Green 函数方法和简单 Green 函数方法；按照航速考虑程度的不同，可分为零航速理论、低航速理论和全航速理论；按照求解域形式的不同，可分为频域分析方法和时域分析方法。目前，理论体系更为完善的基于自由面 Green 函数方法的三维频域水动力理论已经成为大型海洋工程浮体水动力分析的标准工具。

坐标系规定与入射波描述：

为了描述入射波、浮体运动和流场速度势，引入了以下三个右旋坐标系：

坐标系 1，空间固定坐标系 $O\text{-}XYZ$，原点 O 位于未扰动的水平面上；

坐标系 2，随船平动坐标系 $o\text{-}xyz$，原点 o 位于未扰动的水平面上；

坐标系 3，固连于浮体的坐标系 $G\text{-}x_b y_b z_b$，原点 G 为浮体的重心。

设浮体以航速 U 沿 x 轴正方向航行，入射波沿 X 轴正方向传播，浪向角为 β（迎浪时 $\beta=180°$）。浮体重心 G 在坐标系 2 中的坐标为 z_G。

则三个坐标系之间的转换关系为：

$$\begin{Bmatrix} x \\ y \\ z \end{Bmatrix} = \begin{bmatrix} \cos\beta & -\sin\beta & 0 \\ \sin\beta & \cos\beta & 0 \\ 0 & 0 & 1 \end{bmatrix} \cdot \begin{Bmatrix} X - Ut\cos\beta \\ Y + Ut\sin\beta \\ Z \end{Bmatrix} \approx \begin{Bmatrix} x_b \\ y_b \\ z_b + z_G \end{Bmatrix} \quad (2\text{-}3\text{-}6)$$

入射波势 Φ_{I} 满足线性自由面条件（在坐标系 1 中）：

$$\frac{\partial^2 \Phi_{\mathrm{I}}}{\partial t^2} + g \frac{\partial \Phi_{\mathrm{I}}}{\partial Z} = 0 \quad (Z=0) \quad (2\text{-}3\text{-}7)$$

设平面进行波在坐标系 1 中的波面升高为：

$$\zeta(X,t) = \zeta_a \cos(k_0 X - \omega_0 t) \quad (2\text{-}3\text{-}8)$$

式中 k_0——波浪自然波数；
ω_0——波浪自然频率。

则当水深为 h 时，入射波势为：

$$\Phi_{\mathrm{I}}(X,Z,t) = -\frac{g\zeta_a}{\omega_0} \cdot \frac{\mathrm{ch}[k_0(Z+h)]}{\mathrm{ch}(k_0 h)} \sin(k_0 X - \omega_0 t) \quad (2\text{-}3\text{-}9)$$

其色散关系为：

$$k_0 \cdot \mathrm{th}(k_0 h) = v_0 = \omega_0^2 / g \quad (2\text{-}3\text{-}10)$$

当 $h \to \infty$ 时，则得到无限水深的入射波势：

$$\Phi_{\mathrm{I}}(X,Z,t) = -\frac{g\zeta_a}{\omega_0} \cdot e^{k_0 Z} \sin(k_0 X - \omega_0 t) \quad (2\text{-}3\text{-}11)$$

其色散关系为：

$$k_0 = \omega_0^2 / g \quad (2\text{-}3\text{-}12)$$

利用坐标转换关系式，并采用复数表示方式，入射波速度势为：

$$\begin{aligned} \Phi_{\mathrm{I}}(x,y,z,t) &= \mathrm{Re}\{\phi_{\mathrm{I}}(x,y,z) \cdot e^{-i\omega t}\} \\ &= \mathrm{Re}\{\zeta_a \cdot \phi_0(x,y,z) \cdot e^{-i\omega t}\} \end{aligned} \quad (2\text{-}3\text{-}13)$$

其中，若

$$\phi_0(x,y,z) = \frac{ig}{\omega_0} \cdot \frac{\mathrm{ch}[k_0(z+h)]}{\mathrm{ch}(k_0 h)} \cdot e^{ik_0(x\cos\beta + y\sin\beta)} \quad (2\text{-}3\text{-}14)$$

则表示为有限水深入射波的速度势。

若

$$\phi_0(x,y,z) = \frac{\mathrm{i}g}{\omega_0} \cdot \mathrm{e}^{k_0 z} \cdot \mathrm{e}^{\mathrm{i}k_0(x\cos\beta + y\sin\beta)} \quad (2\text{-}3\text{-}15)$$

则表示为无限水深入射波的速度势。遭遇频率为：

$$\omega = \omega_0 - k_0 U \cos\beta \quad (2\text{-}3\text{-}16)$$

此时，入射波的波面升高为：

$$\zeta(x,y,t) = \mathrm{Re}\left\{\zeta_\mathrm{a} \cdot \mathrm{e}^{\mathrm{i}k_0(x\cos\beta + y\sin\beta)} \cdot \mathrm{e}^{-\mathrm{i}\omega t}\right\} \quad (2\text{-}3\text{-}17)$$

流场速度势的分解及其定解条件：在随船平动坐标系（坐标系 2）中，浮体在稳定状态下做如下随时间简谐变化的 6 自由度刚体运动：

$$\{\eta(t)\} = \{\eta\}\mathrm{e}^{-\mathrm{i}\omega t} = (\eta_1\ \eta_2\ \eta_3\ \eta_4\ \eta_5\ \eta_6)^\mathrm{T}\mathrm{e}^{-\mathrm{i}\omega t} \quad (2\text{-}3\text{-}18)$$

式中　η_1，η_2，η_3，η_4，η_5，η_6——浮体纵荡、横荡、垂荡、横摇、纵摇和艏摇 6 自由度运动的复数振幅。

按照线性势流理论，在坐标系 2 中浮体周围的流场总速度势 $\varPhi(x,y,z,t)$ 可做如下分解：

$$\varPhi(x,y,z,t) = \left[-Ux + \varPhi_\mathrm{s}(x,y,z)\right] + \mathrm{Re}\left\{\phi_\mathrm{T}(x,y,z)\mathrm{e}^{-\mathrm{i}\omega t}\right\} \quad (2\text{-}3\text{-}19)$$

其中，$\left[-Ux + \varPhi_\mathrm{s}(x,y,z)\right]$ 为由坐标变换引起的定常势，$\mathrm{Re}\left\{\phi_\mathrm{T}(x,y,z)\mathrm{e}^{-\mathrm{i}\omega t}\right\}$ 为非定常势，其空间部分可进一步分解为入射波势、绕射势和辐射势：

$$\phi_\mathrm{T}(x,y,z) = \phi_\mathrm{I}(x,y,z) + \phi_\mathrm{D}(x,y,z) + \phi_\mathrm{R}(x,y,z) \quad (2\text{-}3\text{-}20)$$

其中

$$\phi_\mathrm{I}(x,y,z) = \zeta_\mathrm{a}\phi_0(x,y,z) \quad (2\text{-}3\text{-}21)$$

$$\phi_\mathrm{D}(x,y,z) = \zeta_\mathrm{a}\phi_7(x,y,z) \quad (2\text{-}3\text{-}22)$$

$$\phi_\mathrm{R}(x,y,z) = \sum_{j=1}^{6}\left[-\mathrm{i}\omega\eta_j \cdot \phi_j(x,y,z)\right] \quad (2\text{-}3\text{-}23)$$

入射波势 ϕ_0 为已知，绕射势 ϕ_7 和辐射势 ϕ_j 满足下列定解条件：

域内条件［L］：

$$\nabla^2 \phi_j = 0 \quad (j=1,2,\cdots,7) \quad (2\text{-}3\text{-}24)$$

线性自由面条件［F］：

$$\left[\left(\mathrm{i}\omega - U\frac{\partial}{\partial x}\right)^2 + g\frac{\partial}{\partial z}\right]\phi_j = 0 \qquad (z=0, j=1,2,\cdots,7) \qquad (2\text{-}3\text{-}25)$$

物面条件［S］：

$$\begin{cases} \dfrac{\partial}{\partial n}\phi_7 = -\dfrac{\partial}{\partial n}\phi_0 \\ \dfrac{\partial}{\partial n}\phi_j = n_j + \dfrac{U}{\mathrm{i}\omega}m_j \qquad (j=1,2,\cdots,6) \end{cases} (S\text{上}) \qquad (2\text{-}3\text{-}26)$$

底部条件［B］：

$$\begin{cases} \dfrac{\partial}{\partial z}\phi_j = 0 & (z=-h, j=1,2,\cdots,7) \quad \text{有限水深} \\ \nabla\phi_j \to 0 & (z\to-\infty, j=1,2,\cdots,7) \quad \text{无限水深} \end{cases} \qquad (2\text{-}3\text{-}27)$$

其中

$$\begin{aligned} (n_1, n_2, n_3) &= \boldsymbol{n} \\ (n_4, n_5, n_6) &= \boldsymbol{r} \times \boldsymbol{n} \\ (m_1, m_2, m_3) &= -\frac{1}{U}(\boldsymbol{n}\cdot\nabla)\boldsymbol{w} \\ (m_4, m_5, m_6) &= -\frac{1}{U}(\boldsymbol{n}\cdot\nabla)(\boldsymbol{r}\times\boldsymbol{w}) \end{aligned} \qquad (2\text{-}3\text{-}28)$$

式中，$\boldsymbol{n}$ 是浮体表面指向内部的单位法线向量，$\boldsymbol{r}$ 是从固连于浮体坐标系（坐标系3）原点出发的位置向量，$\boldsymbol{w}$ 的表达式为：

$$\boldsymbol{w} = \nabla(-Ux + \Phi_s) \qquad (2\text{-}3\text{-}29)$$

上面已构造了频域内有航速浮体运动流场速度势所满足的完整的定解条件。目前，对于上述定解问题的求解还未完善，通常略去航速项 U 进行简化计算。

非定常扰动势求解的源汇分布法：对于满足上述定解条件的 ϕ_j，可以用源汇分布法进行求解。将速度势 ϕ_j 表示成物面上的分布源形式：

$$\phi_j(p) = \iint_S \sigma^{(j)}(q) G(p,q)\mathrm{d}S_q \qquad (2\text{-}3\text{-}30)$$

式中　$\sigma^{(j)}(q)$ ——分布源强；

$G(p,q)$ ——满足前述定解条件中除物面条件以外所有条件的Green函数。

根据速度势 ϕ_j 的物面条件，分布源强 $\sigma^{(j)}(q)$ 满足下面的积分方程：

$$2\pi\sigma^{(j)}(p)+\iint_S \sigma^{(j)}(q)\frac{\partial}{\partial n_p}G(p,q)\mathrm{d}S_q = \begin{cases} -\dfrac{\partial}{\partial n^{(p)}}\phi_0 \\ n_j^{(p)} \end{cases} \quad (p\in S) \qquad (2-3-31)$$

引入三维无航速有限水深或无限水深频域 Green 函数,采用面元法即可将上述积分方程转化成线性代数方程组进行求解。在获得分布源强后,即可进一步获得非定常扰动势 ϕ_j。

运动方程的建立和求解:

根据刚体动力学,以浮体重心 G 为矩心的运动方程可表示为:

$$\boldsymbol{M}\{\ddot{\eta}(t)\}=\{\boldsymbol{F}(t)\}=\{\boldsymbol{F}\}\mathrm{e}^{-\mathrm{i}\omega t} \qquad (2-3-32)$$

式中　$\boldsymbol{M}$——浮体的广义质量矩阵;

　　　$\{\boldsymbol{F}(t)\}$——流体载荷列向量(不包括与重力平衡的静水浮力)。

作用在浮体上的流体载荷 $\{\boldsymbol{F}(t)\}$ 可分为因浮体偏离平衡位置而产生的流体静力载荷 $\{F^S(t)\}$、依赖于波浪与浮体运动的流体动力载荷 $\{F^D(t)\}$,即:

$$\{\boldsymbol{F}(t)\}=\{F^S(t)\}+\{F^D(t)\} \qquad (2-3-33)$$

流体静力载荷可以由流体静力学给出:

$$\{F^S(t)\}=-\boldsymbol{C}\{\eta(t)\} \qquad (2-3-34)$$

式中　$\boldsymbol{C}$——流体静力载荷系数矩阵。

流体动力载荷可以分解成与入射波力、绕射力和辐射力相对应的三部分:

$$\{F^D(t)\}=\{F_I(t)\}+\{F_D(t)\}+\{F_R(t)\} \qquad (2-3-35)$$

入射波力和波浪绕射力可合并为波浪干扰力:

$$\{f(t)\}=\{F_I(t)\}+\{F_D(t)\} \qquad (2-3-36)$$

辐射力可表示为:

$$\{F_R(t)\}=-\boldsymbol{A}\{\ddot{\eta}(t)\}-\boldsymbol{B}\{\dot{\eta}(t)\} \qquad (2-3-37)$$

式中　$\boldsymbol{A}$,$\boldsymbol{B}$——三维水动力系数矩阵。

三维水动力系数可以表示为:

$$A_{ij}+\frac{B_{ij}}{\mathrm{i}\omega}=\rho\iint_S \phi_j(x,y,z)\boldsymbol{n}_i\mathrm{d}S \quad (i,j=1,2,\cdots,6) \qquad (2-3-38)$$

式中　ϕ_j——单位辐射波势;

　　　ω——波浪频率;

n_j——物面广义法向矢量。

波浪绕射力可表示成如下积分形式：

$$\{F_D(t)\} = -\iint_S \rho \zeta_a i\omega \phi_7 \{n_j\} ds \cdot e^{i\omega t} \quad (2\text{-}3\text{-}39)$$

式中　ϕ_7——单位绕射波势。

对浮体湿表面进行网格离散，应用 Green 函数法与面元法结合的方式求解出为求解单位辐射波势 ϕ_j（$i=1$，2，…，6）和单位绕射波势 ϕ_7。

于是，规则波中的浮体运动微分方程可整理成为：

$$(M+A)\cdot\{\ddot{\eta}(t)\} + B\{\dot{\eta}(t)\} + C\{\eta(t)\} = \{f(t)\} = \{f\}e^{i\omega t} \quad (2\text{-}3\text{-}40)$$

假定运动响应是简谐变化的，上述方程可转化为线性代数方程组，采用高斯消去法或迭代方法即可求得运动响应解。

（2）深水浮式平台总体运动性能分析。

完成深水浮式平台总体尺度设计后，即可根据装载情况，对平台的总体运动性能进行分析校核，进而验证平台设计的合理性。深水浮式平台的总体运动性能分析包括运动与气隙分析和系泊分析。

① SPAR 总体运动性能分析。运动与气隙分析用于校核 SPAR 平台在海洋环境下的运动响应，在此阶段一般采用频域法。分析首先建立了 SPAR 平台的三维湿表面模型、质量模型、舱室模型和 Morrison 模型，分别用来模拟 SPAR 平台的水面以下船体形式、质量分布、舱室分布，以及 SPAR 船体的黏性受力。

完成 SPAR 平台建模工作后，采用三维势流理论求解平台的水动力参数，包括附加质量系数、阻尼系数、传递函数、一阶波浪力、二阶波浪力等，进而求得平台在海洋环境下的运动响应值。

系泊系统设计工作是对 SPAR 平台系泊系统的初步设计，往往还有很大的优化空间。优化的目标是：在将系泊缆受力控制在一定范围内的条件下，兼顾经济因素，将平台的位移控制在允许的范围内。这就要求要尽可能准确地估计平台遭受的各种外载荷及其响应，包括风载荷、流载荷和波浪载荷等，故此步工作需在水动力性能分析工作后进行。目前，总体专业已经对几种系泊系统设计方案进行了计算分析，进一步的优化工作还有待进行。

② TLP 总体运动性能分析。TLP 总体运动性能分析主要计算平台在操作和生存条件下的固有特性、运动幅值、气隙，以及张力腿的张力，来评价 TLP 的总体运动性能是否满足设计要求。

根据工业界规范要求和项目设计基础数据，TLP 总体运动性能分析的工况包括完整工况和破损工况（包括单个平台舱室破舱，单根张力腿进水，单根张力腿撤离三种情况）。其中，完整工况包括有无内波两种海况；破损包括有无补偿两种情况。TLP 的总体运动性能分析采用的是工业界流行的时域耦合分析方法。在水动力分析中，建立时域耦合分析模型,先采用基于势流理论的频域分析方法,并考虑张力腿(Tendon)、顶张紧立管(TTR)、钢悬链立管(SCR)对平台运动的影响。应用频域分析获得的结果,开展时域耦合分析。时域耦合分析考虑风和浪三组不同的随机种子。

③ 半潜式生产平台总体运动性能分析。半潜式生产平台采用多点系泊,其结构一般是几何对称。半潜式平台的艏向和侧向暴露面积比较相近,半潜式平台各方向所受的环境力差别不是很大。

半潜式生产平台的总体运动性能分析首先需要建立起水动力计算模型进行频域分析,频域分析是一种拉普拉斯和傅里叶变换的谐波分析。频域分析的结果是对所求平台响应参数(运动、载荷等)的频率函数的阐述。波谱代表了不规则的海况下不同周期的波的能量分布,结合波谱的结果可以估算平台响应参数的短期统计值。通过频域分析计算平台的运动响应传递函数,预报平台的运动响应,并进行气隙分析。

时域分析是针对一系列作用在结构上的随机波浪的进行分析,估算其每一个时间点的响应,这样可以计算得到平台的极端响应。半潜式平台系泊分析需要建立时域耦合分析模型,模型需要把平台、系泊系统和立管集成在一起。系泊分析状态考虑完整状态和一根系泊缆失效状态。分析流程如图 2-3-5 所示。

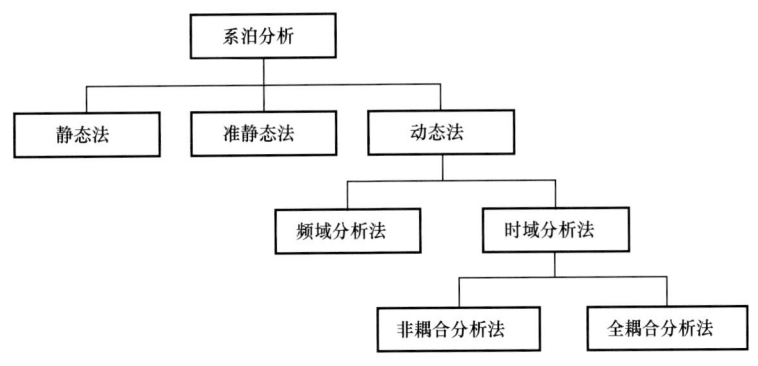

图 2-3-5 系泊分析方法

2)稳性分析

稳性是指浮体偏离平衡位置后能否回复到平衡位置的静态能力,主要取决于浮体受到的风载荷与浮体本身的静水回复特性。稳性分析从作业工况上划分可分为拖航稳性与在位稳性,而从平台完整性方面划分,又可分为完整稳性与破舱稳性。稳性校核的目的是在确定参数条件下,验证各项技术指标是否设计衡准要求。

稳性分析以国际海事组织(IMO)、美国船级社(ABS)与中国船级社(CCS)的稳性规范作为校核依据:

(1)国际海事组织(IMO)《移动海洋钻井装置建造和设备规范》(合并版 2001 年);

(2)美国船级社(ABS)《移动式海上钻井装置建造和分级规则》(2012 年);

(3)中国船级社(CCS),《海上移动平台入级与建造规范》(2005)。

对海洋油气开发深水浮式平台的稳性校核要求如下:

(1)完整稳性要求。

① 在正常作业工况 70kn 风速和风暴工况 100kn 风速下，恢复力矩曲线和横倾力矩曲线到进水角或第二交点的面积比＞1.3（Area Ratio＞1.3）；

② 恢复力矩曲线到第二交点之前保持为正值。

（2）破舱稳性要求。

① 破损假定水平刺透深度为 1.5m。

② 垂向扩展：水线面以下 3m 到水线面以上 5m。

③ 有效水密舱壁之间的距离或其位于假定水平穿透范围内的最近阶梯部分之间的距离应不小于 3m；如果距离较短，则应忽略一个或多个相邻舱壁。

④ 水密完整性的保持范围至少应该在水线以上垂直距离 4m（浸水高度＞13.1ft）。

⑤ 50kn 风速下超过破损水线后 7°的稳性（浸水角 – 第一截距＞7.0°）；

⑥ 浸水后的倾角不应大于 25°。

2. 总体结构强度分析

深水浮式平台在位期间遭受多种外载荷作用，其中波浪载荷是深水浮式平台所遭受的外载荷的主要部分，对平台的总强度校核起决定的作用。波浪是一个随机的过程，而通常平台强度计算校核需要得到确定的结果，所以需要采取一定的分析方法对波浪载荷进行处理。设计波法是一种用于深水浮式平台结构强度校核的简化方法。深水浮式平台在风浪作用下，始终处于运动状态，因此对浮式平台的载荷进行计算是一个非常复杂的动力问题，难于精确计算。目前比较普遍使用的方法是将动力问题转化为准静力问题来处理，即假定平台承受规则波浪作用，把瞬时作用在平台上的最大波浪载荷施加到平台上，同时考虑平台运动产生惯性力和其他载荷，认为所有外载荷保持静力平衡，从而转化为静力问题，这样简化了计算，并且精度满足工程需要。根据平台工作地区的环境条件和设计的要求，选取平台可能遇到的最大的波浪作为设计波，规范通常规定使用 100年一遇的最大规则波。由于不同的浪向，不同的周期以及不同的波峰位置（波浪相位）下波浪对平台的作用力有很大的差异。因此在计算中要选取若干个不同的浪向、周期的波浪，在不同相位，对平台的载荷进行计算。从中选取最不利的情况进行结构有限元分析计算。

总体结构强度计算流程如图 2-3-6 所示。

设计波产生与水动力载荷传递流程如图 2-3-7 所示。

深水平台结构强度评估一般采用 ABS MODU 规范、CCS 海上移动平台入级规范进行评估。其规定的许用应力标准的计算公式为：

$$F = \frac{F_Y}{F_S} \qquad (2\text{-}3\text{-}41)$$

式中　F_Y——材料屈服极限；

　　　F_S——安全系数。

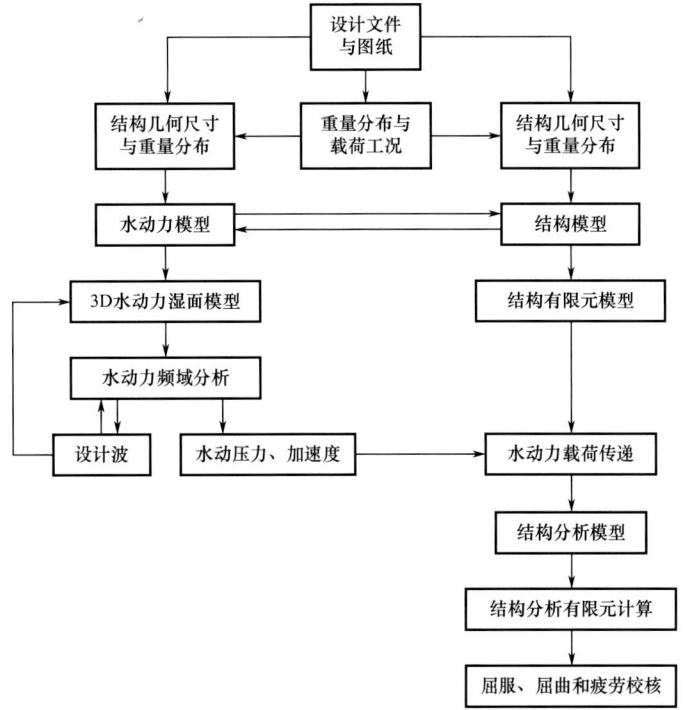

图 2-3-6　深水浮式平台总体结构强度计算流程

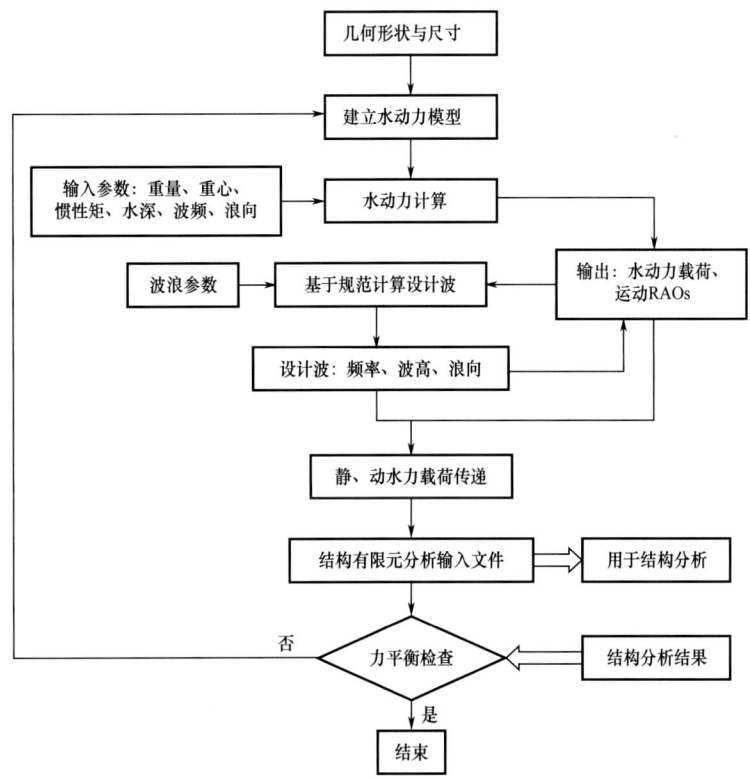

图 2-3-7　深水浮式平台设计波产生与水动力载荷传递流程

对于板结构，可以采用 von Mises 等效应力进行校核。等效应力的许用应力由表 2-3-1 查取。

表 2-3-1 等效应力的许用应力值

载荷工况	单元类型	应力类型	应力安全系数	许用应力 /MPa	
				$F_Y=350$MPa	$F_Y=550$MPa
静水工况	板单元	von Mises	1.43	248	385
组合载荷	板单元	von Mises	1.11	320	495

四、水池模型试验

水池模型试验的主要目的是：（1）预报深水平台的运动和载荷，验证理论和数值预报结果是否正确，对设计方案的技术性能进行认证。（2）通过模型试验能够得到理论难以预报的非线性水动力特性，发现不可预知的运动、载荷和其他未知物理现象。（3）能够为实际工程的安装和作业过程中的行为特征提供可视化预报。模型试验中，需要对水深、波浪、海流和风进行模拟，涉及试验模型的制作以及试验数据的采集和处理。

模型试验是通过在比例缩小或等比模型上进行相应的试验，获取相关数据及检查设计缺陷。在采用适当比例和相似材料制成的与原型相似的试验结构（或模型）上施加比例荷载，使模型受力后再演原型结构实际工作的结构试验。试验对象为仿照原型（实际结构）并按照一定比例尺复制而成的试验代表物，它具有实际结构的全部或部分特征。模型尺寸一般要比原型结构小。按照模型相似理论，由模型的试验结果可推算实际结构的工作。严格要求的模拟条件必须是几何相似、物理相似和材料相似。

水池模型试验主要设施是试验水池，海洋深水试验池由水池主体和一个深井组成，可以模拟风、浪、流等各种海洋环境并能根据试验要求改变水深。水池主体有效工作尺度为长 50m、宽 40m、最大工作水深 10m；水深可在 0～10m 范围内任意调节。深水水池中深井最大工作水深 40m、直径 5m。

水池的主要装备有：

（1）造波系统。荷兰 Rexroth（Bosch Group）的多单元造波机，分两组布置在水池的相邻垂直两边。可以在水池中产生规则或不规则的长峰波或三维波。最大有义波高达 0.3m。

（2）消波系统。在两组多单元造波机的对岸均设有消波滩，以防止产生反射波。

（3）造流系统。水池配有分层外循环式造流系统，能在水池中产生所需剖面的水流。表层流速可达 0.4m/s，10m 深度范围内的均匀流速可达 0.1m/s。

（4）造风系统。配备一套可移动式的造风系统，能在水池中产生任意方向的定常风或风谱（非定常风），最大风速为 10m/s。

（5）水深调节系统。大面积可升降假底（50m×40m）能使水池主体水深在 0～10m

间按需要任意调节。深井假底可使深井工作水深在 0～40m 间调节。

（6）拖车系统。横跨整个水池配有大跨度 $X-Y$ 方向拖车。

（7）深水海洋工程实验研究所需的各种仪器设备。

试验研究项目的测试仪器主要有：

（1）非接触式光学 6 自由度运动测量仪。测量模型在波浪中的 6 个自由度运动，即：纵荡、横荡、垂荡、纵摇、横摇及艏摇。

（2）电阻式浪高仪。测量实时波浪和平台气隙。

（3）力传感器。测量平台风力、流力。

（4）拉力传感器。测量锚泊线张力、立管张力。

（5）加速度传感器。测量平台典型位置的线加速度。

（6）风速仪。测量风速。

（7）流速仪。测量流速。

（8）数码摄像机。记录模型试验过程。

（9）数码相机。拍摄试验模型、所有试验工况等。

上述测试仪器在正式进行试验以前都经过仔细的校验和标定，以确保试验中各测量数据正确可靠。

模型试验的内容包括测试和分析深水平台的运动固有周期与阻尼、运动幅值响应算子（RAO），风、流载荷，特定环境条件下的运动性能、系泊性能等关键性能，以研究和评估深水浮式平台设计方案在作业和生存工况下的总体性能。

试验中，需要测试分析的物理量具体包括：

（1）运动固有周期和阻尼；

（2）运动响应幅值算子（RAO）；

（3）生存海况和作业海况下的平台运动；

（4）平台系泊系统载荷；

（5）波浪爬升及上浪、月池波浪振荡等。

提交的试验结果均应换算至实型，且所有单位均采用国际单位制。

数据分析内容包括：

（1）不规则波浪谱模拟结果，包括谱分析得到的波浪功率谱和包络谱分析结果和各项参数；

（2）流速时历曲线；

（3）平均定常风速模拟结果；

（4）运动固有周期与阻尼；

（5）运动幅值响应函数；

（6）波浪试验中，各数据通道的时域统计参数，如平均值、极值、均方差、有义单幅值和双幅值等。

第四节　水下生产系统设计技术

自 1947 年美国艾利湖（Lake Erie）第一次提出水下井口的概念以来，水下生产技术得到不断发展。从早期简单的水下完井井口到复杂的水下采油树、水下管汇以及水下油气处理系统，从直接液压、复合电液到全电气水下控制系统，水下生产技术在快速发展，水下生产系统正在成为经济高效地开发深水油气田和海上边际油气田的重要技术手段之一。

由于我国深水油气田开发起步较晚，自 1995 年中国海洋石油总公司与阿莫科东方石油公司（Amoco Orient Petroleum Company）采用水下生产技术联合开发 LH 11-1 水下油田以来，已经采用水下生产系统模式相继开发了 LF22-1、HZ32-5 和 HZ26-1N 等油田以及 LW3-1、YC13-4、PY35-1/PY35-2 和 LH19-5 等气田，水下生产系统的使用为深水油气田的成功开发与自主设计积累了宝贵经验。通过"十一五"至"十三五"的水下生产技术研究攻关，结合上述项目的设计及实践，在设计技术方面，目前已基本具备了 1500m 水深的水下生产系统独立设计能力，相关水下设计技术在 LH16-2 油田群和 LS17-2 气田等深水油气田得到了充分体现。本节主要基于水下生产系统的设计技术进行介绍，内容包括水下生产系统开发涉及的关键技术（洪毅等，2021）。

一、总体设计原则

水下油气田开发方案的设计需综合油气田类型、油气藏特点、开发方式、钻完井方式、环境条件、周边可依托设施情况、流动安全保障、海底管道、水下生产设施类型等多个专业开展系统工程研究。

1. 设计基础

水下生产系统的设计涉及专业较多，即包含多专业的集成设计技术，又包含水下的专项设计技术，所需要的设计基础主要包括以下部分内容。

（1）水下生产系统所处海域的环境条件，主要包括：风、浪、流的数据；环境温度；所处海域的海床地貌数据；所处海域的土壤数据等。

（2）油藏配产数据，主要包括：油藏的逐年产量、油品的物性组分、天然气的物性组分、地层压力与温度等。

（3）钻完井数据，主要包括：开发井数、钻井中心的确定、井深、油气井测试的要求等。

（4）油田位置及回接距离。

（5）化学药剂的注入要求和数量。

（6）控制方式。

2. 设计原则

水下生产系统的设计应遵循以下原则：

（1）水下生产系统工程方案的设计应综合考虑油气田开发周期内各阶段的需要。

（2）水下生产系统设计应满足设计标准规范和作业区域当地特殊规定，尽可能采用国际成熟技术开发。

（3）在满足功能和安全的同时最大限度简化水下生产设施，使开采周期内的利益最大化。

（4）设计初期就需要考虑将来扩大生产的需求，如后期调整井或周边小区块的开发。

（5）水下生产系统设计中应考虑环境保护问题。

（6）水下生产系统设计中应考虑渔网、锚区、落物、浮冰等潜在风险，敏感设备应设保护装置。

（7）应考虑水下生产系统的安装、操作、检测、维护、维修和废弃期间的要求。

（8）水下生产系统设计时应充分利用周边依托设施。

（9）综合考虑水下生产设施与依托设施、钻完井工程的界面。

3. 设计界面

水下生产系统设备多，其界面接口较多，设计界面的工作显得十分重要，这些界面和接口，包括物理性接口、功能性接口和组织性接口等。同时，需要考虑以下问题：

（1）安装和未来维修问题，例如潜水员通道和ROV工具兼容性。

（2）控制系统必须与水下生产设备、钻机设备和主体生产设施进行物理和功能性连接。

（3）钻井、完井和修井规划需要预测水下生产设备要求，钻机设备和人员需要时刻准备水下设备安装。

（4）及早计划、经常沟通和有组织综合测试都有助于避免日后出现巨大代价的意外。

二、水下生产系统设计关键技术

水下生产系统的设计是集成设计技术和单体设计技术的结合，即包含整体集成技术能力，又需要具备单个设施的设计技术，其中还要涉及部分核心关键的设计技术。"十一五"至"十三五"期间，重点对水下采油树、水下管汇系统、水下控制系统、水下连接系统、水下供电系统等开展技术攻关，并研发出适用于1500m水深的水下阀门、水下连接器、水下控制模块、水下多相流量计以及适用于500m水深的水下变压器等多个水下工程样机并获得第三方认证。

通过自主完成WC10-3气田开发基本设计、LH16-2/LH20-2/LH21-2油田开发基本设计、LS17-2气田开发基本设计等水下生产系统开发项目，以及水下阀门、水下连接器、水下控制模块、水下多相流量计、水下变压器、水下管汇及水下生产系统研制工程样机的总装集成、联调测试及海试，突破主要包括水下总体设计、水下设备设计、水下控制系统设计、水下电气系统设计等关键设计技术及方法。

1. 水下总体设计技术

突破了水下生产系统总体方案、总体布置、流动保障、集成方案、联调测试及海试等相关设计技术和设计方法。包括：

（1）水下生产系统总体方案设计技术；

（2）水下生产系统总体布置设计技术；

（3）水下工艺系统设计技术；

（4）水下生产系统流动安全保障分析技术；

（5）水下生产系统集成方案设计技术；

（6）水下生产系统总装联调测试技术；

（7）水下生产系统集成海试方案及测试技术。

2. 水下设备设计技术

突破了脐带缆、水下阀门、水下连接器、水下结构基础、跨接管、水下设备安装等相关设计技术。具体包括：

（1）水下脐带缆设计技术；

（2）水下管汇方案设计技术；

（3）水下管汇集成设计技术；

（4）水下管汇配管设计技术；

（5）水下阀门选型设计技术；

（6）水下阀门方案设计技术；

（7）水下采油树总体设计技术；

（8）水下连接器方案设计技术；

（9）水下结构基础方案设计技术；

（10）水下结构物保护架方案设计技术；

（11）水下跨接管方案设计技术；

（12）水下设备安装设计技术；

（13）水下设备测试方案设计技术；

（14）水下防腐设计技术。

3. 水下控制系统设计技术

突破了水下控制方案、水下计量方案、水下通信、液压控制等相关设计技术。具体包括：

（1）水下控制方案总体设计技术；

（2）水下控制分配单元设计技术；

（3）水下通信方案设计技术；

（4）水下通信分析技术；

（5）水下计量方案设计技术；

（6）水下飞缆方案设计技术；
（7）水下液压控制方案设计技术；
（8）水下液压控制分析技术。

4. 水下电气系统设计技术

突破了水下供电设备、供电方案等相关设计技术。具体包括：
（1）水下总体供电方案设计技术；
（2）水下长距离供电方案设计技术；
（3）水下控制系统供电方案设计技术；
（4）水下电力分配单元方案设计技术；
（5）水下变压器总体方案设计技术。

在引进、消化和吸收的基础上进行集成创新，以典型深水油气田为参考对象，完成了5部设计指南编制，为今后项目水下生产系统设计提供了指导，包括水下脐带缆设计指南、水下管汇设计指南、水下分配系统设计指南、水下控制系统设计指南、水下采油树设计指南；完成了1套通用技术规格书编制，规范了水下设备的技术要求，接口标准以及测试标准，为深水油气田项目开发基本设计打下了基础；完成了5部行业标准，包括SY/T 7061—2016《水下高完整性压力保护系统（HIPPS）推荐做法》、SY/T 7062—2016《水下生产系统可靠性及技术风险管理推荐做法》、SY/T 7330—2016《海上石油 水下管汇连接器》、SY/T 7442—2019《水下安全系统分析、设计、安装和测试推荐做法》和SY/T 7441—2019《水下多相流量计设计、测试和操作推荐做法》等。

通过技术攻关已具备1500m水深水下生产系统基本设计能力，构建具有自主知识产权的深水油气田水下生产系统技术体系，包括深水气田水下生产系统基本设计技术体系和深水油田水下生产系统基本设计技术体系，并形成了一套完整的水下生产系统基本设计编制目录及专业文件；掌握了水下总体设计、水下工艺、水下设施布置、水下系统流动保障分析、水下管汇配置、水下采油树选型、水下控制系统的设计、水下液压分析、水下电力分析、水下通信分析、水下结构设计、水下防腐设计、水下设备安装分析等关键技术；突破水下控制、水下计量、水下供电等核心设备设施的研制技术，加快了典型水下生产设备的国产化制造和工程应用；独立完成了典型油田项目，包括LH16-2/LH20-2/LH21-2油田开发、LF22-1油田开发项目，典型气田项目包括WC10-3气田开发、LS17-2气田开发项目等水下开发方案基本设计，实现了水下生产系统设计技术与实际项目的深度融合，打破了国外设计技术垄断，为中国南海深水油气田开发提供了重要技术保证。

第五节　深水流动安全设计技术

随着海上油气田的开发，海底管道流动安全设计技术不断得到应用和发展。流动安全工作范围就是保障生产流体从油气藏到生产设施在油气田全寿命周期内任何工况条件下的经济安全输送。流动安全保障涉及的主要问题包括：水合物形成、结蜡、沥青质形成、乳状液、起泡、结垢、出砂、段塞流以及与材料有关的问题等（李清平等，2021）。流动安全设计应根据油气田开发规模、油气物性、环境条件、输送方案等具体情况，结合油气处理、储运工艺流程，进而确定海管管径、操作参数等，主要设计原则包括：满足近期油气田开发规模需要，必要时考虑周报油气田接入的可能性；根据具体情况积极采用先进可靠的新工艺和新材料，提高经济性和安全性；进行多方案的经济技术比较来确定输送工艺和输送参数，尽可能降低工程造价。

一、海底多相流混输管道的流动安全设计技术

海底多相流混输管道同陆地多相流混输管道流动介质和流动形态相同，同样具有流型的多样性和流动的不稳定性，通常包括企业两相混输管道、油水两相混输管道和油气水三相混输管道。由于海底管道所处的高压低温的环境，海底多相流混输管道的流动安全设计相对更复杂，设计难点主要包括海底多相流混输管道段塞流预测、水合物防控、蜡沉积预测等方面。

1. 流型预测

多相流流型的确定是准确进行多相流混输管道压降计算的前提。多相流流型研究发展至今，总的状况还停留在以实验为主，通过目视或借助某些仪表或技术对流型进行观察测量，由此而得到一些经验的图标或公式的程度。目前也有些学者在实验基础上进行了少许简单的理论分析，建立了半经验的关系式，人们正在朝全面数学模化和大型电子计算机程序预报的方向努力，但由于多相流流动问题的高度复杂性，流型及其转变问题又极其强烈地与流动过程中的所有特性和因素联系在一起。因此至今尚无比较完善的，既能反映问题全部或大部分特征而且能付之实用的半理论公式。

流型预测就是在给定部分流动参数下，确定管道内多相流发生何种流型。常见的流型识别方法较多，主要有：经典流型图法；根据流型转变机理得到转变关系式，并利用流动参数进行预测具体流型。

2. 压降计算

多相流混输管道压降计算公式分为均相流模型、分相流模型和流型模型。
1) 均相流模型
均相流模型将混合物看作是无相间滑移的均匀混合物，并符合均相流的假设条件：
(1) 气相与液相速度相等；
(2) 气相与液相介质已达到热力学平衡状态；
(3) 在计算摩擦阻力损失时使用单相介质的阻力系数。
符合均相流假设条件的多相流管道可作为单相流管道进行水力计算，关键是确定介质混合黏度和混合密度。压降计算模型通常用杜克勒Ⅰ法。
2) 分相流模型
分相流模型是将两相流动看成气液各自分开的流动，每相介质有其平均流速和独立

的物性参数,需要分别建立每相的流体特质方程。关键是确定每相所占流动界面的份额,即真实含气率或每相的真实流速,以及每相介质与界面的相互作用,即介质与管壁的摩擦阻力和两相介质间的摩擦阻力。分相流模型建立的条件为:

(1)两相介质分别有各自的按所占据截面计算截面平均流速;

(2)两相之间处于热力学平衡状态。

常用的压降计算模型采用杜克勒Ⅱ法,假定沿管长气液相间的滑动比不变,可进行相间有滑脱时的压降计算。

3)流型模型

流型模型的计算首先要确定多相管道内流型。相对以上模型,流型模型计算最为准确。目前,通常把团状流和段塞流合并为间歇流;把典型层状流、波状流统称为分层流;雾状流多按照均相流进行计算。常用的压降计算方法为 Lockhart–Martinelli 法,经验相关式适用流型主要包括气泡流、气团流、分层流、波浪流、间歇流和环状流等。

3. 水合物防控技术

水合物是由水形成的笼形结构包络气体分子如甲烷、乙烷、丙烷、异丁烷、二氧化碳和硫化氢等形成的,是一种结晶状化合物。只要气体分子和水分子存在,在一定的高压和低温条件下就能形成水合物。对给定油气藏流体而言,二氧化碳、氮气、硫化氢、油和溶解盐的存在相当程度上改变水合物形成条件。多相混输管道中的水合物可导致管道压降增大,最终完全堵塞流道。水合物在大多数液相中形成,并趋于在流动受约束的地方聚集,如阀门处。一旦水合物形成,堵塞长度可达数十米。值得注意的是,即使水合物晶体在特定温度和压力下形成,但在这些条件下并不一定出现水合物堵塞。有证据表明,在没有水合物堵塞的情况下,低温和高压的情况是可以接受的,因此用来预测水合物形成的水合物生成曲线会导致保守的系统设计。可靠的预测水合物形成主要依赖于较好的组分数据(包括产出水的盐度)和整个生产系统中压力和温度梯度的准确建模。因此,为了能获得最可靠而经济的水合物管理方法,组分数据和流动建模应尽可能准确。

4. 段塞流控制技术

段塞流是混输管线特别是海底混输管线中经常遇到的一种典型的不稳定工况,表现为周期性的压力波动和间歇出现的液塞,往往给集输系统的设计和运行管理造成巨大的困难和安全隐患,因而段塞流的控制一直是研究的热点之一。

由于海洋油气混输管线操作条件的改变(如管线的停输、再启动、开井或关井、清管等)、地形的起伏都有可能造成段塞流,建立一套合理的水动力模型非常困难。目前已有的气液段塞流理论模型可以分为稳态模型和瞬态模型两类。对清管引起的段塞流而言,一般采用清管模型与段塞流模型耦合进行模拟。

目前 OLGA2000,TACITE 和 PLAC 等软件都能够预测段塞流的长度、压降以及持液率,但只有 OLGA2000 采用双流体模型附加段塞流跟踪模型,能够计算段塞流流量以及压力波动参数等,尽管如此,当段塞较大或跟踪移动断塞时,不仅计算效率低,而且容易发散,同时,现有计算软件大多建立在气液两相流或简化三相流基础之上,对于油、气、水三相流研究是改进现有模型和计算方法的根本;相对于预测技术而言,段塞流特别是严重段塞流控制更为困难,传统控制方法有提高背压、气举、顶部阻塞等,目前随着对严重段塞流发生机理的认识不断深入,国外在尝试一些更经济更安全的控制方法,如水下分离、流动的泡沫化、插入小直径管、自气举、上升管段的底部举升等,但这些方法在海上油气田中的应用还有待于进一步深入研究和现场实践检验。

5. 蜡沉积防控技术

1)蜡沉积预测

原油中的石蜡和地蜡在一定温度以上是溶解在其液态组分中的。蜡包括直链、支链或环状的石蜡,碳数目通常在 C_{15} 和 C_{70+} 之间。蜡的熔点随碳数目的增加而增大,而其在原油中的溶解度则随碳数目增大而降低。随着温度降低,蜡会从高碳数到低碳数依次结晶析出。蜡溶解度受温度的影响比受压力影响更大,水的存在也会产生很小影响。一般把某种实验条件下可以观测到始晶析出的起始温度认定为该种原油的析蜡点。析蜡点与原油的含蜡量、液态组分性质有密切关系。析蜡点对于研究含蜡原油的流动性和结蜡规律是个非常关键的参数。在其以上和以下原油会呈现出不一样的流变行为。析蜡点虽然与凝点存在一定的相关性,但目前尚不能确定其精确的数学关系。一般来说,析蜡点在凝点以上 10~15℃。如何确定含蜡多相管流中的析蜡点和析蜡量是蜡沉积防控技术的重点。

需要注意的是,即使大部分原油的温度在析出温度以上,蜡也可能沉积在冷的金属表面。当蜡最初沉积在管壁上时,一般比较松软,能轻易被管流剪切掉并随之流动,不会造成大的问题。但是,随着时间的延长,重组分继续向冷管壁扩散,蜡将越来越硬,因此就需要更强的蜡清除技术。

准确测量析蜡温度,结合系统的生产剖面和热力学建模,可用来预测结蜡发生的时间和位置。但实际上测量析蜡温度很困难,即使在实验室条件下也很难测量。这主要取决于取样质量和所采用的处理方法。

原油组成也可被特征化,因此蜡沉积模型也可用来预测蜡相的特性和沉积包络线。但是,目前这些模型大多适用于单相流管线。常用的适用于单相流管道蜡沉积预测的模型主要有 Matzain 模型及在此基础上的改进模型;油水两相蜡沉积模型主要有 Couto 模型及在此基础上的改进模型;油气两相蜡沉积模型主要有 Rittirong 模型,可预测段塞流工况的蜡沉积。

2)蜡沉积预防和清除技术

预防和清除结蜡的技术有多种,主要有以下 4 种:

(1)机械控制技术。可用清管器、钢丝绳工具、过出油管工具和连续油管等不同方法防止蜡聚积以及除去油管和管线内壁的蜡沉积。

（2）热控制技术。被动的热技术，如凝胶封隔流体、真空隔热管和绝热管线，可用来预防结蜡；而主动的加热技术，如管束中热流体循环加热或直接给管线电加热，都可用来防止和清除蜡沉积。目前，另一个可行的技术是利用两种化合物就地混合发热来融化积聚的蜡。

（3）流体置换法。对于计划性停输，在管线内流体温度降低到析蜡温度之前可能将管内流体置换出来。

（4）注化学药剂。通过加注防蜡剂来防止蜡在管线内沉积或溶解已沉积的蜡，常用的防蜡剂主要有三种，包括结晶改良剂（或抑制剂）、表面活性剂（或分散剂）和蜡溶剂。

在制订整个流动安全保障计划时，宜考虑在油气田开发周期内可能改变蜡沉积的因素。这些因素可能包括：

（1）开发周期内油气藏条件的变化对系统中某些部分潜在的蜡沉积影响。

（2）所设计的油井处理作业和配注方案宜避免向有利于蜡沉积的方面改变。需要特别考虑所选的注入井流中的化学药剂，如缓蚀剂和破乳剂。

（3）含水率的增加不利于蜡处理剂连续注入方案的实施。

但是，通过升高流动温度也可以缓解结蜡问题：

（1）气举通常会降低流动温度并促进蜡沉积。

（2）蜡也可与沥青质互相作用并在某些条件下一起沉淀。因此，任何蜡处理方案都需要考虑蜡和沥青质相互发生作用的可能。

二、流动安全设计软件

随着深水油气田的开发，高压低温环境及大落差给海底管道流动安全保障增加了一定的难度。目前在海管的设计或投产运行中，通常依赖软件工具对多相流混输的动态流动状态进行精确计算与描述，为缓解或消除流动保障风险方案提供计算依据。目前国际上公认的流动安全保障模拟分析软件主要有：LedaFlow（管道多相流动态模拟软件，Kongsberg Digital AS 公司产品，挪威）；OLGA（管道多相流动态模拟软件，Schlumberger 公司产品，美国）；PIPEFLO（管道多相流稳态模拟软件，Schlumberger 公司产品，美国）；PIPESIM（管道多相流稳态模拟软件，Schlumberger 公司产品，美国）。

依托国家科技重大专项课题，针对深水油气田流动安全保障基本设计技术，自主形成了一套完整的深水油气田流动安全设计方法，进而形成了国产化的深水多相流动安全工艺软件，并建立了井筒—水下设施—海管及下游一体化分析方法，初步形成了深水油气田流动安全工程设计技术体系，成功应用于我国深水油气田开发设计中。

经过十几年在流动安全方面的基础研究及油气田开发设计经验，在充分调研行业多种商业软件的基础上，基于"十一五"到"十三五"国家科技重大专项课题的研发成果，从模型覆盖范围、核心算法、使用功能等方面进一步完善了自主研发的深水流动安全系统工艺设计软件，软件的功能如图 2-5-1 所示。

自主研制的深水多相管流工艺模拟软件与国外商业软件（OLGA 软件）对比见表 2-5-1。

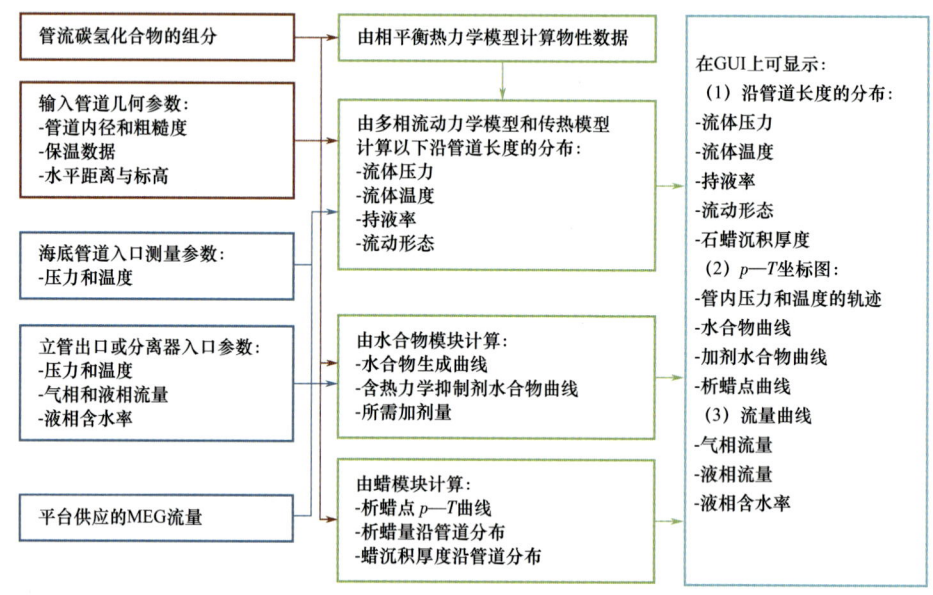

图 2-5-1　深水流动安全系统工艺设计软件功能图

表 2-5-1　流动安全设计软件功能对比表

模块	深水多相管流工艺模拟软件	OLGA 软件（管流部分）
模型	机理模型	机理模型
相态预测	（1）包含 15 种黏度预测模型； （2）可预测析蜡点和析蜡特性曲线、水合物生成曲线	（1）对轻质油的相态预测精度高； （2）对中质和重质油品的固相析出特性预测偏差较大
蜡沉积	（1）可进行高含水复杂原油体系的蜡沉积预测； （2）可进行多相管流二维蜡沉积形态分布预测； （3）考虑乳化剂的影响	（1）单相管流蜡沉积规律； （2）多相管流蜡沉积仅给出一维的当量蜡沉积厚度
水合物	（1）水合物生成双向生长壳模型，可预测油包水乳状液体系，水合物生成速度与生成量； （2）考虑蜡与水合物协同作用	经典动力学模型，预测多相体系水合物的生成速度与生成量
段塞	（1）双流体 + 段塞跟踪； （2）高压段塞分为三类，并包含垂直立管 +S 立管形态	（1）双流体 + 段塞跟踪； （2）段塞未分类
砂沉积	改进的 Oroskar-Turian 模型，误差 <30%	分子模型，误差为 60% 左右
稳态	具备该功能	具备该功能
瞬态	停输再启、清管	具备该功能

综上可见，自主研制的深水多相管流工艺模拟软件和业内流行的商业软件（OLGA）相比，在部分功能上已具备一定的优势，但在软件成熟度方面仍需进一步完善。

三、深水流动安全设计应用

深水流动安全保障模拟分析与设计技术决定了深水油气田开发模式，同时决定了深水油气田的开发半径。流动设计中遇到的析蜡、段塞流等技术难题以及实施技术方案的可靠性对于海上油气田区域安全生产将产生重大影响。

基于基础理论研究成果，形成了国内首次突破1500m深水高静水压、大集输半径和大高差的油—气—水—醇多相集输关键技术，解决了1500m大高差多相流动和积液控制难题，构建了双回路多相集输安全保障技术。以上技术已成功应用于包括LS17-2深水气田开发FEED设计、LH16-2/LH20-2油田FEED设计、LH29-2气田开发ODP设计等深水油气田开发项目。同时，有力支持了我国在役深水油气田流动安全运行与维护。

第六节 深水海底管道和立管设计技术

在"十一五"至"十三五"期间，依托国家科技重大专项对深水海底管道和立管设计技术进行了系统研究，建立了一套深水海底管道和立管设计方法，开展了深水海底管道、钢悬链立管、顶张紧立管、柔性立管和混合立管基本设计，编制了钢悬链立管、顶张紧立管和柔性软管设计指南，开发了柔性软管设计分析和海底管道屈曲分析软件，编制了5部行业标准。建立的深水海底管道和立管设计方法应用到国外尼日利亚OML130深水油田项目以及国内LW深水气田群、LH深水油田群和LS深水气田群开发中（曹静等，2021）。

一、深水海底管道设计技术

深水海底管道可以分为刚性管道和柔性管道两类。刚性管道主体是钢管，柔性管道是由金属材料和非金属材料组成的复合管。

深水刚性管道与浅水刚性管道结构设计方法基本相同，主要包括以下内容：
（1）海底管道爆破分析；
（2）海底管道压溃分析；
（3）海底管道屈曲分析；
（4）海底管道热膨胀分析；
（5）海底管道在位稳定性分析；
（6）海底管道悬跨分析；
（7）海底管道铺设分析。

由于水深增加，深水海底管道较浅水海底管道更易发生屈曲压溃破坏，因此对深水海底管道屈曲问题开展了专门研究。

对于深水海底管道屈曲分析，建立了利用 Sanders 圆柱壳非线性大变形理论，采用基尔霍夫－勒夫假定的深水薄壁海底管道屈曲理论分析方法和考虑层间剪切变形的厚壁海底管道屈曲理论分析方法，以有限元分析软件 Abaqus 为基础，利用 Pathon 语言开发了深水海底管道屈曲与屈曲传播数值分析软件（图 2-6-1），并通过深水海底管道屈曲试验对建立的深水海底管道和立管理论分析方法和开发的分析软件进行了验证。

柔性管道分为非黏结和黏结两种，项目仅针对海洋油气开发中应用较多的非黏结柔性管道进行了研究。对于柔性海底管道设计方法，在"十二五"重大专项之前基本处于空白。在"十二五"期间，开发了一套柔性海底管道设计方法，编制了柔性海底管道设计分析软件，利用开发的柔性海底管道设计方法和编制的柔性海底管道软件完成了 1500m 保温输送软管设计。

柔性海底管道设计主要包括以下内容：

（1）材料选择。软管各层材料应根据软管内部环境（输送流体）、功能要求以及软管各层常用材料的性能来进行选择。

图 2-6-1　深水管道屈曲分析软件主界面

（2）截面结构设计。软管截面设计分两步，如下：

第一步，根据经验初估软管各层尺寸。

第二步，根据软管各层可能的失效，对软管进行局部分析，确定第一步初估的尺寸是否满足 API 17J 规定的软管各层设计准则。如果不满足，则重新估算尺寸，直至满足要求。如果通过调整尺寸仍无法满足，则需要返回材料选择或结构形式选择阶段，重新选择材料或结构形式。

（3）详细设计。详细设计包括接头设计和限弯器设计。

接头的功能是传递荷载和密封，接头通过骨架层固定件、抗压铠装层固定件、抗拉铠装层固定件、中间包覆层固定件和外包覆层固定件传递荷载，通过各种密封件进行密封。设计过程中各固定件需根据不同部件的不同受力形式进行设计分析。密封件需根据使用环境确定合适的密封件结构及材料。

限弯器设计应保证限弯器发生自锁时,限弯器弯曲半径大于软管容许的最小弯曲半径,限弯器本身不发生破坏。在软管限弯器设计中,利用有限元分析软件 Abaqus 对限弯器自锁时的受力情况进行分析。

(4)安装设计。安装设计首先根据安装要求、软管的性能参数、软管应用海域的情况以及经验设计安装方案。安装方案确定后,分析软管在整个安装过程中受到的荷载,根据荷载校核软管在整个过程中是否会发生失效。如果校核软管会发生失效,需要对安装方案进行调整优化,直至软管在整个安装过程中安全为止。

开发的柔性海底管道分析软件界面如图 2-6-2 所示,该软件能够对软管骨架层、软管抗压铠装层、软管抗拉铠装层进行设计,对软管疲劳、软管最小弯曲半径和软管刚度进行计算分析,校核软管卷放储存是否满足要求。

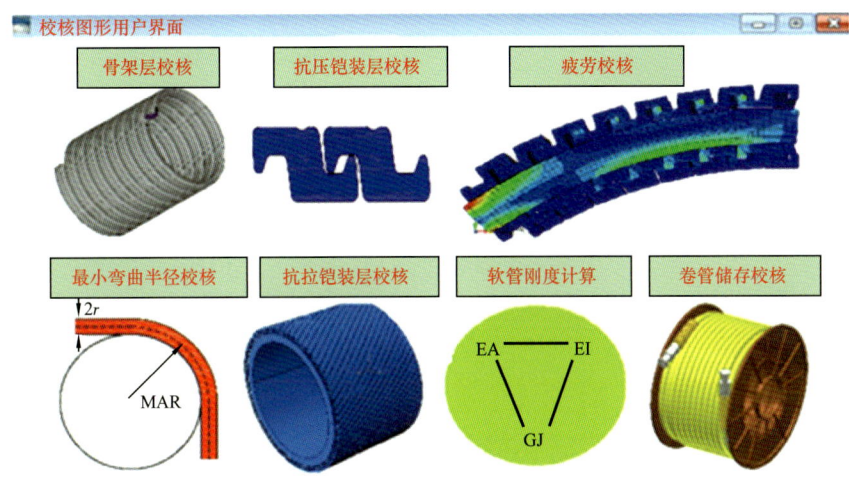

图 2-6-2　柔性海底管道分析软件界面

图 2-6-3 和表 2-6-1 分别是基于柔性海底管道设计流程,利用开发的柔性海底管道分析软件设计的 1500m 水深保温输送软管结构图和截面参数。

表 2-6-1　1500m 水深保温输送软管截面设计结果

序号	层名	内径 /mm	厚度 /mm	外径 /mm	缠绕角度 /(°)	数量
1	骨架层	203.2	10.0	223.2	87.7	1
2	内衬层	223.2	10.0	243.2	—	1
3	内衬层	243.2	12.0	267.2	—	1
4	抗压铠装层	267.2	10.0	287.2	88.9	1
5	耐磨层	287.2	1.0	289.2	84.5	1
6	耐磨层	289.2	1.0	291.2	84.5	1

续表

序号	层名	内径/mm	厚度/mm	外径/mm	缠绕角度/(°)	数量
7	抗拉铠装层	291.2	5.0	301.2	35.0	72
8	耐磨层	301.2	1.0	303.2	84.8	1
9	耐磨层	303.2	1.0	305.2	84.8	1
10	抗拉铠装层	305.2	5.0	315.2	−35.0	74
11	耐磨层	315.2	1.0	317.2	84.0	1
12	耐磨层	317.2	1.0	319.2	84.0	1
13	玻纤带	319.2	1.8	322.8	86.5	1
14	玻纤带	322.8	0.9	324.6	86.5	1
15	塑带层	324.6	1.0	326.6	86.5	1
16	中间包覆层	326.6	8.0	342.6	—	1
17	保温层	342.6	17.0	376.6	86.9	1
18	保温层	376.6	17.0	410.6	87.2	1
19	塑带	410.6	0.5	411.6	87.3	1
20	外包覆层	411.6	8.0	427.6	—	1
21	外包覆层	427.6	10.0	447.6	—	1

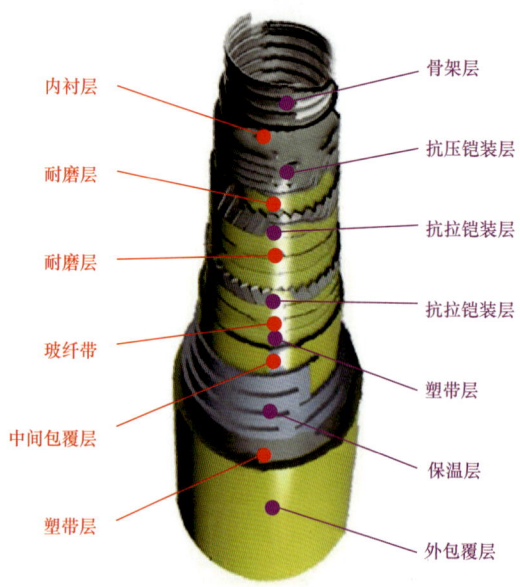

图 2-6-3　1500m 水深保温输送软管结构图

二、深水立管设计技术

对目前世界上 4 种典型立管形式：顶张紧立管（TTR）、钢悬链立管（SCR）、柔性立管和混合立管的设计分析方法进行了研究。

1. 顶张紧立管基本设计

顶张紧立管用于将水下井口垂直回接到水面浮式平台，它利用张紧器或浮力罐提供的张力使立管保持竖直状态，如图 2-6-4 所示。

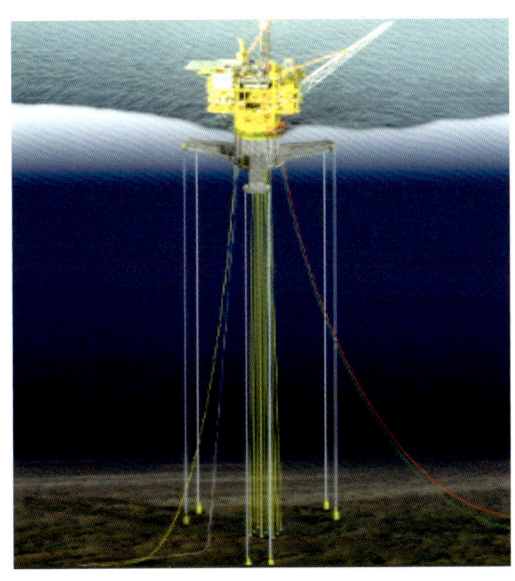

图 2-6-4 顶张紧立管图

针对中国南海 1500m 水深环境条件，依托 TLP 平台开展了顶张紧立管（TTR）基本设计研究，完成了顶张紧立管壁厚计算、冲程分析、总体强度分析、涡激振动分析、波激疲劳分析、安装分析、干涉分析和应力接头分析等，编制了顶张紧立管设计规格书、计算报告、设计报告和图纸，形成了顶张紧式立管基本设计体系。TTR 设计流程如图 2-6-5 所示。

2. 钢悬链立管设计技术

钢悬链立管由于具有结构简单、制造方便和造价低的特点，是目前深水油气田开发首选的立管形式，它在水中呈悬链形式从海面浮式平台铺设到海床上，如图 2-6-6 所示。钢悬链立管根据实际受力情况可以布置成自由悬链、缓波、陡波、缓 S、陡 S 等多种形式。

针对 1500m 水深南海环境条件，依托 SPAR 平台开展了 10in 外输钢悬链式立管（SCR）和海底管道基本设计研究，完成了钢悬链立管壁厚计算、在位强度分析、涡激振动（VIV）分析、涡激运动（VIM）疲劳分析、波激疲劳分析、干涉分析、安装分析、特殊分析（如管道/土壤相互作用、局部有限元分析、立管接触分析等）、工程临界分析（ECA）等设计分析，编制了钢悬链立管设计规格书、计算报告、设计报告和图纸，形成了钢悬链式立管和海底管道基本设计体系。钢悬链式立管设计流程如图 2-6-7 所示。

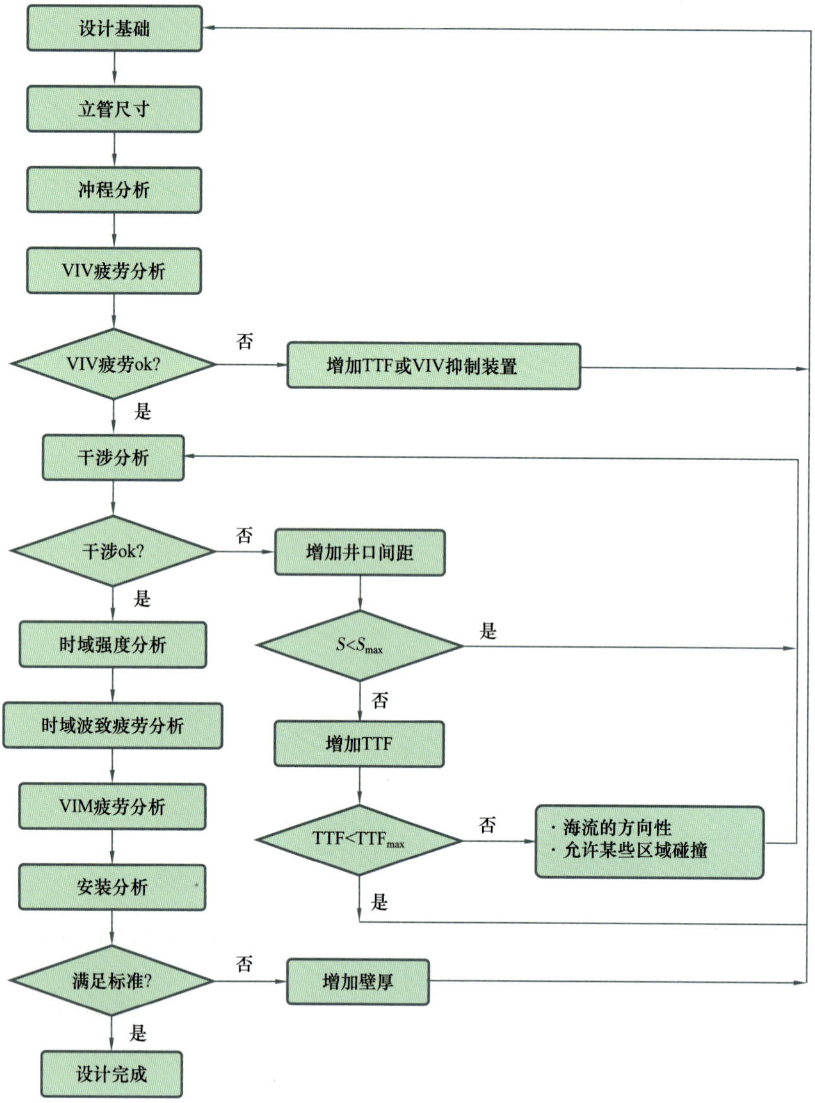

图 2-6-5 TTR 设计流程图

VIV—涡激振动；VIM—涡激运动；TTF—顶张力系数；TTF_{max}—最大顶张力系数；S—应力；S_{max}—最大应力

图 2-6-6 钢悬链式立管

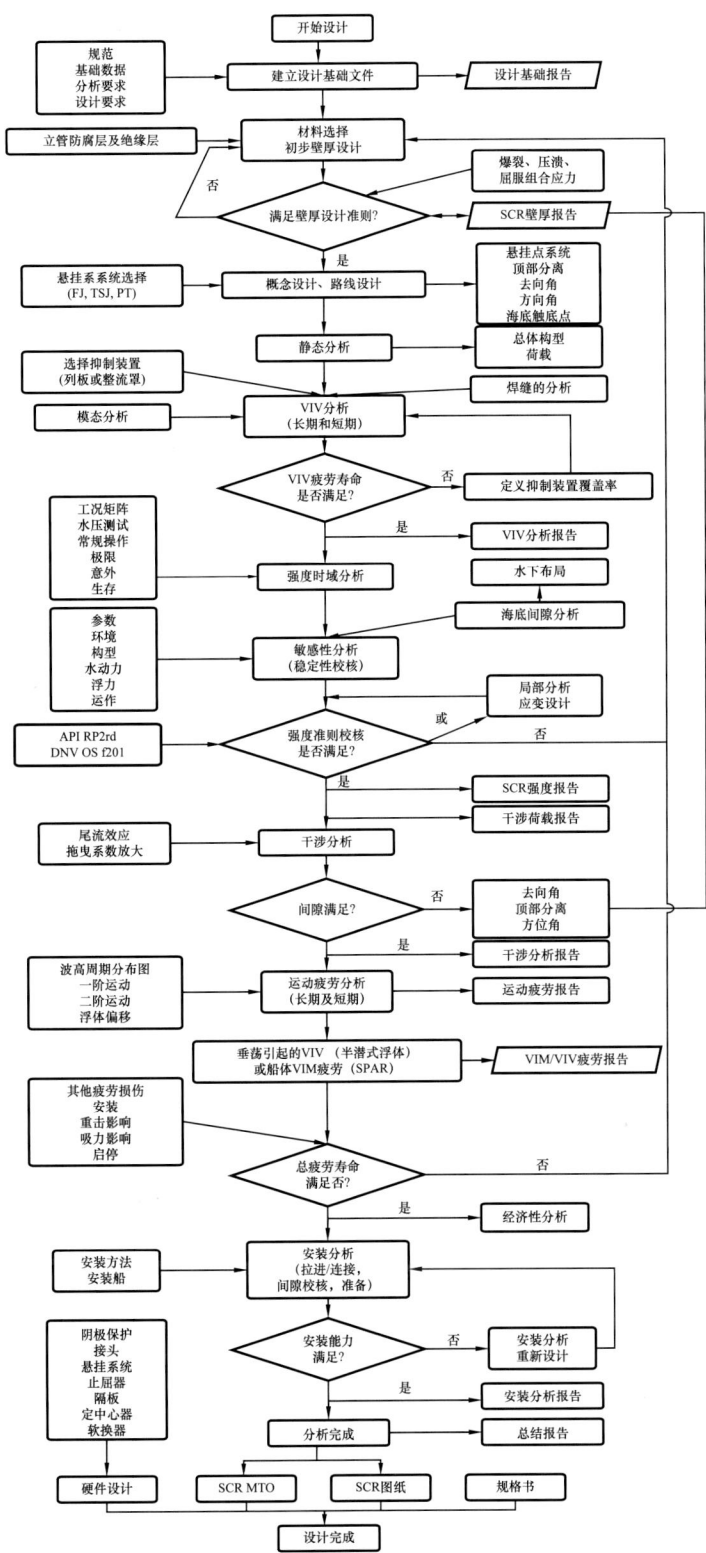

图 2-6-7 SCR 设计流程图

3. 柔性立管设计技术

柔性立管由于具有良好的动态性能、抗腐蚀性好、便于铺设安装和回收等特点，在深水油气田开发中得到广泛应用，如图 2-6-8 所示。柔性立管同钢悬链式立管一样，有自由悬链形、缓波形、陡波形、缓 S 形、陡 S 形等多种形式。

图 2-6-8　柔性立管

针对 1500m 水深南海环境条件，依托 FPSO 开展了 1500m 水深生产柔性立管基本设计研究，完成了柔性立管总体构型设计、立管截面设计、端部构件设计、抗弯器设计、限弯器设计、立管疲劳分析、立管弯曲/拉伸/扭转刚度分析、立管干涉分析、立管安装分析、立管阴极保护分析、软管悬跨分析、软管海床上稳定性分析，编制了柔性立管设计规格书、计算报告、设计报告和图纸，初步形成了柔性立管设计基本体系。柔性立管设计流程如图 2-6-9 所示。

4. 混合立管设计技术

混合立管是将刚性立管和柔性软管相结合的一种立管形式。刚性立管利用上部的浮筒或浮力框架提供的张力在水中保持竖立状态，刚性立管与浮体间用柔性跳接软管连接形成流体输送通道，如图 2-6-10 所示。

针对 1500m 水深南海环境条件，依托 FPSO 开展了 1500m 水深混合立管基本设计研究，完成了混合立管材料选取和壁厚设计、立管塔截面设计、浮力筒设计、连接系统设计、总体响应分析、安装分析、解脱再就位分析，编制了混合立管设计规格书、计算报告、设计报告和图纸，初步形成了混合立管设计基本体系。混合立管设计流程如图 2-6-11 所示。

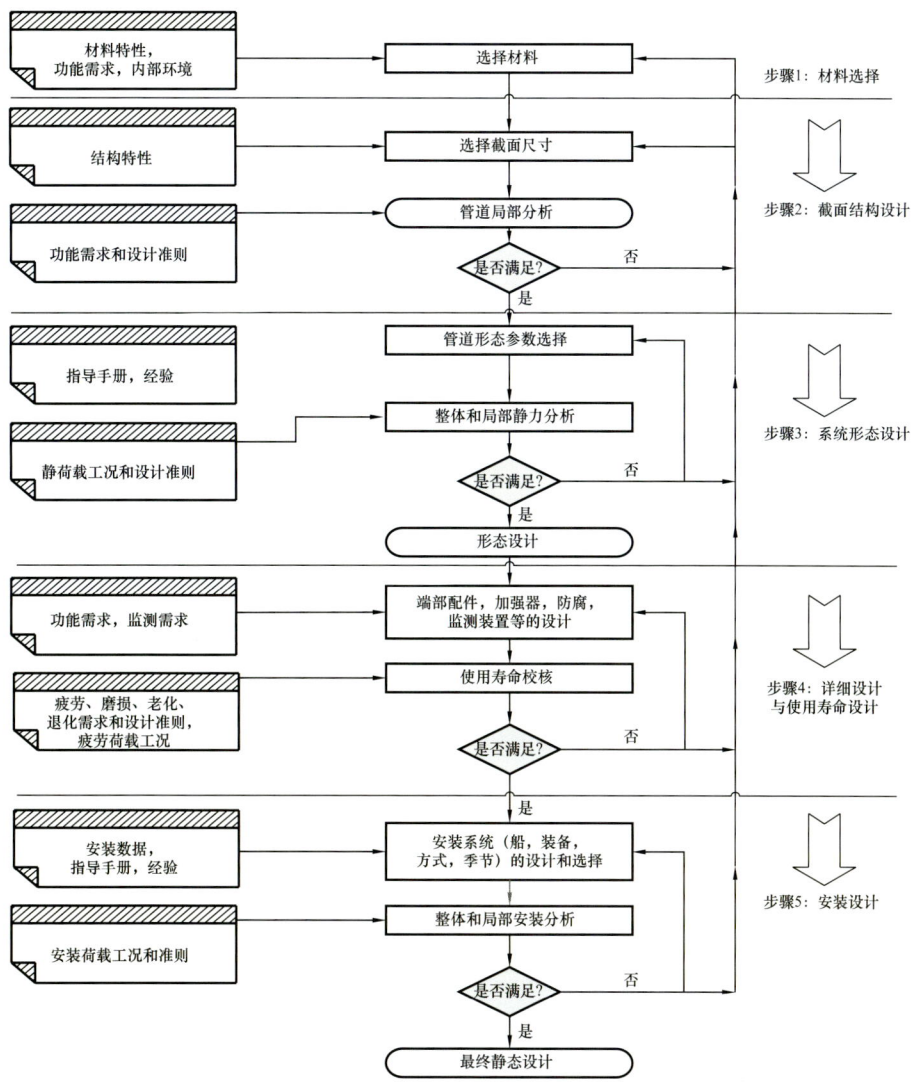

图 2-6-9 柔性立管设计流程图

图 2-6-10 混合立管

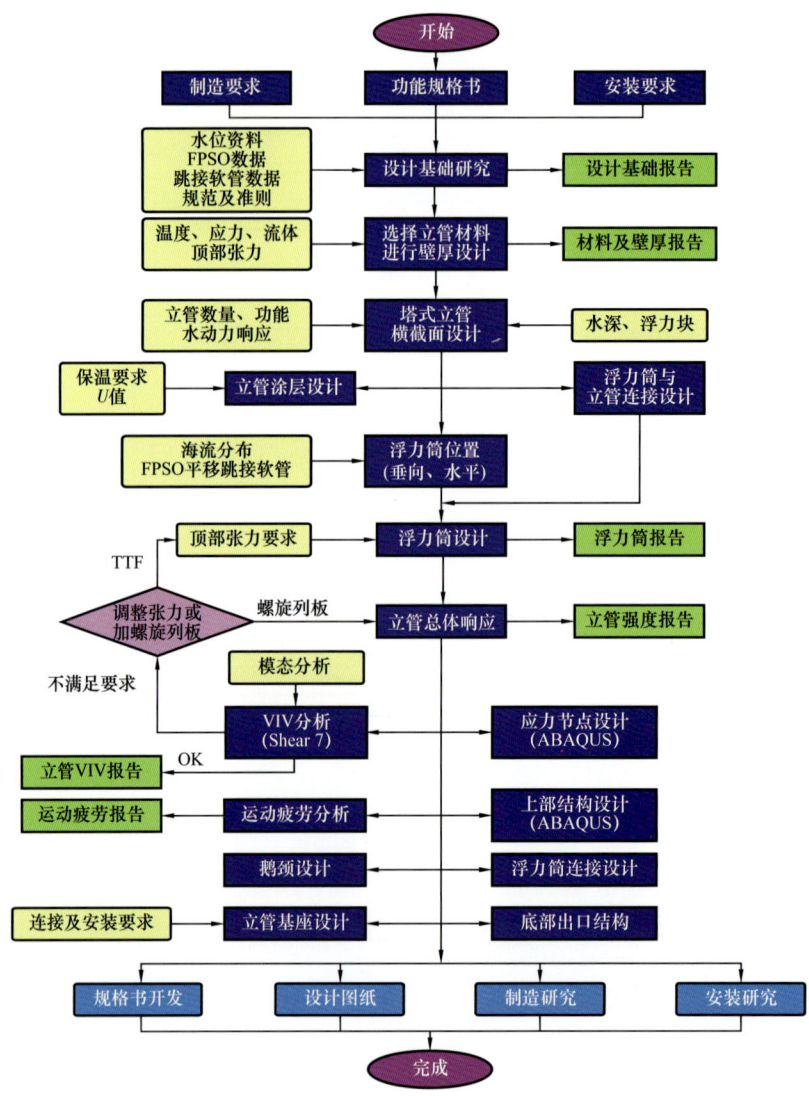

图 2-6-11 混合立管设计流程图
U—总传热系数；TTF—顶张力系数

第三章　深海油气工程实验系统及实验技术

通过国家科技重大专项三个"五年计划"的攻关,基本建成了用于深水油气工程技术研发所需的实验系统,突破了深水油气工程实验技术,构建了四大类深水油气工程实验系统,形成了国内深水油气工程实验技术及实验体系,为深水油气工程技术研究、设计、设备及产品研发等提供了实验手段。本章重点介绍深水浮式生产设施实验系统及实验技术、水下生产系统实验系统及实验测试技术、深水流动安全实验系统及实验技术、深水海管和立管实验系统及实验技术等。

第一节　深水浮式生产设施实验系统及实验技术

一、浮式生产装置水动力性能实验装置

浮式生产装置水动力性能实验的主要目的是:预报深水浮式平台的运动和载荷,验证理论和数值预报结果是否正确,对设计方案的技术性能进行认证。通过模型试验能够得到理论难以预报的非线性水动力特性,发现不可预知的运动、载荷和其他未知物理现象。能够为实际工程的安装和作业过程中的行为特征提供可视化预报。模型试验中,需要对水深、波浪、海流和风进行模拟,涉及试验模型的制作、试验数据的采集和试验数据的处理。浮式生产装置水动力性能实验装置主要有海洋工程水池、拖曳水池、风洞实验室等。

1. 海洋工程水池

如图 3-1-1 所示为海洋工程水池照片。

图 3-1-1　海洋工程水池

（1）造波系统。

目前国内外造波机样式众多，发展较为成熟。主要的造波机有转筒式造波机、冲箱式造波机、推板式造波机、摇板式造波机、气压式造波机和蛇形造波机。目前应用较多的是推板式造波机、摇板式造波机和蛇形造波机。蛇形造波机在目前大型水池中使用较多，其优点是能够造出斜波和三维短峰波，但由于其控制较为复杂，造价昂贵，并且其造波的极限波长会因单元造波板的板宽而受到限制，目前一般应用在较大的海洋工程水池中。

（2）造流系统。

目前国内外的造流系统主要分为池内循环、假底循环与池外循环三种形式。池内循环没有专门设计流体循环，仅适用于水池局部造流，该方式的主要缺点是整个水池内的流场均匀性和稳定性难以得到保证。假底循环通过在假底下方喷嘴中喷出的水流，以此带动周围的水在水池内绕着假底循环，从而在假底上部形成一个方向的水的回流。该方式形成的水流正好利用了假底上部的回流，比较均匀稳定，流速随水深变化不大。流速的调节是由控制水泵电动机的转速来实现的。该方式的缺点是造流能力有限，只能形成均匀流，无法模拟垂向流速剖面。池外循环目前较为先进的造流方式，能够有效地将旋涡和回流等扰动源在池外进行消除，保证试验区域内的流场均匀度和湍流强度等特性满足模型试验的要求。该形式的造流系统可以通过多个出水层实现垂直流向剖面。

（3）造风系统。

造风系统一般由变频仪、交流电动机、轴流风机组、风速仪、计算机采集系统和计算机控制系统组成。目前，大多数的水池普遍采用局部造风的形式，其造风系统通常由多个轴流式风机并排组成，以保证风的稳定区域足以覆盖模型试验区域。造风系统大多为可移动式，便于产生不同方向的风速。造风系统一般由计算机控制风机转速，以此实现模拟不同风速的定常风和非定常风。

2. 拖曳水池

拖曳水池是水动力学实验的一种设备，是用船舶模型试验方法来了解船舰的运动、航速、推进功率及其他性能的试验水池，试验是由电动拖车牵引船模进行的，因而得名（图3-1-2）。在海洋工程试验中，常用拖曳水池拖车速度代替水流速度进行涡激运动等试验。

图3-1-2 拖曳水池试验

3. 风洞实验室

风洞即风洞实验室,是以人工的方式产生并且控制气流,用来模拟海洋工程结构物或航天飞行器等物体周围气体的流动情况,并可量度气流对实体的作用效果以及观察物理现象的一种管道状实验设备,它是进行空气动力实验最常用、最有效的工具之一。风洞试验是浮式平台风载荷和流载荷标定的主要手段(图3-1-3)。

图 3-1-3 风洞试验

二、FLNG 液舱晃荡试验

项目建成了吨位为12t的6自由度FLNG液舱晃荡试验平台(图3-1-4),自主研发了晃荡试验数据后处理软件,完成系列化FLNG液舱晃荡模型试验,并验证FLNG基本设计方案的合理性。

液舱晃荡试验平台的最大尺寸为3m×3m,最大激振频率为10Hz,最大承载重量12tf,运动台定位精度为1~2mm。具体性能参数见表3-1-1。它既可以模拟简单运动激励,也可以模拟复杂运动激励,同时,该平台还可以实现单自由度运动和任意多个自由度的耦合运动,因此它可以全面模拟真实海况下的船体运动。

图 3-1-4 6自由度平台

表 3-1-1　6 自由度平台运动参数

参数	6 自由度平台参数值
设计承载 /tf	12
平台最大位移行程 /mm	±800
平动运动精度 /mm	±1
转动最大角度行程 /(°)	±28
工作台面尺寸 /(m×m)	2.6×2.6

1. 二维矩形液舱晃荡规律研究

以二维矩形液舱为研究对象，采用理论计算、数值模拟和模型试验（单自由度平台和 6 自由度平台）3 种方法系统的研究了晃荡问题及晃荡荷载的时空分布规律。试验所用的二维矩形液舱材料为有机玻璃，液舱晃荡时可假定其为刚性壁。液舱的基本尺寸为：长 97.0cm，宽 15.8cm，高 92.7cm，实物模型如图 3-1-5 所示。

图 3-1-5　二维矩形液舱实物模型

通过不同载液率下系列频率和系列幅值的晃荡试验研究得到了晃荡冲击压力特性，并与相同工况下的数值解及理论值进行对比，得出以下结论及注意事项：

（1）不管是系列频率试验还是系列幅值试验，理论值、数值解与试验值三者的变化趋势相同，现有的数值方法和模型试验方法切实可行，可应用于后续的薄膜舱晃荡问题研究。

（2）通过晃荡荷载与激振频率关系的研究得出：在共振区域（$0.8f_0$，$1.2f_0$）内，晃荡冲击荷载的数值解与试验值有一定差距，但随着载液率的增大差距减小，最终吻合良好；在非共振区域，数值解与试验值吻合较好；在非共振的低频振动区域内（$<0.8f_0$）（f_0—固有频率），理论值与数值及试验结果吻合较好，而在非共振的高频振动区域（$>1.2f_0$），由于非线性的加剧，理论值与其他方法得到的结果相差相对较大。

（3）通过晃荡荷载与激振振幅关系的研究得出：在现有的振动幅值内，晃荡荷载基本上随着振幅的增大而增大；数值解与新旧传感器监测到的压力试验值吻合较好。

（4）通过新旧传感器的监测结果的比较得出：在非共振区域，由于晃荡相对缓和，新旧传感器监测的压力值相差较小，而在共振区域，由于晃荡激烈，新传感器表现更稳定且与数值模拟的结果吻合较好；随着载液率的增大，新旧传感器监测的压力的差值减小，甚至在共振的时候也吻合良好，这与试验中观察到的流体晃荡现象吻合。

（5）从两种平台的试验结果对比分析来看，得到了较好的吻合结论，现有的试验设备及试验方法可继续用于未来的薄膜舱模型试验的工作。

试验测量值与数值解的对比得出了较为满意的结果，但仍可以继续不断合理改进数值方法和模型试验方法，使研究手段更加准确有效。

2. 三维 GTT 液舱晃荡规律的试验校核

对于实际工程中的晃荡问题来说，流体晃荡具有高度的随机性、非线性和三维性，所以，二维液舱模型试验只能进行晃荡荷载的基础性研究和科学研究，要得到面向 FLNG 储液舱设计的设计荷载，就必须要将实际尺寸的三维液舱按照相关的相似准则进行缩比得到模型，从而开展三维模型液舱试验。考虑到晃荡冲击时重力和惯性力为主要作用，弗劳德（Froude）相似普遍应用到模型液舱试验的结果还原。但由于液体和气体的压缩性误差导致 Froude 相似偏于保守，普遍认为大比尺的模型液舱有利于得到接近真实实际情况下的晃荡冲击荷载，所以试验采用比尺为 1∶25 的大比尺三维模型试验。试验系统总体布置如图 3-1-6 所示。

图 3-1-6　三维液舱晃荡试验系统

试验针对三维 GTT 液舱进行三维模型试验的晃荡研究，在试验前，先通过 Froude 相似准则对原型液舱进行 1∶25 的大比尺模型缩比，在缩比过程中长度尺寸按几何倍数缩比，转角不做缩比。具体的液舱尺寸见表 3-1-2。

表 3-1-2　三维模型液舱尺寸参数

模型液舱	尺寸参数	比尺 1∶25 下尺寸数据
	L/mm	1480
	B/mm	1040
	H/mm	1260
	h_u/mm	245
	h_l/mm	188
	γ_u/(°)	135
	γ_l/(°)	135

　　为了能够给出接近工程实际的可靠数据结果，该试验激励采用真实海况下的 100 年一遇随机激励进行试验。真实海况的随机激励处理包括三部分：危险液舱位置转换、激励缩比、激励的频谱分析。因为真实海况的激励测量位置为船体的重心，所以液舱位置的不同会导致液舱具有不同的运动激励。根据试验水池提供的数据，2 号液舱为危险液舱。所以需要通过理论力学关系将船体的运动转换为 2 号液舱的运动激励。对转换到危险位置 2 号液舱后的位移激励采用 Froude 相似进行缩比得到 1∶25 的模型液舱运动激励。

　　船体在海上运动时，一方面可能存在漂移的低频自由度运动，这些运动对液舱晃荡几乎没有影响，而另一方面，这些低频自由度往往相应的位移或角度幅值很大，超过试验平台的实现能力，所以试验前需要对激励的各个自由度的频率和幅值进行考察。由于纵荡、横荡和艏摇 3 个自由度方向的激励频率几乎接近于 0，属于船体漂移的低频项，基本不会引起储液舱的晃荡，所以试验不予考虑。三个主要对储液舱晃荡起作用的是垂荡、横摇和纵摇 3 个自由度，试验过程中，只考虑这 3 个方向的运动。

　　根据数值计算和以往试验研究结果，分别选择低、高典型的载液率（H）进行试验研究，具体选择 20%H 和 75%H，分别选择两个不同压载的百年一遇真实海况激励进行研究，总共开展 4 个工况，见表 3-1-3，每个工况重复 6 次。

表 3-1-3　新尺寸三维液舱模型试验工况

海况	20%H	75%H
百年一遇 165 号激励	工况 1	工况 3
百年一遇 173 号激励	工况 2	工况 4

　　由于以上不同于二维液舱的晃荡冲击形式存在使得三维液舱的晃荡冲击荷载形式更加复杂，随机性和三维性更加突出。对三维液舱真实海况下随机激励的模型试验更加容易得到符合工程实际的晃荡冲击形式和冲击荷载。

　　另外，对 75% 载液率下的三维晃荡试验分析表明，75% 载液率下几乎没有晃荡冲击出现，出现该现象的原因为 75% 载液率下液舱自由液面的固有频率与真实海况激励的固有频率差距较大（图 3-1-7），无共振区的剧烈晃荡出现。因此后续分析工作将只针对 20% 载液率下的晃荡冲击进行分析。

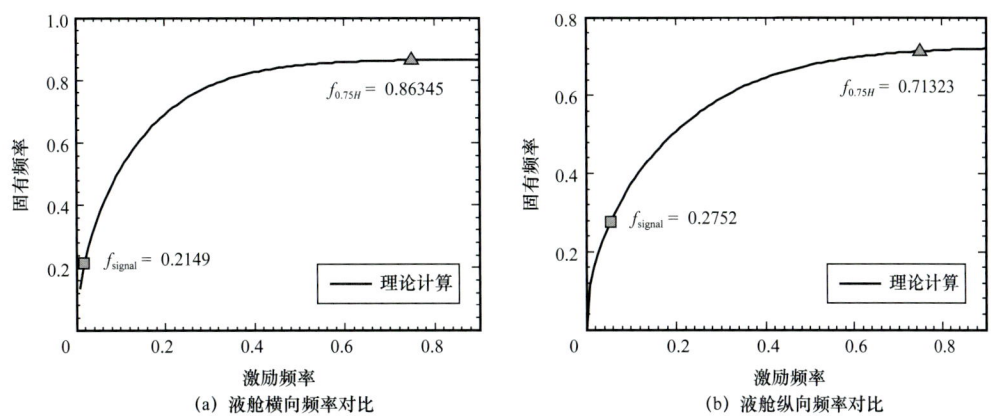

图 3-1-7　75% 载液率下液舱固有频率与激励频率对比

$f_{0.75H}$—75% 载液率下液舱自由液面的固有频率；f_{signal}—信号传感器监测的频率

综合分析可以得出以下结论：

（1）端部面板中心线位置的冲击压力，液体加载的 173 号激励较固体加载的 165 号激励晃荡冲击压力大。而在端部面板距离舱壁 1/4 位置的地方则表现为固体加载的 165 号激励冲击压力大。由此可以得出船池实验或者真实海上的船体运动测量时，液体晃荡对船体运动具有一定的影响。

（2）端部中心和距离侧壁 1/4 位置为晃荡冲击的严重区域，但空间分布形式并不一致，尤其在高度方向，1/4 位置的晃荡冲击位置较中心位置要高。三维液舱的晃荡冲击在空间上分布较二维液舱晃荡冲击更复杂。

对晃荡冲击压力和上升时间的散点图分布如图 3-1-8 所示，和二维液舱晃荡一样，三维液舱的晃荡冲击压力与冲击上升时间的关系为：晃荡冲击压力越大，上升时间越短，反之冲击压力越小，上升时间越长。另外，各个传感器在不同的激励的冲击上升时间均在 20ms 以内。

三、FLNG 液化中试

液化工艺是海上 FLNG 装置的关键技术之一，也是 FLNG 区别 FPSO 的主要部分之一，目前，FLNG 液化工艺及关键设备太多由欧美公司垄断。自主研发了适合于中国南海目标深水气田 FLNG 装置的丙烷预冷双氮膨胀液化新工艺，基于该工艺建成了规模为 20000m³/d 的 FLNG 液化中试装置，该中试装置可实现丙烷预冷双氮膨胀液化工艺、丙烷预冷单氮膨胀液化工艺和双氮膨胀液化工艺等 3 套制冷循环独立测试。通过试验验证了该液化工艺在南海深水气田 FLNG 液化中试装置中具有较好的适应性。通过 FLNG 液化中试装置研制，掌握了丙烷预冷液化工艺设计、建造技术，建成了 FLNG 液化中试实验基地，国内首次完成了 FLNG 中试试验，为研发 FLNG 液化中试装置提供了试验平台，

FLNG 液化中试试验表明，液化中试装置能有效验证大型 FLNG 项目的上部液化工艺及其设备性能，可为大型 FLNG 项目提供验证和参考。

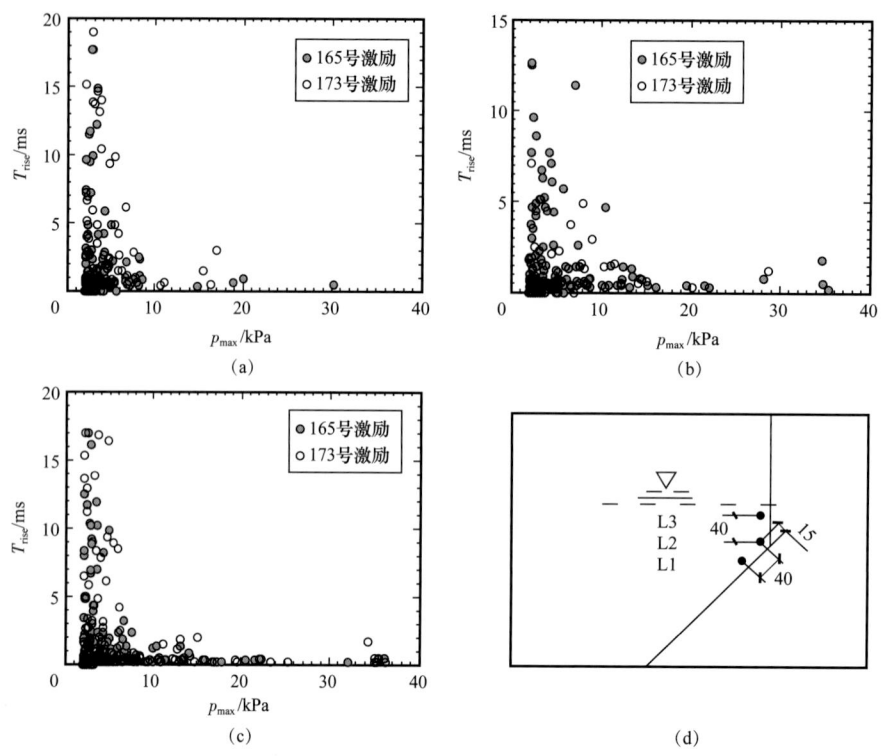

图 3-1-8　20% 载液率下拐角位置的晃荡冲击压力的峰值—上升时间统计分布图

1. FLNG 液化中试装置采用的液化工艺

通过对液化方案进行优化分析，最终提出了一套适用于中国南海海洋环境条件的具有自主知识产权的液化工艺方案：丙烷预冷 + 双氮膨胀液化工艺（喻西崇等，2018），该工艺获得了国家发明专利授权，工艺流程如图 3-1-9 所示。

丙烷预冷 + 双氮膨胀液化工艺由三部分组成，分别是丙烷预冷循环、氮气膨胀制冷循环（主循环）、天然气脱重烃液化模块。在该流程中，丙烷预冷循环用于预冷天然气和氮气，氮气膨胀制冷循环用于液化和深冷天然气，该工艺可以较好地解决现有液化技术海上适用性较差及常规氮膨胀工艺处理能力小、效率低的缺陷，该流程具有结构紧凑、低比功耗、高液化率、抗晃荡、容易开停车等优点，同时对天然气的组成、温度和压力等条件不敏感。

2. FLNG 液化中试装置

基于自主知识产权的 FLNG 液化新工艺（丙烷预冷 + 双氮膨胀），首次建成了一套处理量为 $2\times10^4 m^3/d$ 的工业级丙烷预冷双氮膨胀 FLNG 液化中试装置（图 3-1-10），该装置依托营口天然气处理终端建造，原料气、丙烷制冷剂、氮气和公用工程等来自现有的液

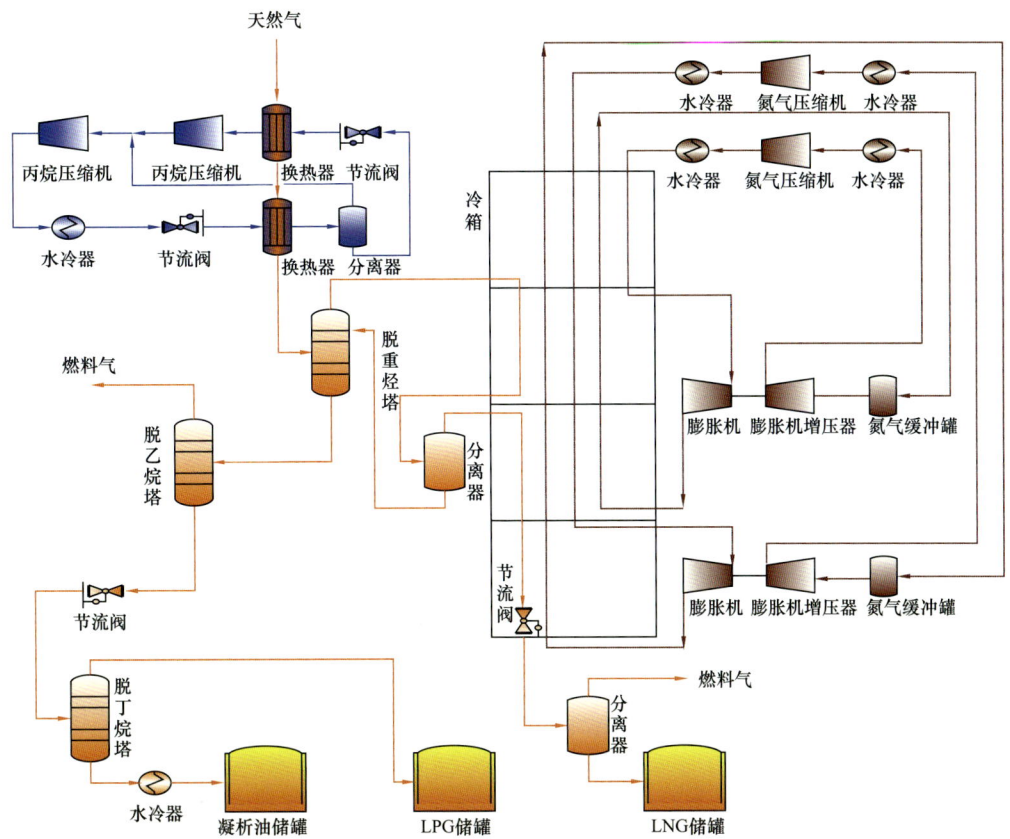

图 3-1-9　适合于海上 FLNG 的丙烷预冷 + 双氮膨胀的液化新工艺流程图

图 3-1-10　FLNG 液化中试装置

化工厂，蒸发气（BOG）和液化天然气（LNG）产品等会排放到现有液化工厂。采用模块化设计，共包括 7 个橇装模块：液化段氮气压缩机橇、过冷段氮气压缩机橇、膨胀机橇、丙烷压缩机橇及空冷器橇、板翅式换热器橇、乙二醇系统橇、中控室橇。通过丙烷分离罐与冷箱流道之间液位差变化来模拟液化试验装置在晃动条件下的运行状态，从而可实现该装置在晃动条件下的性能测试。

FLNG 液化中试装置指标：装置的自动化程度高，快速启停性能强，液化能力 14t/d，液化率高于 85%，能耗小于 0.45kW·h/m^3。

FLNG 液化中试装置功能：具有海上油气田开发装置 FLNG 液化生产系统的验证和试验研究功能，研究和建立 FLNG 液化工艺及其系统；验证液化工艺和相关设备的放大效应；测试液化装置的综合操作性能（开停车、能耗、安全性等），为今后 FLNG/FLPG 新型装置的工程应用提供重要的技术支持。

FLNG 液化中试装置研究内容包括：FLNG 液化中试装置工艺包设计、FLNG 中试装置试制、FLNG 中试试验。

通过 FLNG 液化中试装置研制，解决了如下的关键技术：

（1）中试装置规模确定；

（2）流程结构确定及其优化；

（3）关键设备选型及参数优化；

（4）在装置上体现浮式特点；

（5）橇块划分及其设计。

FLNG 液化中试装置试验验证分析：

（1）验证了关键控制方式。通过实际操作运行，除了 LNG 产品 J-T 阀无法投入自动控制外（国内外工厂很少有能将 LNG 节流阀投入自动控制），其余关键控制系统均能实现自动控制，且运行正常，因此中试装置的控制系统设置较为合理。

（2）验证了操作参数适应性和晃动适应性，负荷调节方式灵活，对操作参数具有较好的适应性。

第二节 水下生产系统实验系统及实验测试技术

一、水下阀门及执行机构测试系统

创新研发测试装置或设备，通过"十三五"完成了高压水压增压试验设备、阀门开启力/扭矩测试设备、高低温循环试验设备、高压舱试验装置等配套研制；并与"十二五"期间研制的多功能液压泵站、高压气体增压装置、ROV 模拟驱动马达共同搭建起国内首套水下阀门及执行机构设计、制造、测试为一体的水下阀门产业基地。

（1）水下手动 ROV 减速器、ROV 模拟液压马达连接传动测试装置的研制和试验应用，如图 3-2-1 和图 3-2-2 所示。

手动 ROV 减速器主要技术参数：

① 最大输入扭矩：90N·m；

② 最高输入转速：30r/min；

③ 传动比：60.012；

④ 最大输出扭矩：4500N·m。

图 3-2-1　手动 ROV 齿轮减速器

图 3-2-2　ROV 模拟液压马达测试设备及试验应用

ROV 模拟液压马达测试设备主要技术参数：

① ISO 13628-8 IV 级；

② 最大液压压力 220bar 时输出扭矩 2786N·m。

（2）水下阀门及执行机构开启力/扭矩试验设备。

水下阀门开启力/扭矩试验设备的研制及试验应用，如图 3-2-3 所示。

主要技术参数：

① 推力≤800kN；

② 扭矩≤150kN·m；

③ 测试阀门最大外形尺寸：长 2100mm× 宽 1200mm× 高 1500mm。

（3）水下阀门及执行机构总成高低温负载循环试验设备。

高低温负载循环试验设备的研制及试验应用，如图 3-2-4 所示。

主要技术参数：

① 内部尺寸：长 2500mm× 宽 2000mm× 高 3600mm；

② 承重：20t；

③ 温度范围：-60～+180℃；

(a)开启力测试　　　　　(b)扭矩测试

图 3-2-3　开启力/扭矩试验设备及试验应用

(a)水下球阀总成　　　　　(b)水下闸阀总成

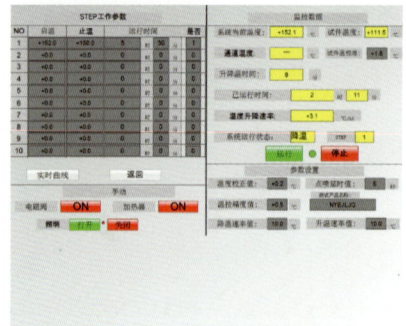 

(c)现场试验见证

图 3-2-4　高低温负载循环试验设备及现场试验见证

④控制方式：就地控制、远程程序控制；

⑤增压气体试验压力：≤70MPa。

（4）水下阀门及执行机构总成高压舱负载循环试验装置。

高压舱负载循环试验装置的研制及试验应用，如图 3-2-5 所示。

主要技术参数：

① 安装形式为半埋地式；

② 最大水深为 2000m；

③ 阀门内压加载≤42MPa；

④ 液压动力加载≤40MPa；

⑤ 液压油路：2 路油缸，1 路马达；

⑥ 尺寸：直径 3500mm，最大深度 7000mm；

⑦ 法兰紧固方式：液控卡箍式；

⑧ 测试通道：11 个；

⑨ 控制精度：0.1MPa；

⑩ 监视设备：水下摄像监测。

（a）安装　　　　　　　　　　（b）高压舱设备及中央控制操作平台

图 3-2-5　高压舱负载循环试验装置

（5）高压水打压试验装置。

高压水试验装置的研制及试验应用，如图 3-2-6 所示。

主要技术参数：

① 高压最大输出压力为 70MPa；

② 低压最大输出压力为 6.3MPa。

图 3-2-6　高压水打压试验装置

（6）高压气体增压试验装置。

高压氮气气体增压试验装置的研制和试验应用，如图3-2-7所示。

主要技术参数：

① 可移动式试验控制台；

② 路高压输出试验通道；

③ 自动安全防护检测系统；

④ 超高压2路输出（最高70MPa）；

⑤ 故障诊断、报警系统；

⑥ 远程监控/数据记录。

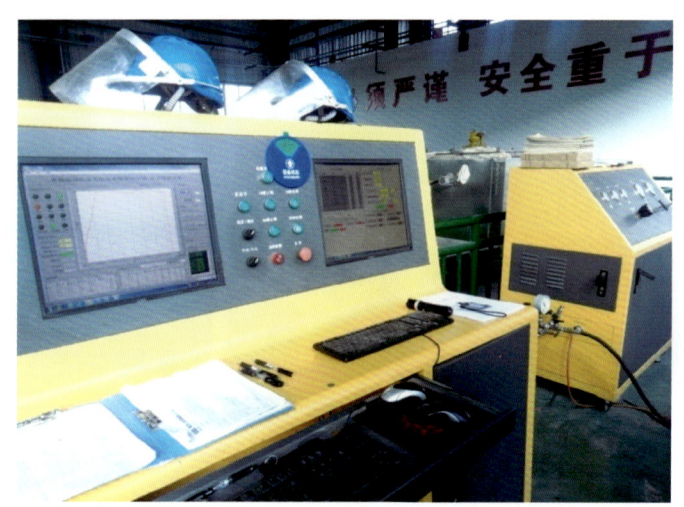

图3-2-7　高压气体增压装置

（7）多功能液压泵站。

多功能液压泵站的研制和试验应用，如图3-2-8所示。

主要技术参数：

① 手动泵额定压力16MPa；

② 电动泵额定压力16MPa；

③ 增压泵最大工作压力64MPa；

④ 可移动式，油温监测；

⑤ 手动/电动双增压；

⑥ 超载保护；

⑦ 动作速度可调。

（8）直流电阻测试仪。

水下阀门产品电连续性用直流电阻测试仪的选购和测试应用，如图3-2-9所示。

主要技术参数：

① 直流电压≤12V；

② 电阻测量范围：20mΩ至2000Ω，共分6挡。

图 3-2-8　多功能液压泵站

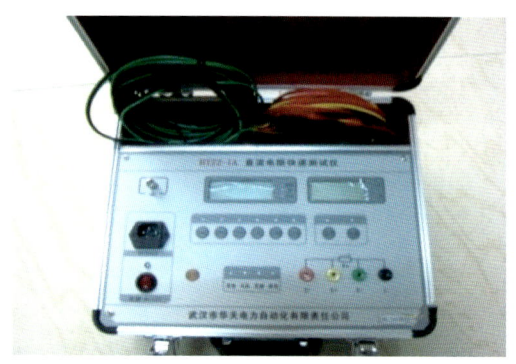
图 3-2-9　直流电阻测试仪

二、水下控制模块（SCM）测试系统

1. 水下控制模块功能测试

从实验室走向千米深海，严格规范的测试与多层次的风险管理，是 SCM 国产化进程中不可或缺的环节。结合工程经验、国际标准以及企业制度，对国产 SCM 样机测试方案及风险管理进行详细阐述。其中，测试方案可划分为 SCM 功能测试、SCM 整体性能测试以及水下电子模块（Subsea Electrical Module，SEM）测试 3 部分。

根据国际标准 API 17F，SCM 的主要功能有两项：其一，响应主控站通过脐带缆传来的指令，向所有水下阀门执行器输出液压控制；其二，连接采油树、井内和管汇的传感器、测量仪表等，监控水下管汇、水下井口的工作参数。此外，根据国际惯例，SCM 应可以独立安装和回收。因此，SCM 功能测试主要有 6 项：下放安装与回收测试、通信功能测试、数据采集与显示功能测试、阀门操作功能测试、系统紧急关断功能测试、故障安全测试。

1）下放安装与回收测试

SCM 通常借助底座（Subsea Control Module Mounting Base，SCMMB）布置在水下生产管汇或水下采油树上。SCM 下放安装与回收测试的主要内容是模拟在深水环境中，作业人员通过远程操作工具（Remotely Operated Vehicle，ROV）实现了 SCM 水下安装及回收。SCM 与 SCMMB 实现了精准对接和顺利解脱；下放安装回收工具的传动速度平稳可控；下放安装回收工具的强度和硬度满足实际需求，如图 3-2-10 所示。

2）通信功能测试

SCM 与上部设备之间通常采用主从通信，即以

图 3-2-10　下放安装与回收测试

上部设备为主、水下控制为辅，兼容"发送/确认""需求/响应"功能。

SCM 通信功能测试的主要内容是模拟 SCM 与上部设备之间的数据传输。在测试过程中，SCM 输出的信号与信号发生器发出的信号曲线完全一致。

3）数据采集与显示功能测试

SCM 具备监控水下设备温度、压力和流量等工作参数以及 SCM 内部压力的功能，这些信号可传输到上部设备并正确显示。SCM 数据采集与显示功能测试的主要内容是模拟 SCM 采集水下阀门、温度压力传感器和流量计的信号，传输到上部设备，主控站显示信号。主控站显示的信号与模拟水下装置发出的信号数值一致。

4）阀门操作功能测试

SCM 内部配备合适数目的低压和高压方向控制阀（Direction Control Valve，DCV），SCM 接收来自上部主控站的指令，通过控制相应的电磁阀线圈通电/断电，可实现 DCV 的开启/闭合，进而控制水下阀门的开启/闭合。SCM 阀门操作功能测试的主要内容是模拟 SCM 根据上部主控站指令，控制指定的水下阀门动作。测试过程中，水下阀门模拟单元的压力与主控站指令的回路序号和开关状态相对应。

5）系统紧急关断功能测试

SCM 应当具备控制水下生产系统紧急关断的功能，包括低压路线和高压路线上所有的水下阀门。SCM 系统紧急关断测试的主要内容是模拟水下生产系统正常工作时，SCM 接到上部主控站系统紧急关断指令，控制高压线路、低压线路上所有的水下阀门依次关断。水下阀门模拟单元的压力由正常工作值变为环境压力值，并且响应顺序与系统紧急关断指令相对应。

6）故障安全测试

在失去液压动力时，SCM 应当具备控制水下生产系统切换至安全状态的功能。这一功能通常通过降低液压供给压力、控制阀门关闭来实现。SCM 故障安全测试的主要内容是模拟水下生产系统正常工作时，液压动力突然失去，SCM 控制高压线路、低压线路上所有的水下阀门关断。水下阀门模拟单元的压力由正常工作值变为环境压力值。

研究的 SCM 顺利通过上述 6 项测试，SCM 样机的功能符合 API 17F 的规定。

2. 水下控制模块整体性能测试

与常见的控制系统部件一样，SCM 也具备表征性能的技术参数，主要包括：耐压等级、绝缘电阻值、信号冗余度、功耗等。耐压等级代表 SCM 能够适应的水深范围；绝缘电阻值和信号冗余度应满足国际标准的要求；功耗则表明 SCM 对上部电力单元的用电需求。SCM 整体性能测试的目的即确定上述技术参数的具体数值。

1）耐压测试

SCM 应当具备在设计水深压力环境中正常工作的能力。根据国际标准 API 17F，耐压测试的测试压力应为环境压力的 1.1 倍，保压时间至少 20min。SCM 耐压测试的主要内容是将 SCM 样机所处环境的压力提升至测试值，SCM 进行控制阀门、数据采集传输等操作。在测试过程中，SCM 功能正常，如图 3-2-11 所示。

图 3-2-11 水下控制模块高压舱测试

2）绝缘性能测试

SCM 作为水下电子设备，其内部电气回路与外部海水环境之间应充分绝缘。根据 API 17F，绝缘电阻值至少为 1GΩ。SCM 绝缘性能测试的主要内容是测量上部设备与 SCM 供电回路的绝缘性能，以及 SCM 与水下仪表供电回路的绝缘性能。在指定测试电压下，绝缘电阻值大于 1GΩ。

3）供电与通信冗余测试

为保证 SCM 与上部设备之间信号传输的可靠性，上部设备到 SCM 之间的供电和通信均为双线路。根据 API 17F，单线路出现故障不得影响 SCM 正常工作。SCM 供电和通信冗余测试的主要内容是模拟 SCM 正常运行时，从上部设备到 SCM 的一路供电线路/通信线路出现故障、切断供应，SCM 工作状态是否发生变化。从双线路供应切换到单线路供应，SCM 仍能正常实现阀门控制、信号传输的功能。

4）功耗测试

SCM 作为水下耗电设备，其用电由上部电力单元通过脐带缆供应。根据 API 17F，当上部主电源失电时，不间断电源的容量应能保证水下设备连续工作至少 30min。测量 SCM 耗电量，是确定上部不间断电源容量的必要条件。SCM 功耗测试的主要内容是测试 SCM 在不同工况下的电功率消耗，包括控制阀门数量的变化、水下仪表数量的变化等。

通过上述 4 项测试，确定了 SCM 样机的主要技术参数，进而验证 SCM 样机能够满足国际标准和实际项目应用需求。

3. 水下电子模块测试

水下电子模块 SEM 是 SCM 的中央处理器，其内部配置有印刷式电路板，能够提供电源、调节器、通信用调制解调器、模拟驱动器、电磁阀驱动、自我监控等电路。根据 API 17F，SEM 作为构造精巧、技术难度高的重要电子部件，需要进行专门测试，主要包括耐压测试和认证测试两项。其中，认证测试包含温度测试、冲击测试和振动测试 3 个内容。

1）耐压测试

在将 SEM 装入 SCM、进行 SCM 整体耐压测试之前，需针对 SEM 单体进行耐压测试，主要目的是验证 SEM 壳体密封性。根据 API 17F，耐压测试的测试压力应为环境压力的 1.1 倍，保压时间至少 20min。SEM 耐压测试的主要内容是将 SEM 样机所处环境的压力提升至测试值，压力维持规定时长。经过规定时长后，SEM 壳体密封处无泄漏，如图 3-2-12 所示。

图 3-2-12　水下电子模块耐压测试现场图

2）认证测试

认证测试的主要目的是验证设备在运输、安装和操作过程中保持坚固稳定，并且在环境应力下设备功能不受影响。根据 API 17F，SEM 作为电子组件，适用的认证测试等级为 Q2，其温度测试、冲击测试和振动测试程序应遵循 Q2 的具体要求，如图 3-2-13 所示。

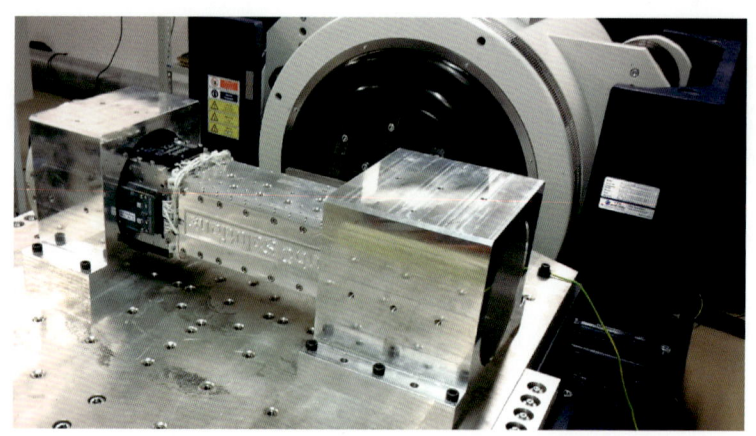

图 3-2-13　水下电子模块认证测试现场图

（1）温度测试。

SEM 温度测试应在 SEM 振动测试之前进行。温度测试包含高低温浸泡测试和温度循环测试两部分。温度测试过程中，需对 SEM 功能进行持续监测。高低温浸泡测试的主要内容是将 SEM 样机所处环境的温度提升至最高设计温度或降低至最低设计温度，温度维持规定时长。高低温浸泡测试完成后，进行温度循环测试。温度循环测试的主要内容是将SEM样机所处环境的温度按照一定规律循环变化，该过程维持规定时长。在测试过程中，SEM能正常实现信号处理功能。

（2）冲击测试。

冲击测试的主要目的是尽可能暴露印刷式电路板及其支架的结构弱点。冲击测试过程中，无须对SEM功能进行监测。冲击测试的主要内容是将SEM样机固定在测试台上，选取三个正交轴，沿6个方向分别进行4次冲击，冲击波形为：10g、11ms半正弦波。测试完成后，SEM样机无明显损伤或变形。冲击测试后，应对SEM功能进行检查。

（3）振动测试。

振动测试的主要目的同样是尽可能暴露印刷式电路板及其支架的结构弱点。振动测试过程中，需对SEM功能进行持续监测。振动测试的主要内容是，将SEM样机固定在测试台上，选取三个正交轴，进行振动激励，激励水平为：5~25Hz、±2mm位移；25~150Hz、5g；扫描频率不大于每分钟一个倍频。激励过程中，确定共振敏感性最大的轴，沿该轴方向进行5~150Hz的循环振动激励，激励维持规定时长。在测试过程中，共振放大因子不超过10，并且SEM能正常实现信号处理功能；测试完成后，SEM样机无明显损伤或变形。

4. SCM测试设备

水下控制模块（SCM）配套测试设备包括测试用液压动力单元（THPU），测试用供电单元（EPU）和测试用主控站（MCS）。通过对SCM所需要进行测试的功能要求和性能要求以及关键测试指标，结合API 17F具体定义对SCM配套测试相关的THPU、EPU和MCS，进行功能设计和设备技术规格设计。包括采用EXepap、edsa等专业工具软件对液压动力单元、电力和通信单元分析以后得出设备所需的技术要求范围，并在此基础上进行设施设备所需的参数范围和技术规格定义与研制。

1）测试用液压动力单元

测试用液压动力单元（THPU）需设计有高压（HP）和低压（LP）各两路输出，其中LP最大工作压力为6000psi，HP最大工作压力为10000psi。THPU使用水基液压液清洗至清洁度在SAE AS4059 Class 6B-F或以上。此测试用液压动力单元THPU用于提供可靠的液压动力输出，可实现自循环液压液清洁，如图3-2-14所示。

2）测试用供电单元

测试用供电单元（EPU）主要用于对所有SCM研制相关测试设备及SCM供电。内部电源供给每条UPS线路，有一个24V DC，5A的电源单元（PSU）。PSU（A和B）的两个直流输出配

图3-2-14　测试用液压动力单元

置为机柜中仪器的冗余电源。PLC 应监测 UPS 输入线和水下线路输出，包括电压、电流和线路绝缘。PLC 应根据过电压、过电流和绝缘低控制水下线路接触器跳闸。在自动模式下 PLC 应进行线路绝缘测量，对于所使用的每种 I/O 模块，PLC 应具有至少 20% 的空余容量。PLC 应具有到交换机的冗余以太网连接，并且 MCS 可以访问数据，如图 3-2-15 所示。

3）测试用主控站

测试用主控站（MCS）是人机交互的接口，即作为一个界面，SCM 测试时操作人员可以检测所有设备的运行状态，而且能够进行对系统参数的设置及所有设备的操作。同时还会完成测试数据、设备运行状态数据的存储。主控单元一般由 PLC、通信卡、断路器、交换机、指示灯等组成，如图 3-2-16 所示。

图 3-2-15　测试用供电单元　　　　图 3-2-16　测试用主控站

三、水下多相流量计测试系统

为保证所研制的水下多相流量计产品可靠性，建设了一系列的试验测试系统，包括水下试验中心、高压舱、高低温循环试验箱、环线测试实验室和振动试验台等。

1. 水下试验中心

水下试验中心的目标是满足水下多相流量计及相关水下产品的设计验证、完工检验和测试，具体可覆盖水压、气压及温度压力循环等各项试验；主要检测内容与设备能力如下：

（1）油压试验：0～600MPa；

（2）水压试验：0～250MPa；

（3）气密试验：0～160MPa；

（4）外压试验：0～34MPa；

（5）PR2高低温循环：–60～150℃；

（6）气压水池：5m×5m×4.5m（长度×宽度×深度）。

其中，PR2高低温气密封试验系统（图3-2-17）是参照API Spec 6A以及GB/T 22513—2008等相关标准设计出来的一套大型试验设备，试验介质为高压空压机组提供的高压压缩气源，在低压空气驱动下，经过气动气体增压泵二次增压，充入浸没在水中的试验工件以达到试验所需压力，对工件进行整体或局部的气密封试验，整个试验过程全部电脑自动控制，所有的试验设定和操作都可在自动控制台完成，也可以手动远程单独控制各个阀门，计算机自动生成压力、时间曲线，实时显示，并将各种数据存储，随时可打印出中英文检验报告，并且可以通过远程视频监控系统对整个试验现场进行监控。

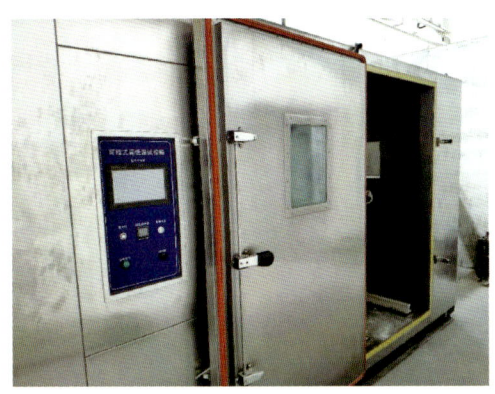
(a) 高低温循环箱

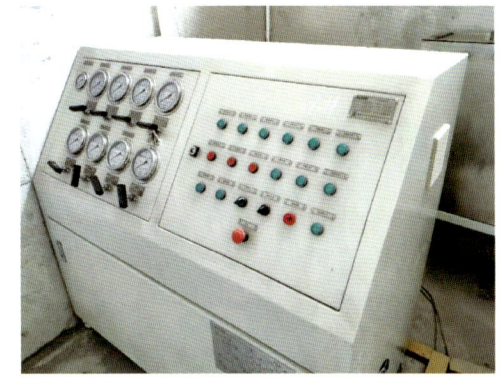
(b) 气压试验控制台

(c) 气压试验示意图

(d) 试压水池

图3-2-17 PR2高低温气密封试验系统

2. 高压舱

高压舱主要用于模拟水下压力环境，为用户进行水下产品的耐压性能试验提供手段，为提高相关产品的合格率及可靠性提供依据。适用于对外径小于1100mm、长度小于2000mm、耐压要求小于33.42MPa的被试验件进行常温耐压试验，如图3-2-18所示。

高压舱装置包括高压容器一台、容器启闭机构一套（含液压端盖移动机构）、加压系统一套、辅助气源系统一套、深海摄像系统一套、电气控制系统一套，主要通过电气控制系统控制高压容器的启闭和增压泄压。设备可实现水下 3000m 环境的模拟试验，另外，现阶段可实现 16.5MPa 模拟环境下舱内设备信号输出。

该测试装置主要由以下几部分组成：

（1）一台 HPW1100/35 型压力罐（包含启闭机构、内部轨道小车等）；

（2）一套管路系统（包含注水系统、加压系统、卸压系统、排水系统、辅助气源系统等）；

（3）一套电气控制系统（包含配电系统、中央控制系统、深海摄像系统等）。

本测试装置主要技术指标：

（1）最高工作压力：33.42MPa；

（2）设计压力：35MPa；

（3）最高工作温度：常温；

（4）设计温度：50℃；

（5）容器工作腔尺寸：ϕ1100mm×2000mm；

（6）工作介质：淡水；

（7）主要受压元件材料 20MnMoNb Ⅲ、Q345R（正火）；

（8）腐蚀裕量：1mm；

（9）全容积：2.5m^3。

图 3-2-18　高压舱装置

3. 高低温循环试验箱

高低温循环试验系统是目前非常广泛的一种环境模拟手段，通过一个封闭的高低恒温体提供高温及低温的环境，以考核水下装置高温或低温环境下的性能。

高低温循环试验系统主要技术指标见表 3-2-1。

表 3-2-1　高低温循环试验系统主要技术指标

指标		数据
可用试验空间容积 /L		250
可用试验空间尺寸（深度 × 宽度 × 高度）		520mm×630mm×780mm
温度	温度范围 /℃	−70～150
	温变范围 /℃	−40～+85
	温度波动度 /K	≤0.5（与时间相关）
	温度均匀度 /℃	≤2.0（与空间相关）
	温度速率 /（K/min）	10（升降温速率）（空载，线性）
	校准点 /℃	+23，+100
	热补偿 /W	2000，750
测试方法及符合标准		GB/T 5170.2—2008《电工电子产品环境试验设备检验方法 温度试验设备》 GB/T 5170.5—2008《电工电子产品环境试验设备检验方法 第 5 部分：湿热试验设备》 GB/T 2423.1—1989《电工电子产品基本环境试验规程 试验 A：低温试验方法》 GB/T 2423.2—1989《电工电子产品基本环境试验规程 试验 B：高温试验方法》 GB/T 2423.3—1993《电工电子产品基本环境试验规程 试验 Ca：恒定湿热试验方法》 GB/T 2423.4—1993《电工电子产品基本环境试验规程 试验 Db：交变湿热试验方法》 GB/T 2423.22—2002《电工电子产品环境试验 第 2 部分：试验方法 试验 N：温度变化》 GB 10589《低温试验箱技术条件》 GJB 150.4A—2009《军用装备实验室环境试验方法 第 4 部分：低温试验》 GB 11158《高温试验箱技术条件》 GJB 150.3A—2009《军用装备实验室环境试验方法 第 3 部分：高温试验》 GB 10586《湿热试验箱技术条件》 GJB 150.9A—2009《军用装备实验室环境试验方法 第 9 部分：湿热试验》
湿度	湿度可用的温度范围 /℃	+15～+95
	相对湿度范围 /% RH	20～98
	温度波动度 /K	±0.1～±0.3（与时间相关）
	温度均匀度 /K	±0.5～±1.0（与空间相关）
	湿度精度 /%RH	±1.0～±3.0
	加湿水消耗 /L	<2/24h，+40℃，92% RH
	校准点	+23℃，50%RH；+95℃，50%RH
	热补偿 /W	300

4. 环线测试实验室

海默科技（集团）股份有限公司自建的油气水三相流环线实验室如图 3-2-19 所示，可利用变压器油、水和空气模拟油、气、水三相流进行多相流量计的计量性能测试，以验证各类产品测量精度是否满足设计要求。该环线可覆盖的测试设备尺寸从最小的 DN25mm 到最大的 DN150mm。

图 3-2-19　海默科技公司三相流环线测试系统装置

该测试装置的油、水介质由三相分离器经油、水泵提供，气体介质由空气压缩机提供。使用后的混合介质由三相分离器分离，实现油、水循环再利用，空气则直接排放。

海默科技公司三相流环线测试系统测试能力见表 3-2-2。

表 3-2-2　海默科技公司三相流环线测试系统测试能力

指标	数据
油流量 / [m³/h (m³/d)]	0.3～120（7.2～2880）
水流量 / [m³/h (m³/d)]	0.3～150（7.2～3600）
气体流量 / [m³/h (m³/d)]	2.5～200（60～4800）(30000)
工作压力 /MPa	≤1.0
介质温度	常温
含水测量范围 /%	0～100
含气测量范围 /%	0～100

5. 振动试验台

振动试验台模拟水下多相流量计所用的各种电子学产品在制造、组装运输及使用阶段中所遭遇的各种可能的振动环境，用以鉴定产品是否有忍受环境振动的能力，并尽早识别和处理各种潜在问题。

下面介绍 PF-ZD-XTP（触摸屏款）六度空间振动台的主要技术参数和主配件配置情况。

1）主要技术参数

（1）最大试验负载：100kgf；

（2）频率范围（0.01Hz）：1～2000Hz；

（3）振幅（可调范围 mmp-p）：0～5mm；

（4）最大加速度：20g；

（5）振动方向：上下 + 左右 + 前后（上下左右前后三个方向同时在一个台面振动，也可以三个方向同时振动）；

（6）调频功能：1～2000Hz 范围内任意频率；

（7）扫频：1～2000Hz 可以任意设定，真正标准来回扫频；

（8）可程式功能：1～2000Hz，1～15 段每段可任意设定频率和时间，可循环；

（9）倍频功能（0.01Hz）：15 段成倍数增加，① 低频到高频、② 高频到低频、③ 低频到高频再到低频 / 可循环；

（10）对数功能（0.01Hz）：① 下频到上频、② 上频到下频、③ 下频到上频再到下频——3 种模式对数 / 可循环；

（11）振动波形：正弦波（半波 / 全波）；

（12）时间控制：任何时间可设（单位：s）；

（13）精密度：频率可显示到 0.01Hz，精密度 0.1Hz；

（14）功率：2.2kW；

（15）台面尺寸：50cm×50cm（可定制）；

（16）台体尺寸（长 × 宽 × 高）：50cm×65cm×50cm；

（17）控制柜尺寸（长 × 宽 × 高）：35cm×70cm×30cm；

（18）电源电压：220V（±20%）；

（19）大电流：10A；

（20）台体螺栓孔：25 个；

（21）圆孔：M8；

（22）台体孔距：85mm；

（23）实现功能：正弦波、调频、扫频、可程式、倍频、对数、最大加速度，调幅，时间控制，全功能控制，简易定加速度 / 定振幅要看出振幅和加速度需另配测振仪；

（24）台体孔距：85mm；

（25）实现功能：正弦波、调频、扫频、可程式、倍频、对数、最大加速度，调幅，时间控制，全功能控制，简易定加速度 / 定振幅要看出振幅和加速度需另配测振仪。

2）主配件配置表

PF-ZD-XTP 六度空间振动台主配件配置见表 3-2-3。

表 3-2-3　PF-ZD-XTP 六度空间振动台主配件配置表

序号	名称	产地品牌	备注
1	电磁铁	定制（产地德国）	4 块
2	继电器	施耐德	3 个
3	触摸屏仪表	上海颂华	1 台
4	变频器	台达	1 台
5	PLC	自主研发	1 个
6	弹簧片	桑阿洛伊	12 块
7	交流接触器	人民电器	3 个
8	高温线	中国成天泰	若干
9	电线电缆	中国成天泰	若干
10	钢板	上海宝钢	若干
11	控制柜	自加工	若干
12	电气开关	人民电气	若干
13	超温保护	韩国 RAINBOW	6 个

四、水下连接器和安装工具测试系统

水下连接器主要是由连接器总成、密封件更换工具、安装工具等部件组成的连接设备，为保证产品质量，验证设备整机性能是否达到设计和技术协议及有关标准要求，出厂前必须进行测试。

1. 测试规范

水下连接器测试规范包含（但不限于）：
（1）API Spec Q1《石油天然气行业制造企业质量管理体系规范》；
（2）API RP 17R《水下管线连接器和跨接管推荐做法》；
（3）API Spec 6A《井口装置和采油树设备规范》；
（4）API Spec 17D《水下井口装置和采油树设备》；
（5）SY/T 7330《海上石油 水下管汇连接器》；

2. 测试关键内容

水下连接器测试关键内容包括外形尺寸测量及称重、安装测试、金属及非金属密封测试、2°偏角度安装测试、水池测试、高低温循环测试、外压测试、弯曲测试及扭转测试。

连接器及承压构件在进行各项设计验证测试前，必须遵循 API Spec 6A 要求，按 1.5 倍的额定工作压力完成静水压测试。关键测试内容与目的如下：

（1）外形尺寸测量及称重，确定水下连接器外形尺寸和质量；
（2）安装测试，在陆地环境中，检验安装工具是否能将连接器锁紧和解锁；
（3）2°偏角度安装测试，验证在偏角度工况下可安装性；
（4）金属及非金属密封测试，验证金属及非金属密封可靠性；
（5）弯曲测试及扭转测试，验证水下连接器抗弯曲和扭转能力；
（6）高低温循环测试，模拟高低温操作环境，验证水下连接器在高低温工况下是否符合设计功能要求；
（7）外压测试，模拟连接器在深水环境下的安装过程和解锁过程，检验是否符合设计功能要求；
（8）水池测试，模拟连接器在浅水环境下的安装过程和解锁过程，检验是否符合设计功能要求。

3. 测试装置

水下连接器测试装置主要有：
（1）调节底座，用于水下连接器 2°偏角度安装试验；
（2）弯曲扭转试验台，用于水下连接器弯曲扭转试验；
（3）试验水池，用于水下连接器水池试验；
（4）高低温循环试验室，用于水下连接器高低温循环试验；
（5）气压源，用于水下连接器水池气压试验（介质为氮气）；
（6）智能数控试压系统，用于水下连接器静水压试验（介质为洁净水）。

4. 测试程序和接受准则

1）外形尺寸测量及称重

采用地磅对水平管汇连接器本体、安装工具、密封件更换工具、密封件等的外形尺寸进行测量，并进行称重。验证实测尺寸和质量在设计误差范围内。

2）安装测试

水下连接器安装测试程序如下：

（1）按照安装使用维护说明书通过安装工具进行上毂座与下毂座对接，并且驱动连接器驱动环施加锁紧力，锁紧连接器。

（2）按照安装使用维护说明书通过安装工具驱动连接器驱动环施加解锁力，实现连接器解锁。

（3）将连接器安装端拉回到安装前位置，吊离安装工具。

合格标准为安装过程连续，无卡阻及异常响声现象。

3）2°偏角度测试

水下连接器 2°偏角度测试测试程序如下：

（1）将连接器下体安装到调节底座上，并将连接器下体调节至于原中心轴偏角为2°。

（2）采用吊车将安装工具（与连接器连接端连接）吊到下毂座的正上方，通过粗对中坐落于下毂座上。

（3）按照安装使用维护说明书对安装工具各阀件进行操作，通过安装工具进行上毂座与下毂座对接，并且驱动连接器驱动环施加锁紧力，锁紧连接器。

（4）对测试腔体内部注水。非金属密封测试加载，对连接器非金属密封逐级加载。

合格标准为压降不大于测试压力的3%或3.45MPa（取其较小者）。

4）金属密封测试

水下连接器金属密封测试程序如下：

（1）按照安装使用维护说明书通过安装工具进行上毂座与下毂座对接，并且驱动连接器驱动环施加锁紧力，锁紧连接器。

（2）将试压系统与连接器堵板试压口用试压管线连接好，对测试腔体内部注水。

（3）金属密封测试压力加载。对连接器逐级加载和保压。

合格标准为检查泄漏的标准为压降不大于测试压力的3%或3.45MPa（取其较小者）。

5）非金属密封测试

水下连接器非金属密封测试程序如下：

（1）将试压系统与连接器上端堵板的非金属密封试压口用试压管线连接好。

（2）非金属密封测试加载，对连接器非金属密封逐级和保压。

检查泄漏的标准为压降不大于测试压力的3%或3.45MPa（取其较小者）。

6）压力循环测试

水下连接器压力循环测试程序如下：

（1）按照安装使用维护说明书对安装工具各阀件进行操作，通过安装工具进行上毂座与下毂座对接，并且驱动连接器驱动环施加锁紧力，锁紧连接器。

（2）将试压系统与连接器堵板试压口用试压管线连接好。对测试腔体内部注水。

（3）压力循环测试压力加载，对连接器内腔行循环加载、泄压，测试为200个周期。

（4）按金属密封测试压力加载的步骤对连接器进行静水压测试。

合格标准为压降不大于测试压力的3%或3.45MPa（取其较小者）。

7）弯曲扭转测试

水下连接器弯曲扭转测试程序如下：

（1）按照安装使用维护说明书对安装工具各阀件进行操作，通过安装工具进行上毂座与下毂座对接，并且驱动连接器驱动环施加锁紧力，锁紧连接器。

（2）将弯曲扭转测试装置安装到连接器上。

（3）将试压系统与连接器堵板的试压口用试压管线连接好，对测试腔体内部注水。

（4）将弯曲测试液压缸安装到连接器及工装上，并连好管线进行弯曲测试。

（5）将扭转测试液压缸安装到连接器及工装上，并连好管线进行扭转测试。

（6）由水压机向连接器施加压力弯曲扭转测试。

合格标准为逐渐加压至设计压力无可见渗漏，压降不大于 1.035MPa。

8）高低温循环测试

水下连接器高低温循环测试程序如下：

（1）按照安装使用维护说明书对安装工具各阀件进行操作，通过安装工具进行上毂座与下毂座对接，并且驱动连接器驱动环施加锁紧力，锁紧连接器。

（2）将试压系统与连接器上端堵板的试压口用试压管线连接好。

（3）向测试管线及连接器腔内注入氮气。通过控制腔内氮气温度，以及连接器外部测试室温度来满足温度测试条件。高低温循环测试时应使温度稳定，每分钟温度的变化值小于 0.5℃/min 时，在整个稳定期间，温度应保持或超过极限值，但不应超过极限值 11℃以上。

（4）水下管线连接器需要进行高低温循环测试。

合格标准为压降不大于测试压力的 3% 或 3.45MPa（取其较小者）。

9）外压测试

水下连接器外压测试程序如下：

（1）按照安装使用维护说明书对安装工具各阀件进行操作，通过安装工具进行上毂座与下毂座对接，并且驱动连接器驱动环施加锁紧力，锁紧连接器。

（2）将内压测试管线与连接器上内压测压孔连接，以便在测试时给连接器内部加压。将连接好的连接器垂直放入高压测试舱内。

（3）内压测试加载在外压的情况下，采用分级加压的方式进行施加内压。

合格标准为检查连接器是否有泄漏现象。压力的变化不大于测试压力的 3% 或 3.45MPa（取其较小者）时，判定为无泄漏；否则，判定为泄漏。

10）水池测试

水下连接器水池测试程序如下：

（1）将连接器底座放置于水池底部。

（2）按照安装使用维护说明书对安装工具各阀件进行操作，通过安装工具进行上毂座与下毂座对接，并且驱动连接器驱动环施加锁紧力，锁紧连接器。

（3）连接器压力测试介质采用氮气，压力测试分两次。

合格标准为水池中无可见气泡，压降不大于测试压力的 10% 或 2MPa（取其较小者）。

5. 水下连接器测试装置设备参数

1）弯曲扭转试验台

弯曲扭转试验台如图 3-2-20 所示。可进行 ±2° 偏角度安装，可进行 0~100kN·m 弯矩、0~20kN·m 扭矩、弯扭组合等试验需要，配置静态应变测试系统，连续采样速率：1Hz。

2）智能数控试压系统

额定工作压力 80MPa，高压流量 15L/h，低压流量 340L/h，自动记录和存储，数字自动控制。

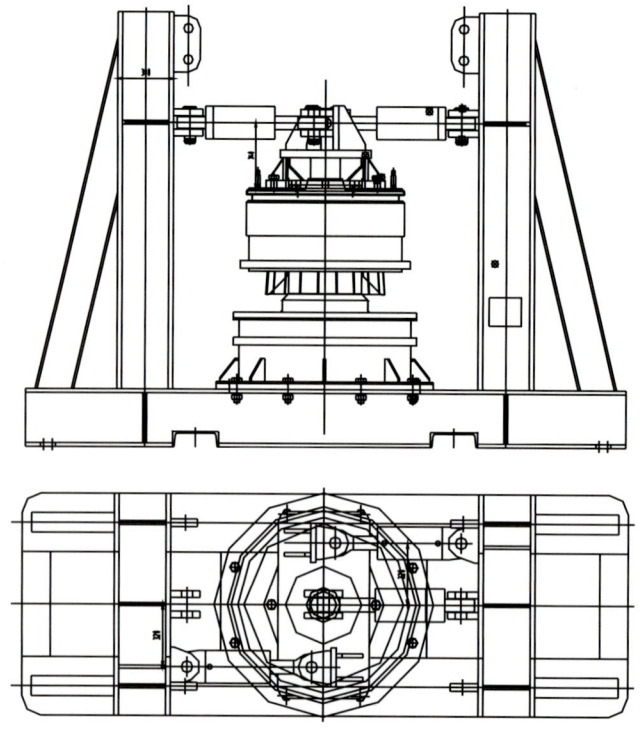

图 3-2-20　弯曲扭转试验台外形示意图

第三节　深水流动安全实验系统及实验技术

由于油气多相流组分复杂，气、液、固多相流动规律变化多端，因此油、气、水多相流研究一直是一门以实验为主的交叉学科，为了具备相关实验及研究手段，从"十一五"至"十三五"期间，在国家科技重大专项的支持下，相继建设了水合物、蜡沉积、段塞流、多相腐蚀等实验/试验系统，具备了相关的实验能力，大大提升了我国在深水油气田流动安全方面实验的研究进展。

一、小型室内高压固相沉积环路

小型室内高压固相沉积环路由中海油研究总院有限责任公司与中国石油大学（北京）依托国家科技重大专项而建设，该环路建在中国石油大学（北京）。该环路设计压力为15MPa，可以进行油单相、油水乳状液、油气水三相高压蜡沉积实验。环道全部由不锈钢管制成，内径20mm，壁厚2.5mm，全长约16m。主要包括实验环道系统、油品供给系统、气体供给系统、测量系统、温控系统和数据采集系统。实验装置装有压力传感器、差压传感器、温度传感器和流量计等测量仪表，还配有智能水浴、保温层等控温设施。图3-3-1为该沉积环路整体照片。

图 3-3-1 小型室内高压固相沉积环路整体照片

装置设计有测试段和参比段,测试段和参比段的结构相同,对称分布在环道两侧,长度均为 2m,都采用套管式换热器和控温水浴来控温。测试段和参比段水套采用粗管套细管的加工方式,即 DN20mm 的测试段外面套用 DN70mm 的管子做套管。测试段和参比段每段与一台恒温水浴仪连接,可以根据实验目的不同而采取不同的控制温度。由于测试段和参比段管壁的温度不一样,管壁的温度由水套中水温控制,原理同换热器,所以测试段和参比段要有两套不同的水浴系统,一套用来冷却测试段的管壁,另一套用来加热参比段的管壁。测试段和参比段都装有差压传感器,用来测量各自两端的差压,两段的入口端和出口端各有一个温度传感器,用来测量测试段和参比段出入口油温。在实验过程中,因为介质通过环道过程中会有温降,为了更准确地测出析蜡厚度,把测试段放在环道上游,参比段放在下游。实验段采用差压法间接测量管壁蜡沉积的厚度。水浴控温以外的管路均用保温层保温。

小型室内高压固相沉积环路的流程如图 3-3-2 所示,从图 3-3-2 中可以看到整个系统的实验设备和实验流程。

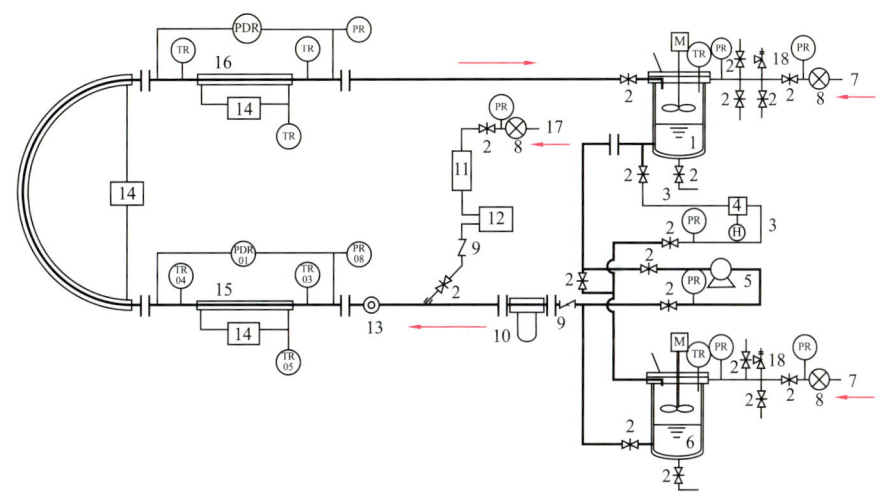

图 3-3-2 小型室内高压固相沉积环路流程示意图
1—低压釜;2—闸阀;3—高压软管;4—柱塞泵;5—磁力泵;6—高压釜;7—高压气瓶接口;8—减压阀;9—止回阀;
10—液体流量计;11—气体流量计;12—集液罐;13—高压视窗;14—恒温水浴;15—测试段;16—参比段;
17—天然气气源;18—安全阀

该环路装置主要包含：油品供给系统、气体供给系统、测量系统、温控系统、数据采集系统。

二、高压多相流实验环路系统

深水、超深水油气田的高压力、长输送距离等极端环境使我国在海洋油气自主开发走向深海的道路上仍面临许多科学难题和技术挑战，对水下生产系统、管道输运系统、立管系统内科学和技术问题认知的不足严重制约了我国深海油田的建设与发展，因此，需要建设相关实验装置来丰富基础研究。实验台作为开展实验研究的重要基础，其各项参数、指标、性能对于实验能否有效、准确地开展起着至关重要的作用，好的实验台设计具有精确的计量系统，广泛的测量范围，准确的再现能力，较低的系统误差。

依托西安交通大学结构实验室大楼，在该实验楼内设计搭建的高压立管油、气、水多相流实验平台，可模拟海洋环境下的高压低温条件，研究较大管径、长管道及起伏管路内严重段塞流特性。

实验大楼一层为动力设备层，控制系统的启动与停止，为实验系统的运行提供动力。压缩机、水泵、油泵等设备安装在一层动力设备间内，油箱和水箱置于各自动力加压设备的上方，为实验运行提供工质。由于动力设备的功率较大，为了减少噪声的外泄，动力设备的内墙面做噪声吸音处理，外敷20cm的吸音毡。实验楼二层为流动控制与计量系统。油、气、水工质的计量与混合在二层完成，并输送到400m长的水平环路，最终进入实验段进行实验。二层主要的仪器设备有：空气质量流量计、油质量流量计、水质量流量计、压力变送器、压差变送器、气液分离器、油水分离箱等。二层的实验环路为模拟海底管道的布置形式，实验段倾角为可调模式，可根据需要分别调整为水平管、上升管、起伏管等形式。实验系统的立管部分高21m，从二层延伸至实验楼顶层，以确保立管高度达到设计要求。立管顶部周围搭建金属台架，便于后续加装压力（压差）传感器或非接触式探针等进一步改造及维修。图3-3-3为实验大楼及实验系统的整体布局。

图3-3-3　实验楼及实验系统整体布局与相关参数

1. 高压多相流实验系统的组成

针对深水环境下海洋石油输送的实际情况，利用高压油、气、水多相流实验系统，设计了如图3-3-4所示的两套模拟工质在集输—立管中流动的实验段：水平—下倾—垂直立管系统实验段；水平—下倾—S形立管系统实验段。

图3-3-4 集输—立管实验段

图3-3-5为高压长距离大管径油、气、水多相流实验平台系统示意图。实验系统由5个部分构成：动力系统、计量系统、控制系统、工质循环系统和信号采集系统。动力设备可提供1020m³/h的空气流量、58m³/h的水相流量、58m³/h的油相流量，各相流量均采用RHEONIK科氏力质量流量计进行测量，其中气相流量计精度等级为0.5级，液相流量计精度等级为0.15级。压力压差测量采用ROSEMOUNT压力压差传感器进行测量，传感器精度等级为0.05级。实验环路用管径80mm的不锈钢管铺设而成，主环路水平段长400m，下倾段长25m，倾角-5°，垂直段高21.5m。

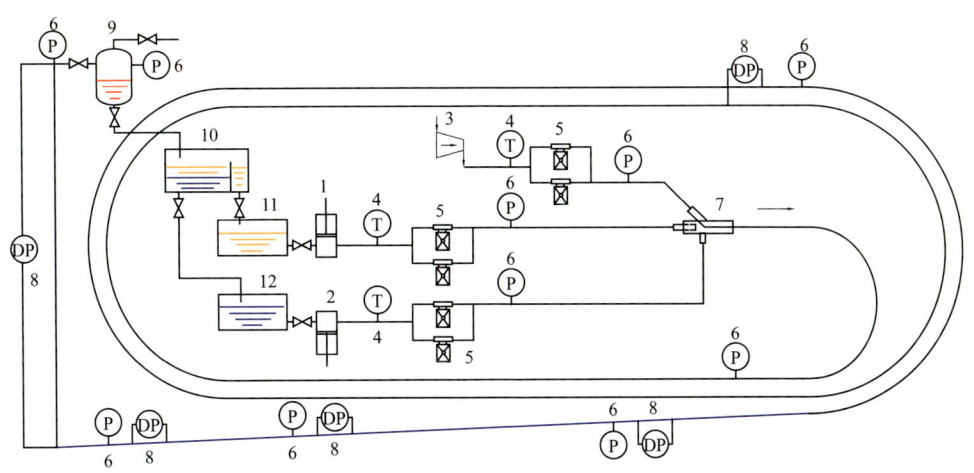

图3-3-5 高压长距离大管径油、气、水多相流实验平台系统示意图
1—柱塞油泵；2—柱塞水泵；3—空气压缩机；4—热电偶；5—质量流量计；6—压力传感器；7—气液混合器；
8—压差传感器；9—气液分离器；10—油水分离器；11—油箱；12—水箱

工质循环过程如下：柱塞油泵1和柱塞水泵2分别从油箱11和水箱12中抽取液相工质，空压机3压缩自然环境中的空气介质，各相分别通过各自质量流量计5计量后，通过气液混合器7进行混合，待充分发展后采集压力作为环路入口压力，在相邻两圈水平环路间采集压差作为单圈流动压损，在下倾管前采集压力信号作为倾斜管入口压力，在下倾管布置压力—压差测点组合监测下倾管流型，并为回流液体位置提供参考，工质通过下倾—立管结构后进入气液分离器9，气体排入大气，液相混合物进入油水分离器10，利用油水密度不同产生的沉降效应分离油水两相，分离后的油和水分别回到油箱11和水箱12，实现工质循环使用。

系统参数：

（1）压力为35MPa；

（2）温度为2~50℃；

（3）管线长度为400m/1700m；

（4）下倾管长度为25m；

（5）立管高度为21.5m；

（6）可调角度为±5°；

（7）实验段直径为DN80mm/DN50mm；

（8）液体流量为50m^3/h；

（9）气体流量为17m^3/min；

（10）实验介质为白油、空气、水。

2. 高压多相流实验系统的功能

高压立管多相流实验系统设计用以探索水平—下倾—垂直立管系统和水平—下倾—S形柔性立管系统中段塞流的起塞机理、周期特性、频率特性、液塞长度、流型转变规律、严重段塞流控制消除机理。

整套实验系统的气相动力由两台空压机提供，液相动力由两高压油泵及两台高压水泵提供。实验系统采用6台质量流量计测量入口的空气、油和水的单相流量。系统沿程布置若干压力压差测点，分别采用罗斯蒙特公司的压力压差传感器测量。实验系统所采用的分离装置有气液分离器和油水分离器两套，气液分离器可承受35MPa的压力，能同时处理1m^{3}体积的气液混合物分离，油水分离器由实验室自行制造，其容积为4m^3，采用静置方法分离油水混合物，此外，气液分离器上还加装了小孔改进型消声器，作为后处理系统减小排气噪声。该实验系统配置了一套PXI自动测试控制系统，完成信号的采集和执行机构控制，数控系统包括：

（1）多功能数据采集系统；

（2）温度信号调理系统；

（3）视频在线监控系统。

该实验系统具有开展如下实验的能力：

（1）垂直立管内严重段塞流的段塞特性实验研究；

（2）柔性立管内严重段塞流的段塞特性实验研究；

（3）流型识别实验研究；

（4）顶部节流法消除严重段塞流实验研究；

（5）组合控制方案的实验模拟。

该实验系统还有较强的扩展性，针对海上油气田的开发所面临的问题，还可以开展如下扩展研究：

（1）模拟海底地形起伏的起伏管段塞流研究；

（2）模拟海洋传热的传热与保温特性研究；

（3）模拟海上平台之间油气混输的下降—水平—上升管流动特性研究。

3. 高压多相流实验系统先进性

高压多相流实验系统实现了我国多相实验技术从低压常温、高压静态到高压低温动态环路实验。实验平台与国内外同类型实验平台对比见表3-3-1，从表3-3-1中可以看到现阶段国内外研究多相流的实验系统，尤其是研究集输—立管多相流动的实验系统，多集中在常压、低压、较短距离、较小管径等参数下设计而成，对于近浅海的油、气、水多相输运可以实现较好的实验室模拟，然而目前还没有能模拟石油生产现场产生的高压环境下的多相流的实验系统，对高压环境下，气—液、液—液、油—气—水以及油—气—水—固等更为复杂的多相流的流体物性，流动以及更为本质的界面结构的研究也都没有开展，在许多领域如严重段塞流预测及控制技术、多相流腐蚀机理方面、固相生成后气、液、固多相流流动特性研究等方面基本是空白。开发一种高压立管多相流实验系统，不仅在工业应用的前期实验室模拟中发挥重要作用，同时，对于观察高压长距离油、气、水多相流输送的现象，探索其内在机理，总结其流动规律等基础研究也具有重要的学术价值。高压多相流立管实验系统正是针对这一实际需求与挑战而设计开发的。

表 3-3-1　国内外多相流测试与标定装置对比

科研单位	管径/mm	水平+倾斜管长度/m	立管高度/m	管道压力/MPa
挪威科技大学	20	3	2.7	0.2
美国 Tulsa 大学	25	9.1	3	0.1
英国 Cranfield 大学	50	69	9.9	0.2~1.5
阿姆斯特丹壳牌石油研究与技术中心	50	100	15.5	0.1
中国石油大学（华东）	50	10.5	4	0.1
中国石油大学（北京）	50	60	7	
上海交通大学	25	18	3.7	0.1~0.4
西安交通大学（低压实验台）	50	133	15.3	0.1~0.5
西安交通大学（高压实验台）	50/80	400/1700	21.5	35

三、高黏易凝多相流动实验系统

高黏易凝多相流动实验系统建设于中海石油（中国）天津分公司渤西油气处理厂（以下简称渤西终端）预留区域内，由中海油研究总院有限责任公司、中海石油（中国）有限公司天津分公司、中海油能源发展装备技术公司联合建设，是中国海油自主研制、自主建设、高度国产化的国内首个、世界先进的工业级深水流动安全保障技术中试评价试验系统，为解决海上高黏、易凝、高含蜡原油开发提供世界先进的试验手段和科学决策依据，为新工艺、新设备、新药剂高效转化为生产力提供技术评价设施。该试验系统的建成，为我国海上油田的安全开发提供强有力的技术支撑和保障。

1. 高黏易凝多相流动实验系统功能

高黏易凝多相流动实验系统的功能见表 3-3-2。

表 3-3-2 高黏易凝多相流动实验系统功能定位

系统名称	研究方向	实验研究能力
高黏易凝多相流动实验系统	开展高压低温条件下，含蜡原油、水、气多相流流动规律、输送工艺等研究	（1）具备蜡沉积、原油乳化、水合物生成、起伏和立管段塞、清管、停输再启动等瞬态工况模拟的实验能力； （2）具备进行化学药剂及仪表、设备的性能检测和评价的实验能力； （3）系统包含功能模块：蜡沉积测试模块、水合物测试模块、停输和再启动试验模块、清管试验模块、多相计量与标定模块、油供应系统、水供应系统、天然气供应系统、化学药剂系统、乙二醇水溶液冷却系统

高黏易凝多相流动实验系统采用海上油气田生产流体为试验介质，可开展海底管道实际运行工况以及深水高压低温等运行条件下海上稠油/含蜡原油、水、气多相流流动规律和输送工艺等实验研究；具备蜡沉积、原油乳化、水合物生成、起伏和立管段塞、停输再启动、清管作业等稳态、瞬态工况模拟能力；可进行化学药剂性能等动态评价以及多相流动设备、仪表的抽检和性能评价，并为新产品、新工艺提供试验接口。

2. 高黏易凝多相流动实验系统主要设计参数

高黏易凝多相流动实验系统主要设计参数见表 3-3-3。

表 3-3-3 高黏易凝多相流动实验系统规模表

参数	数据
设计压力 /MPa	15
试验压力 /MPa	4～14
设计温度 /℃	100
试验温度 /℃	-10～90

续表

参数	数据
环路长度 /m	210
钢管管材	4in 不锈钢钢管
流量参数	最大气量 $4\times10^4 m^3/h$，最大液量 $85 m^3/h$
起伏角度 / (°)	±5

高黏易凝多相流动实验系统是我国建立的首套高压、宽温域、大尺度、能够较为真实模拟高压低温环境条件下复杂原油流动安全特性的工业级实验系统。实验系统立足自主研制和设备国产化，为海上高黏、易凝、高含蜡原油流动机理、规律的研究提供试验模拟手段和安全运行决策依据，为新工艺、新设备、新药剂等提供技术性能评价和验证平台，力争建设成为具有国际竞争力的海上流动安全"核心技术"孵化基地和研发平台。实验系统的建成意味着我国多相流体动力学研究从室内机理到中试评价的跨越发展，打破了国外对深水高端工艺装备测试技术的垄断，为广大科研人员更好地了解全寿命周期内油、气、水多相集输系统的流动特性、制订相应的运行策略，为卡脖子技术及装备、风险防控工艺的自主研制提供强有力的中试评价测试技术支撑。

3. 高黏易凝多相流动实验系统的工艺流程

高黏易凝多相流动实验系统主要功能模块包括：蜡沉积测试模块、水合物测试模块、段塞模拟测试模块、停输和再启动试验模块、清管试验模块和预留模块。从渤西油气处理厂来的原油、水经过原油缓冲罐、污水缓冲罐缓冲后，通过输油泵、输水泵打入两相分离器。渤西油气处理厂来天然气通过充压压缩机将系统升压至实验压力；利用油循环泵及天然气循环压缩机建立一个小压差循环系统。液相、气相介质增压后通过混合器混合进入环路，混合后的多相流介质在环路中密闭循环运行，通过实验环路中针对不同实验目的设置的各种检测仪表，得到实验数据；完成一次循环后的气液混合相依次通过液气分离器分离出气体，继续进入天然气循环压缩机增压；经两相分离器分出的油和水分别进入油循环泵增压，实现循环运行；实验完成后天然气返回渤西油气处理厂轻烃区入口，原油及污水混合液排放至闭排罐，经泵返回渤西油气处理厂事故池，通过泵重新打入渤西油气处理厂原油处理系统。高黏易凝多相流动实验系统的工艺流程示意图如图 3-3-6 所示。

高黏易凝多相流动实验系统的实物图如图 3-3-7 所示。

四、深水气液两相流及动态腐蚀实验环路

深水油气田开发过程中，由多相流引起的腐蚀已经严重影响到生产的正常进行，多相流与腐蚀已经成为我国海上油气田现场海底管道泄漏的主要因素和国内外研究的热点，上述问题迫切需要研究问题的本质，以避免类似事故发生，同时改进设计方法和运行策略。

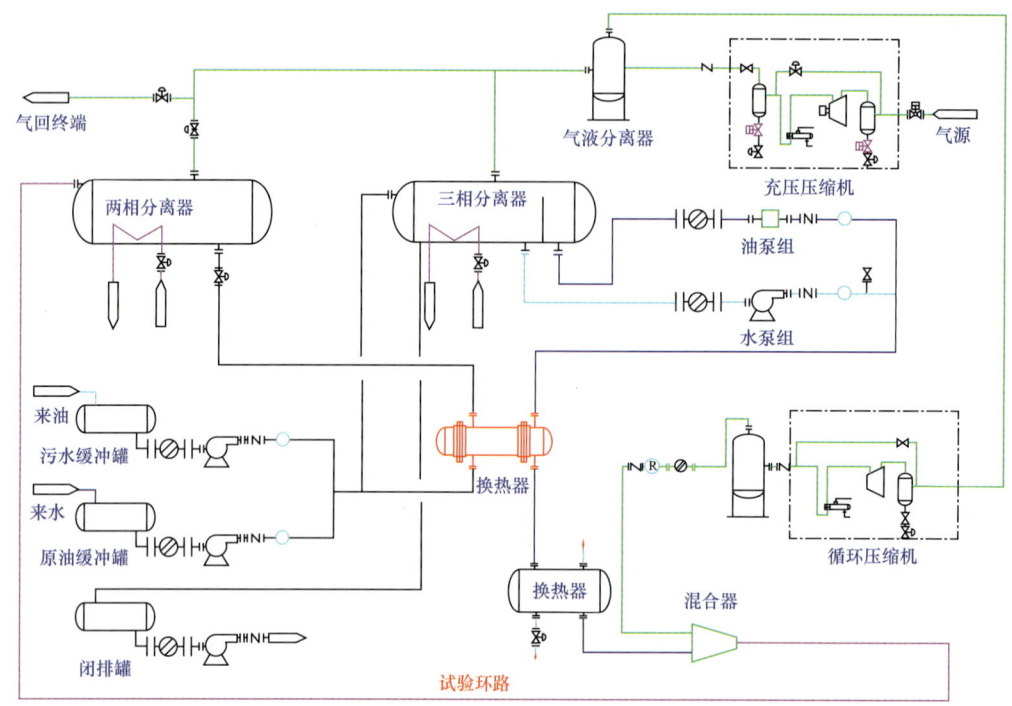

图 3-3-6　高黏易凝多相流动实验系统工艺流程示意图

图 3-3-7　高黏易凝多相流动实验系统的实物图

为了解决上述问题，课题组与多方密切协作，广泛研究了国内外相关实验系统的优势与不足之处，进一步明确了腐蚀实验环道试验、油气水腐蚀模拟顶部腐蚀模拟、CO_2 腐蚀、缓蚀剂评价等功能要求，完成了腐蚀环道系统设计，并通过了安环评验收，在此基础上，完成了整个实验系统的建造、安装及调试（图 3-3-8 和图 3-3-9）。

建成后的深水气液两相流及动态腐蚀实验环路关键参数为：设计压力为 7MPa，温度范围为 0~150℃，管径为 4in，最大流速为液相 5m/s、气相 10m/s，是国内首个工业级别的高温高压腐蚀评价系统。

该系统具备油—气—水、油—水多相流动对管道腐蚀性评价实验/测试能力，可模拟多相介质（分层、段塞）腐蚀、湿气顶部腐蚀、细菌腐蚀等工况，将提升工程设计水平，推动新技术、新方法、新产品、新工艺转化为生产力，持续提高我国深水流动安全保障工程自主研发能力，为流动安全保障关键核心技术提供条件支撑。

图 3-3-8　深水气液两相流及动态腐蚀实验环路室外部分

图 3-3-9　深水气液两相流及动态腐蚀实验环路室内部分

1. 油气水三相流腐蚀模拟环路设计

根据环路系统预定的功能，并结合建设场地气源、污水处理、电站负荷、安装空间、噪声控制、冷却系统等基本情况，完成了腐蚀环路系统设计，该系统采用了油、气、水三相设计理念，模拟范围更宽、更广。深水气液两相流及动态腐蚀实验环路主要由介质供应模块（油供应系统、水供应系统和气供应系统）、冷却水供应系统、电力供应单元、动力系统、实验管段（多相流腐蚀模拟模块、气相顶部腐蚀模拟模块）、污水处理单元及排放系统、数据采集和控制系统（各相流量、压力、温度）等组成，同时预留有接口（图 3-1-10）。按照该系统现场布局，可分为室内和室外两部分，室内部分主要包括介质供应模块、电力供应单元、污水处理单元及排放系统、数据采集和控制系统等，室外部分包括冷却水供应系统、动力系统（压缩机）、实验管段（多相流腐蚀模拟模块、气相顶部腐蚀模拟模块）。

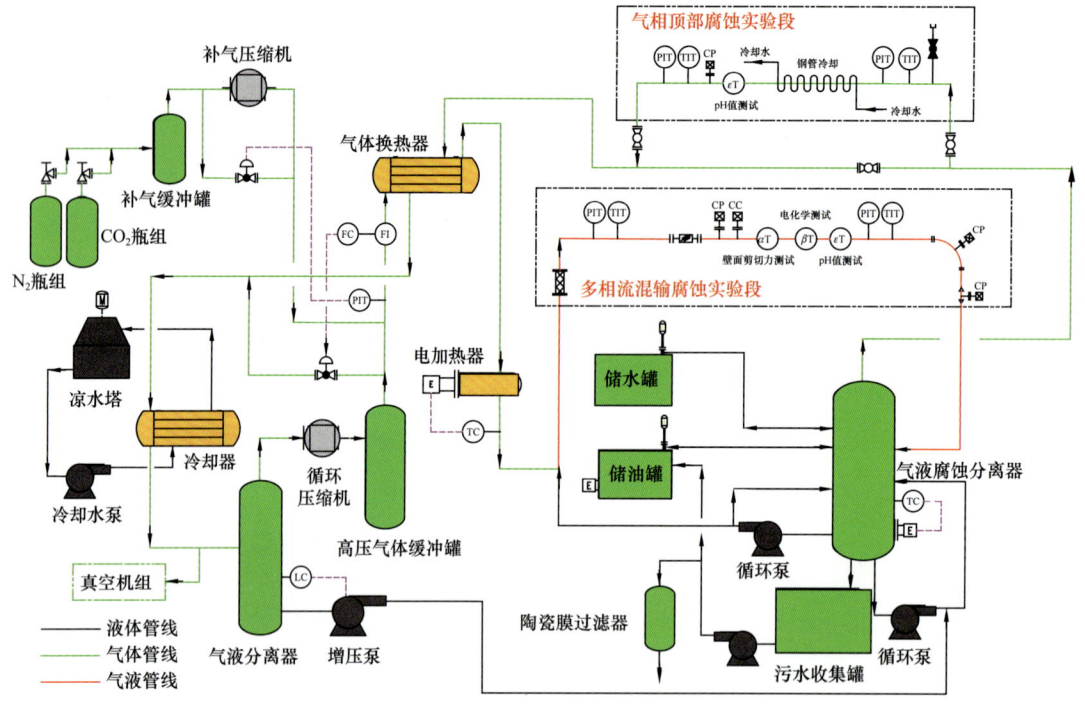

图 3-3-10 深水气液两相流及动态腐蚀实验环路工艺流程

2. 气体顶部腐蚀设计

湿天然气顶部腐蚀（TLC）是指湿气管线生产和输送中，水蒸气经过内外温差较大的管道时，在管道顶部产生凝析水；或是由于多相流中流速不稳、流态发生变化等原因造成的底部液滴的飞溅，在顶部及内壁上形成的一层较薄的液膜。此时，若管线中酸性气体（H_2S、CO_2）和挥发性的腐蚀介质（乙酸）溶于凝析水中，并聚集在管道顶部，从而造成的腐蚀现象。

气相腐蚀模拟环路的压力和流速由介质供应与动力模块完成控制，气体温度控制由实验环路进口处的电加热器和气液腐蚀分离器内的电加热器实现。顶部腐蚀模拟环路上设置顶部腐蚀模拟测试管段，管段上设有腐蚀探针和 pH 值探针等监测或测试功能，测试管段的管壁温度控制由冷却铜管实现。针对天然气顶部腐蚀（TLC）专门设计液体外排功能，可以评价湿天然气的气相缓蚀剂效果。

3. 多相流混输腐蚀模拟模块

进入多相流腐蚀环路的实验介质由介质供应与动力模块控制，具体包括实验温度、系统压力、水相流量、油相流量和气液比等参数。多相流腐蚀模拟环路设置平管段、倾斜管段和垂直管段，沿管路流动方向依次设置视镜、腐蚀探针、腐蚀挂片、壁面剪切应力测试仪、电化学测试和 pH 探针，其中在流型形成区段和流型稳定段设置多个腐蚀探针和腐蚀挂片，用于测试不同流型稳定状态腐蚀差异对比，同时在弯头和变径管段等位置设置腐蚀检测点。

4. 流型识别系统

为了研究流型变化规律以及腐蚀速率、温度和压力等参数之间的关系，该实验系统配置了流型识别系统，基于电容/电导与超声多普勒测试原理实现超声、电学多模态的融合测试，可实现油、气、水多相流动过程状态和流动结构的在线监测及流动参数的测量。借助流型识别系统，开展不同流型对 CO_2 腐蚀模拟研究，同时可作为缓蚀剂评价的中试试验装置。

5. 系统腐蚀状态动态监测

通过高压 pH 值探针连续监测系统水相 pH 值变化，动态调整气相阀门补充 CO_2 气体，实现气相 CO_2 动态平衡。可以通过流态监测系统和内窥镜动态监测流态变化，并与腐蚀速率变化曲线形成对照关系。

多相流腐蚀模拟环路沿流动方向依次设置取样阀、流型识别或观察、腐蚀探针、pH 值探针、壁面剪切应力测试仪、整体测试管段，垂直管道、水平管道、起伏管道等，分别设置于流型形成区段和流型稳定段，用于测试不同流型稳定状态腐蚀差异对比。稳定流型区域用于不同流型与腐蚀关系测试。在水平直管段还设置有电化学测试点；进入弯头处设置 90°弯头腐蚀检测点等多种位置腐蚀探针；可依据具体实验需求在需要的位置设置腐蚀及流型检测点。

6. 实验介质及腐蚀环境多样性

该系统可模拟的腐蚀介质包括 CO_2、有机酸、O_2 等多种介质，可模拟的腐蚀环境包括多相介质、顶部腐蚀、细菌腐蚀等。通过不同参数组合，可模拟更多工况，从而克服了以往实验系统实验环境单一、无法满足现场需要的不足。

7. 具备中试评价功能

该腐蚀评价系统是国内首个工业级别的高温高压腐蚀评价系统，具备多相流 CO_2 腐蚀缓蚀剂评价、气相缓蚀剂评价、材质耐蚀性评价、化学药剂配伍性评价、腐蚀机理研究、防腐工艺动态评价等多项功能。测试手段更加丰富，可更加真实地模拟现场实际环境，建立从研究院所小型机理研究到现场应用之间的中间实验环节和纽带，促进相关新技术、新方法、新产品、新工艺转化为生产力。

第四节 深水海管和立管实验系统及实验技术

一、深水立管涡激振动试验装置

深水立管是细长柔性结构，当海流流过深水立管时，会在深水立管后部的尾流区形成周期性释放的漩涡，引起深水立管涡激振动。周期性的涡激振动是导致深水立管疲劳

（涡激疲劳）破坏的主要原因之一，掌握深水立管涡激振动规律，寻找抑制深水立管涡激振动措施，避免深水立管发生涡激疲劳破坏，对保证深水立管运行安全至关重要，因此依托国家科技重大专项开展了深水立管涡振动试验研究。

1. 深水立管涡激振动试验装置构成及主要参数

为了模拟深水立管在剪切流涡激振动，实现立管在剪切流下的涡激振动水池模型试验，建立了深水立管剪切流下涡激振动试验装置，如图 3-4-1 所示。

图 3-4-1　立管涡激振动水池模型试验装置总图

该试验装置构成如下：

（1）驱动与控制系统，主要控制整个装置沿中心支撑轴进行匀速、平稳旋转。

（2）立柱及悬臂支撑系统，主要支撑整个装置立于水池中，并保证足够的强度，对立管模型施加预张力。保证立管模型长径比 L/D 不小于 40。

（3）底部支座，主要支撑并固定整个装置，并能使其绕中心轴旋转。

（4）顶部支座，固定并支撑装置的顶部于拖车上。

（5）预张力施加及控制装置，能够按照设定的张力大小施加与试验模型上，并能够保持。最大预张力 10000N。

（6）数据采集系统：对立管模型进行张力、应变、加速度的测量及视频的监测。试验数据的采集分为电信号、光信号两个数据采集系统和录像监测系统，由于试验装置是旋转的，所以各采集系统都需要使用无线控制或无线传输。

该试验装置主要参数：

（1）整体高度 5~6m（可升级改造）。

（2）悬臂半径 6~7m（可升级改造）。

（3）电动机功率 2×22kW。

（4）端部旋转最大速度 3.5m/s。

该装置可以实现以下功能：

（1）不同剪切度的剪切来流下的涡激振动试验；

（2）不同张紧力（0~10000N）下的试验；

（3）最大 3.5m/s 来流速度的柔性立管涡激振动试验。

2. 深水立管涡激振动试验

利用建立的深水立管涡激振动试验装置开展了剪切流下立管涡激振动试验，研究裸露立管和带有抑制装置的立管在不同流速下的涡激振动响应特性，以及对不同设计参数的抑制装置的抑制效率进行比较分析。

试验考虑两种立管模型：直径 30mm 的黄铜管模型（No.1，图 3-4-2）和直径 168.3mm 的 35CrMo（铬钼）管模型（No.2，图 3-4-3）。考虑两种立管形式：裸露立管和带有抑制装置的立管（鳍高为 $0.1D$、$0.15D$、$0.25D$ 和 $0.5D$；鳍距为 $5D$、$10D$、$15D$ 和 $17.5D$，其中 D 为直径）。

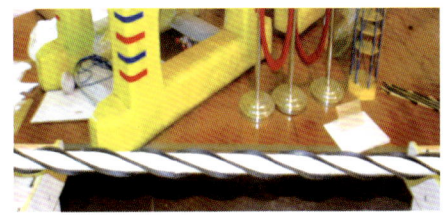

图 3-4-2　No.1 黄铜管模型

图 3-4-3　No.2 铬钼管模型

试验考虑流速范围为 0.5～3.5m/s。试验中剪切流的模拟采用 T 形塔架在水池中绕中心轴进行圆形运动的方法来实现。将试验立管安装在 T 形塔架上，利用塔架带动试验立管在水池中旋转，通过控制旋转速度和试验立管固定位置，造出所要求的剪切相对来流，并可以实现较大长细比的立管模型试验和较高的来流速度，如图 3-4-4 所示。

图 3-4-4　剪切流下立管涡激振动试验

通过不同剪切流速下深水立管涡激振动试验研究，可以得到以下结论：

（1）对于裸露立管，所有流速下横向位移比顺流向位移大，如图3-4-5和图3-4-6所示。对于No.1管，主导模态和主导频率基本随着剪切流速的增大而增大，对于No.2立管模型，主导模态在流速3m/s以下时基本不变，如图3-4-7至图3-4-10所示。

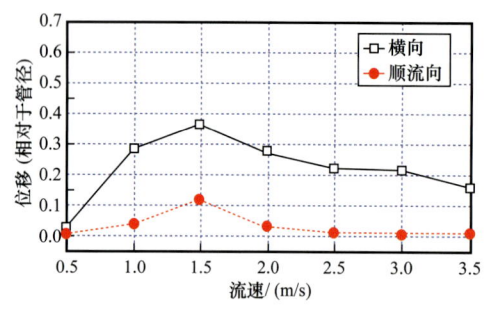

图3-4-5　No.1立管模型剪切流下位移响应

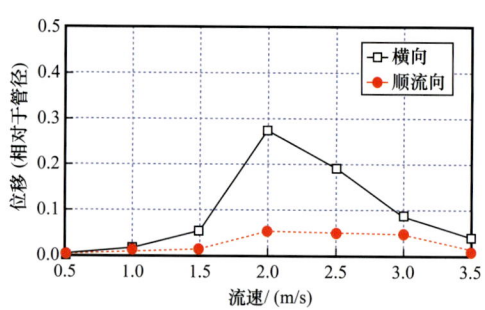

图3-4-6　No.2立管模型剪切流下位移响应

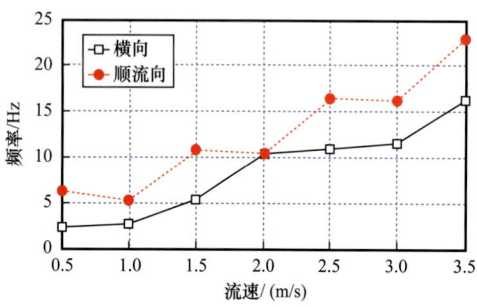

图3-4-7　No.1立管模型剪切流下位移响应的主导频率

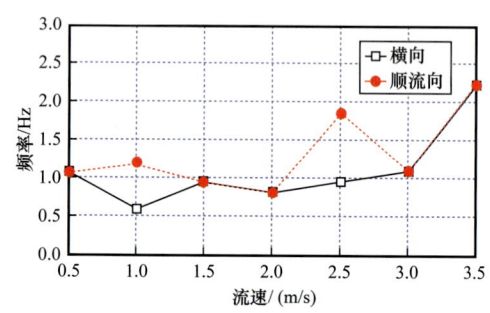

图3-4-8　No.2立管模型剪切流下位移响应的主导频率

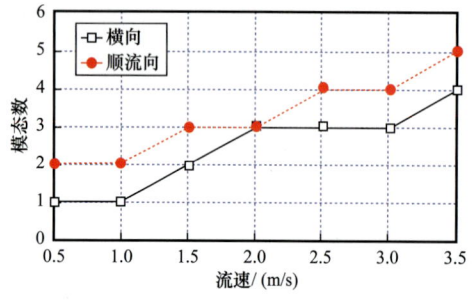

图3-4-9　No.1立管模型剪切流下位移响应的主导模态

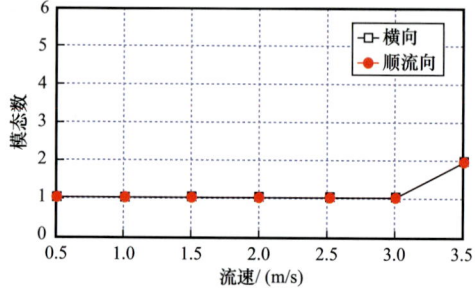

图3-4-10　No.2立管模型剪切流下位移响应的主导模态

（2）对于带有螺旋列板的立管，与裸露立管相比，带螺旋列板的立管在各种流速下的横向位移和顺流向位移都有明显的下降，主导频率都明显降低，如图3-4-11和图3-4-12所示。表3-4-1给出了剪切流下螺旋列版平均抑制效率。由表3-4-1可以看出螺旋列板17.5D/0.25D对No.1立管模型和No.2立管模型在剪切来流下VIV抑制效率都在94%以上，是抑制性能最好的螺旋列板。

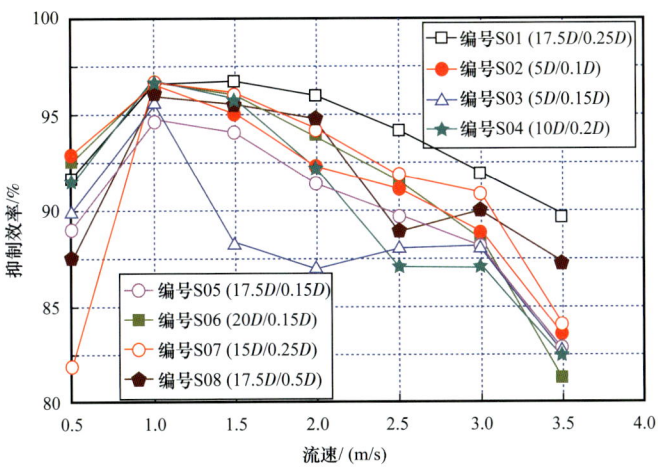

图 3-4-11　No.1 立管模型螺旋列板抑制效率曲线

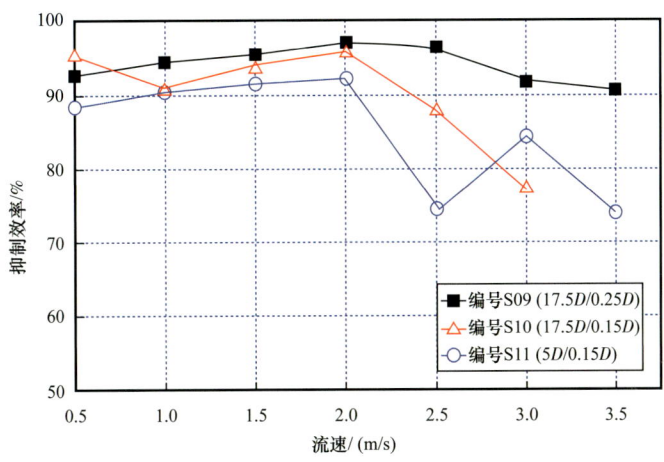

图 3-4-12　No.2 立管模型不同规格螺旋列板抑制效率曲线

表 3-4-1　剪切流中螺旋列板平均抑制效率列表

螺旋列板参数	鳍距	鳍高	平均抑制效率 /%
S01	17.5D	0.25D	96.43
S02	5D	0.1D	91.01
S03	5D	0.15D	93.91
S04	5D	0.25D	92.87
S05	10D	0.2D	93.88
S06	17.5D	0.15D	92.41
S07	20D	0.15D	93.90
S08	20D	0.25D	93.27

续表

螺旋列板参数	鳍距	鳍高	平均抑制效率 /%
S09	17.5D	0.25D	93.96
S10	17.5D	0.15D	89.97
S11	5D	0.15D	84.77

在开展剪切流下的立管涡激振动试验之前，完成了均匀流下立管涡激振动试验，将两种流态下立管涡激振动试验结果进行了对比，得到以下结论：

（1）当剪切流的最大速度与均匀流流速相近时，剪切流场中立管位移最大值 RMS 小于均匀流场中立管位移最大值 RMS，如图 3-4-13 和图 3-4-14 所示；剪切流场中立管主导频率和主导模态小于均匀流场中立管主导频率，如图 3-4-15 和图 3-4-18 所示。

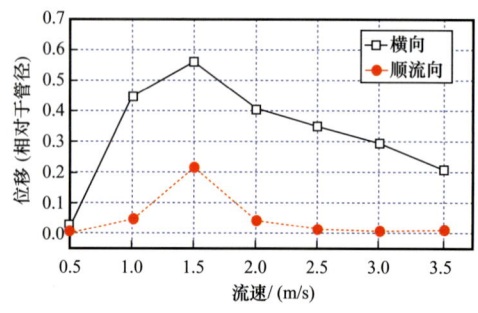

图 3-4-13 剪切流下位移最大值 RMS

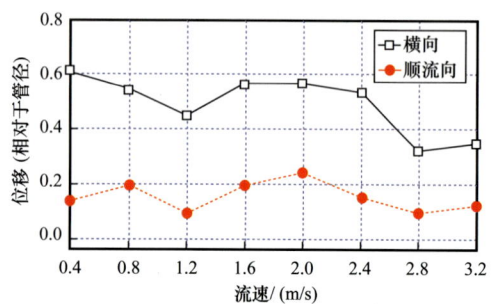

图 3-4-14 均匀流下位移最大值 RMS

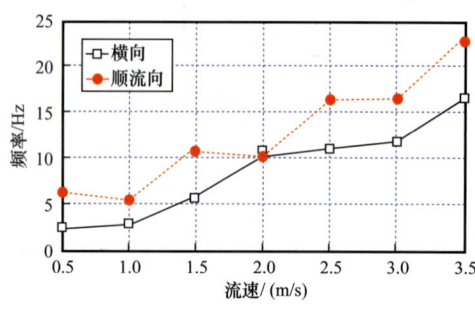

图 3-4-15 剪切流下位移响应的主导频率

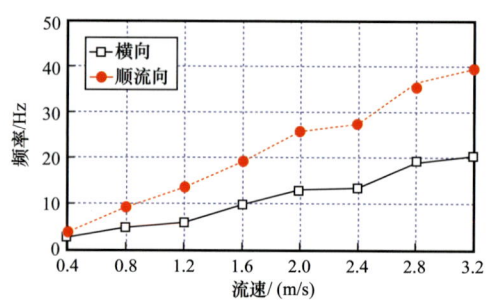

图 3-4-16 均匀流下位移响应的主导频率

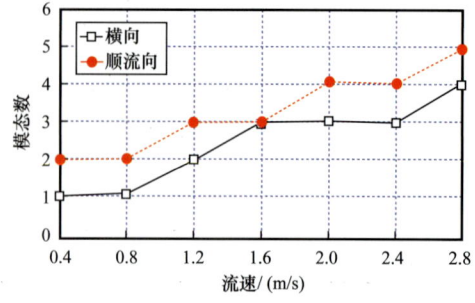

图 3-4-17 剪切流下位移响应的主导模态

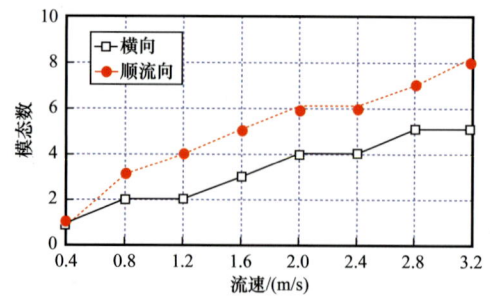

图 3-4-18 均匀流下位移响应的主导模态

（2）在均匀流和剪切流中，鳍距 17.5D、鳍高 0.25D 的螺旋列板的抑制效率均为最高；对 No.1 立管模型，各种尺寸螺旋列板在剪切流中的抑制效率均略高于在均匀流中的抑制效率；对 No.2 立管模型，各种尺寸螺旋列板在剪切流中的抑制效率略低于在均匀流中的抑制效率；在鳍距相等的情况下，在两种流场中，鳍高大的螺旋列板抑制效率更高，但在剪切流场中鳍高对于抑制效率的影响小于在均匀流场中的情况，如表 3-4-2 和图 3-4-19 所示。

表 3-4-2　剪切流与均匀流中螺旋列板平均抑制效率对比列表

模型编号	螺旋列板参数	鳍距	鳍高	平均抑制效率 /%	
				剪切流	均匀流
No.1	S01	17.5D	0.25D	96.40	96.40
	S02	5D	0.1D	91.00	82
	S03	5D	0.15D	93.90	76.50
	S04	5D	0.25D	92.90	89.50
	S05	10D	0.2D	93.90	93.70
	S06	17.5D	0.15D	92.40	86.20
	S07	20D	0.15D	93.90	81.80
	S08	20D	0.25D	93.30	92.60
No.2	S09	17.5D	0.25D	94.00	98
	S10	17.5D	0.15D	90.00	93.50
	S11	5D	0.15D	84.80	89.50

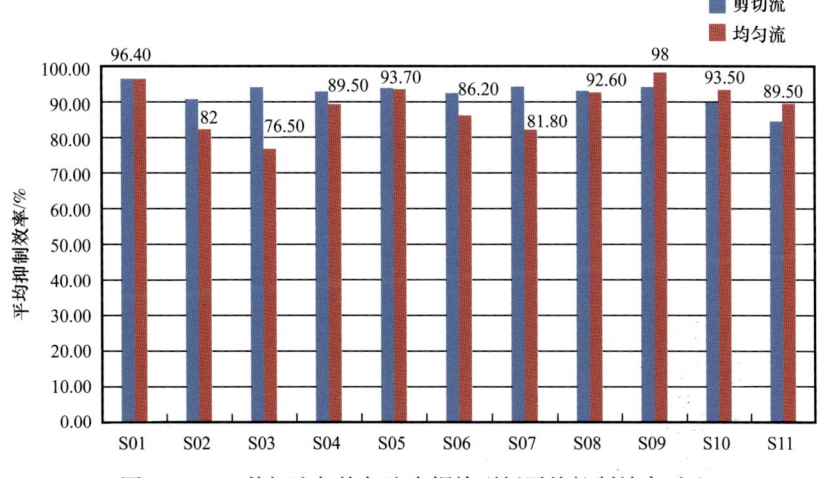

图 3-4-19　剪切流与均匀流中螺旋列板平均抑制效率对比

二、深水立管疲劳试验装置

对于深水立管,波流、浮体运动和管内流体温度变化等都可能引起立管疲劳破坏。为了研究深水立管疲劳特性,在"十一五"期间,依托国家科技重大专项研制了深水立管卧式疲劳试验装置。

研制的深水立管卧式疲劳试验装置如图3-4-20所示,该装置能够模拟内压、轴向拉力和弯矩联合作用下深水立管疲劳,该装置既能实现刚性立管加载,也能实现柔性立管加载,试件长度最大可以达到9m,可以施加最大内压30MPa、最大轴向拉力$200×10^6$N、最大弯矩75kN·m,加载频率1~3Hz。该装置由以下部件组成:

(1)横向弯矩施加部件。通过四点弯曲的方式,由两个液压作用筒和两个支撑点,实现立管的横向弯曲,所施加的载荷为循环载荷,从而实现立管的循环弯曲加载。

(2)轴向张力施加部件。通过轴向液压作用筒,施加轴向张力,从而模拟立管的轴向张力。这是一个准静态的作用力,在一般的立管理论分析中,通常将其处理为常量,但在这里的疲劳试验中,尽管也为常量,但由于弯曲的作用,会引起轴向力的波动,因此本装置的难点就是试图保持轴向力为常量,这也是称其为"准静态"的原因。

(3)内压施加部件。通过作用泵,施加内压,模拟立管的内压过程。同上面的轴向力问题,这里的内压也是一个准静态量,需要通过反馈控制,保持内压的稳定。

(4)动态液压源。为施加横向弯矩的液压作用筒提供动力源。

(5)准静态液压源。为施加准静态轴向张力的作用筒提供液压动力源。

(6)反力钢架本体。用于安装立管试件以及液压作用筒。

(7)端部转动轴承。用于抵消由于弯曲的作用,在立管端部产生的附加弯矩,同时由于弯曲的作用,会对试件产生轴向变形,因此该轴承又必须抵消轴向变形带来的附加张力。

(8)载荷控制模块。这是本试验装置的软件部分,主要用于循环弯曲载荷和准静态轴向载荷的反馈控制。

图3-4-20 深水立管卧式疲劳试验装置

（9）试验测量系统。用于试验过程中循环载荷的计数统计、危险部位应力状态的检测等，包括循环次数计数器、应变片、应变采集系统等。

（10）其他附件。为方便试验所专门设计的部件，包括为安装试件在装置底部设计的临时搁置台等。

建成的深水立管疲劳试验装置可以直接服务和应用于实际的海洋立管的设计分析中；并将有力地提升我国在海洋立管研究方面的能力和水平，为深海立管设计提供可靠的设计手段和技术，从而为我国深海油气资源的开发提供重要的技术支撑。

三、深水管道屈曲试验压力舱

对于深水海底管道，高静水压力增加了其发生屈曲压溃的风险。为了了解管道屈曲压溃特性，在"十一五"到"十三五"期间，建造了世界级的深海压力舱，开发了管道屈曲试验方法，研究了外压、轴向力、弯矩、扭矩等不同荷载组合下管道屈曲特性。

1. 深水管道屈曲试验装置

建造的深水管道屈曲压力舱如图3-4-21所示，舱体全长11.5m，外径1.6m，内径1.25m，设计承压能力为43MPa，舱内可以容纳长度为8m的实尺寸管道进行全尺寸试验，能够模拟水压、轴向力、弯矩、扭矩荷载单独或组合作用试验。

图3-4-21　深水管道屈曲压力舱

全尺寸深水管道屈曲压力舱主要由压力舱主体、液压加载系统、控制与数据采集系统、试验保障系统组成。压力舱主体包括压力舱前端盖、尾部密封端盖、舱内输送管件的滑车和导轨、轴向力加载油压机、侧向加载油压机、舱体测试连接开孔等。液压加载系统可实现各载荷施加的独立作业，最大轴向加载为2×10^6N，最大侧向加载为50kN，试验时载荷的波动范围不超过0.5%，测量精度为±0.2%FFS，控制精度为±0.2%FFS。

2. 深水管道屈曲试验

为了了解管道在复杂载荷作用下管道的屈曲性能，开展了轴力—水压联合作用、扭矩—水压联合作用和弯矩—水压联合作用下不同加载路径下管道管屈曲试验。

管道屈曲试验流程如图 3-4-22 所示。

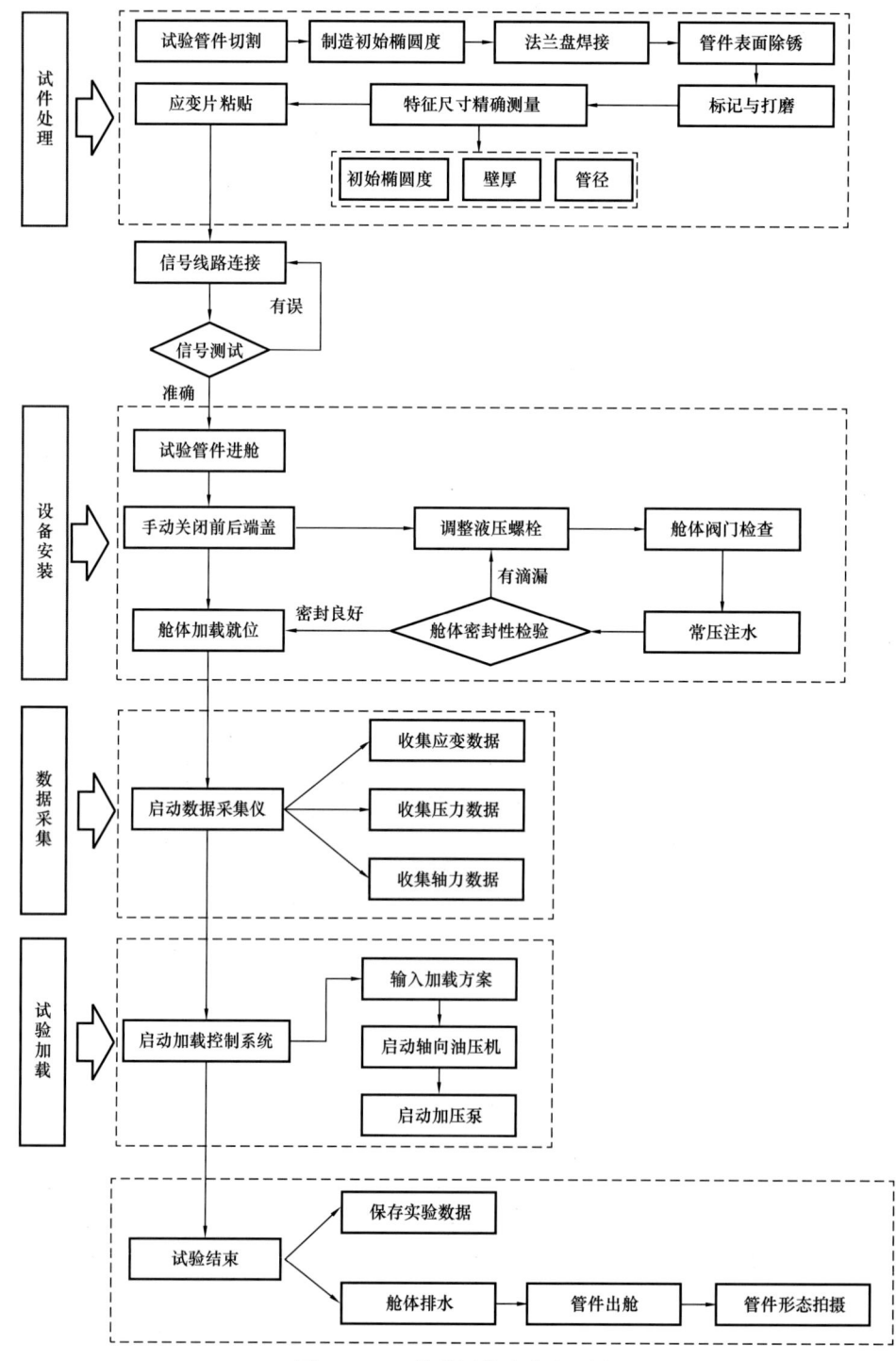

图 3-4-22　管道屈曲试验流程图

在轴力和外压联合作用下,轴力对管道压溃压力影响较大。图3-4-23是轴力和外压联合作用下不同加载路径管道极限承载力对比,从图3-4-23中可以看出随着轴向拉力的增大,海底管道的压溃压力下降明显,同时不同加载路径对海底管道的极限承载力影响显著,p(外压)$\to T$(拉力)加载路径显然是海底管道更加危险的失效路径,对实际海底管道极限承载力的校核更具有实际研究价值。

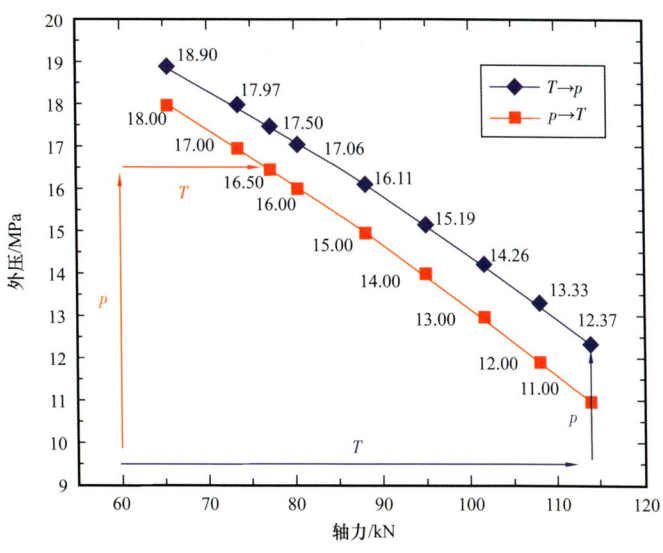

图3-4-23 轴力和外压联合作用下不同加载路径下管道极限承载力对比图

在扭矩外压联合作用时,扭矩对管道压溃压力的影响较小,并不呈现一定幅度的显著降低或增强,但不同加载路径下管道压溃时的扭矩差异较大。图3-4-24是具有不同椭圆度的管道在相同管道压溃压力下采用先扭矩后外压和先外压后扭矩两种不同加载路径所施加的扭矩比较。从图3-4-24中可以看出,在管道压溃压力相同情况下,M(扭矩)$\to$ p(水压)加载路径施加的扭矩通常大于p(水压)$\to M$(扭矩)加载路径施加的扭矩,

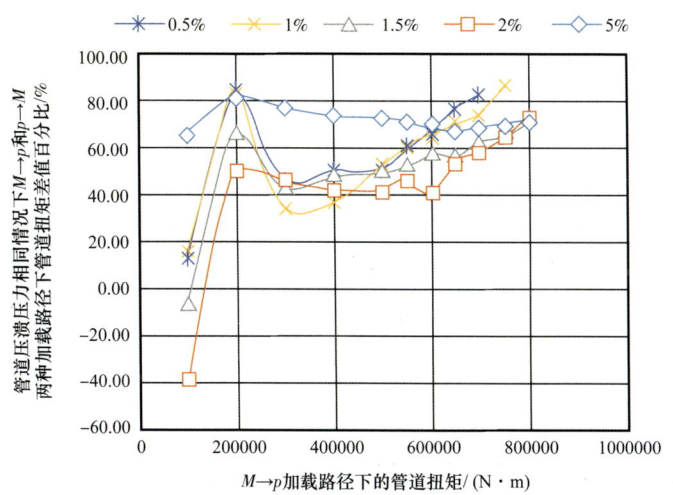

图3-4-24 管道压溃压力相同情况下不同扭矩和外压加载路径下管道扭矩比较图

而且扭矩越大，两种不同加载路径下的扭矩差值通常越大。对于具有不同椭圆度的管道来说，随着椭圆度增大，两种加载路径下的扭矩差值变化随扭矩变化减小，这说明两种加载路径下的扭矩差值对扭矩的敏感性随管道椭圆度增大而减小。

在轴力和弯矩联合作用下，弯矩对管道压溃压力有较大影响。图 3-4-25 是弯矩和外压联合作用下不同加载路径管道极限承载力对比。从图 3-4-25 可以看出随着管道弯矩增大（曲率增大），管道屈曲压溃压力显著变小。这主要是由于在弯矩水压联合作用时，弯矩载荷会加大含初始椭圆度缺陷管道的截面椭圆度，又因为压溃压力会随着椭圆度的增大而减小，所以弯矩会降低管道的承压能力。在加载路径方面，水压—弯矩加载路径比弯矩—水压加载路径更加危险。

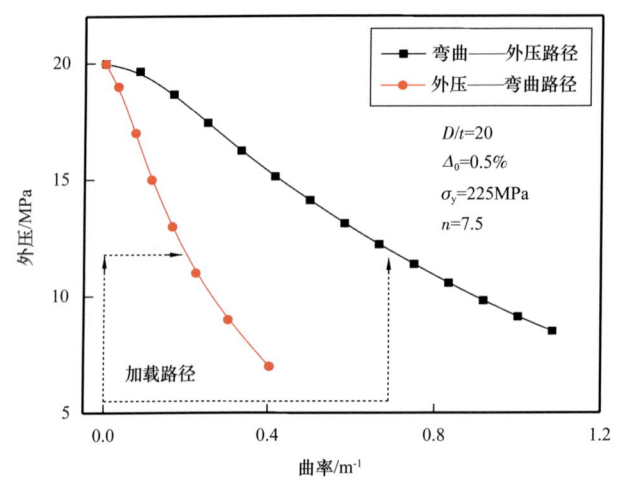

图 3-4-25　弯矩和外压联合作用下不同加载路径下管道极限承载力对比
D/t—径厚比；Δ_0—椭圆度；σ_y—屈服强度；n—硬化参数

通过计算不同加载路径下管道在压溃时刻缺陷截面的椭圆度可以看出，管道在弯曲载荷作用达到相同的曲率时，p（水压）—κ（曲率）加载路径下的管道在压溃瞬间的截面椭圆度较大，因此压溃瞬间的椭圆度是产生危险加载路径的原因，并且在复杂加载中，随着曲率的增大，不同加载路径下所产生压溃瞬间的椭圆度差距越大。

四、保温输送软管测试和试验装置

按照 API 17B 和 API 17J 要求，需要对软管的材料性能和总体性能进行测试，验证选用的软管材料和制造的软管性能是否满足要求。在保温输送软管研发过程中，购置了软管材料性能测试设备，试制了软管性能测试装置，建立了软管材料实验室、软管原型试验和 FAT 试验室，编制了软管材料实验、软管原型试验、软管 FAT 试验程序，开展了软管材料实验、原型试验和 FAT 试验。

1. 保温输送软管材料性能测试和试验装置

软管材料实验目的是获得材料性能指标，为软管设计和性能评估提供参数。

保温输送软管由金属材料和非金属材料复合组成，开展的金属材料和非金属材料实验测试内容及测试标准见表 3-4-3 和表 3-4-4。

表 3-4-3 软管金属材料实验测试内容及标准

性能	测试内容	测试标准
合金特性	化学成分	ASTM A751
	金相试验	API 17J
力学性能	屈服强度	ISO 6892
	极限强度	ISO 6892
	拉伸性能	ISO 6892
	硬度	ISO 6507-1
	抗疲劳性能	API 17J
	耐磨蚀性能	API 17J
材料特性	抗硫应力腐蚀和氢应力开裂	API 17J
	抗腐蚀性	API 17J
	阴极保护下抗开裂	API 17J
	耐化学性	—

表 3-4-4 软管非金属材料实验测试内容及标准

性能	测试内容	测试标准
力学/物理性能	蠕变	ASTM D2990
	屈服强度/伸长率	ASTM D638
	极限强度/伸长率	ASTM D638
	应力松弛特性	ASTM E328
	弹性系数	ASTM D638
	硬度	ASTM D2240 或 ASTM D2583
	轴向压缩强度	ASTM D695
	冲击强度	ASTM D256
	耐磨性	ASTM D4060
	密度	ASTM D792
	疲劳	ISO 178
	缺口灵敏度	ASTM D256

续表

性能	测试内容	测试标准
热性能	导热系数	ASTM C177/C518
	热膨胀系数	ASTM E831
	热变形温度	ASTM D648
	软化点	ASTM D1525
	热容	ASTM E1269
	脆性温度	ASTM D746
渗透性能	流体渗透性	API 17J
	抗起泡性能	API 17J
兼容性和老化	流体兼容性	API 17J
	老化试验	API 17J
	环境应力开裂	ASTM D1693-05
	吸水性	ASTM D570

软管金属材料和非金属材料实验设备见表 3-4-5 和表 3-4-6，图 3-4-26 和图 3-4-27 是部分软管金属材料和非金属材料实验设备图。

表 3-4-5 软管金属材料实验设备

序号	测试内容	设备
1	化学成分	光谱仪
2	金相检测	金相显微镜
3	屈服强度	金属万能试验机
4	极限强度	金属万能试验机
5	伸长率	金属万能试验机
6	硬度	硬度计
7	抗疲劳性能	疲劳试验机
8	抗腐蚀性	高温高压反应釜
9	阴极保护下抗开裂	电化学工作站、应力腐蚀试验机
10	低温冲击	冲击试验机

表 3-4-6 软管非金属材料实验设备

序号	测试内容	设备
1	抗蠕变	蠕变试验机
2	屈服强度/伸长率	电子万能试验机
3	极限强度/伸长率	电子万能试验机
4	应力松弛特性	蠕变试验机
5	弹性模量	电子万能试验机
6	硬度	邵氏 D 硬度计
7	压缩强度	电子万能试验机
8	耐静水压性能	高压反应釜
9	冲击强度	简支梁冲击试验机
10	耐磨性	双头磨片测定仪
11	密度	直读式电子密度计
12	疲劳	疲劳试验机
13	缺口灵敏度	简支梁冲击试验机
14	导热系数	热流计法导热系数测定仪
15	热膨胀系数	热机械分析仪
16	软化点	热变形维卡软化点测试仪
17	热容	差示量热扫描仪
18	脆性温度/玻璃化温度	差示量热扫描仪
19	流体渗透性	压差法气体渗透仪
20	抗起泡性能	高压反应釜
21	流体兼容性	高压反应釜
22	老化试验	热空气老化试验箱
23	环境应力开裂	环境应力开裂测定仪
24	耐气候性	紫外光耐气候试验箱
25	吸水性	电子分析天平
26	固化度	差示量热扫描仪
27	剪切试验	电子万能试验机

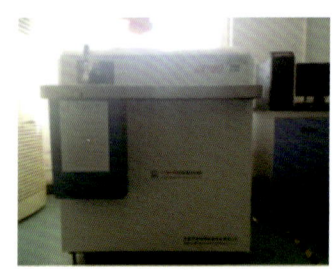  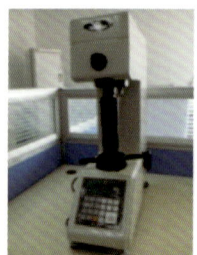

(a) 光谱仪　　　　(b) 金属万能试验机　　　(c) 显微维氏硬度计

(d) 金相显微镜　　(e) 慢应变应力腐蚀试验机　(f) 疲劳试验机

图 3-4-26　软管金属材料实验设备

(a) 高低温湿热老化箱　(b) 疲劳试验机　(c) 平板硫化仪　(d) 非金属万能试验机

(e) 热机械分析仪TMA　(f) 差示量热扫描仪DSC　(g) 环境应力开裂试验箱　(h) 荧光紫外老化试验箱

图 3-4-27　软管非金属材料实验设备

2. 保温输送软管原型试验

根据 API 17B 要求，软管的设计方法需要通过原型试验进行验证，原型试验的目的除了验证软管设计方法外，另一个目的是测试软管的性能，为施工设计提供依据。原型试验可以分为三类：第一类是最常用的标准原型试验，包括爆破试验、压溃试验、拉伸试验；第二类是特殊的原型试验，通常用于验证特定方面的性能，如安装和运行条件，包括动态疲劳试验、挤压试验、拉弯试验等；第三类是软管特性试验，包括弯曲刚度试验、扭转刚度试验、快速泄压试验、热性能试验等，见表 3-4-7。

表 3-4-7 软管原型试验目的

序号	类型	试验名称	试验目的
1	标准原型试验	压溃试验	验证设计方法，测试软管的极限抗外压能力
2		爆破试验	验证设计方法，测试软管的极限承压能力
3		拉伸试验	验证设计方法，测试软管的极限承拉能力
4	特殊原型试验	挤压试验（模拟张紧器）	测试软管抗挤压能力，为施工提供依据
5		疲劳试验	验证设计方法，测试软管的抗疲劳性能
6		拉弯组合试验	模拟施工工况，验证在最少弯曲半径下，软管的抗拉能力
7	其他原型试验	扭转刚度试验	验证设计方法，测试扭转刚度
8		弯曲试验	验证设计方法，测试弯曲刚度
9		快速泄压试验	验证接头的密封性能
10		热性能试验	测试软管的总传系数
11		温度试验	验证接头的密封性能

为了开展软管原型试验，开发了一套软管原型试验程序，研制了软管原型试验装置，建立了软管原型试验室，图 3-4-28 至图 3-4-34 是研制的部分软管原型试验装置。

图 3-4-28 软管压溃试验装置

图 3-4-29 软管爆破试验装置

图 3-4-30　软管拉伸试验装置

图 3-4-31　软管挤压试验装置

图 3-4-32　软管疲劳试验装置

图 3-4-33　软管拉伸弯曲组合试验装置

图 3-4-34 软管弯曲试验装置

利用开发的软管原型试验程序和研制的原型试验装置，对研制的 1500m 水深保温输送软管样管开展了原型试验，试验结果见表 3-4-8。

表 3-4-8 软管原型试验结果

序号	试验名称	试验结果
1	压溃试验	>13MPa
2	爆破试验	>60MPa
3	拉伸试验	刚度：$508×10^6$N 拉力：3163kN
4	扭转刚度试验	6099kN·m²/rad
5	弯曲试验	577kN·m²
6	挤压试验	拉力：27.5tf 弯曲半径：4.52m
7	疲劳试验	拉力：80tf 转角：±15° 循环次数 38 万次，抗拉铠装层累积疲劳损伤<0.1
8	快速泄压试验	满足规范要求
9	热性能试验	总传热系数 1.96 W/(m²·℃)
10	温度试验	最高 90℃

3. 保温输送软管 FAT 试验

根据 API 17J 规定，软管在出厂移交前，需要进行工厂接受试验（FAT）以验证制造的软管满足规范要求。软管工厂验收试验包括：

（1）通径试验，检测柔性管堵塞和总变形。

（2）静水压力试验，验证柔性管能够承受预期压力或识别柔性管潜在的缺陷。

（3）电连续性和电阻试验，验证柔性管阴极保护系统是有效的，验证柔性管骨架层与端部接头之间是电绝缘的。

（4）排气系统试验，验证在水压试验后和包装后，柔性管气体泄放系统能够正常地工作。

为了开展软管 FAT 试验，开发了保温输送软管 FAT 试验程序，对研制的 1500m 水深保温输送软管样管进行了 FAT 试验，图 3-4-35 至图 3-4-38 是软管 FAT 试验图。

图 3-4-35 软管通径测试

图 3-4-36 软管静水压力测试

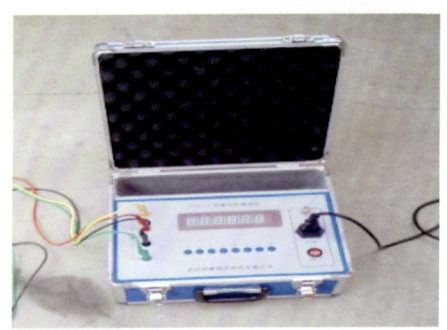 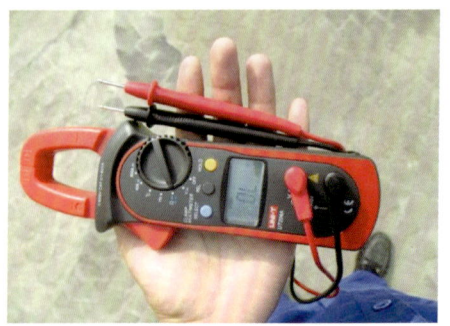

图 3-4-37 软管电连接性和点绝缘性测试

FAT 试验结果见表 3-4-9，试验结果表明制造的 1500m 水深保温输送软管样管 FAT 试验结果符合验收标准。

图 3-4-38 软管排气测试

表 3-4-9 FAT 试验结果

序号	试验名称	试验结果	验收标准
1	通径试验	清管器没有损坏；清管器没有凹痕	清管器通过软管不受损坏；凹痕是不允许的
2	静水压力试验	24h 压降 3.8%	24h 压降小于 4%
3	电连续和电阻试验	接头电阻：0.39Ω/km；骨架层和接头电阻：无限大	两个接头之间的电阻值小于 10Ω/km；骨架层和接头之间的电阻值大于 1kΩ
4	排气系统试验	排气正常	排气阀能顺畅排气

五、湿式保温管测试和试验装置

为了对研制的复合聚氨酯湿式保温材料和保温管质量进行检验，开发了一套复合聚氨酯湿式保温材料和保温管性能检测程序，对复合聚氨酯湿式保温材料密度、硬度和抗压强度等参数的检查方法以及保温管的硬度、导热系数和保温层厚度等参数的检查方法和验收标准进行了规定。为了测试湿式保温管涂层的抗疲劳性能和管体截面总传热系数，建造了四点弯曲疲劳试验装置和总传热系数测试装置。利用研制的四点弯曲试验装置和总传热系数测试装置对研发的复合聚氨酯湿式保温管涂层抗疲劳性能和总传热系数进行了测试。

1. 复合聚氨酯保温材料参数检测方法

表 3-4-10 是复合聚氨酯保温材料性能参数检测方法，表 3-4-11 是复合聚氨酯湿式保温管检测方法和验收标准。

表 3-4-10 复合聚氨酯保温材料性能参数检测方法

序号	参数	测试方法
1	密度 /（kg/m^3）	ASTM D792
2	硬度（邵 A）	ASTM D2240
3	拉伸强度 /MPa	ASTM D412

续表

序号	参数	测试方法
4	断裂伸长率 /%	ASTM D412
5	撕裂强度 /（N/mm）	ASTM D624
6	剪切强度 /MPa	GB/T 15598
7	抗压强度（10% 变形，限制）/MPa	ASTM D695a
8	杨氏模量（限制压缩）/MPa	ASTM D638
9	泊松比	ASTM E132
10	比热容 /[kJ/（kg·℃）]	DSC
11	导热系数 /[W/（m·K）]	ASTM C518
12	吸水率 /%（质量分数）	24h/90℃/20MPa，蒸馏水

表 3-4-11　复合聚氨酯湿式保温管检测方法和验收标准

检验项目	标准	检测方法	检验频次
表观检验		表观一致，无褪色	每根
保温层厚度 /mm	偏差 0～2		每根
邵氏硬度（1h/80℃）/（邵 A）	≥70	ASTM D2240	每根
邵氏硬度（7d）	≥90	ASTM D2240	1 次 /25 根
撕裂强度（新月型）/（kN/m）	≥40	ASTM D624	1 次 /500 根
断裂伸长率 /%	≥50	ASTM D412	1 次 /500 根
断裂拉伸强度 /MPa	≥5	ASTM D412	1 次 /500 根
密度 /（kg/m³）	700～850	ASTM D792	1 次 /500 根
导热系数 /[W/（m·K）]	≤0.165	ASTM CS18	1 次 /500 根
剪切强度 /MPa	≥12	HG/T 3839-2006	1 次 /500 根
静水压强度 /MPa	≥18	单轴压缩	PQT 时 1 次
比热容 /[kJ/（g·℃）]	1.6	DSC	PQT 时 1 次
环形剪切强度（常温）/MPa	≥1.0		PQT 时 1 次
抗热降解性能（设计温度及压力下，28d）/%	断裂伸长率变化：±20 拉伸强度变化：±20 硬度变化率：±10	DIN 53504	PQT 时 1 次

基于表 3-4-10 和表 3-4-11 中规定的检测方法对研发的适用于 1500m 水深的复合聚氨酯湿式保温材料和湿式保温管性能进行了测试，测试结果见表 3-4-12 和表 3-4-13。从表 3-4-12 可以看出研发的材料满足 1500m 水深抗压要求，从表 3-4-13 可以发现基于国产玻璃微珠和基于国外玻璃微珠研制的复合聚氨酯湿式保温材料除初始硬度偏小外，其他性能接近。

表 3-4-12　1500m 水深复合聚氨酯湿式保温材料性能检测报告

序号	测试项目	单位	测试方法	样品A	样品B
1	密度	kg/m^3	ASTM D792	811.5	838.1
2	硬度	邵A	ASTM D2240	97	97
3	拉伸强度	MPa	ASTM D412	7.60	8.2
4	断裂伸长率	%	ASTM D412	118	188
5	撕裂强度	kN/m	ASTM D624	71.1	67.6
6	剪切强度（穿孔法）	MPa	GB/T 15598—1995	16.5	14.9
7	剪切强度（保温层与钢管轴向）	MPa	ISO12736	1.11	1.71
	抗压强度（单轴压缩3%）	MPa	ASTM D695a	18.5	18.2
8	杨氏模量（单轴压缩）	MPa	ASTM D638	150	146
9	泊松比	—	ASTM E132	0.37	0.35

表 3-4-13　1500m 水深复合聚氨酯湿式保温材料性能

性能参数	GSPU（国产中空微珠）	GSPU（国外中空微珠）
密度 /（kg/m^3）	851.6	838.1
热导率 /[W/(m·℃)]	0.1438	0.1669
抗压强度 /MPa	16.79	16.5
硬度（邵氏）	A70（初始） A97（7d后）	A85（初始） A97（7d后）

2. 湿式保温管涂层疲劳性能测试和试验装置

为了测试湿式保温管涂层抗疲劳弯曲性能，建造了四点弯曲疲劳试验装置，如图 3-4-39 所示。

建造的四点弯曲疲劳试验装置技术参数如下：
（1）适用管径范围：4～24in（129～610mm）、最大壁厚：1.25in（31.75mm）；
（2）最大极限纤维应变：±0.0005；

图 3-4-39　四点弯曲疲劳试验装置

（3）湿式保温层最大厚度：100mm。

建造的四点弯曲疲劳试验装置适用范围包括：

（1）GSPU 保温层钢质管道及节点的四点弯曲试验；

（2）双层管保温管道及节点的四点弯曲试验；

（3）多层保温管道及节点的四点弯曲试验；

（4）单层保温管道及节点的四点弯曲试验。

利用建造的四点弯曲疲劳试验机按照 ISO 12736 附录 C 对研制的复合聚氨酯湿式保温管涂层抗疲劳性能进行了测试。试验结果为保温管涂层外观无裂纹及无应力突变，满足深水管道湿式保温层抗疲劳测试性能要求。

3. 湿式保温管道模拟运行测试装置

总传热系数是湿式保温管一个重要参数，为了测试研制的复合聚氨酯湿式保温管总传热系数，建造了深水保温管道模拟运行测试装置（图 3-4-40）。

深水保温管道模拟运行测试装置主要由高压试验设备、增压系统、冷水循环系统、加热系统和电控系统（数据采集、数据控制、监控）组成，其系统原理图如图 3-4-41 所示，主要设备参数见表 3-4-14。

图 3-4-40　深水保温管道模拟运行测试装置

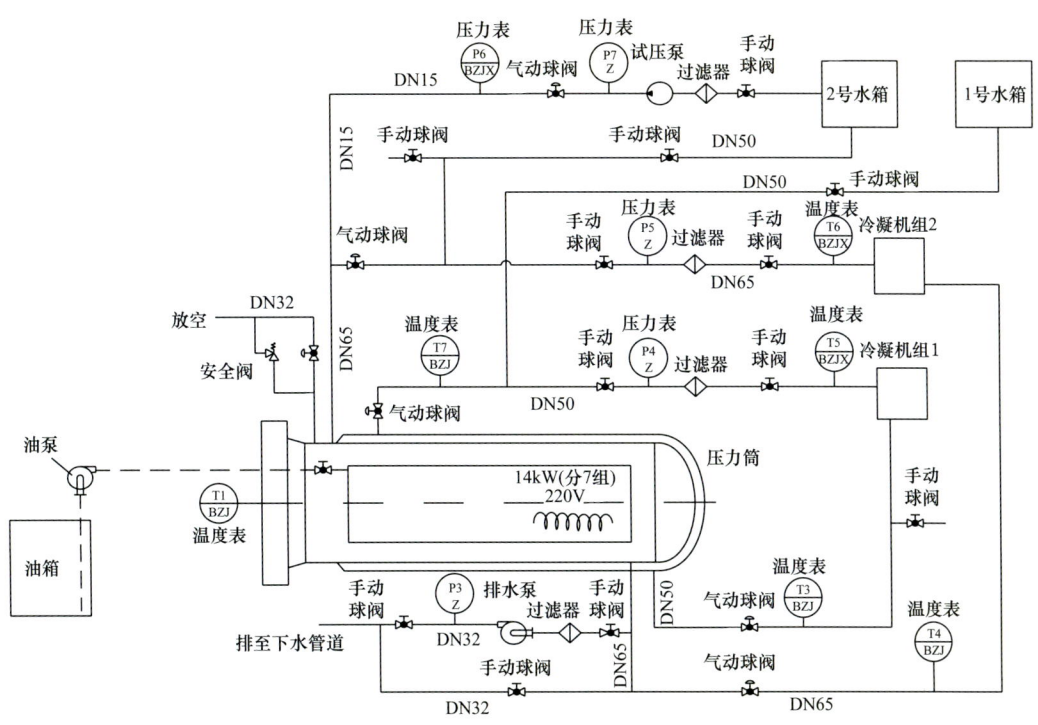

图 3-4-41 深水保温管道模拟运行测试装置系统原理图

表 3-4-14 主要测试设备参数表

序号	名称	品牌	参数
1	高压压力舱	武汉星光石油化工设备有限公司	耐压 30MPa，内径 1.2m，有效长度 7.15m
2	电动试压泵	美国 CAT 700 柱塞泵	最大加压能力 34.530MPa
3	冷凝机组	美国鼓轮主机	2 台，1 台水冷，1 台乙二醇冷凝。最低输出温度 -10℃，精度 ±2℃
4	导热油	江苏武进	WRY-300，闪点 200℃
5	热流传感器	美国 Concept Engineering	耐压 30MPa，防水，精度 ±2%
6	温度传感器	美国 Omega	量程最高 200℃，精度 0.3%
7	LVDT 探针	德国 WAYCON	耐压 40MPa，适用温度 -40～120℃，量程 0～10mm，精度 0.30%
8	水下电连接器	美国 SUBCONN	圆形，耐压 40MPa，600V 5A 电流，25 芯
9	PLC 控制系统	德国西门子	S7-300

利用研制的保温管道模拟运行测试装置，按照 ISO 12736 附录 F 对研发的复合聚氨酯湿式保温管进行管道模拟运行测试，试验结果为总传热系数 2.71W/（m²·K），满足总传热系数≤3W/（m²·K）要求。

第四章　深海油气开发工程关键设备的研制

通过国家科技重大专项三个"五年计划"的攻关，在深水钻完井、深水水下生产系统、深水流动安全等方面，研制了深海油气开发过程关键设备样机研制，打破了国外垄断，部分关键设备实现了工程应用，带动了国内相关产业的发展，为我国油气田开发建设起到了降本提效的作用。本章重点介绍深水钻完井、水下生产系统和深水流动安全等关键设备。

第一节　深水钻完井关键设备

一、连续循环钻井系统

由于钻进过程中接单根或起下钻接立根时会停泵、起泵，由此带来的岩屑沉降、井底压力波动等问题，会给钻井效率和钻井作业安全带来影响，特别是深水钻井、大位移井、窄压力窗口井的情况下，容易造成钻井事故。采用连续循环钻井装置可改善上述问题，而且国外往往将连续循环钻井装置与控压钻井装置共同使用来应对窄压力窗口，提高钻井效率和作业安全。

连续循环钻井装置包括井口连续循环阀、地面控制系统和辅助设备，如图 4-1-1 至图 4-1-3 所示。其中地面控制系统又包控制系统和接入管汇系统。

（1）连续循环短节——具改变流向和内防喷功能，保持连续循环的关键设备。

（2）控制系统——由插入立管循环系统的高压控制管汇系统和操控柜电液控制系统执行机构组成，并配有节流灌浆系统，有立式和卧式两个系列。

（3）接入管汇系统——将循环系统的高压控制管汇系统接入钻井地面管汇对连续循环短节实施流道转换控制。

（4）辅助设备——加长吊环，工作维修间及配件仓库，气密封钻井液防喷盒，高压胶管和活接头配置等。

连续循环钻井装置与平台高压管汇和钻井泵连接，连续循环钻井装置循环回路包括主循环和侧循环，通过阀门开关完成主循环和侧循环之间的转换。

连续循环钻井装置工作时，先将连续循环阀与钻杆立柱连接在一起，在需要连续循环的井段随钻具一起入井，通过地面控制系统来实现接单根时的连续循环。采用连续循环可以减少钻井作业过程中因停泵开泵形成的激动压力、减少岩屑床的形成，从而提高钻井效率和作业安全。

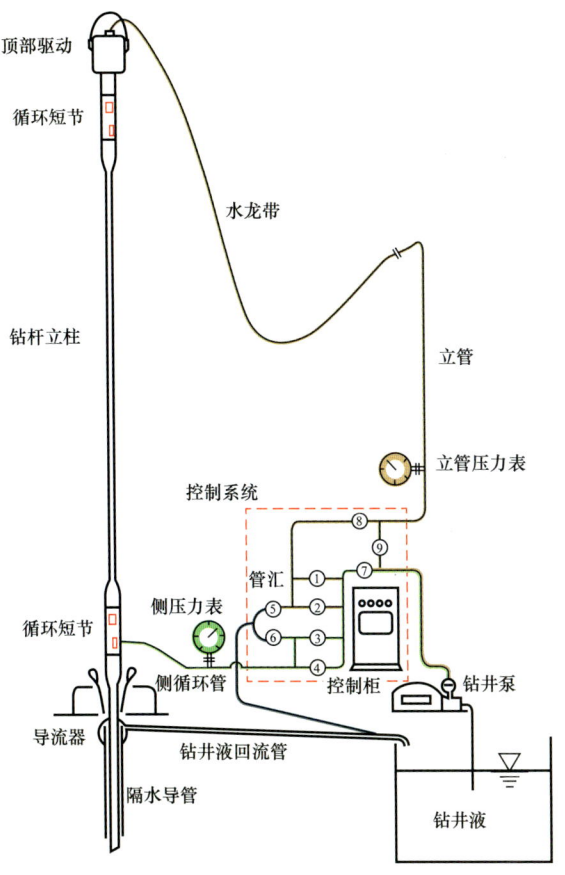

图 4-1-1　连续循环钻井系统工作示意图

图 4-1-2　连续循环装置的控制系统

图 4-1-3　连续循环钻井装置井口部分与钻杆连接

国外海上的连续循环钻井装置主要有威德福（Wetherford）公司和 NOV 公司等提供服务。国内在国家科技重大专项的支持下，中海油研究总院有限责任公司与深圳远东石油公司合作研发了国产化的连续循环钻井装置,而且国产化连续循环钻井装置经过多次改进,控制系统已模块化和橇装化,安装作业方便,目前在海上经过多口井的试用,作业情况良好。如图 4-1-4 所示。

图 4-1-4　连续循环钻井装置现场井口安装作业图

二、智能完井系统

目前智能完井的主要类型为全液压式、全电动式、电动—液压式和光学—液压式。全电动式是智能完井系统的未来发展方向,由于液压式稳定性强,仍占智能完井系统主导地位。通过重点剖析国外几家油田服务公司的智能完井技术,发现这几家公司的智能完井技术组成基本相似,即智能完井主要由井下参数监测系统、井下生产流体控制系统、井下数据传输系统以及地面生产优化控制系统组成。其中井下生产流体控制系统是智能完井技术的核心与瓶颈技术。井下生产流体控制系统的关键工具是流量控制阀,通过使用流量控制阀对各产层流体的流量与压力的调控实现对各产层生产流体的流入控制。深水智能完井井下流量控制系统最核心的部件是井下流量控制器,类似于滑套。通常滑套采用钢丝绳或有管作业来实现开关,而井下流量控制器采用无管作业控制。井下流量控制器有 3 种类型:两位开关、多位控制阀、无级调节阀(Ⅳ)。目前安装的智能井中绝大部分仍是两位开关控制阀,用于对油气层或水层进行开关,这种阀采用一进一出的液压管线即可实现。多位阀一般采用增量控制技术实现不同的位置。无级调节阀通过无级液缸和位置传感器实现无级调节的闭环控制,需要电子线路来实现反馈控制。

为提高井下流量控制系统的可靠性,研制了一套智能完井井下流量控制器,采用液压 + 机械控制的方式,实现井下各目标产层的流量调节。系统包括:井下液力解码器、井下流量控制阀、超高压液压站、液压信号控制系统和液压管线。超高压液压站通过液压信号控制系统发出液压信号,利用液压管线传输液压信号,井下液力解码器可实现对液压信号的选择和高低压控制,从而实现选择目标产层和控制井下液力流量控制阀相应的动作,最终实现井下各目标产层的流量调节。

1. 总体设计

如图 4-1-5 所示,研究设计的井下流量控制方案使用 3 根液压控制管线最多控制 6 个(从 3 条管线中选择 2 条作为压力施加序列,剩余 1 条作为回油管线)产层的方案,每次控制只能独立对一个产层进行节流开度控制,且每层解码器只识别唯一预设压力序列指令,且该预设压力序列指令只针对目的产层起控制作用,对其余产层不起作用。

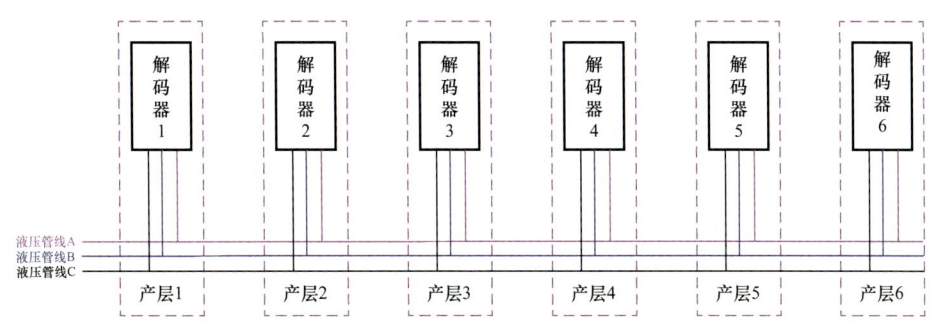

图 4-1-5 管线控制 6 产层的管线排布图

2. 井下流量液压控制系统总体方案

井下液压控制回路按照井下层位选择控制采用准静态压力信号控制,采用井下逻辑控制器来控制各产层控制管路的开通和关闭。采用 3 条控制管线,其中两条为解码器的控制线,要实现解码器的动作,只需这两条线路施加数字压力信号 0、1 序列。当施加在控制线路上的压力超过设定值时,液力控制信号才会控制线路上的两位两通阀导通,液压信号通过两位阀,通向下一流程井下解码器,见表 4-1-1。

表 4-1-1 对油层的控制信号

管线 1	管线 2	管线 3	控制阀状态
0	0	1	开
0	1	0	关
0	1	1	关
1	0	0	关
1	1	0	关
1	0	1	关

同样从各分层来看,不同的压力逻辑信号就可以控制不同的产层,但各液压管线中应保证其中一条为有压管线,保证提供压力源,压迫控制阀移动,而另外的管线中要保

证其中一条管线为无压管线，保证另一液压腔中的油液被排除。因此可以得到三条控制管线可以控制的状态数为：

$$n=2^3-2=6$$

3. 井下流量液压控制系统的海上测试

2019 年，智能完井系统在南海东部 XX23-1 钻采平台进行了海上下井试验，迄今已经在井下安全服役超过两年，如图 4-1-6 至图 4-1-9 所示。利用 3 根 1/4in 液压管线给两支井下流量控制器提供液压动力，并记录下井后 3 根 1/4in 液压管线内的压力、流量及时间。坐封前，管柱具备下入的正向和反向循环功能。通过 1/4in 液压管线打压实现过管线穿越封隔器的顺利坐封，并能够密封套管上下部，液压管线对两层井下流量控制器实现开度调节功能测试。

试验主要采取三种方法：观察测量法、打压验证法和整体评价法。

（1）观察测量法。工具下入前和起出后，仔细测量关键部位各项数据，观察工具表面情况，并进行对比分析。

井下试验时，认真观察和记录各阶段的压力、排量和悬重等试验参数。通过前后数据、现象的对比判断循环通道和解封效果等。

（2）打压验证法。封隔器胶筒和工具密封圈的密封性及工具内部零部件的配合间隙情况，主要通过打压验证其性能。

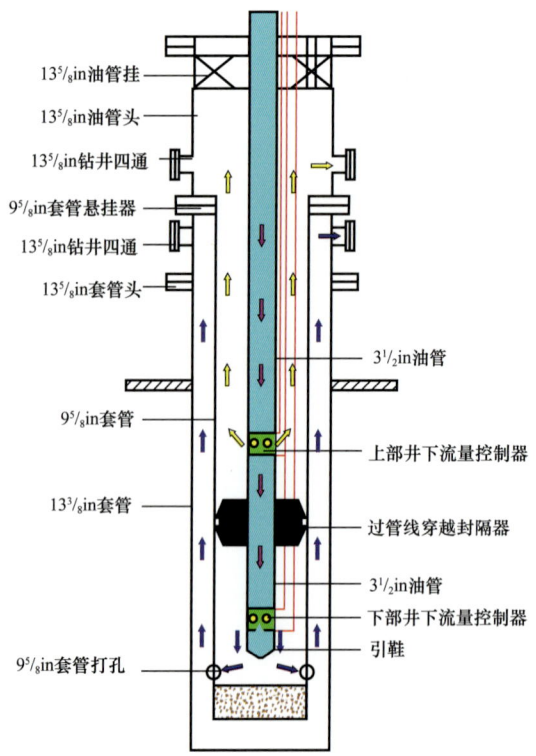

图 4-1-6　井下流量控制器测试管柱示意图

图 4-1-7　流量控制器入井前的检查测试

图 4-1-8　流量控制器井口测试

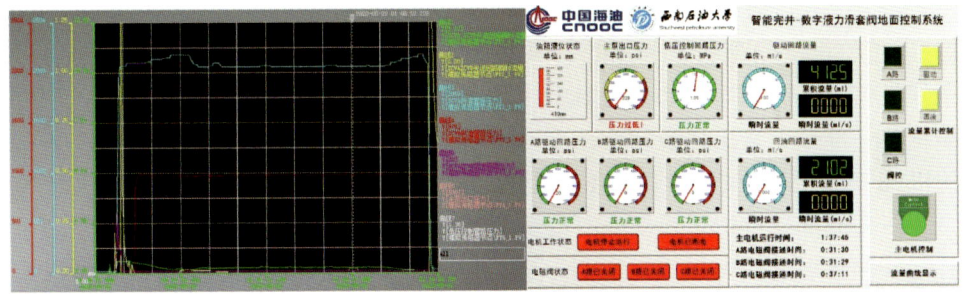

图 4-1-9　流量控制器开度井口测试数据

（3）整体评价法。通过对各个工具试验参数和井口数据的统计及综合分析，判断、评价管柱整体在各个工艺过程中的性能。

试验主要采取以下标准验证工具性能。

（1）过管线穿越封隔器。

① 最高打压 3500psi 坐封后，试压 2000psi，稳压 15min 压力不降，封隔器密封性能达到设计要求。

② 解封过提力 23～28tf。

（2）井下流量控制器。

① 可实现 4 开度动作调节，开关位置准确到位。

② 滑套关闭，密封压力达到 2000psi，稳压 15min 压力不降。

三、深水水下井口切割回收工具工程样机

1. 深水水下井口切割回收工具简介

深水水下井口系统的切割回收是深水钻井作业重要的组成部分。深水水下井口切割回收作业是在弃井前，井口头内各层套管被取出后并完成起出隔水导管和 BOP 系统后开展的作业，是无隔水导管深水水下作业的一部分。此时，高压井口头裸露在海水中进行，由于作业水深大、作业环境恶劣，因此深水水下井口切割回收的作业难度大，需要专业的技术与装备。

用于油气田水下井口切割作业的设备主要有机械式切割工具和外悬挂动力切割工具。

机械式切割工具用于水深较浅、切割单层套管时效果较好，但切割多层管柱的效率很低，特别是当水深较深时，由于海流的作用，在切割过程中钻杆的振动比较大，刀具易偏心，容易发生切割事故无法完成切割作业。机械式切割工具又包括机械式坐压切割工具和机械式提拉切割工具，其中机械式坐压切割工具仅用于浅水作业，机械式提拉切割工具部分解决了水深带来的作业难题，因此可用于较深的水深进行切割作业。

而外悬挂动力切割工具能够平稳的切割多层套管，而且水力割刀的驱动动力在水下（采用螺杆马达），因此受水深的影响很小，切割效果好，因此目前国内外的深水平台弃井作业中普遍采用外悬挂动力切割工具。

2. 机械式坐压切割工具

对于小于 300m 水深的水下井口弃井切割作业，可采用较简单的切割管柱压住井口头的坐压式切割工具。采用的切割工具和工艺比较简单，在切割钻柱受压弯曲的环境条件下，靠钻柱一部分重量压住旋转头压在高压井口头上，靠钻柱转动带动割刀实施对井口导管的机械切割。机械式坐压切割工具简单，但是存在以下这些缺点：

（1）在无隔水导管约束环境下，受压弯曲钻柱自转并公转形成弯曲甩动，并可能造成钻柱沿轴向伸缩的纵向振动，当某一激励与钻柱自身的固有频率接近时，会发生钻柱位移场突变的共振现象，其交变应力和振幅的变化容易引发断钻具事故。

（2）由于旋转头与高压井口头之间没有相对固定关系，切割过程中刀具晃动大，不易扶正，不能保证刀片在一个水平面上切割，容易对管体形成椭圆切口，或造成大半边切断留下一小段未切断问题；而且刀片受力不均，极易卡憋，割刀工况十分恶劣。

（3）旋转头位置与 20in 内捞矛位置的长度配置烦琐且不精确，造成捞矛挡环顶着高压井口内台肩进行切割，捞矛极易磨损碰撞井口头内密封面，造成高压井口头报废损失。

（4）容易造成捞矛捞不住，或捞矛易卡在高压井口头内捞住不易卸脱的问题。

（5）容易发生井口头割断后的倾倒或导向基座连同导向绳缠绕在一起的问题，造成打捞困难。

（6）当 20in 表层套管割断，而 30in 导管未割断，需要换刀时，常发生刀片蹩进割缝

内被卡死，起钻换刀难的问题。

（7）切割钻柱受风浪流影响严重，天气条件往往带来许多非生产时间发生。

对于水深较浅的水下井口弃井切割作业，当海洋环境条件较好，作业者经验丰富时，仍可完成水下井口的切割作业。但是深水井中，钻柱受压弯挠度太大，坐压式办法不再可行。

3. 机械式提拉切割工具

由于机械坐压式切割工具存在诸多的问题，国外研制出一种提拉式的水下井口切割组合工具，其代表性工具为美国 Wetherford 公司 MOST Tool 外悬挂切割组合工具。

该工具靠特制的外悬挂器卡挂在水下井口头上，上部钻柱处于受拉状态，钻柱旋转时永远处于垂直状态，甩动半径小，作业平稳，从而克服了坐压式切割带来的问题。外悬挂井口切割回收工具系统具有如下优点：

（1）提拉切割。外悬挂工具的卡爪在受控状态下抱紧 $18\frac{3}{4}$in 高压井口头，切割钻柱处于受拉状态，避免过大弯曲甩动问题发生；切割钻柱与水下井口系统连为一体，钻柱下部的纵向振动变小，切割平稳，对中性好，切割效率高，从而减少了椭圆切口、井口割断倾倒等问题。

（2）钻柱处于提拉状态的动力切割，作业平稳、高效、安全。

（3）高压井口头内密封面得到很好保护，不会有磨损撞击破坏密封面问题发生。深水高压井口头的重复使用可大大降低设备费用。

（4）中途换刀方便安全，由于切割钻柱下部有伸缩短节，可有 0.5m 活动伸缩距，便于刀片的收拢和防卡，中途换刀快捷方便安全。

（5）提升回收安全可靠，外悬挂工具就是提捞工具，免去了捞矛打捞作业的复杂和不安全问题发生，而且工具从井口系统解脱容易。

（6）风浪流对该切割工具影响小，提高对恶劣天气条件的适应性，减少非生产时间。

外悬挂工具的应用使钻柱受力状态由原来座压式切割的受压变为受拉，钻柱通过外悬挂工具卡住水下井口形成一体，大大改善作业条件，是水下井口系统切割回收一场革命，加上外悬挂器对多家不同类型的井口头都可连接，使得这种水下井口切割回收技术成为世界领先技术，很快在深水弃井切割中得到推广使用。

4. 外悬挂动力切割工具

机械提拉式切割工具，仍然需要采用顶驱作为动力，切割时钻柱仍然需要转动。虽然钻杆受拉而不受压，但是钻杆在海流的作用下仍然会发生弯曲，所以仍然会造成一定的甩动，或因井口不正对时连接螺纹处受到交变应力作用，仍然会带来一些问题。因此，在此基础上，国外又对水下井口切割工具进行了改进，采用螺杆马达作为动力。由于螺杆马达位于井口内，动力切割由液力驱动螺杆马达带动割刀实施切割作业，受力状况优于提拉式机械切割工具。这时钻杆的作用是下入切割工具、提供高压钻井液通道（驱动螺杆马达）并且回收切割工具和井口。

外悬挂动力切割采用外悬挂工具，并配套螺杆动力钻具，上部钻柱不转，完全处于静止垂直受拉状态，作业更安全和高效。

综上所述，切割回收方式的选择，无论浅水、深水还是超深水，均应摒弃老式的坐压式切割方式，而选用外悬挂式切割回收。结合考虑经济性因素，对不同水深可采用不同的切割回收方式：对于深水小于800m的弃井切割作业，宜选用外悬挂机械切割（顶驱或转盘驱动），而大于800m水深，则选用外悬挂井下动力切割方式。

5. 国内研制的外悬挂动力切割工具

国内中国海油和深圳远东石油公司根据国内的作业需求，在国家科技重大专项课题的支持下研制了外悬挂动力切割工具，实现了该工具的国产化，并实现了深水弃井作业的国产化。

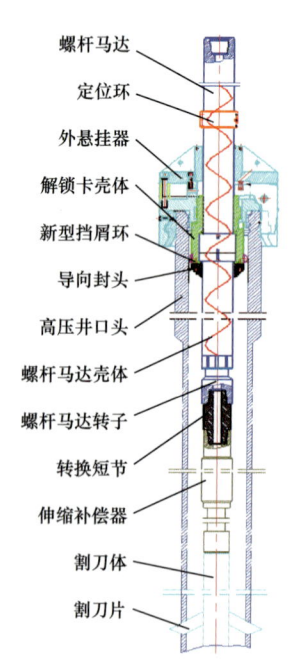

图 4-1-10　具有"三合一"功能的外悬挂动力切割工具示意图

（1）"三合一"设计。

如图4-1-10所示，外悬挂动力切割工具结构紧凑，功能完善。定位机构，离合解（锁）卡机构和水下旋转头旋转机构集中组装在外悬挂器内腔里，结构紧凑，动作协同配合，有序安全作业。该工具系统通过优化设计，可以实现水下井口系统切割、井口注水泥塞、井口头系统的提捞回收三工序一趟钻完成。

（2）提拉与下压双程序径向离合器。

鉴于作业实践中，经常发生提拉切割时，当ϕ508mm（20in）表层套管割断后，磨削并张开刀杆切割ϕ762mm（30in）/ϕ914mm（36in）导管时，高压井口头与低压井口头连接卡簧滑脱致使高压井口头连同割断的ϕ508mm（20in）套管一起被拔出的情况，占了总作业量60%以上。要将水下井口系统全套切割完整体提捞上来，必须把ϕ508mm（20in）套管连同高压井口头插入回低压头内，再次锁紧卡簧继续切割外层大导管。此时的切割为防止再拔出就只能在高压井口头加压的状态下实施切割作业，单轴向离合只能进行提拉作业，无法实施下压切割作业。为此，项目改进设计了径向拉压双程序离合装置，很好地解决了这个问题，在南海深水弃井作业中发挥了很好的作用。

（3）外悬挂器系统同时配套水下旋转头和动力螺杆。

当实施机械切割作业时，用顶驱或转盘带动钻柱旋转驱动水力割刀切割，必须在外悬挂器心轴上与钻柱之间组配水下旋转头，用于传递扭矩和循环液流；而当实施动力切割方式时，必须用螺杆马达替换外悬挂器心轴。支撑外悬挂器重量施加在螺杆外壳体上，就要有与外悬挂器内腔配合的提放结构设计，并且该位置与下部割刀系统配长要满足割口在泥线下4m的要求。

（4）增加了标记套和环形滤网，改进了内部流道结构，同时改进了水力割刀、滚轮扶正器，进一步提高了切割的稳定性。如图4-1-11和图4-1-12所示。

（5）开发了配套的弃井作业软件，该软件配套水下井口切割回收工具使用，具有优化作业参数、判断切割状态等功能，进一步提高了作业效率和安全性。

重大专项课题完成该工具系统的研发后，在深水钻井作业现场得到推广应用，并已实现产业化。目前国内研发的工具系统取得了良好的应用效果，其中2019年8月和2019年10月在蓝鲸一号钻井平台顺利完成了两口井20in×36in水下井口系统切割回收任务，如图4-1-13所为现场作业照片，作业水深分别达1862.82m和1930.72m，最短用时仅11h，创国内自主作业最大水深纪录，打破了国外超深水切割回收的垄断。

图4-1-11 高效水力割刀

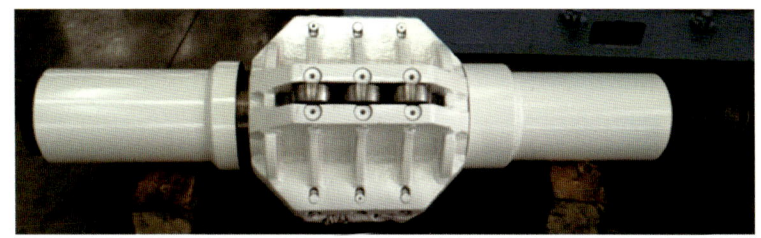

图4-1-12 滚轮扶正器

图4-1-13 国内研制外悬挂工具现场作业（被割断的套管和水下井口被提出水面）

第二节　水下生产系统关键设备

一、水下阀门工程样机

通过"十二五""十三五"期间的研发,取得了以下成果:

(1)国内首创水下阀门及执行机构国产化设计技术体系。

国内首次开展、完成深水1500米级水下阀门及执行机构国产化设计,突破整体结构优化设计技术、仿真设计技术、密封结构设计技术、材料设计选择及表面防腐涂层设计技术、开启力和扭矩的设计分析技术、液压及ROV双操作方式执行机构设计技术、大扭矩双曲柄拨叉式执行机构设计技术、高变速比大扭矩减速器设计技术、执行机构操作方式切换机构设计技术、执行机构与ROV接口匹配设计技术、阀门及执行机构加工工艺及装配技术、执行机构内外压平衡装置设计技术、阀门及执行机构测试技术、阀门及执行机构测试装置设计技术(李志刚等,2018)。

围绕水下阀门及执行机构产品,形成了完整的标准化设计流程,建立了较为完备的设计技术体系;打破国外技术垄断,技术参数达到国际水平,参数对比见表4-2-1和表4-2-2。

表4-2-1　闸阀技术参数与国外阀门参数对比

对比内容	吴忠仪表($5\frac{1}{8}$in,5000psi)	CAMERON($5\frac{1}{8}$in,5000psi)
遵循标准	API 6DSS/API 17D/API 6A	API 6DSS/API 17D/API 6A
产品等级	PSL3G	PSL3G
性能等级	PR2	PR2
形式	上装式	上装式
设计水深/m	1500	2000
阀座结构	SPE×1+DPE×1,SPE×2,DPE×2	SPE×1+DPE×1,SPE×2,DPE×2
阀门重量/kgf	640(自由锻)	590(模锻)
驱动装置	ROV+液压单作用	ROV+液压单作用
中法兰密封	金属密封+唇形密封圈	金属密封
密封填料系统	V性填料+唇形密封+O形圈	V性填料+唇形密封+O形圈
阀杆	防止阀杆由于内压导致喷出	防止阀杆由于内压导致喷出
吊环	连接形式螺纹连接	连接形式焊接
螺塞	NPT	NPT

续表

对比内容	吴忠仪表（5$\frac{1}{8}$in，5000psi）	CAMERON（5$\frac{1}{8}$in，5000psi）
检测口	有	有
执行器连接	法兰连接	法兰连接
ROV 操作等级	ISO 13628-8/Class4	ISO 13628-8/Class4
执行器传动	ROV 顺关逆开；液压开，弹簧关	ROV 顺关逆开；液压开，弹簧关
压力补偿类型	皮囊式、活塞式	皮囊式
阀门尺寸（长×宽×高）/mm×mm×mm	737×320×699	730×300×692

表 4-2-2　球阀参数与国外阀门参数对比

对比内容	吴忠仪表（12in，5000psi）	CAMERON（13$\frac{5}{8}$in，5000psi）
设计、测试标准	API 6DSS/API 17D/API 6A	API 6DSS/API 17D/API 6A
产品等级	PSL3G	PSL3G
性能等级	PR2	PR2
形式	上装式、两体式	两体式
设计水深 /m	1500	2000
支撑方式	T形支撑板	T形支撑板
阀座结构	1×SPE+1×DPE，2×SPE，2×DPE	1×SPE+1×DPE，2×SPE，2×DPE
阀门重量 /kgf	3380	3250
驱动装置	ROV 减速 + 液压执行机构	ROV 减速 + 液压执行机构
中法兰密封	金属密封 + 唇形密封	金属密封
密封填料系统	V 性填料 + 唇形密封 +O 形圈	V 性填料 + 唇形密封 +O 形圈
阀杆	防止阀杆由于内压导致喷出	防止阀杆由于内压导致喷出
吊环	连接形式—螺纹连接	连接形式—焊接
螺塞	NPT	NPT
检测口	有	有
执行器连接	法兰连接	法兰连接
ROV 操作等级	ISO 13628-8/Class4	ISO 13628-8/Class4

续表

对比内容	吴忠仪表（12in，5000psi）	CAMERON（13$\frac{5}{8}$in，5000psi）
执行器传动	ROV 顺关逆开； 液压开，弹簧关	ROV 顺关逆开； 液压开，弹簧关
压力补偿类型	皮囊式、活塞式	皮囊式
阀门尺寸 （长×宽×高）/ mm×mm×mm	1822×780×999	2020×865×1280

（2）国内首创加工工艺及制造技术体系，研制专用工装、夹具。

结合设计要求和自身加工、装配能力，突破双相不锈钢大型锻件毛坯的制造加工工艺及检验技术、阀体加工工艺技术、阀体加工专用工装设计及制造技术、球阀阀芯加工工艺技术、阀芯加工专用工装设计及制造技术、阀芯表面喷涂加工工艺及检验技术、阀座表面堆焊工艺及检验技术、阀体及阀座密封面精磨加工工艺技术、液压端盖及活塞杆加工工艺技术、螺旋导向式阀位指示器加工工艺技术、执行机构皮囊及液压式内外压平衡装置加工工艺技术、阀门整机装配工艺技术、阀门整机装配专用工装设计及制造技术、执行机构整机装配工艺技术、执行机构整机装配专用工装设计及制造技术、阀体焊接端与过渡管焊接工艺及专用工装设计及制造技术、表面防腐涂层处理工艺技术。

围绕水下阀门及执行机构产品，形成了完整的标准化工艺设计流程，建立了较为完备的制造技术体系。通过研制关键加工、装配工序的专用工装、夹具，极大提高了产品工作效率，保障了产品质量。

（3）整合国内产业链，研制国内首套适用于1500m水深的全国产化成套样机。

结合自身现有加工条件及能力，通过对国内配套能力广泛调研，对大型锻件毛坯、关键密封件、变速比大扭矩减速器等产品的加工设计、制造供货进行外协。同时对外购件质量保证技术进行研究，制订了完整、定量、严格的质量保证流程和程序。通过这种方式，对国内优质资源进行了充分整合，推动相关产业技术升级，形成稳定、自主可控的产业链，实现上下游企业合作共赢。产品实物如图4-2-1和图4-2-2所示。

（4）取得API全套认证，获得DNV GL认可，通过全套性能鉴定测试、陆上总装联调测试、9个月海试，产品性能达到国际先进水平。

国内首次同时获得API和DNV GL两家认证机构认可，一次性获得API 6A证书、API 17D证书、API 6DSS证书、全套DNV GL全过程审查及见证合格报告。阀门及执行机构样机严格按照国际标准规定，完成并通过全套性能鉴定测试；集成至测试管汇，通过了陆上总装联调测试；通过了9个月海试，全面检验、验证了产品质量。通过技术参数对比和实际性能验证以及国际权威第三方认可，证明产品性能达到国际先进水平。

（5）产品工程应用。

迄今，已获得"文昌油田群合并运营优化生产项目海底阀门"的工程项目4台水下球阀订单，目前已完成合同签署。合同计划于2021年12月实施完成。

图 4-2-1　深海 1500m $5\frac{1}{8}$in 5000psi 水下闸阀及液压执行机构总成

图 4-2-2　深海 1500m 12in 5000psi 水下球阀及液压执行机构总成

二、水下控制模块工程样机

1. 水下控制模块概述

通过对水下控制模块（SCM）的结构组成、各项功能及性能指标进行深入研究，进行必要的建模与仿真分析，根据分析结果并结合现有成熟技术进行充分比选和论证，形成水下控制模块关键技术研究报告和水下控制模块研制方案。

根据研制方案与关键技术研究完成水下控制模块样机与专用工具的设计制造与测试，同时完成 SCM 调试和维护工具软件的开发。

在样机研制与测试过程中开发必要的检测与试验设备，同时完成水下控制模块仿真测试平台的建设。

在深水油气田水下控制模块总体设计与制造技术、仿真测试平台设计建造技术、测试设备研制技术、水下安装辅助设备研制技术、关键设备国产化技术以及水下控制模块功能测试检测 / 监测技术研究等方面取得一批原创性成果。完成水下控制模块关键技术及总体方案研究、水下控制模块样机试制、水下控制模块配套设备研制、水下控制模块测试平台建设。完成 DNV 认证相关的设计文件审核和现场见证验证。

研制的水下控制模块作为水下生产控制系统的关键设备，作为首台国产化的水下控制模块工程样机，在顺利完成各项测试及认证工作后，又完成了和国产化水下管汇、水下多相流量计、水下阀门等水下系统进行的联合测试和海试，推动了整个水下生产控制系统的国产化进程。

2. 关键技术突破

水下控制系统是实时监测水下井口和生产系统的各种工作状况，调整生产压力与流量等参数，并对异常情况进行监测及有限的应急处理的关键设备。由于生产系统设施位于水下数百米甚至数千米深处，距离监控平台很远，对生产的监控和管理完全依赖于水下控制系统，因而与常规的控制系统相比，需要选用可靠性更高、免维护或更换方便的控制产品，这也决定了水下部分的设施要有严格的质量与寿命要求，而水下部分的核心设施单元便是水下控制模块（SCM）。

水下控制模块是水下控制系统的关键部件，它通过接收到上端主控模块 MCS 或地面控制信号来控制 SCM 内部液压阀的开闭，来实现对安装于采油树及流程中各种功能阀的开闭，同时将分布于采油树及流程中的各种传感信号集中处理后传输到上端的主控模块 MCS 中。各种信号包括采油树中的井口压力与温度、阀位开关信号、化学试剂的流量等。为了保证系统的可靠性，除了采用性能可靠的元件外，冗余设计也是水下控制模块设计的一个特点。根据项目需要，水下控制模块可能还将承担其他区域信号的监测与传输功能。

1）SCM 总体布局

SCM 内主要液压部件包括电磁控制方向阀 DCV、压力传感器、过滤器、蓄能器、液压供给梭阀以及液压接头。大部分液压部件将与液压管汇阀块连接安装，以减少液压管线的使用。SCM 需要外部提供过滤后的低压供给，通过 SCM 来控制采油树和管汇上的阀门。同样要外部提供过滤后的高压供给，通过 SCM 来控制井下安全阀（SCSSV）。低压和高压供给都是双路的，在 SCM 内部供给管路前段，装有梭阀选择使用哪一路液压供给。

控制阀门、传感器和过滤器等部件安装在箱形壳体内部。壳体内填充液体绝缘介质，并使其内部压力和外围环境压力平衡。尽管在内部有绝缘介质保护，所有的连接导线和电接头都必须适合直接接触海水环境工作。系统内的液压泄漏应当不影响电控系统的正常工作。

SCM 外部形状为方形筒状，锁紧机构放置在 SCM 的几何中心位置。SCM 同水下控制模块基座（SCMMB）的锁紧为单锁方式。

2）SCM 密封技术

SCM 的工作环境为水下，对壳体的要求是海水不能侵入 SCM 及其壳体内，尤其是在深海情况下，海水压力高，若密封不可靠容易造成海水入侵，从而造成 SCM 内精密机械零件或电气元件的损坏，缩短 SCM 的寿命。

如果 SCM 的高压或低压液压管路发生泄漏，液压动力将不能传输到整个液压执行机构，将直接造成 SCM 失效。液压管路容易发生泄漏的部位通常是液压接头处。液压接头必须满足所传输的压力等级要求。

通过压力补偿系统，SCM 内部绝缘介质液体承压和外部环境海水压力相同。尽管如此，SCM 壳体必须采取密封措施，以防止内部绝缘介质液体的泄漏和外界海水的侵入，保护 SCM 内的机械和电器零部件使其长期稳定地工作。

3）SCM 材料选择与防腐设计

材料选择考虑供应商标准材料和存货数量。标准化能对材料性能有较好的控制，并能保证快速供货。液压管线材料应当是 316L，并按照 ASME 章节 IX 和 ASME B31.3 端头焊接。接触海水但未受到 CP 保护的金属应自身具备海水防腐性能。对于含 22% Cr 和 25%Cr 的双相不锈钢的液压管线的设计也应当满足 DNV RP F112 的有关要求。所有供应的锻件应当除氧气以防气泡的形成。所有的锻件材料（比如 ASTM A694 F60，ASTM A694 F65，AISI 8630 和 F22）应当具有足够的柔韧性并满足材料表中给出的冲击性能最低要求。不允许使用机加工过的板材和棒材的锻件。所有其他的耐点蚀当量 PREN<40 的不锈钢，如 22%Cr 的双相不锈钢，AISI 316L，应小心防止水的入侵。如果水进入管线系统，应当在 20 天内排出。

4）SCM 下放回收工具设计

SCM 及其配套安装设备的制造包括主要零部件的机加工和设备的组装。SCM 主要加工部件包括 SCM 外壳、SCM 底板、SCM 液压阀块、SCM 锁紧装置和 SCMMB，SCM 主要配套安装设备包括下放工具 RT 和下放安装框架 Guide Funnel。

部件的选材综合考虑了零件本身的功能、接触的介质、承载的载荷、工作环境的温度和压力、使用寿命、加工成本和行业通用做法。各零件具体加工工序，制造过程中，需对特殊零部件（如液压阀块）进行原材料探伤检查、渗透测试、加工后焊接探伤检查、加工尺寸检验及平面度检验等，底板应另外进行三坐标检验。确保安全而高效，装配流程结合了装配要求及现场实际操作经验，确保装配工作正确高效完成。涂装工艺符合水下生产设备涂装规范要求。

零部件供应商应具有加工资质，焊工也要求有焊工资质证书，用户应对相关加工厂商进行质量管理体系考察，以保证整个加工制造的质量可靠性和可追溯性。如图 4-2-3 所示为水下控制模块安装工具。

5）SCM 液压阀块设计

SCM 内液压系统主要包括三大油路，分别是低压供油路、高压供油路和回油路。低压工作油路主要是用来控制各个生产管路阀门的开启和关闭，高压工作油路主要是用来控制井下安全阀的开启和关闭。SCM 液压阀块设计应用环境水深为 3000m，液压高压回路设计压力为 10000psi、低压回路设计压力为 5000psi，液压阀块设计孔道内部压力为 10000psi。阀块有 12 个堵头，堵头和阀块采用焊接方法连接。

该阀块采用 SOLID187 单元划分阀块。管道内应力较大，采用 Inflation 方法在所有管道内添加 2 层较薄较密的网格，精确捕捉管道的应力梯度变化。在划分完网

图 4-2-3 水下控制模块安装工具

格之后，需进行网格统计分析，利用网格处理工具进行修正，应用 ANSYS 软件对液压集成阀块内部流道承受压力进行了模拟分析，结果显示在稳定的内压作用下，满足使用需求，不会发生塑性破坏和局部破坏，如图 4-2-4 所示。

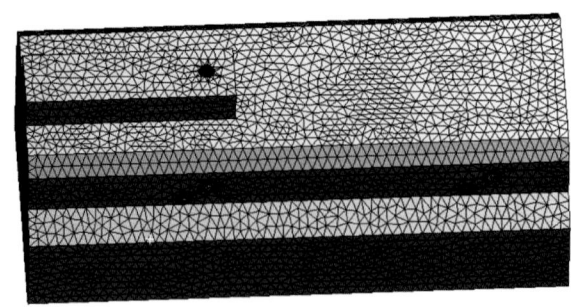

图 4-2-4　阀块有限元模型

3. 取得的成果和创新点

1）取得成果

通过技术攻关，突破了水下控制模块设计、制造和测试关键技术，形成自主知识产权。自主研制国内首套适用于1500m水深的SCM样机及安装回收工具，并建立起制造基地。研制出的SCM样机国内首次通过DNV GL全套认证，严格完成国际标准全套测试和用户现场见证。打破了国外水下生产控制设施技术垄断，达到或接近国际先进水平，推动国产化，解决卡脖子技术。形成符合国际标准的测试体系，研发测试软硬件，建立集制造、测试于一体的专用基地。额外开展水下湿式电连接器研发，突破关键设计、制造技术，形成原理样机。研究成果已服务于中国南海和海外典型深水油气田工程。取得了多项标志性成果。

标志性成果一：研制出首套1500m水深的水下控制模块（SCM）样机及安装回收工具，突破水下控制模块设计、制造、测试关键技术，形成自主知识产权。

标志性成果二：完成SCM样机各主要功能系统的测试验证及FAT，系统整体性能达到API STD 17F规定的各项功能和性能指标。

标志性成果三：完成1500m水深高压舱测试，并取得DNV GL的见证与认证。

标志性成果四：完成了与水下管汇、水下多相流量计、水下阀门等系统集成测试SIT。

标志性成果五：完成了海试，历时9个月。

标志性成果六：海试结束后再次返厂做SCM样机的出厂测试，系统整体性能达到API STD 17F规定的各项功能和性能指标。

标志性成果七：完成DNV GL全套见证与认证，取得DNV GL相关认证报告。

2）创新点

通过"十三五"技术攻关，取得如下创新点：

（1）创新点一，SCM基于底板液压汇流槽设计的高适应性液压系统。

① 兼容国产和进口DCV，更换DCV无须调整液压系统组件。

② 高低压液压功能回路可互换，可根据实际工程需要调整和定义液压回路的种类和数量。

③ 全新的液压流动控制系统，设计高度集成液压流动控制阀块，围绕中心锁紧轴安放，最大限度地减少了底板变形及液压分离力对液压接头密封的影响。

④ 液压阀块代替管路连接，提高了 SCM 集成度，大大减小了 SCM 体积，减少了泄漏点，增加了可靠性。

（2）创新点二，全新的 SCM 心轴锁紧和提升机构。

① 扭矩扳手能够通过扭动 SCM 心轴，同时实现 SCM 同 SCMMB 的锁紧和 SCM 的回收；

② 同时心轴又是 SCM 整体重量提升的吊点。

（3）创新点三，高可靠性的 SCM 下放回收工具。

① 悬挂机构采用 V 形梁，承重能力比传统的横直梁高，提高有效载荷。

② 多自由度可调节柔性吊装栓接结构，主要实现吊装和栓接功能，并在保证吊装和栓接的基础上，可以进行横向、纵向、小角度摆动的调节，有效地避免在下放工具下放过程中和 SCM 对接时，由于定位不准确，导致下放工具和 SCM 的栓接困难的问题。而且由于压力弹簧的加入，增加了缓冲性，避免在下放过程中，下放工具和 SCM 瞬间接触产生的碰撞，导致 SCM 受损的问题出现。

③ 同样一个标准扭矩工具既用于 SCM 和 SCMMB 的锁紧，也用于驱动丝杠，提高现场安装效率。

④ 两侧丝杠冗余配置，两根丝杠顶端均设置了扭矩接口，其中任意一个接口损坏，也不影响功能的实现，提高了可靠性。

⑤ 提供了分级导向功能，下放工具下端长的导向柱是一级导向，短的是二级导向，提高水下 SCM 安装效率。

（4）创新点四，全新的 SCM 水下栓紧方式。

滑板式栓接装置由一个金属上板和底板组成，中间有不锈钢滑板，能防止人为错误造成的解锁，阻止滑板发生意外滑动，在承载情况下不能被抽出，提供了安全提升工况和手段，增强下放回收的可靠性。

研制出的水下控制模块 SCM 作为水下生产控制系统的关键设备，作为首台完成过程国产化的水下控制模块工程样机，在顺利完成各项测试及认证工作后，又完成了和国产化水下管汇、水下多相流量计、水下阀门等水下系统进行的联合测试和海试工作，推动了整个水下生产控制系统的国产化进程。

三、水下多相流量计工程样机

自主研发的水下多相流量计工程样机如图 4-2-5 所示。突破了水下多相流量计高压防水密封技术、水下通信控制设计和稳定性伽马探头研制等关键核心技术。

1. 高压防水密封设计

水下多相流量计工程样机的设计水深 1500m、设计压力 10000psi，该设备需要同时承受 16MPa 以上海水外压和接近 70MPa 的内压（静水压试验按 1.5 倍设计压力进行），为满足 20 年设计寿命要求，需要进行严格的高压防水密封设计。

整个装置采用了全金属密封方式，部分关键部位额外增加非金属辅助密封。工程样机本体进出口为 API 6A $5\frac{1}{8}$in 10k 法兰，材料为 UNS S31803。水下多相流量计高压防水密封设计主要从设计计算、有限元分析及第三方设计认证等三个方面进行。

图 4-2-5　水下多相流量计工程样机

1）设计计算

根据部件的结构特点及承载情况，选取主要部件的关键部位，运用材料力学和相关规范进行计算。包括：

（1）电子仓壁厚计算；

（2）电子仓焊缝的计算；

（3）电子仓法兰颈的计算；

（4）文丘里管螺钉的计算；

（5）压紧座螺钉的计算；

（6）探头侧弹簧的计算。

设计计算严格按相关规范执行，并取 1.3 倍安全余量。

2）有限元分析

为了确保设计计算的准确性，对水下多相流量计样机设计结构进行了有限元分析，主要校核各工况下主体以及其余主要结构件的强度、刚度及工作状态下热量传递分析，保证整体结构的安全性和功能性。

设计在位工况根据结构设计及载荷情况，对三维模型进行处理，得到用于分析的几何模型，选用 C3D10 与 C3D8R 两种网格类型相结合的方式进行网格划分并分析，根据分析结果对局部网格进行调整，最终通过分析满足强度要求。

静水压试验工况主要考虑本体、文丘里管、源侧和探头侧射线窗密封垫、密封压紧座以及试验盲板。根据结构设计及载荷情况，对三维模型进行处理，得到用于分析的几何模型。在本体上选取的路径进行应力线性化，得到的薄膜应力以及薄膜应力与弯曲应力之和都小于应力限值，满足强度要求。

高压仓外压试验工况主要是模拟外部海水压力载荷和可能的地震载荷，其主要考虑结构与设计在位工况相同，根据结构设计及载荷情况，对三维模型进行处理，得到用于分析的几何模型，通过分析满足强度要求。

热分析主要针对水下多相流量计整体结构进行热分析，得到整个部件的温度场分布情况，重点关注各电子元件部位的最高温度。

按照设计要求，热分析主要考虑内部流道介质温度以及各电子元件的发热功率，通过分析，流道介质 100℃（具体项目的可根据不同温度进行分析）的温度对电子仓内部各元件的影响很小，本体部件的设计满足要求。

3）第三方设计认证

为保证样机可靠性，邀请 DNV GL 完成了水下多相流量计的故障模式、影响和危害性分析（Failure Mode，Effects and Criticality Analysis，FMECA）、承压件结构独立校核及设计认证工作。

FMECA 分析将水下多相流量计一共划分为 5 个子单元、49 个元件，分析了 75 个失效模式。通过风险和关键性评估，识别了重要的元件设备和失效模式，其风险分布如图 4-2-6 和图 4-2-7 所示。

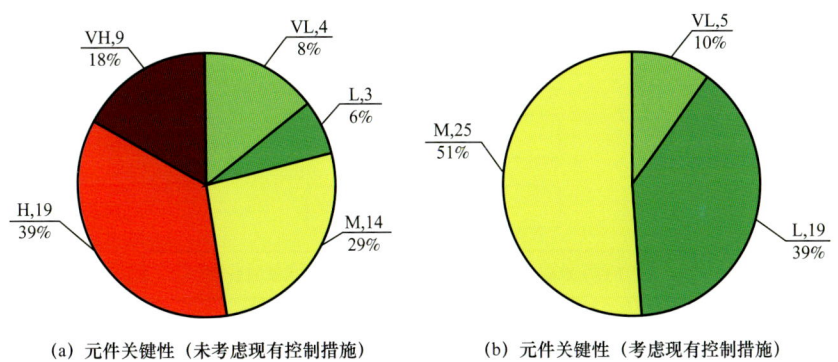

(a) 元件关键性（未考虑现有控制措施）　　(b) 元件关键性（考虑现有控制措施）

图 4-2-6　水下多相流量计风险分布（一）
VL—很低；L—低；M—中等；H—高；VH—很高

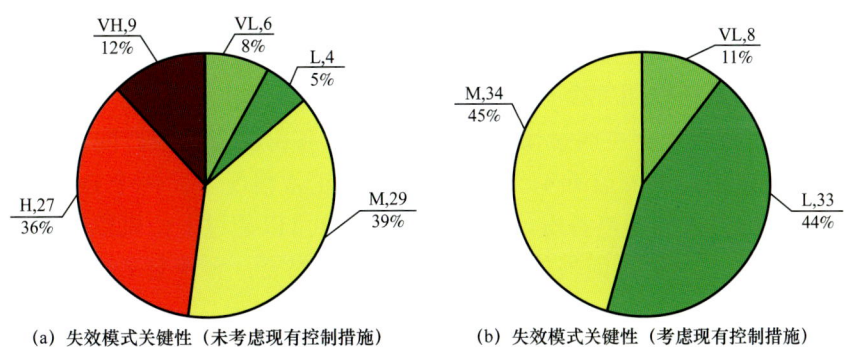

(a) 失效模式关键性（未考虑现有控制措施）　　(b) 失效模式关键性（考虑现有控制措施）

图 4-2-7　水下多相流量计风险分布（二）
VL—很低；L—低；M—中等；H—高；VH—很高

针对中/高风险的元件和失效模式，分析小组审核了现有的设计和预防控制措施，提出了其他的风险缓解和设计改进建议。

由第三方 DNV GL 针对水下多相流量计的承压密封结构进行了独立分析，并在此基础上完成了设计认证（Design Verification Report，DVR）报告。

2. 通信控制系统设计

为适应不同水下项目对不同通信协议的需要，水下多相流量计样机研制项目先后组织开发了基于 Modbus RTU 的 RS 485 通信及基于 CANopen 的 Canbus SIIS Level 2 通信方式，可基本满足当前各项目水下生产系统对不同通信方式的需求。

水下多相流量计通信控制系统由上位机和下位机控制系统组成，下位机控制系统主要负责仪表数据采集处理并向上位机传输仪表采集处理结果；上位机为人机界面控制系统，负责仪表参数的输入保存、流体模型运算、测量结果输出保存等功能。

下位机控制系统采用冗余方式设计，由两套处理系统组成，每套系统以 ARM 处理器为系统处理中心，集成了串口通信电路、数据存储电路、电源及其管理系统电路。

上位机控制系统主要由人机界面和系统算法组成。人机界面包括测量界面、参数设置界面、标定界面、数据查询界面；系统算法主要包括流量计算模块、相分率计算模块、PVT 计算模块。通信控制系统示意图如图 4-2-8 所示。

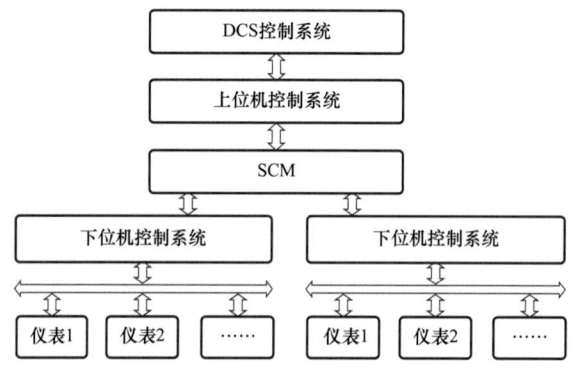

图 4-2-8　通信控制系统示意图

下位机控制系统基于 ARM®32 位 Cortex®-M4 构架，其标准配置由 CPU 主板、通信卡以及专门为数据采集单元（Data Acquisition Unit，DAU）提供稳定电源的电源板等组成。整个数据采集系统采用冗余设计方案，由两个 DAU 同时工作——主 DAU1 和备份 DAU2。主 DAU1 连接 4 个主测量仪表，可监听 4 个备份测量仪表；同样备份 DAU2 连接 4 个备份测量仪表，也可监听 4 个主测量仪表。正常情况下，两个 DAU 同时工作并且各自访问自己的仪表，即热备份。当出现故障后，可以通过上位机给能够正常工作的 DAU 下发指令，使它可以访问另外一台故障 DAU 的仪表，实现交叉访问，以最大化利用备份仪表的作用。

为了满足水下仪表长工作寿命的需要，所有仪表采用数据传输，避免了模拟电路的时漂问题；同时采用最新的技术，应用最新的芯片全新设计，降低功耗，降低 DAU 的工作温度，延长其工作寿命；采用多重保护电路，防止异常情况下对 DAU 的损害。

在水下多相流量计上位机控制系统中，上下位机通过 SCM 与水上控制系统连接，接口为 RS485，通信协议采用 Modbus RTU，数据传输速度为 9600bit/s。主要传输参数如下：共 24 个寄存器，48 个字节，384 个数据位，每秒上下位机通信一次。

另外，开发的基于 CANopen 协议的通信方式——Canbus SIIS Level 2，该系统的通信系统示意图如图 4-2-9 所示。

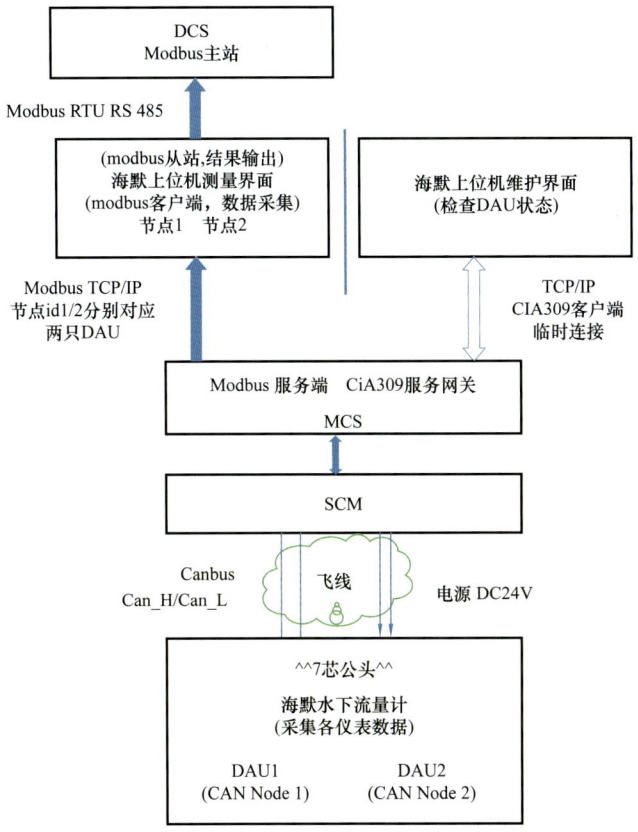

图 4-2-9　基于 CANopen 协议的水下流量计通信系统示意图

3. 高稳定性伽马探头设计

为满足水下多相流量计 20 年寿命要求，水下多相流量计样机研制项目对伽马探头进行了优化设计研究并进行了严格的可靠性测试。

1）散热设计

光电探测器的寿命主要取决于工作温度和阳极电流。采用导热良好的铝合金材料作为探测器外壳，将探测器热量，快速向温度较低的后端传导；前端采用了隔热性能较好的非金属材料，后端采用了紧密的热耦合结构，使热量及时扩散，达到降低探测器的温度的目的。

2）减震设计

光电探测器属于电真空器件，对抗振有一定要求。为了杜绝因安装或运输途中发生的剧烈碰撞可能造成的损坏，在关键器件 PMT 的两端都增加了减震或缓冲装置，大幅度提升了其抗振性能。

3）元器件选型及电路优化设计

在电路层面，进行了元器件选型及电路优化设计。

水下应用不同于地面，寿命要求大幅度提高。首先要选择性能优越、使用寿命长的元器件，电容器剔除了液态电解电容，全部使用固态电容；芯片和电阻器全部选用国际知名企业最新成熟产品。引线全部采用耐高温导线，绝缘强度满足要求的产品。

重新设计了前置放大器电路，严格按照产品要求精细设计，反复测试，确保产品的性能指标。增加了温度测量和补偿功能，可实时监测探测器工作温度，并对由此引起的信号幅度和计数变化进行补偿，提升产品的稳定性。

四、水下连接器工程样机

1. 概述

水下连接器是水下生产系统的重要组成部分，是连接水下管汇、水下采油树、跨接管等的关键部件。水下连接器主要用于水下生产设施之间的连接，是深水油气安全生产的重要保证。突破水下管汇连接器及其安装工具测试关键技术，形成具有自主知识产权的深水水下管汇连接器及其安装工具测试技术，所掌握的技术可达到国内先进水平。随着我国的油气开发走向海洋并逐步走向深海，水下连接器将有广阔的市场应用前景。

常用的水下管汇连接器按照连接接头的机械结构分类，可分为卡爪式连接器、远程铰接式连接器、卡箍式连接器、环形连接器和中线滑车式连接器。其中，卡爪式连接器和卡箍式连接器因具有可靠的机械接连、连接处不要求管线挠度来补偿、偏心误差小、下放工具完全独立、可回收、成本低、使用范围最广等优点，已经在水下连接系统中进行广泛的应用。

在"十二五"期间，由中海油研究总院有限公司为牵头单位，中国石油大学（北京）、南阳二机石油装备（集团）有限公司为承担单位，承担了国家"十二五"国家科技重大专项"海洋深水油气田开发工程技术"项目"水下管汇连接器样机研制"子课题，成功研制了 6in 垂直套筒式连接器原理样机和 12in 水平套筒式连接器原理样机，填补了国内空白。南阳二机石油装备（集团）有限公司在水下连接器的研制领域取得了阶段性成果，并积累了丰富的经验，为水下连接器工程样机的研制提供了技术基础。

为打破国外技术垄断，形成国家自主知识产权，实现水下连接器国产化和工程应用。以中海油研究总院有限公司为牵头单位，南阳二机石油装备（集团）有限公司为承担单位，承接了国家"十三五"重大科技专项项目"水下连接器和安装工具工程样机优化及配套设备研制"子课题。通过该项目的实施，最终实现水下连接器及配套设备工程样机的国产化，并且产品性能安全可靠，能够成功应用到深海油田工程项目中，打破国外技术垄断,突破关键技术瓶颈,形成自主知识产权。项目制定了 SY/T 7330—2016《海上石油 水下管汇连接器》,为水下连接器国产化和应用提供了依据。

历时 10 年,针对实际工程应用需要,对水下连接器及其安装工具样机进行优化设计,研发出满足工程应用要求的水下连接器及其安装工具工程样机;突破水下连接器配套设备设计关键技术,研制出工程应用所必需的配套设备;建成水下连接器制造和测试基地,形成水下连接器的系列化设计和产业化制造能力,为我国深水油气开发提供技术与设备支持。其中国产垂直连接器和安装工具如图 4-2-10 和图 4-2-11 所示。

图 4-2-10 垂直连接器

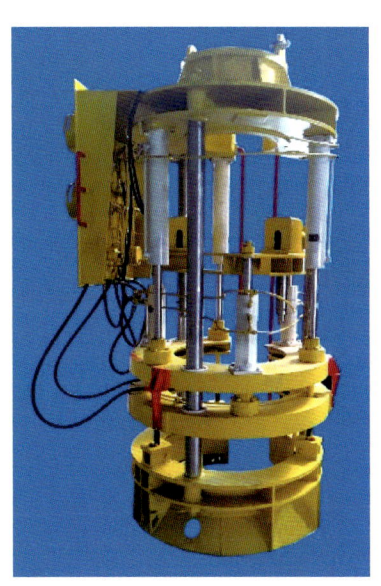

图 4-2-11 垂直连接器安装工具

2. 关键技术突破

依托"十二五"和"十三五"国家科技重大专项,突破了水下连接器及其安装工具和配套设备设计、制造、装配、测试关键技术,完成了满足工程应用要求的水下垂直连接器及其安装工具和配套设备工程样机研制。完成了水下连接器系列化设计,建成了水下连接器制造和测试基地,形成水下连接器的系列化和产业化能力。

1)突破了水下连接器及其安装工具和配套设备设计

(1)对国外成熟的连接器技术和产品进行了剖析,并对不同类型的连接器进行了分类和对比分析,确定连接器类型;研究了国内外与连接器相关的标准规范,国内首部水下连接器设计制造行业标准,填补了行业空白。

(2)形成了可靠的水下连接器锁紧和密封设计方案。锁紧方案所具有的优点:一次锁紧为卡爪锁紧,锁紧状态下,卡爪与驱动环接触面自锁;二次锁紧螺栓紧固后,排除意外载荷冲击导致的意外解锁;公母毂座采用止口结构可确保精对中;连接器二级解锁后,安装工具回收。采取金属 + 非金属密封的两级密封形式:第一级为金属密封,采用双锥面结构,实现可靠密封;第二级为非金属密封,与金属密封面配合形成密闭空间，保证密封面与外界隔断，同时可以检测金属的密封性能。在连接器锁紧完成后，可以在金属密封接触面和非金属密封接触面围成的环形空间中注入高压液压油来检测密封的可靠性，液压油的注入通过毂座上预留专用通道接入密封环的密封检测通道中。

（3）形成了精准的定位对中设计方案。垂直连接器采用双重对中方案，可以促使垂直连接器在下放安装过程中精准对中，保证锁紧和密封。水平连接器三重保障的连接器对中方案设计，支撑结构保证连接器轴心位置、对中液压缸调整连接器轴向偏差、止口结构进一步保证对中精确。

（4）掌握了安装工具和配套设备设计关键技术。完成了安装工具、岩屑帽、软密封压力帽和注水帽、密封件更换、试压帽、试验毂座等配套设备设计研发。

（5）开展了水下连接器系列化设计，实现一套安装工具能满足3种规格的水下连接器安装要求，不同规格连接器与安装工具对接接口统一。

2）突破了水下连接器及其安装工具和配套设备制造、装配和安装关键技术

（1）水下连接器采用多维导向定位对中技术，保证连接器顺利实现锁紧。采用了导向锥＋连接端导向斜面定位结构，采用了双导向柱一次对中＋外毂座与内毂座导向二次对中结构，采用了密封环止口结构，易于密封件安装和拆卸，安装工具采用多重导向定位技术，提高安装效率。

（2）国内首次进行水下连接器配套工具的研制，为实现产品的工业应用奠定基础。岩屑帽帽体两瓣式结构，节省安装空间；清洗工具纯机械操作，成本低且效率高；压力帽采用粗对中＋精对中结构，提高对中精准度。

（3）连接器紧急解锁技术。该技术主要将二次锁紧螺栓螺母和连接盖设计为分体结构，通过压板对螺母进行限位固定。当二次锁紧螺栓与螺母锈死无法正常解锁时，可通过破坏压板进行紧急解锁。

（4）连接器安装工具同步导向技术。该技术主要将安装工具环板导向孔与导向柱设计一个塑性导向套，导向套孔与导向柱为小间隙配合，形成机械同步导向机构，保证同步效果，且能提高导向柱寿命。

（5）垂直连接器二次锁紧扳手对正技术。该技术主要连接盖设计了一个定位导向装置，以安装工具连接环板上的开口进行定位，使二次锁紧螺栓操作口能准确到达二次锁紧螺栓正上方，保证该操作功能的实现。

（6）水平连接器下放定位和安装工具安装对接技术。针对水平连接器连接端下放的特点，采用了导向锥＋连接端导向斜面导向定位结构，该结构易于海底安装及内毂座对中找正。主要采用导向柱与导向筒结构实现安装工具轴定位，固定座斜面导向槽实现前后定位，底座带斜面定位块将安装工具导入定位块内，实现左右定位。

3）突破了水下连接器及其安装工具和配套设备测试关键技术

掌握了金属密封试验、非金属密封试验、高低温循环试验、外压试验、压力循环试验、偏角度安装试验、弯曲扭转试验、安装试验、软密封压力帽试验、金属密封压力帽试验、注水帽试验和试压帽试验等测试程序，自主建成了弯曲扭转试验台、水池等系列

测试装置，并完成了工程样机测试，通过第三方见证。

4）取证情况

水下连接器通过了挪威船级社设计审查，获得了挪威船级社签发的技术总结报告和审核报告，同时挪威船级社对工程样机的性能验证试验进行了现场验证。

五、水下管汇工程样机

水下生产系统是经济、高效开发边际油田和深海油田的关键技术之一，水下管汇是水下生产系统的重要组成部分，是整个水下生产系统的集输中心，具有体积大、质量大、集成度高、应用场合多等特点。

水下管汇是由汇管、支管、阀门、控制单元、分配单元、连接单元和结构单元等组成的复杂系统，主要用于水下油气生产系统中收集生产流体或者分配注入流体，同时也兼具电/液分配、清管、计量、测量、修井等功能。

水下生产系统关键设备长期以来一直被 FMC 公司、GE-Vetco Gray 公司、Cameron 公司、Aker Solution 公司和 Drip-Quip 公司等国外几家厂商垄断，并实行技术封锁，供货周期长，而且价格昂贵，售后服务得不到充分保障，这在一定程度上制约了我国深水油气田的开发。为了实现水下关键设备的国产化，经过前期大量分析调研，最终确定了以具有体积大、质量大、技术集成度高、费用高、应用场合多等特点的水下管汇为突破口。

为了解决"卡脖子"问题，借助国家科技重大专项的支持，我国从"十一五"期间便开始了水下管汇国产化研制的尝试，先后完成了水下管汇原理样机、工程样机研制，并成功进行了应用。经过 10 余年的自主研发，突破了 1500m 水深水下管汇为集成设计、建造、测试、安装等关键技术，打破了国外垄断。

1. 突破了水下管汇设计关键技术

掌握了水下管汇设计原则和总体布置要求，突破了水下管汇工艺设计、管道设计、机械设计、仪控设计、结构设计、防腐设计等关键技术。具备了水下管汇成橇设计能力。

1）工艺设计

根据目标油气田设计基础，结合管汇功能、清管、化学药剂注入、监测、隔离等要求，完成了水下管汇工艺设计，既考虑了满足目标油气前现有井口开发，又考虑了后续接入要求，使管汇适应性更强。

2）管道设计

根据极限状态设计原则，确定了相关标准规范要求，完成了管道壁厚计算、外压计算、应力建模分析等研究；提出了一种水下管汇生产管线紧凑布置方法，减小管汇尺寸和减轻质量，便于安装。

3）水下管汇总体布置

系统总结了水下管汇布置基本原则：安全性原则、经济性原则、操作性原则、可接近性原则、维修性原则。从管线路径、接口位置、主要设备布置、安装资源、应力安全、安装工具等方面综合考虑，优化了总体布置。在此基础上对管汇安装、检察、维护操作进行了模拟分析，以确定水下管汇总体布置设计满足各项要求。

4）机械设计

根据油气田实际需求，确定了水下管汇的类型，从ROV辅助作业、作业时间要求、承压要求、连接器方式等方面综合考虑，确定了连接器和阀门等主要的类型和参数。

5）仪控设计

根据控制要求制订了控制原则和控制方式等总体方案，确定了控制系统水上部分和水下部分的技术要求，完成了控制方案设计。

6）水下管汇结构设计

根据制造、安装和载荷等综合要求，完成了管汇上部结构设计和基础结构设计，完成了应力分析和局部强度校核等计算分析。

7）水下管汇防腐设计

针对水下管汇服役的环境特点，完成了管汇外防腐、涂层系统、阴极保护系统连续性、水下防腐监测系统和电绝缘等关键技术研究，制订了可靠的防腐方案。

2. 掌握了水下管汇制造关键技术

（1）突破了水下管汇异种金属及小管径油管焊接技术。

水下管汇在设计使用寿命内，一旦破坏很难修复，因此对质量的要求极其严格，特别是在施工过程中对焊接质量的要求更为严格，带压管线要求100%无损探伤。通过合理的工艺设计和多次焊接评定试验，突破了油管、复合管和耐腐蚀合金管的焊接关键技术，取得了合格的焊接工艺，焊缝的各项性能指标均达到了国际规范的要求。

（2）形成了深水水下管汇成橇及制造工艺。

水下管汇主要由主结构、管道及阀门、连接器、控制模块、流量监测装置等构成。与水面上的常规结构物相比，水下管汇的结构紧凑，内部空间小且管汇接口较多，在建造中必须保护这些装置的完整性，给建造带来一定的困难。根据管汇结构尺寸、内部空间等因素，形成了管汇整体建造、主结构分别插入的成橇及制造工艺。

（3）获得了一套水下管汇建造尺寸控制、重量重心控制方法。

在钢结构建造完成后，由于场地施工条件的限制和施工精度的影响，使得实际的结构重量和尺寸与最初设计有所差别。对出现误差的原因进行了分析，并提出了改进措施，获得了一套尺寸、重量重心控制方法，大大提高了建造精度。

（4）实现了水下管汇结构材料和管道材料的国产化。

在对国内的材料生产厂家进行大量考察和调研的基础上，提出了合理的解决方案，并和生产厂家一起进行了研制，最终实现了大壁厚双相不锈钢管道材料的国产化，材料各项性能指标均达到了国际标准。

如图4-2-12和图4-2-13所示为"十一五""十二五"期间分别设计制造的水下管汇工程样机。

图 4-2-12　水下管汇工程样机("十一五")

图 4-2-13　水下管汇工程样机("十二五")

3. 建立了水下管汇测试技术体系

(1)掌握了水下管汇测试的内容、方法及要求。

在消化吸收标准规范的基础上,同时结合我国目前正在进行的深水油气田开发项目,突破了水下管汇单元测试、工厂接收测试、系统集成测试和海试等测试关键技术;掌握了水下管汇测试的内容、方法及要求;完成了水下管汇关键测试工具的研制,并完成了压力试验、功能试验、流程测试、控制环路测试、电连接性测试、海试等相关测试,各项指标均符合要求。具备了水下管汇测试能力。

(2)首次建立了一套水下管汇测试和调试技术体系。

结合水下管汇的测试及调试需要,建立了一套水下管汇测试和调试技术体系文件,可为以后以水下管汇为典型代表的水下结构物提供借鉴和指导。

(3)获得了水下管汇海试的宝贵经验。

主要进行的试验包括:水下管汇的吊装下水、坐底、ROV 安装电液飞头试验、模拟水下控制系统（SCM）操作试验、ROV辅助下的连接器水下安装试验、ROV进行阀门开关操作的试验、ROV巡视检查。海试为今后水下管汇的实际应用积累了宝贵的经验。

4. 突破了水下管汇安装技术

（1）创新开发了一套优化摆动法安装技术。

首次采用Dyneema缆绳作为深水管汇下放缆，成功克服了传统使用钢丝绳下放安装典型水下管汇时的轴向共振和张力损失大的缺点，增加了有效安装重量，减少了安全隐患。创新设计了"三角板"和"四角板"以及液压索具等结构和设备，便于下放时索具的解脱、荷载转移和就位，优化了作业流程，提高了施工效率。优化摆动法下放管汇能够适合1500m水深管汇的安装施工作业。

（2）掌握了水下管汇安装分析方法。

通过安装母船在风、浪、流组合作用下6自由度运动的理论计算与分析，得到了船体在中国南海典型工况下的垂荡响应和纵摇响应，为水下生产设施深水安装下放船—缆—体系统耦合运动分析和中国南海深水水下设施安装提供依据。

通过中国南海典型工况下管汇吊放部件受力的理论计算与分析，通过使用通用性流体动力分析方法，在下放安装的关键过程点对环境条件（主要是流）作用下吊放部件受力进行理论计算与分析，为水下生产设施深水安装下放船—缆—体系统耦合运动分析提供依据。

对大型水下生产设施深水安装下放时船—缆—体系统耦合运动进行理论计算和分析，完成了包括安装母船和吊放部件的运动以及吊放缆内部应力状态的分析，获得了安装母船运动对于管汇下放安装姿态的影响。

对母船动力定位计算方法和定位结果进行了分析和评估，建立环境载荷作用和推力产生的数学模型。

完成了升沉运动补偿的原理研究并形成了升沉补偿系统的总体方案设计。根据船舶极短期运动预报理论与分析方法，通过理论分析与数值计算，获得了母船关键位置的升沉位移和升沉加速度，为缆控执行机构（液压或电控）自动定量地指示执行机构的执行趋势。

第三节　深水流动安全关键设备

一、气液高效旋流分离器工程样机

随着油田的开发进入后期，采出液中水含量的升高，使需要处理的含油污水量大大增加，对现有的污水处理系统提出了更高的要求；海上平台空间小，因此，需要一个处理量大、占地面积小、高效的处理设备。为此，研制了一套气浮旋流分离器样机，可对平台采油过程中伴生产生的含油污水进行分离，进而实现生产水满足进行回注、排海等水质要求。该气浮旋流分离器样机基于气浮旋流方法进行油水分离原理，通过利用回流引射溶气水的出口流速作为推动力，造成格室内的污水产生向上旋转的动力，同时回流引射产生的微气泡随污水一起旋转向上运动，从而实现油水的分离。

气浮旋流分离器样机的设计参数如下：

（1）以浮油、分散油为主，存在轻度乳化的重质油污水，设备性能指标：

① 处理量为 150m^3/h；

② 入口水中含油量＜300mL/m^3；

③ 设备出口水中含油≤50mL/m^3。

（2）以轻质油为主，未乳化的含油污水，设备性能指标：

① 处理量为 150m^3/h；

② 入口水中含油量＜300mL/m^3；

③ 设备出口水中含油≤20mL/m^3。

气浮旋流工业样机的研制主要包括微气泡发生装置、油水界面控制系统、气浮旋流分离部件的试制等主要元件的试制，以及单元性能测试。

1. 微气泡发生装置

1）微孔气泡发生器工作原理

微孔气泡发生装置通过将开有微小细孔的进气管插入进水管内，利用气相较高的压力将微小气泡与废水进行混合，形成混合流。同时气泡在管内与液体流动过程中，液体的剪切作用以及碰撞破碎功能，促进了气泡的进一步破碎，从而实现水中气泡的微小化，满足含油废水处理污油油滴的要求。

根据微气泡发生器的原理及室内气泡大小的检测实验对最佳工况的确定，设计并加工了一套微孔气泡发生装置，如图 4-3-1 所示。

图 4-3-1　微孔气泡发生装置

2）微孔气泡发生器特点介绍

与现有技术相比，微孔气泡发生器的特点在于：

（1）通过进水管内液流冲刷由微孔管形成的微细气泡，使微细气泡能够充分地溶入含油水中，生成含有大量微细气泡的含油水，使得含油水所带的气泡尺寸相对较小，可以有效地黏附于小粒径的分散油、乳化油和溶解油的油滴颗粒上，将油滴稳定地浮选出水面，实现油水分离。

（2）螺旋状的旋流使气泡在含油水中的分布更加均匀细腻，确保含油水中的微气泡直径满足去除小粒径油滴的要求，从而使油水分离效果更为理想。

（3）装置产生的含油水所含微气泡直径非常细小，气体利用率相对较高，可节省气体用量；可以实现在线直接加气进入待处理水等流体，生成溶气水直接气浮，可减少相关设备和回流工艺，工艺和操作要求大大简化。

2. 油水界面控制系统

1）液位控制方法设计

根据工艺处理过程，要求对控制系统的液位及压力等参数进行自动控制。采用 PLC 作为控制器，触摸屏作为上位机进行系统参数显示及控制的小型液位控制系统，稳定可靠，控制灵活。

控制系统采取了串联和并联两种不同处理流程的组合式设计，通过水相管路的连接变化实现两级气浮筒串联和并联的布置设计。经过与微气泡混合后的含油废水通过进水管路进入旋流气浮组合筒内，通过组合筒的处理过程，富油液体通过收油槽的收集后，由排油管路排出筒外，排油管路上设有电动调节阀门，通过收油槽浮球液位计控制电动调节球阀的开度来实现收油槽液位的控制。气浮气体在组合筒内经过气浮过程后，聚集于组合筒的顶部，溢出的气体通过气相管路上电动调节阀与组合筒顶部压力变送器的共同作用，通过压力变送器采集数据，传送给 PLC 控制器，控制器通过与阀门设定值进行比较，发出控制阀门开关的信号作用于电动调节阀，控制排出筒外气体的量，实现组合筒内操作压力的稳定。组合筒内液位的控制通过水相出口管路上电动调节阀实现。液位变送器采集液位信号，传送给 PLC 控制器，通过控制器控制调节阀来实现液位高低的调整。

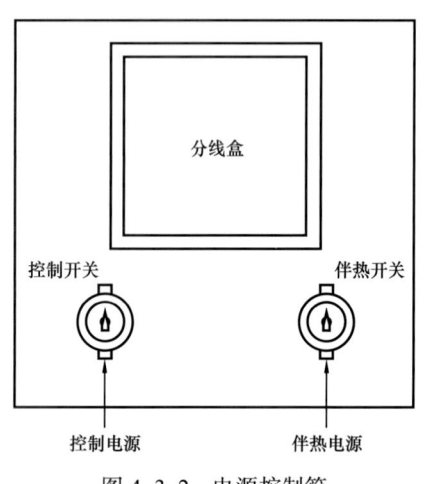

图 4-3-2　电源控制箱

2）液位控制系统说明

电源接线箱使用 2 组 AC220V 电源，一组用于控制箱，另一组用于设备伴热，如图 4-3-2 所示，左侧为控制开关，右侧为伴热开关。

控制电源为控制箱的进线电源，对内部元件和外部的仪表、电动阀供电，设备运行时应打开控制开关。

伴热电源用于污水处理设备的伴热，当环境温度过低时，为保证设备正常运行，应打开伴热开关。

系统共设置 4 个用户等级，调试员为厂家用户，其设定的参数是为了保障读取仪表数据和保护设备正常运行，设定后无须修改。

3）主界面

PLC 与触摸屏连接好，上电后显示污水处理系统主界面。污水处理系统主界面显示仪表的测量值，包括进口含油污水的温度和压力，两罐含油污水液位、分离出的油液位和两罐的压力，入口污水、入口气体、出口清水的流量等参数。图 4-3-3 中介绍了界面的具体操作。

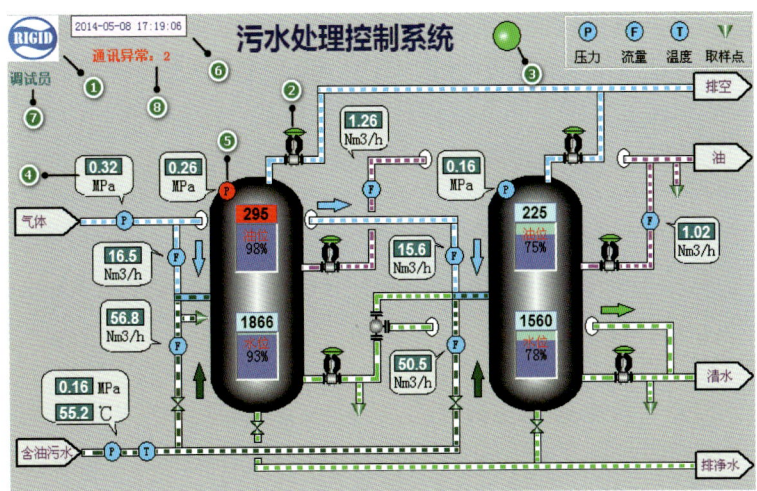

图 4-3-3　污水处理系统主界面图

3. 气浮旋流分离部件

1) 样机的设计

气浮旋流分离器样机采用两级旋流气浮筒,两级旋流气浮筒之间通过管线的连接实现串联和并联的目的,从而达到样机对不同含油量水质与不同处理量的处理能力转换。

气浮旋流分离器样机的主体部分为紧凑型旋流气浮组合罐,组合罐为一个竖直的圆柱状容器。首先利用微孔发生器产生的微气泡与废水在进水管内形成气液混合液,再由切向入口进入紧凑型旋流气浮组合罐中。气液混合液在组合罐内形成螺旋流,进而在容器内形成旋转离心力场。在旋转离心力场的作用下,吸入的气体被释放,密度较大的水相向罐内壁移动,而油相和黏附有油滴的微小气泡等轻组分则产生径向向内的相对迁移,到达容器中心区域。同时,由于气泡—油滴黏附体的密度远低于水的密度,因而位于中心区域的气泡—油滴黏附体会慢慢上浮,从而在罐体上部形成一个气浮分离区。通过气浮过程,最终在罐内液面上部产生一层油水乳化液,这些气浮产物最终汇集到收油槽中,通过出油口连续不断地被撤除。罐中的气相上升至罐顶,从气体出口排出。处理后的水则沿着罐壁流向罐的底部,从罐底部的出水口排出。

样机的设计采用内部环形收油槽收油,顶部排气,底部排污,底部偏心位置出水,微孔布气器产生微气泡,微气泡与含油废水混合后沿筒体切向进入的整体设计方式。内部环形收油槽可以实现浓油废水的控制排出,通过筒体液位变送器与电动调节阀的配合,实现筒体内部气液界面液位的控制;通过浮球液位计与电动调节阀的共同作用,完成收油槽液位的控制与高含油废水的控制排出。相对于气、油顶部一起排出的设计方式,收油槽的设置可以减少只有大量废水排出或者只有气体排出工况的产生频率和持续时间,气液分开排出,减少了液位波动对样机整体控制的影响。

顶部排气的方式,实现了溢出气体的单独排出,减少了气液再次分离的过程,溢出气体可以根据现场流程需要进行收集或放空等其他操作。

底部排污主要是考虑优化设备的整体布置，当进水中含有较高含量的固体颗粒杂质时，需要提高设备的排污频率和排污时间，减少沉降物质对处理后水质的影响。

底部偏心位置出水可以避免固体沉淀对出水水质造成影响，实现出水与排污的分离，达到设备运行的连续性。排污操作可以在设备运行状态下完成。

通过现场的实验过程，选择微孔布气器作为产生微气泡的方式，微孔布气器的安装位置选择在与进水管路的垂直段同心，微气泡经过进水管路的结构剪切过程后进入气浮旋流筒，经过微孔与进水管结构剪切后的微气泡可以达到处理水质要求的微气泡尺寸，从而满足样机的处理要求。

2）样机的工艺流程

旋流气浮分离器可由单级或多级气浮筒＋自动控制系统组成，装置通过采用不同级数的旋流气浮筒串联或并联来实现对不同含油量污水的处理，在现场能够提供含油量≤300mg/L 的废水时，且满足样机对现场流程相关要求的前提下，保证设备出口的污水含油量能够达到≤20~50mg/L 的相关要求。

下面按照介质分别进行流程说明，旋流气浮分离器工艺流程简图如图 4-3-4 所示。

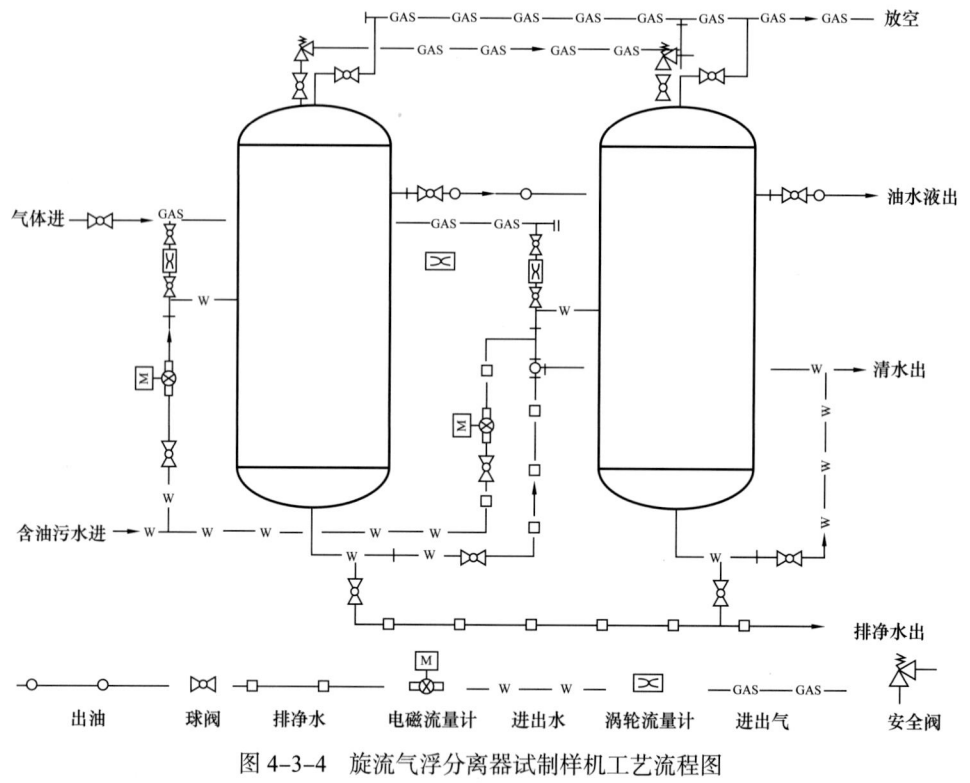

图 4-3-4　旋流气浮分离器试制样机工艺流程图

（1）水相流程：含油污水经过装置进水口切向进入旋流气浮筒（单级或多级串、并联），处理后的污水由气浮筒的底部引出，进入下一道工序。实际应用中应在旋流气浮污水处理装置入口设置主体旁通管道，以保证污水处理装置出现故障时，使污水能通过旁通管道流入下一道处理工序。

（2）气相流程：气浮气体可以选择氮气或天然气，经含油污水入口处的布气管混入污水中进入气浮筒，在筒内做旋转上浮运动，将污水中的油粒带到气浮筒的顶部液面，气体从旋流气浮筒顶部通过排气管路排出。如果是氮气可接至安全地点排入大气，如果是天然气则需要根据现场流程要求接至安全地点或排放或烧掉。实际应用中，气浮气体可以通过收集加压装置循环使用。

（3）油相流程：含有大量水的油水混合液经过收油槽的出油口排出，由每级旋流气浮筒汇入油出口总管，进入现场工艺流程的闭排系统。出口的电动调节阀与浮球液位计配合作用，可调控收油槽液位，保证出油控制的可靠性。

3）样机的加工

样机的主体部分——旋流气浮筒，设计压力为0.6MPa。旋流气浮筒体主体材质为Q245R，钢板厚度为10mm，筒体成型内径为1500mm，高度为2600mm。

样机橇块内管路材质为20#钢，管路管材符合GB/T 8163《输送流体用无缝钢管》相关规定。

样机焊接工艺及焊材的选择遵照NB/T 47015—2011《压力容器焊接规程》相关规定进行。

图4-3-5　气浮旋流分离器样机

气浮旋流分离器样机如图4-3-5所示。

二、海上天然气凝析液射流清管工程样机

1. 射流清管段塞控制技术

天然气凝析液管道输送过程中，由于气液两相发生滑脱现象，易在管道中形成滞留液，减小了管道输气面积，降低了输气效率，增加了管道运行成本，对这类管道大都采取定期投放清管器的方法来清除滞留液。传统清管器在实际运行过程中，由于管线内部沉积杂质、腐蚀破坏、管路起伏等因素的存在，清管时清管器运行速度极不稳定，对管线和清管器自身造成强烈的冲击。大量液体在清管器前方积聚，液体集中到达终端，峰值流量很大，要求终端使用很大的段塞捕集设备临时存储液体，射流清管器很好地解决了传统清管器的这一系列问题。

1）水下射流清管器对段塞的控制原理

对于积液量较大的天然气管道，形成气液混输管路。清管过程中将两相流动分为4个明显的区域：如图4-3-6（a）所示，A区域是重新形成的两相流区，即清管器清扫过的管线，流体可以有足够的时间通过这段区域，形成新的两相流；B区域是气相区域，它位于紧靠清管器后方的位置，由于清管器的清管作用，这段区域中主要由气相构成；C区域是液塞区域，这段区域主要是因为清管器的推动形成的，液塞区推动它前方速度较慢的流体前进；D 区域是未被干扰的两相流区域，这段区域中两相流的持液率应该和未通球时管线中两相流的持液率等同。

气液混输管路中液体速度总是低于气体流速，气液间存在剪切携带作用，处于气液稳定流动状态时，如图 4-3-6（b）所示，一定气液流量连续不断地流向终端段塞捕集器，此时处理的液量为正常处理液量。普通清管器清管时，在管线的运行速度基本上与气流速度相近，大量液体会积聚在清管器前方，清管器上游将会出现相当长的干燥长度，也就是 B 区域和 C 区域会很长，如图 4-3-6（c）所示，这样积液会在极短的时间内集中到达终段塞捕集器，所需体积较大。而射流清管器由于旁通作用速度得到降低，在气流作用下清管器前方积液分布到了更长的管道上而不是以液塞的形式存在，并同时无液区变短，即 B 区域和 C 区域较短，如图 4-3-6（d）所示。这样射流清管器使得积液能够在一段时间内陆续到达终端的段塞捕集器，由段塞捕集器来处理管出口处的经由清管器清扫的额外液体体积得到减少，相应地所需要的体积就会减小。

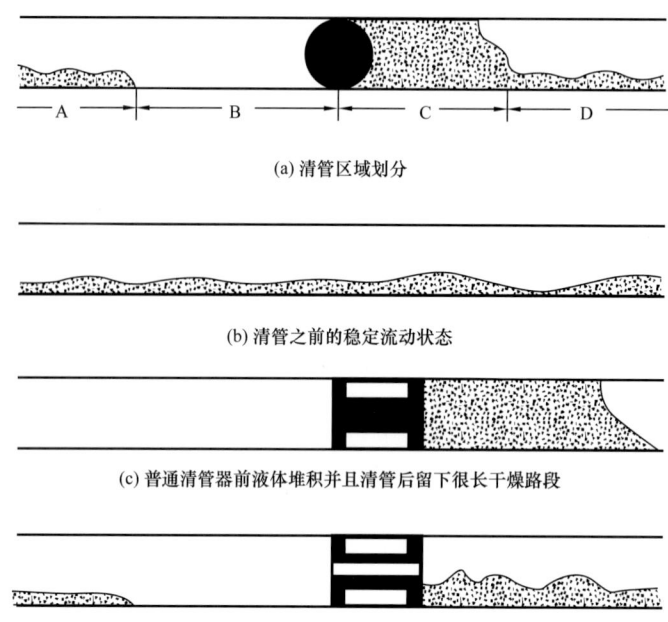

图 4-3-6　普通清管器与射流清管器清管效果比较

2）射流清管器样机设计

针对中国南海 LW3-1 气田某管线现场工况，中国海油联合中国石油大学（华东）自主研制了国内首台海底天然气凝析液管道射流清管器样机。该射流清管器样机主要有三大部分组成：皮碗及紧固部分、清管器主轴部分和射流旁通部分，其结构剖面如图 4-3-7 所示。皮碗及紧固部分包括：导流盘、皮碗、压板法兰、隔离钢管和紧固螺栓；清管器主轴部分包括中心钢管、固定法兰和法兰肋板；射流旁通部分包括：孔板、锥形管、支撑板、旁通通道、阀门和控制弹簧。

射流清管器在正常运行过程中能实现一定开度的旁通率，起到降速、减压以及气液流型控制的作用；当清管器前后压差极高并达到一定值后，如清管器卡堵前后压差值，阀门克服弹簧压紧力向前运动，阀门与锥形喷嘴间的流通空间减小，加剧了前后压差的升高使清管器继续运动，直到阀门与锥形喷嘴卡死密封，实现清管器再启动的目的。

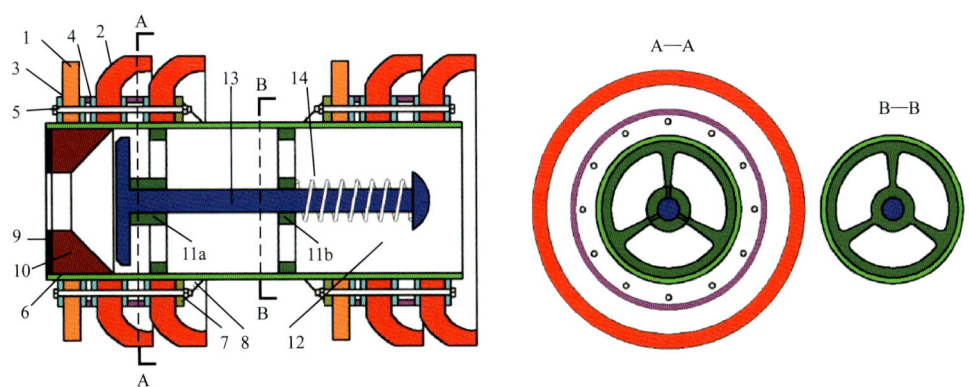

图 4-3-7　射流清管器结构剖面图
1—导流盘；2—皮碗；3—压板法兰；4—隔离钢管；5—紧固螺栓；6—中心钢管；7—固定法兰；8—法兰肋板；9—孔板；10—锥形管；11—支撑板；12—旁通通道；13—阀门；14—控制弹簧

射流清管器改进设计的优势就在于：

（1）射流清管器在运行过程中能够保持恒定的旁通率进行清管，不会出现由于清管器在管线前后段所受摩擦力不同以及阀门设计压力过大或过小而导致阀门不能开启的情况，能够及时地泄压、优化流型。

（2）设计时精确确定阀门与锥形喷嘴之间的流通空间，使阀门一旦运行后在流通空间减小、压差不断增加的情况下使阀门继续运行直到堵死，实现一旦射流清管器前后压差到达一定值后阀门关闭实现清管器卡堵的再启动，简化了阀门压力设计。

3）射流清管器测试

在国内首台海底天然气凝析液管道射流清管器样机测试过程中，分别进行了实验环道测试、现场测试以研究和验证射流清管器的控制段塞和控制清管速度等作用。

（1）实验环道测试：通过采用空气和水作为介质，在包括水平管、上倾和下倾起伏管、立管等不同工况条件的实验环道上进行测试，模拟研究海底天然气凝析液管道清管过程中的气相和凝析液流动关系。实验选择气量值为 $100m^3/h$、$120m^3/h$、$140m^3/h$、$160m^3/h$ 和 $180m^3/h$，液量值为 2L、4L、6L 和 8L，共形成 20 个工况，在每个工况下运行包括旁通率 0、2%、4%、6% 和 8% 在内的射流清管器进行清管。

实验研究了射流清管器在降低管线压力波动、控制清管速度、控制液塞等方面的作用。实验表明随着旁通率的增加，液塞到达终端的时间明显加长、液塞流量得到降低，说明射流清管器对流型和液塞的控制效果是十分明显的。图 4-3-8 所示为实验环道测试流程图。

（2）陆上现场测试：采用 6in 聚氨酯裸体泡沫清管器和经过改造后旁通率分别为 1%、2%、4% 和 6% 的射流清管器在胜利采油厂坨六站和坨三站长度分别为 2.18km 和 4.72km

的陆上管线进行测试，测试表明射流清管器可以有效减少段塞 15%～30%。图 4-3-9 所示为坨六站管线布置图。

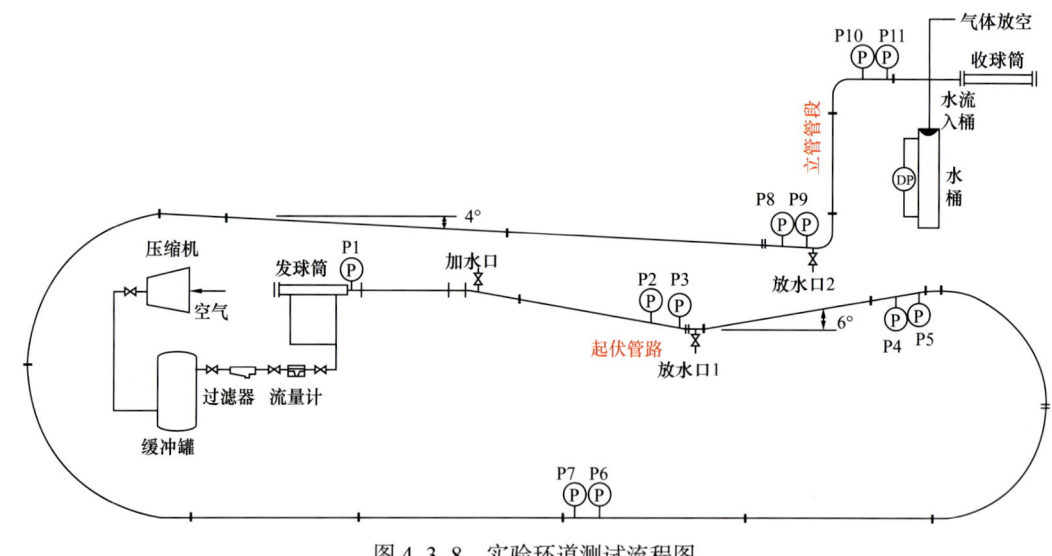

图 4-3-8　实验环道测试流程图

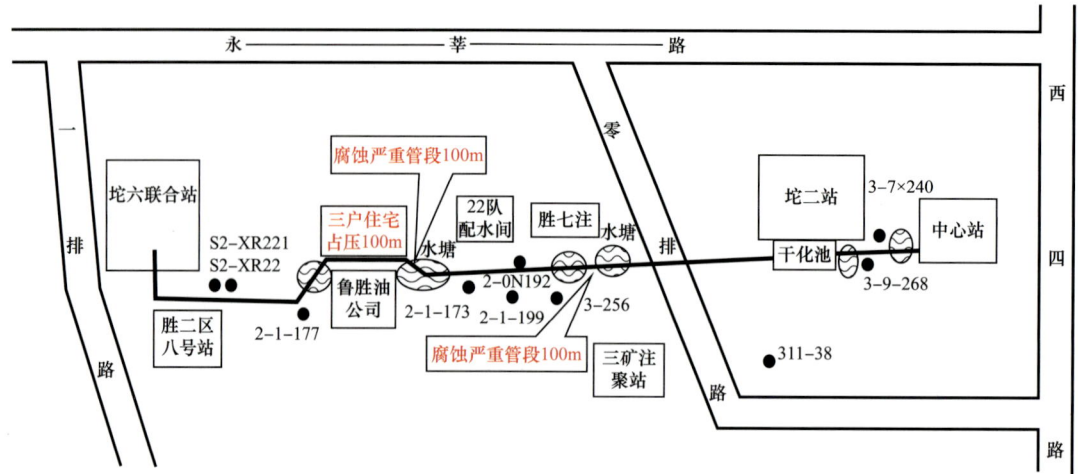

图 4-3-9　坨六站管线布置图

三、水下气液旋流分离器缩尺样机

随着深水油气田的开发，从海底产出的油、气、水等多相流体往往可能夹带少量泥砂，而且混输一段距离后，温度降低还易于形成水合物或油水乳化液，通常注入甲醇和乙二醇等水合物抑制剂以及破乳剂等药剂来解决海管内流动安全问题，进而增加了海管内的液量。通过采用海底油水分离系统将油、气、水和砂等分开，再送入下游输送系统。通过水下气液分离可以完成气液的分离，可以降低油气井回压，提高油气产量；不但减少或避免了水面上工艺处理设备的数量，还减少了海底管线的流量；减小了静水压头和流动阻力，允许使用小直径的输送管道和立管，降低了设备成本；降低了长距离输送管道中形成水化物的危险性，使得化学药剂的使用减少，降低生产成本；由于气体液体分开，既避免了立管中产生严重段塞流，又可以使用常规离心泵来举升液体，提高输送效率。因此，开发能应用于深水海底的多相流分离新技术与新设备显得尤为重要。

1. 水下气液旋流分离器缩尺样机设计选用标准

通过调研、分析、比选 ISO、DNV 和 ASME 等标准，最终得出水下分离器整体的设计、制造、检验所遵循的规范，即以 DNV RP F301 水下分离器系统规范为总的指导原则和设计基础，同时参照 ASME 压力容器和 DNV 管道设计等的规范，进行相关的水下分离器设计工作。

1）分离器系统各子系统的引用体系

通过研究、对比和分析水下分离器设计的相关标准、规范，水下分离器各组成构件的标准引用体系见表 4-3-1。

表 4-3-1　水下分离器系统各子系统的标准引用体系

标准体系	分离器	压力容器及材料	管道及材料	框架结构	仪表电气	脐带缆	法兰、连接件、管件	防腐	阴极保护
ISO	×	×	○	○	○	●	○	●	○
DNV	●	×	○	○	○	○	○	●	●
API	○	×	○	●	●	×	○	×	×
ASME	×	●	●	×	×	×	●	×	×
EN	×	○	○	○	○	○	○	×	×
ABS	×	×	○	○	×	×	×	×	×
NACE	×	×	×	×	×	×	×	○	○
IEC	×	×	×	×	●	×	×	×	×
GB	○	○	○	○	○	○	○	○	○
AWS	×	●	●	●	×	×	×	×	×
ASTM	×	●	●	●	×	×	×	×	×

注：●表示本项目选用的标准，○表示有标准但本项目没有采用，×表示没有或未知相关的标准。

2）水下分离器各个部件的标准参考

水下分离器主要组成部件设计所参考的标准见表 4-3-2。

表 4-3-2 水下分离器主要组成部件设计所参考的标准

分类	设备名称	标准
分离器	GLCC© 旋流分离器	DNV-RP-F301 QVT-001—2008
	压力容器	ASME SECTION VIII
	入口锻件	ASME SECTION VIII
	牺牲阳极保护块	DNV-RP-F301
	ROV 操作面板	ISO 13628-8
管道和管件	无缝钢管	ASME B31.3
	法兰	ASME B16.5
	无缝弯头	ASME B16.9
	异径管	ASME B16.9
	三通	ASME B16.9
	螺栓/螺母	ASME B16.9
	垫片	ASME B16.2
	阀门	DNV-OS-F101 ISO 13628-4 ASME B16.34a
	管道支架	ASME B16.9
	牺牲阳极保护块	DNV-RP-F301
	出入口	DNV-RP-D101
现场仪表	压力变送器	API RP 6A/17D API RP 55
	温度变送器	
	液位变送器	
	异种钢防腐保护	DNV-RP-F301
连接件	液压 MQC	DNV-RP-F401 ISO 13628-6 ISO 13628-5 IEC 60 502-1 IEC 60 502-2 IEC 60 228
	电气 MQC	
	MQC 固定结构	
	液压干式接头	
	液压湿式接头	
	电气快速连接头	

续表

分类	设备名称	标准
连接件	液压管路	
	液压管路管卡	
	电气线缆	
	电气线缆管卡	
框架结构	框架结构	API RP 2A ISO 13628-4
	防落物板	
	厂内安装吊耳	
	水下安装吊耳	
	检修扶梯	
	底座连接件	
	牺牲阳极保护	
	配重块	

2. 水下气液旋流分离器缩尺样机的设计

通过对水下气液旋流分离器适用的设计标准、工艺设计流程和工艺设计准则的研究开始，在此基础上进行水下气液旋流分离器的结构设计、控制系统设计、防落物设计、防腐设计等，从而为加工、制造水下气液旋流分离器缩尺样机奠定基础。

1）设计要求

水下气液旋流分离器缩尺样机的设计参数如下：

（1）最大处理能力，气相 1420000m^3/d，液相 810m^3/d；

（2）液中含气≤5%；

（3）天然气中凝析液体积含量≤2%；

（4）可适应最大水深：300m；

（5）体积小、质量轻、方便操作；

（6）气液分离效率达到 95% 以上；

（7）所制备样机外壳能够承受 300m 水深外压，所提供的设计方法与高压舱试验结果误差小于 5%；

（8）分离器成橇设计方案便于实施，能够满足分离器工艺要求且具有普遍性。

2）工艺设计流程

水下气液旋流分离器的主要组成部分包括分离器、仪控系统、ROV 面板、连接部件、橇、附属模块（配重，阳极保护块）等。

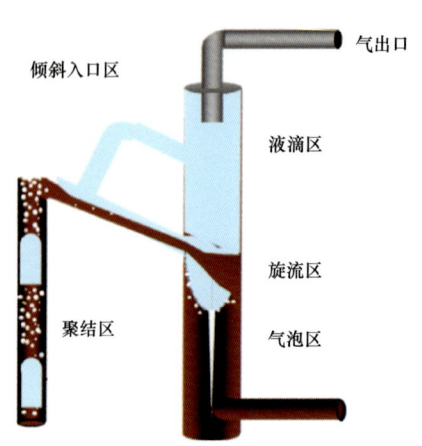

图 4-3-10　GLCC 旋流分离器原理

GLCC（Gas-Liquid Cylindrical Cyclone）旋流分离器是一种高效的可替代传统大罐分离器的方案，特别是在海上油气处理的应用中，其优势更加显著。GLCC 旋流分离器采用离心原理进行气液分离，体积相比传统的重力分离器要小约 10 倍。GLCC 旋流分离器由入口区（段）、入口分流区、漩涡区、气泡区、液滴区、气相和液相出口配管等部分组成，如图 4-3-10 所示。

（1）进口区域：进口区域在 GLCC 的中部，连接进口管道和 GLCC 主体。在进口区域，由于倾斜的变窄管道，流动加速，流体在管道中分层，可以对气液两相流进行预分离。分离的效果取决于管道中的流型。

（2）入口区域：入口区域对应在 GLCC 竖直段的区域。入口区域的高度为进口管径。旋转流动将在这个区域开始。

（3）涡面区域：涡面区为 GLCC 中存在气液涡面的区域。在漩涡区，较大直径的气泡容易被携获分出，因此气泡轨迹的研究区域是从漩涡底部开始的涡流区。

（4）气泡和液滴区：气泡分离区在 GLCC 的下部，在此处液相为连续相，气泡分散其中，称为气泡区。液滴分离区在上部，在此处气相为连续相，液滴分散其中，称为液滴区。气泡和液滴区均采用颗粒轨道模型来分析研究。

（5）气液管道区域：气相、液相分离后的出口区域。可用于液位控制，使气路和液路的压差平衡，防止液位太高，气路带液或是液位太低，导致液路带气。

水下气液旋流分离器的工艺设计流程图如图 4-3-11 所示。

3）工艺方案描述

水下分离器的核心为 GLCC 气液旋流分离器，设置旁路。介质进入分离器后，通过 GLCC 气液旋流分离器进行气液分离，气体通过气路流量计进行计量，液相通过液路流量计进行计量，气液两相在出口处汇集，进入下游流程。为了保证 GLCC 气液旋流分离器的高效分离，在液路设置控制阀，采用"优化控制"方案。分离器进出口设置切断阀门。

4）结构设计

水下气液旋流分离器筒体的基本设计参数需要根据水下气液旋流分离器使用区域的水深、海洋环境条件及油藏状况等来确定，具体包括有以下 5 个参数：

（1）目标油田的油气组分（包括含蜡、含硫、含 CO_2 等的相关情况）；

（2）目标油田的油气产量、油气流速；

（3）水下分离器入口管线内的油品特性（包括油温和油压）；

（4）使用水深；

（5）使用区域的环境参数（如温度、风速、海流速等）。

根据水下气液旋流分离器所处的特殊位置，水下气液旋流分离器的筒体设计可以参照压力管道和海底管道的设计标准，即 ASME SECTION VIII（压力容器规范）、ASME B31.3 及 DNV-OS-F101 等标准。

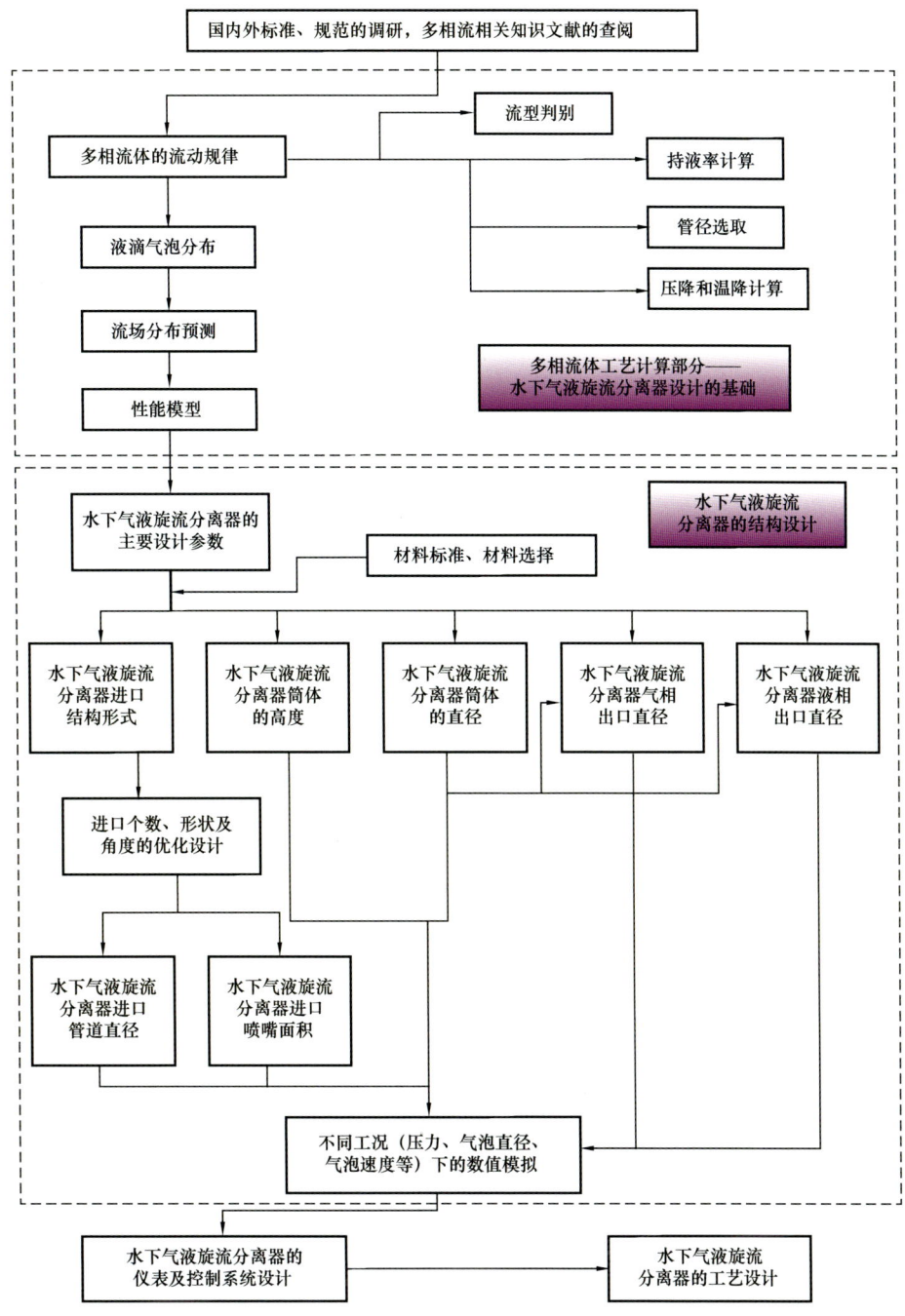

图 4-3-11 水下气液旋流分离器的工艺设计流程图

在选取筒体直径时应避免气相中夹带液滴，即气相折算速度不能大于气流中出现液滴时的临界速度。

5）控制系统设计

水下气液旋流分离器缩尺样机的控制系统采用液位控制的方法，通过液位反馈来调节水下调节阀的开度，从而达到调节液位的目的。

水下气液旋流分离器控制系统的组成如下：

（1）水下控制模块（SCM），通过用户的SCM实现水下分离器的紧急切断和数据中转；

（2）现场仪表，由液压切断阀、液压控制阀、压力温度传感器、压差传感器等组成；

（3）各种水下连接件，包括SCMMB、MQC、电气干湿式接头、液压接头；

（4）连接界面。

水下气液旋流分离器控制系统检测的变量有：温度、压力、液位；阀门的阀位反馈；电潜泵转速；电潜泵振动。

水下气液旋流分离器控制系统的控制方法是采用液位控制，液位控制可以通过管路设计、调节阀或是改变电潜泵的转速达到液位控制的目的。水下气液旋流分离器缩尺样机是通过液位反馈来调节液位控制阀的开度，从而达到调节液位的目的。

6）防落物设计

在水下分离器的正常运行中，可能发生安装工具、锚具等跌落，可能影响水下分离器的安全。考虑到锚具跌落伤害较大，因此，在落物分析中，假设有一锚具从水面跌落300m后，同水下结构顶挡板发生碰撞。

选取水下结构顶挡板作为分析对象，仅对与锚具发生碰撞的面进行建模；并将锚具模拟为一球体，其形状及能量等参数参照规范要求。水下分离器顶部保护罩如图4-3-12所示。

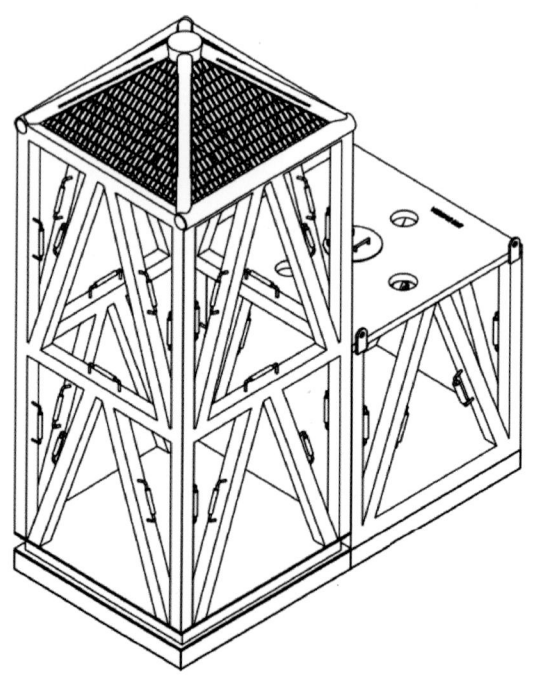

图4-3-12 水下分离器顶部保护罩示意图

7）防腐设计

水下分离器的外部防腐保护采用防腐涂层和牺牲阳极系统相结合的方式。在整个设计使用寿命期间，对满足容器、管道、框架和防沉板需求的阳极块数量和规格进行了核算。同时明确了水下分离器的容器、管道、框架和防沉板，以及法兰和阀等涂层系统的技术要求。

8）安装分析

设备基础分析根据 API RP 2A 规范要求，采用 MathCAD 进行计算校核，主要包括防沉板穿透计算、土体承载力计算、防沉板抗滑计算、抗倾覆计算、沉降计算、抗扭计算和裙板抗弯计算。

设备安装分析主要的工作内容为，在设备安装工况下，同时考虑环境荷载的影响。利用 SACS 软件建模，根据规范 API RP 2A-WSD 21 Edition—2007 校核水下结构的各个杆件在安装过程中是否满足安全要求。

安装分析中考虑的荷载为：结构自重、吊耳重量、阳极块重量、管汇重量以及配重。根据规范要求，安全系数取 1.1，并考虑动态荷载系数影响的工况。环境条件取一年一遇环境条件。

3. 水下气液旋流分离器缩尺样机测试

在水下气液旋流分离器（图 4-3-13）建造完成后需要进行一系列的测试，大体上可以分为 4 个阶段进行。

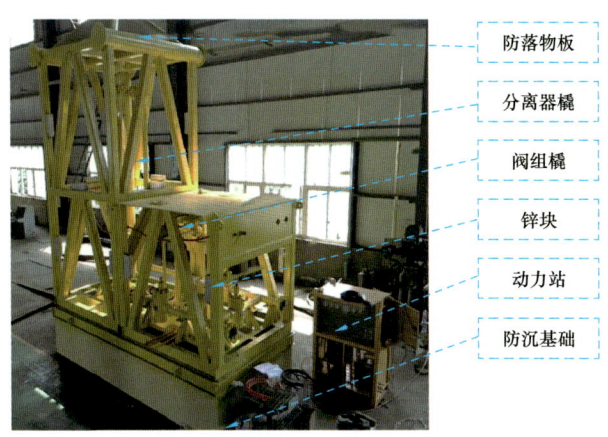

图 4-3-13　水下气液旋流分离器缩尺样机实物图

第一个阶段为设备的内外压的强度测试。内压测试可以按照 ASME 规定的水压测试方法进行。外压强度测试需要在压力舱中进行，试验方法和试验压力按照 ASME 推荐的测试方法进行。

第二个阶段为 FAT 测试。强度试验结束后，需要进行系统的工厂 FAT 测试，在这个环节中，需要将分离器、水下控制模块（SCM）、切断阀门、压力及液位传感器等安装到位，连上电源和相关的液压管路，对单个回路、系统数据传输、系统响应等进行相应测试。

第三个阶段为分离性能测试，这个测试依然在工厂进行。主要针对整合后的机电一体化系统进行与现场工况相似的两相流分离测试。分离性能的测试主要针对分离后的气相管路中液滴的夹带水平和液相管路中气泡的夹带水平进行量化的测试。

第四个阶段为模拟海洋环境的水池试验。

1）内压强度试验

内压强度试验主要是检测所设计的水下分离器是否能承受 11MPa 的内压，从而验证设计是否满足要求。外压强度试验主要是验证分离器容器在静水外压环境下的结构强度、稳定性、密封性能，获得容器关键结构部位的应力和应变数据。

2）工厂验收试验

本部分工作主要包括外观检验、液压控制管线清洁度试验、阀门操作与功能试验。

3）水池试验

测试水池为全焊接筒体式全密封结构，主要有观察孔、人孔、可移动式观察台、筒体、吊耳等部分组成，能满足模拟水下工况测试要求。

（1）检验水下气液旋流分离器单体仪表是否能正常工作并满足设计要求；

（2）检验水下气液旋流分离器调节阀及液压驱动单元是否能正常工作并满足设计要求；

（3）检验水下气液旋流分离器液位波动是否满足设计要求（液位波动范围为控制点 SP 的 ±30% 以内）；

（4）检验水下气液旋流分离器系统压力波动是否满足设计要求（压力波动范围为控制点 SP 的 ±10% 以内；

（5）检验水下气液旋流分离器连续稳定工作时间是否满足设计要求（连续稳定工作时间范围为 48h）。

本样机通过以上试验测试验证，并获得第三方认证。

第五章 深海油气工程关键产品和材料的研发

通过国家科技重大专项三个"五年计划"的攻关，在深水海管和立管、深水钻完井、深水流动安全等方面研制了深海油气开发工程关键产品和材料，打破了国外垄断，部分产品和材料实现了工程应用，带动了国内相关产业的发展，为我国油气田开发建设起到了降本提效的作用。本章重点介绍保温输送软管、湿式保温管及材料、深水钻完井液体系、深水流动安全化学药剂体系。

第一节 保温输送软管研发

海洋用非粘结保温输送软管是高技术产品，制造难度高，一直被 TechnipFMC 公司、GE 公司和 NOV 公司等少数国外公司所垄断，国内采办面临着产品价格高、采办周期长的不利局面，制约了非粘结保温输送软管在我国海上油气田开发中的应用。为了打破国外公司对非粘结保温输送软管长期垄断，从"十二五"开始，依托国家科技重大专项对非粘结保温输送软管国产化关键技术进行了攻关，自主开发了非粘结软管设计方法，开发了非粘结软管材料实验、原型试验及 FAT 试验程序，开发了非粘结软管制造工艺，开发了国产 PVDF 和耐高温保温材料，建立了非粘结软管材料性能测试试验室、原型试验和 FAT 试验室，建成了国内首条非粘结保温输送软管生产线，实现了非粘结保温输送软管从材料到制造的全部国产化，法国 BV 船级社对软管研发过程中的文件和程序进行了审查，对软管制造过程进行了见证。自 2012 年以来，基于研究成果设计制造的近 170km 非粘结输送软管产品已成功应用于国内外 15 个海上油气田开发项目中。

保温输送软管研发包含设计方法开发、材料和总体性能测试程序、制造工艺开发、测试和试验装置研制、生产线建立，其中软管设计方法在第二章第六节进行了介绍，软管测试和实验装置在第三章第四节进行了介绍，下面对其余几项内容进行介绍。

一、保温输送软管国产材料研发

为了解决保温输送软管内衬层材料聚偏氟乙烯（PVDF）和软管耐高温保温材料依赖国外进口易受制约问题，开展了这两种材料国产化研究。

1. 国产 PVDF 研发

目前，非粘结软管用 PVDF 材料主要采用比利时苏威公司 Solef 60512 产品和法国阿科玛公司 Kynar 400 HDC M 800 产品。通过对苏威公司 Solef 60512 产品和阿科玛公司 Kynar 400 HDC M 800 产品结构、性能和聚合工艺剖析研究（表 5-1-1 至表 5-1-3），确定以研究不含小分子添加剂的化学改性共聚技术为基础，开发 PVDF 树脂材料。通过对材料反应机理、悬浮工艺、聚合工艺研究，建立了PVDF悬浮共聚合反应自由基反应机理，即链引发、链增长、链转移和链终止4步基元反应机理，建立了物料衡算模型和共聚单体含量控制方法，在5L小试反应釜、100L中试反应釜反复试验后，优化确定了搅拌速度以及分散剂、引发剂、链转移剂和造粒工艺，成功研制了满足合同指标要求的耐高温PVDF共聚树脂原材料配方、聚合工艺、造粒工艺和产品。

表 5-1-1　国外 PVDF 工业化制备技术对比

制备方法	苏威公司悬浮聚合	阿科玛公司乳液聚合
聚合体系	单体、水、油溶性引发剂、分散剂、链转移剂	单体、水、水溶性引发剂、乳化剂、链转移剂
聚合过程	聚合压力高，通常4MPa以上反应速度慢，通常5h以上	聚合压力低，通常1~2MPa，反应速度很快
后处理	无须凝聚，直接过滤洗涤，过程简单环保	需经凝聚后再洗涤，过程烦琐，且乳化剂等残留难除
树脂性能	白色颗粒、熔点高、分子量分布窄，可无须造粒直接加工	白色粉末、熔点低、分子量分布宽，需造粒后加工应用
环保评价	较为环保	PFOA类乳化剂有生物积累性

表 5-1-2　PVDF 产品分析方法

分析内容		分析方法	标准
结构剖析	化学结构组成	核磁（NMR）	自定方法
	物理组分	红外（IR）、液质联用（LC-MS）	—
	微观形貌	扫描电镜（SEM）	JY/T 010—1996
	助剂含量	热失重分析（TGA）	方法自定
	分子量	凝胶渗透色谱（GPC）	SH/T 1759—2007
性能分析	熔点、结晶温度	差示扫描量热仪（DSC）	GB/T 19466.3—2004
	熔融指数	熔指仪	GB/T 3682—2000
	固有黏度	乌式黏度计	方法自定
	机械性能	万能拉伸机	GB/T 1040.1~GB/T 1040.3—2006
	玻璃化温度	动态机械热分析（DMA）	ASTM D4065

表 5-1-3　国外 PVDF 产品物化性能剖析结果

测试项目	Solef 60512（苏威公司）	Kynar 400（阿科玛公司）
熔点 /℃	172.27	168.96
熔融焓 /（J/g）	32.41	33.21

续表

测试项目	Solef 60512（苏威公司）	Kynar 400（阿科玛公司）
结晶温度 /℃	144.84	142.84
熔融指数 /（g/10min）	2.94	2.92
固有黏度 /（dL/g）	1.33	0.85
拉伸强度 /MPa	44.6	39.39
断裂伸长率 /%	328	256.4
玻璃化温度 /℃	−41.4	−47.1

通过 5L 反应釜小试和 100L 反应釜中试试验，确定 PVDF 配方及工艺。为开展耐高温 PVDF 共聚树脂工业应用，采用工业化装置 2m³ 聚合釜开展耐高温 PVDF 共聚树脂产品试制，并进行相关性能测试，采用单螺杆挤出机挤出造粒，生产了满足合同指标要求的 PVDF 产品（图 5-1-1 和表 5-1-4）。

利用研发的 3t PVDF 粒料树脂在天津市海王星海上工程技术股份有限公司的软管生产线进行加工性能测试，成功挤出 PVDF 管。经对 PVDF 挤塑管切片测试，自主研发产品性能指标与或国外产品指标对比见表 5-1-5，自主研发的耐高温 PVDF 树脂高温性能接近苏威 PVDF 树脂。

图 5-1-1 耐高温 PVDF 共聚树脂合格粒料产品

表 5-1-4 研发 PVDF 共聚树脂材料性能测试结果

测试项目	合同考核指标	测试指标	是否满足
熔点 /℃	165～174	169.01	满足
熔融指数 /（g/10min）	1～10	2.80	满足
相对密度	1.72～1.80	1.77	满足
拉伸强度（120℃）/MPa	≥21	25.4	满足

表 5-1-5 研发的 PVDF 与国外产品性能对比

测试项目	研发的 PVDF	苏威公司产品	阿科玛公司产品
相对密度	1.748	1.770	1.770
熔融指数 /（g/10min）	2.67	3.00	2.92
熔点 /℃	170.61	173.00	171.00
拉伸屈服强度（23℃）/MPa	43.31	39.1	45.0

续表

测试项目	研发的PVDF	苏威公司产品	阿科玛公司产品
屈服伸长率（23℃）/%	11.25	11.0	15.0
断裂伸长率（23℃）/%	242	125	40
拉伸屈服强度（120℃）/MPa	14.25	10.7	10.4
屈服伸长率（120℃）/%	20.25	20.7	30.0
拉伸极限强度（120℃）/MPa	29.17	23.5	12.8
断裂伸长率（120℃）/%	>300	>300	>300

2. 国产软管耐高温保温材料研发

通过对国外保温材料 PT3000 组分进行分析，发现 PT3000 主要由有机成分聚丙烯（PP）和无机成分中空玻璃微珠（HGM）组成（表 5-1-6）。由于要求研发的耐高温保温材料耐温至少 120℃，而 PP 材料耐温不满足这个要求。考虑热塑性聚酯弹性体（TPEE）材料最高耐温达 160℃，而且 TPEE 导热系数为 0.25W/（m·K），与合同指标要求的保温材料导热系数≤0.16W/（m·K）相差不大，因此选取 TPEE 替代 PP 材料作为保温材料的有机成分的主体材料。

表 5-1-6　PT3000 测试结果

试验项目	试验目的	测试结果
TGA-DTA 热分析	分析样品组成含量	有机物占 77%，无机物占 23%
扫描电子显微镜观察	观察多相材料的界面连接情况；无机相的粒径大小及分布	两相界面较为清晰；玻璃微珠（HGM）表面较为光滑；大部分玻璃微珠（HGM）与聚丙烯（PP）基体之间存在空隙；平均外径尺寸约为 20μm，壁厚约为 2μm

根据 PT3000 材料的分析结果，玻璃微珠的粒径约为 20μm，壁厚约为 2μm。考虑到 TPEE 基材结晶性强，且本身导热系数较低，与目标要求相差不大，故考虑选择粒径 40μm，壁厚 2μm 的玻璃微珠材料作为填充料。

由于 TPEE 导热系数比 PP 小，理论上更少的 HGM 与 TPEE 混合就可以达到与 PT3000 同样的保温要求，因此，初步确定 TPEE 与玻璃微珠的质量比例为 5~25：100。

根据上述的选材及配比，进行保温材料挤塑成带的工艺试制，最终确定采用两步法挤出工艺，即采用相同质量配比的 TPEE 和中空玻璃微珠共混，先挤出 TPEE 和中空玻璃微珠共混料作为母粒，然后将母粒与 TPEE 粒料再次共混挤出。

保温材料挤出工艺流程如图 5-1-2 所示。

图 5-1-3 是研发的带状软管耐高温保温材料。

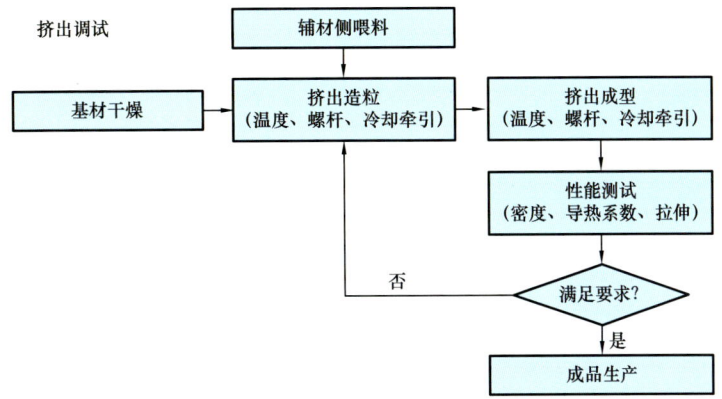

图 5-1-2 保温材料挤出工艺流程

图 5-1-3 研发的软管耐高温保温材料

对研发的保温材料性能进行了测试,测试结果见表 5-1-7,保温材料导热系数为 0.16W/(m·K),拉伸强度大于 2MPa,满足设计导热系数的要求以及生产缠绕使用的需求。

表 5-1-7 国产保温材料性能测试结果

测试项目	测试结果	合同要求	测试标准
密度 /(kg/m³)	820	730～850	ASTM D792—2008
温度 /℃	122	≥120	ASTM D1525
导热系数 /[W/(m·K)]	0.159	≤0.16	ASTM C518
拉伸强度 /MPa	20.27	≥2	ASTM D638
静水压力测试 /MPa	5	≥5	API 17L2

二、保温输送软管制造工艺开发和生产线研制

非粘结软管制造分为软管管体制造和软管端部接头装配两个步骤。非粘结软管管体通常由骨架层、内衬层、抗压铠装层、抗磨层、抗拉铠装层、辅助层、中间包覆层、保温层和外包覆层组成,各层制造设备名称及生产工艺见表 5-1-8。

表 5-1-8　软管各层设备名称及生产工艺

序号	层名	设备名称	生产工艺
1	骨架层	不锈钢锁扣生产线	S 形互锁结构与管轴近 90° 螺旋缠绕而成
2	内衬层	包覆生产线	聚合物挤塑
3	抗压铠装层	承压锁扣生产线	Z 形、C 形或 T 形互锁结构与管轴近 90° 螺旋缠绕而成
4	抗磨层	缠绕生产线	尼龙带缠绕
5	第 1 抗拉铠装层	扁钢缠绕生产线	钢丝螺旋缠绕,缠绕角度通常为 20°～60°
6	抗磨层	缠绕生产线	尼龙带缠绕
7	第 2 抗拉铠装层	扁钢缠绕生产线	钢丝螺旋缠绕,缠绕方向与第 1 抗拉铠装层反向
8	抗磨层	缠绕生产线	尼龙带缠绕
9	辅助层	缠绕生产线	玻璃纤维带缠绕
10	中间包覆层	包覆生产线	聚合物挤塑
11	保温层	保温层缠绕生产线	保温带缠绕
12	辅助层	缠绕生产线	塑带缠绕
13	外包覆层	包覆生产线	聚合物挤塑

保温输送软管制造工艺流程及软管管体各层制造设备如图 5-1-4 所示,软管制造是由内至外逐层生产,生产完成后在软管管体两端安装接头。软管制造完后进行 FAT 试验,试验成功后,过驳装船,然后运输至指定位置安装。

图 5-1-5 是建立的保温输送软管制造生产线,图 5-1-6 是利用建立的软管生产线制造的 8in 保温输送软管样管。

在保温输送软管研发过程中,请法国 BV 船级社对软管的设计文件、材料试验程序和报告、原型试验和报告、FAT 试验程序和报告以及软管制造规格书进行了审核,BV 船级社工程师还对软管的制造过程及试验过程进行了现场见证,保证了开发的软管设计方法、试验程序和制造工艺的正确性。

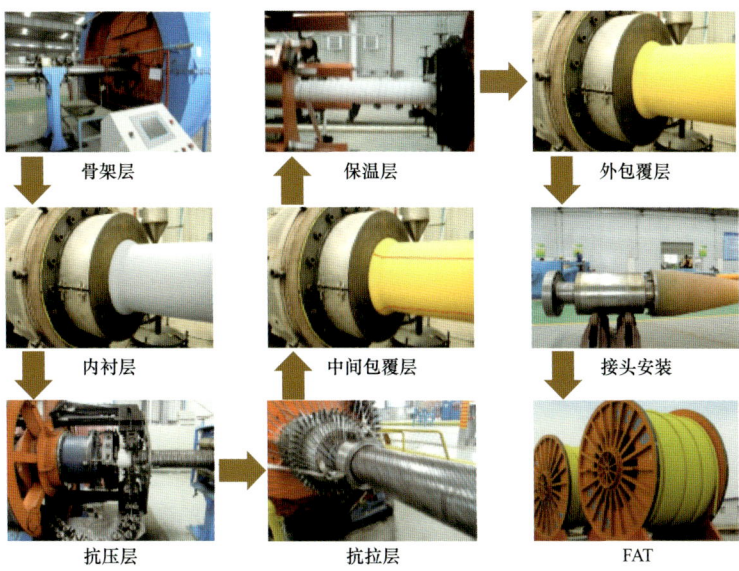

图 5-1-4　保温输送软管制造流程

图 5-1-5　保温输送软管制造生产线

图 5-1-6　保温输送软管样管

第二节　湿式保温材料及保温管研发

海底管道保温分为干式保温和湿式保温两种形式。干式保温用于双层管海底管道，保温材料布设在双层钢管之间，不与外界海水接触。湿式保温用于单层管海底管道，保温材料与外界海水接触。同干式保温相比，湿式保温具有钢材用量少、浮体负载小，对铺设装备能力要求低，海上管道节点连接效率高等优点，因此在深水油气田开发中得到更广泛应用。但由于湿式保温材料与外界海水环境接触，对其性能有较高要求，必须具备足够的抗压强度和耐磨性、良好的弯曲性能、极低的吸水率、极强的耐水解性和耐海生物附着性。

国外对湿式保温材料已进行了几十年的研究，技术已较成熟，但其供货存在价格昂贵、采办周期长的问题，极大制约了海底管道湿式保温技术的应用。为了打破这种局面，在"十二五"和"十三五"期间，中海油研究总院有限责任公司联合中海油能源发展股份有限公司对海底管道湿式保温管国产化进行攻关。通过对含中空玻璃微珠复合聚氨酯（GSPU）湿式保温材料配方、成型工艺、材料性能测试、GSPU湿式保温管涂敷预制工艺、海上现场节点接长技术等一系列关键技术进行攻关，成功研制了适用于1500m水深的GSPU湿式保温材料的配方及成型工艺，建立了一套基于ASTM，DIN和DSC标准的湿式保温材料和保温管性能测试体系，开发了一套GSPU湿式保温管涂敷预制工艺和海上现场节点接长工艺，建立了国内首条GSPU湿式保温管生产线，实现了湿式保温材料和保温管的国产化和产业化，打破了制约湿式保温在我国海上油气田应用的束缚，推动了湿式保温在我国油气田开发中的应用。开发的复合聚氨酯湿式保温管和节点接长技术已成功应用于PL19-3等3个海上油田4条海底管道工程建设中。同采购国外进口湿式保温材料相比，采用国产湿式保温材料可节省投资近30%，降低了海上油气田开发费用。

一、湿式保温材料研发

1. 国产化湿式保温材料选择

目前海底管道湿式保温材料主要有复合聚氨酯（Syntactic Polyurethane，SPU）和多层聚丙烯（Multi-layer Polypropylene，XLPP）。

复合聚氨酯是在聚氨酯材料中添加空心高分子聚合物形成的保温材料。复合聚氨酯适用的最大水深为300m，若要用于更深的水中，需要在复合聚氨酯弹性体中添加直径小于100μm的空心玻璃微珠，形成含玻璃微珠复合聚氨酯（Glass Syntactic Polyurethane，GSPU）。添加空心玻璃微珠一方面能提高聚氨酯材料的抗压和抗蠕变性，另一方面还可以降低材料的导热系数，提高其保温性能。GSPU适用的最大水深可达3000m。

多层聚丙烯湿式保温材料是由多层不同类型的聚丙烯（如实心聚丙烯、发泡聚丙烯、复合聚丙烯等）复合而成，具有质轻、抗压、韧性高、稳定性好等特点。聚丙烯的层数可以根据需要进行调整，目前深水开发中应用较多的是5层聚丙烯（5LPP），5LPP由

FBE、胶黏剂、中间实体 PP、复合或发泡 PP、外部实体 PP 五部分组成，其中 FBE、胶黏剂和中间实体 PP 形成 3LPP，主要起防腐作用，复合或发泡 PP 主要起保温作用，外部实体 PP 主要起保护作用。

表 5-2-1 是复合聚氨酯保温材料和多层聚丙烯保温涂层对比。与多层聚丙烯保温涂层相比，GSPU 保温涂层具有保温效果更好、质量稳定性好易控制、制作工艺相对简单、投资较低、原材料来源较丰富等优势，但材料其他性能指标相差不大，根据深水油气开发的需求及公司目前具有的技术实力，选择复合聚氨酯湿式保温材料作为湿式保温材料国产化攻关目标。

表 5-2-1 复合聚氨酯保温涂层与多层聚丙烯保温涂层对比

内容	复合聚氨酯保温涂层	多层聚丙烯保温涂层
涂敷方法	模具浇注	挤出
最高工作温度 /℃	115	140
最大工作水深 /m	3000	3000
导热系数 /[W/(m·K)]	0.145～0.175	0.15～0.21
密度 /(kg/m^3)	600～850	730～850
制作工艺	相对简单，质量容易控制	相对复杂，需要多层挤出，质量不易控制
原料供应	价格较高，但可选范围较大	价格便宜，但可选范围较小
存储/安装	容易	节点处理较难
预制过程能量消耗	低	高
前期资产投资	低	高

2. 国产复合聚氨酯湿式保温材料研发

复合聚氨酯湿式保温材料是以聚氨酯弹性体材料为基材，以中空玻璃微珠材料为填料合成的具有抗高压、良好保温性能的湿式保温材料。国产复合聚氨酯湿式保温材料研发包括国产复合聚氨酯弹性体材料研发和国产中空玻璃微珠研发。

1）国产复合聚氨酯弹性体材料研发

通过调研知，复合聚氨酯弹性体主要由聚醚多元醇与多异氰酸酯反应生成。国产复合聚氨酯弹性体材料研发主要是确定聚醚多元醇和多异氰酸酯的配方与合成工艺。复合聚氨酯保温材料配方和合成工艺研究过程如下：

（1）复合聚氨酯弹性体基础原材料选择。

对于聚醚多元醇，考虑复合聚氨酯湿式保温材料长期处于高压海水之中，对材料的耐水解性能具有较高的要求，因此选取具有较高耐水解性能的聚环氧丙烷醚多元醇。为了解决其分子链间的相互作用力较低，所制备的材料的机械性能较差的问题，考虑在配方体系中掺混具有较高分子链间作用力的聚四氢呋喃醚二醇，以求使材料性能满足其应用要求。

对于多异氰酸脂，从健康安全和环保考虑，选用对人体毒性相对较小的二苯基甲烷二异氰酸酯（MDI）材料作为多异氰酸酯基本材料。

交联剂和扩链剂选择上既要考虑分子结构、官能度，又要考虑与体系的相容性，以保证组合料体系具有较高的贮存稳定性，主要选用 2 官能度的小分子多元醇，如 1,4- 丁二醇（BDO）、1,2- 丙二醇（PDO）、GE-204，以及 3 官能度的小分子醇 DP-303、TIPA 和 TMP，以调整硬段的交联密度。

最终确定表 5-2-2 中的原料用于国产化复合聚氨酯弹性体研发。

表 5-2-2　国产化复合聚氨酯弹性体原材料列表

原料名称	规格	供应商
液化 MDI	工业级	亨斯迈聚氨酯（中国）有限公司
MDI5005	工业级	亨斯迈聚氨酯（中国）有限公司
MDI	工业级	亨斯迈聚氨酯（中国）有限公司
1,4- 丁二醇（BDO）	化学纯	上海凌峰化学试剂有限公司
1,2- 丙二醇（PDO）	化学纯	上海凌峰化学试剂有限公司
三羟甲基丙烷（TMP）	化学纯	上海晶纯实业有限公司
三异丙醇胺（TIPA）	化学纯	上海晶纯实业有限公司
GE-330N	工业级	中国石化集团资产经营管理有限公司
GE-204	工业级	中国石化集团资产经营管理有限公司
DP-303	工业级	山东蓝星东大有限公司
DL-2000	工业级	山东蓝星东大有限公司
DL-1000	工业级	山东蓝星东大有限公司
聚四氢呋喃醚二醇（PTHF-1000）	工业级	德国巴斯夫公司（BASF）
聚四氢呋喃醚二醇（PTHF-2000）	工业级	德国巴斯夫公司（BASF）
聚四氢呋喃醚二醇（PTHF-650）	工业级	德国巴斯夫公司（BASF）
硅烷偶联剂（KH550）	化学纯	南京向前化工有限公司
硅烷偶联剂（KH560）	化学纯	南京向前化工有限公司
DBTDL、K-15、PT-303、PT-304	工业级	美国空气产品公司（Air Products）
除水消泡剂	工业级	自制
空心玻璃微珠	工业级 S-35	3M（中国）有限公司
空心玻璃微珠	工业级 S5500	3M（中国）有限公司

（2）多异氰酸酯配方及合成工艺确定。

多异氰酸酯常温下是固态，不利于工艺操作，工业生产中通常将异氰酸酯进行改性处理加工成液态。MDI 异氰酸酯常见改性技术有：氨酯改性、碳化二亚/脲酮亚胺胺改性、三聚改性、脲基甲酸酯改性以及混合改性，即对之前的几种改性技术的混合改性。

通过对以上几种改性方法进行比较研究，确定脲基甲酸酯—氨酯混合改性异氰酸酯最符合复合聚氨酯湿式保温材料需要，并确定了适用于 1500m 水深的改性异氰酸酯最佳配方。多异氰酸酯的异氰酸酯基（NCO）和黏度与时间密切相关，通过对多异氰酸酯放入 NCO 对时间及黏度对时间的关系实验研究，确定了获得多异氰酸脂最佳配方的中试合成工艺放大试验流程，如图 5-2-1 所示。

（3）聚醚多元醇合成工艺与基础配方确定。

与多异氰酸酯配方研制不同，聚醚多元醇配方研制需与多异氰酸酯原材料合成聚氨酯弹性体后进行性能参数测试，测试合格后方可确定聚醚多元醇配方。

聚醚多元醇的合成工艺流程如图 5-2-2 所示。

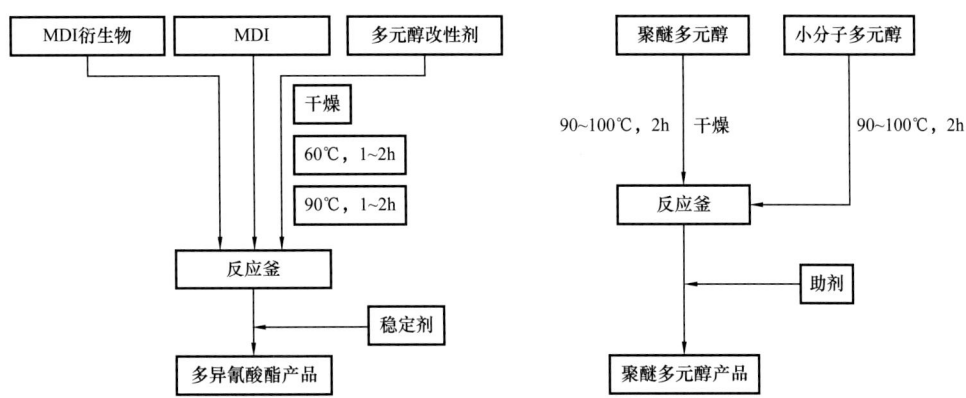

图 5-2-1　多异氰酸酯合成工艺放大实验流程图　　图 5-2-2　聚醚多元醇合成工艺流程图

将基于图 5-2-2 合成工艺流程制得的聚醚多元醇先与中空玻璃微珠进行混合，然后与按最佳配方配制的多异氰酸酯进行混合，制得复合聚氨酯弹性体。

为了了解以下各组分对复合聚氨酯弹性体材料性能影响，进行了配方研究试验：

① 硅烷偶联剂；

② 玻璃微珠的混合模式；

③ 交联密度；

④ 软段分子量及数均分子质量；

⑤ 消泡剂；

⑥ 稀释剂；

⑦ 除水剂；

⑧ 催化剂；

⑨ 抗水稳定剂和抗氧剂。

经过配方研究试验，确定了聚醚多元醇基础配方。为了验证聚醚多元醇基础配方的可重复性和稳定性，按基础配方进行了多次聚醚多元醇合成，试验结果表明，所确定的聚醚多元醇基础配方具有较好的可重复性和储存稳定性。

（4）聚醚多元醇最佳配方确定。

确定聚醚多元醇基础配方和合成工艺后，进行复合聚氨酯弹性体生产中试，来确定复合聚氨酯弹性体组分中聚醚多元醇的最佳配方。图 5-2-3 是设计的复合聚氨酯弹性体生产中试流程。

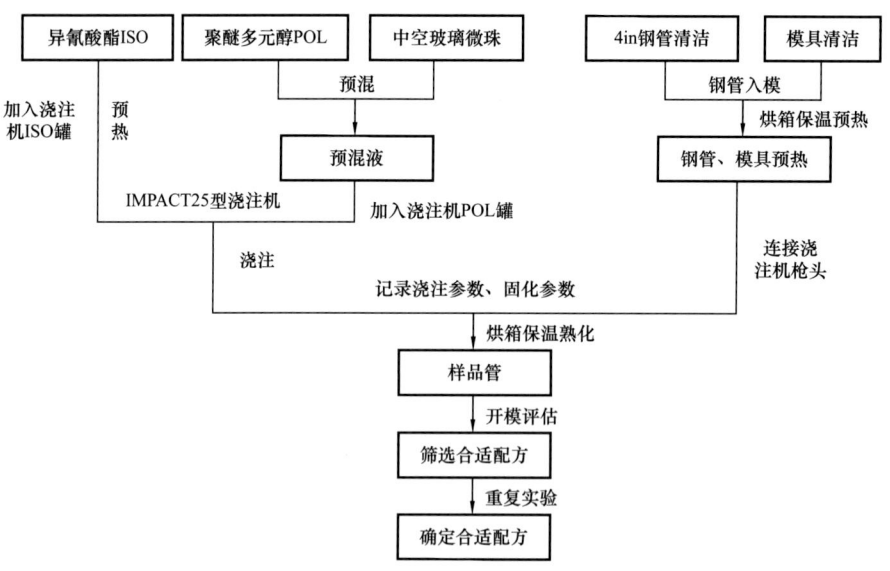

图 5-2-3　复合聚氨酯弹性体生产中试流程图

通过中试试验，确定了适用 1500m 水深的复合聚氨酯弹性体组分中聚醚多元醇的最佳配方。

2）国产中空玻璃微珠研发

GSPU 是由复合聚氨酯中空玻璃微珠混合而成。对于 GSPU 湿式保温材料，中空玻璃微珠是关键材料，它的性能直接影响 GSPU 湿式保温材料性能高低。在开展湿式保温材料国产化研究之前，国内虽然有厂家生产中空玻璃微珠产品，但产品不满足海底管道湿式保温要求。

对秦皇岛秦皇玻璃微珠有限公司、中钢集团马鞍山矿山研究院有限公司、山西海诺科技有限公司和青岛海翰亚纳米新材料有限公司等国内 15 家中空玻璃微珠材料厂家的128 种中空玻璃微珠产品进行了调研，按照 GSPU 湿式保温管预制的要求，筛选出初步符合要求的中钢集团马鞍山矿山研究院有限公司、中科华星靖江新材料有限公司和山西海诺科技有限公司等 5 家的 9 种中空玻璃微珠产品。

结合中空玻璃微珠材料的使用环境、加工环境和输送环境等条件进行分析，提出了国产中空玻璃微珠材料的技术要求，主要包括真密度、等静压强度、粒径、导热系数。与初步筛选出的 5 家中空玻璃微珠生产厂家沟通，提出了湿式保温管用中空玻璃微珠材料的技术要求，要求材料厂家对初步筛选出来的 9 种材料进行以下优化：

（1）缩减密度范围，达到 ±20kg/m³；
（2）提高抗压强度，满足≥20MPa 的要求；
（3）控制粒径分布范围，最大粒径控制在 120μm 以下；
（4）进行表面处理，提高中空玻璃微珠材料与聚氨酯弹性体材料的浸润性能。

对材料厂家优化后的 9 种初步筛选的中空玻璃微珠材料进行了实验室测试，主要测试项目为等静压强度，该指标除需满足耐使用环境静水压≥5MPa 以外，还需满足通过中空玻璃微珠与聚醚多元醇预混后破损率≤10%，通过浇注机浇注泵、管路后破损率≤10%的要求。根据设备性能，对中空玻璃微珠材料提出了 27MPa 下破损率≤10% 的要求。按 JC/T 2285—2014《空心玻璃微珠抗等静压强度（气压法）的测定方法》对筛选出来的 9 种中空玻璃微珠材料在 27MPa 压力下的破损率进行测试，测试结果见表 5-2-3，最终选择破损率最低的中钢集团马鞍山矿山研究院有限公司的 T40 产品和山西海诺科技股份有限公司的 HN38（HN40）产品进行上机放大试验。

表 5-2-3　国产中空玻璃微珠材料实验室测试结果

序号	材料厂家	材料型号	破损率 /%	合格指标 /%	是否合格
1	中钢集团马鞍山矿山研究院有限公司	T40	4	≤10	是
2	中科华星靖江新材料有限公司	N40	9	≤10	否
3	中科华星靖江新材料有限公司	D4000	12	≤10	否
4	山东雅丽支撑新材料科技有限公司	H30	17	≤10	否
5	山东雅丽支撑新材料科技有限公司	H36	14	≤10	否
6	山东雅丽支撑新材料科技有限公司	H38	11	≤10	否
7	山西海诺科技股份有限公司	HN38（HN40）	4	≤10	是
8	郑州圣莱特空心微珠新材料有限公司	HL38	12	≤10	否
9	郑州圣莱特空心微珠新材料有限公司	HL40	13	≤10	否

为了更好地实现国产中空玻璃微珠与聚醚多元醇预混，对预混设备和工艺进行了研究，主要研究了预混设备及预混技术、预混液真空处理技术。通过对预混原理的分析及混合设备的调研，确定采用非啮合型双螺杆挤出机对中空玻璃微珠与聚醚多元醇进行预混。通过对混合技术的研究得出了双螺杆混合器的相关技术要求，并设计了混合器。通过对脱气技术的研究，得到了工业化脱气工艺。利用开发的预混工艺以及研发的 GSPU 湿式保温管浇注工艺，对筛选出的 2 种国产中空玻璃微珠材料以及国外 3M 公司的中空玻璃微珠进行了上机试验，分别制作了 GSPU 湿式保温管（HN38 和 T40），并对湿式保温管的性能指标进行了测试，见表 5-2-4。

对试验管的性能指标进行了测试，上机试验发现中钢集团马鞍山矿山研究院有限公司的 T40 产品制作的湿式保温管初始硬度不能满足要求，无法满足实际生产过程中的堆垛、运输要求，该材料不符合要求。山西海诺科技股份有限公司的 HN38 产品初始硬度等各项指标均满足了技术要求，大部分检验指标均优于国外同等级产品，少部分指标不及国外同等级产品，因此选用山西海诺科技股份有限公司的 HN38 作为国产化中空玻璃微珠。

表 5-2-4　中空玻璃微珠上机试验结果

序号	检验项目	HN38	T40	国外产品	指标要求	检验标准
1	密度 /（kg/m³）	847.8	851.6	850.3	800～860	ASTM D792
2	邵氏 A 硬度（初始）	86	75	92	≥80	ASTM D2240
3	邵氏 A 硬度（7d）	95.3	95.3	96.3	≥90	ASTM D2240
4	导热系数（24℃）/［W/（m·K）］	0.142	0.1438	0.142	≤0.165	ASTM C518
5	比热容（23℃）/［J/（kg·℃）］	1649	—	1635	≥1400	ASTM E1269
6	拉伸强度 /MPa	6.91	5.76	8.58	≥5.0	ASTM D412
7	断裂伸长率 /%	108.9	104	64.2	≥50	ASTM D412
8	撕裂强度（新月型）/（kN/m）	62.0	—	104.1	≥40	ASTM D624
9	剪切强度 /MPa	12.59	—	13.99	≥12	ASTM D732
10	压缩强度（10% 变形）/MPa	3.34	2.37	3.50	≥3	ASTM D695
11	吸水率（23℃，96h）/%	1.18	—	0.75	≤3	ISO 62
12	抗热降解性能（115℃，28d）（拉伸强度变化率 /%）	-2.26	—	-10.82	<±20	ASTM D412

同国外进口中空玻璃微珠相比，研发的国产中空玻璃微珠价格低近 40%。利用研发的国产中空玻璃微珠替代国外进口中空玻璃微珠进行海底管道湿式保温，能够大大降低海底管道工程建设投资。

二、湿式保温管预制工艺研发

中试试验取得聚醚多元醇最终配方后，进行了复合聚氨酯湿式保温材料涂敷预制放大试验。通过放大试验，一方面验证中试试验选定的原材料配方是否适用于进行放大试验，另一方面取得复合聚氨酯材料涂敷预制工艺参数。

在进行涂敷预制放大试验前，首先要选择湿式保温管成型浇注方式。目前湿式保温管成型浇注方式有水平浇注和倾斜浇注两种方式。与水平浇注相比，倾斜浇注涂层表面及内部气泡更容易消除、质量更易控制，且中海油能源发展股份有限公司在倾斜浇注上具有良好的技术基础，因而确定了采用倾斜浇注工艺。

设计的复合聚氨酯湿式保温材料涂敷预制工艺放大试验工艺流程如图 5-2-4 所示。

为了开展放大试验，开发了钢管传动线、钢管温度监控记录系统、中空玻璃微珠与聚醚多元醇预混及储存装置、钢管预热系统（钢管加热中频）等设备组建了复合聚氨酯保温材料涂敷预制生产线，如图 5-2-5 所示。

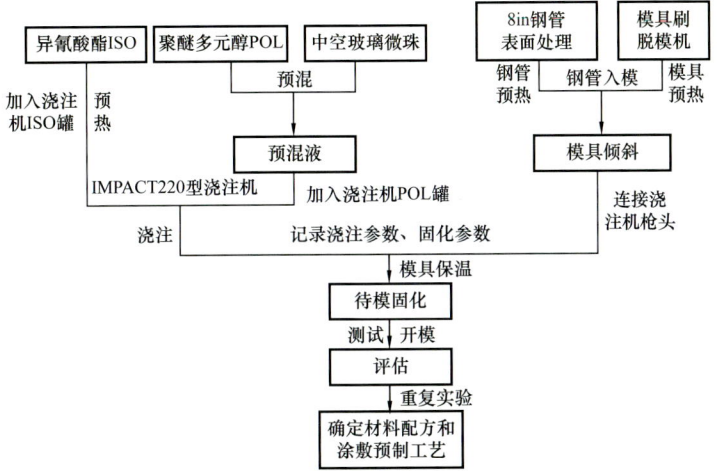

图 5-2-4　复合聚氨酯湿式保温材料涂敷预制工艺放大试验工艺流程图

图 5-2-5　复合聚氨酯保温管涂敷预制生产线

通过复合聚氨酯保温材料放大试验研究，验证了中试试验选定的原材料配方仍适用于放大试验，确定了1500m水深复合聚氨酯保温材料和保温管预制关键工艺参数。基于设计的复合聚氨酯湿式保温管预制工艺流程和工艺参数，预制出合格的复合聚氨酯湿式保温管，如图 5-2-6 所示。

图 5-2-6　研制的复合聚氨酯湿式保温管

三、湿式保温管现场节点接长工艺开发

湿式保温管现场节点接长技术是湿式保温管关键技术之一，直接影响到湿式保温管海上铺设效率和施工经济效益。在海上铺管作业时，需要将管段在铺管船上进行节点接长后铺设到海床上。节点接长通常包括钢管焊接、焊接质量检查、节点防腐处理和节点保温处理等工序。钢管焊接、焊接质量检查和节点防腐保温处理等工序是在铺管船上不同的工作站同时进行，为了不影响海底管道正常铺设速度，要求在保证质量的前提下，尽可能减少节点保温处理时间。

在"十三五"期间，经过研究，成功开发了一套湿式保温管现场节点接长工艺，研发了节点浇注材料，研制了湿式保温管现场节点接长装置，建立了节点性能测试方法和试验装置。

通过调研，了解到复合聚氨酯湿式保温管接长节点结构形式为FBE+实心聚氨酯材料，实心聚氨酯材料由聚醚多元醇和多异氰酸脂混合而成。通过配比实验研究，确定两者混合比例为1.3∶1。

开发的湿式保温管现场节点接长工艺流程如图5-2-7所示，主要流程包括：

（1）节点处理和加热。对节点表面进行清洁处理，对节点两端的GSPU进行粗糙化处理，在节点两端安装节点预热装置，对节点进行加热。

（2）模具预热与安装。利用焊枪对浇注模具进行预加热，模具加热后安装到节点上。

（3）SPU浇注。采用大流量低压浇注机将配比好的SPU从模具底部浇注到模具中。

（4）开模。浇注完成后，静置5~8min，待浇注的SPU固化后打开模具。

（5）涂层修整。对SPU节点涂层外形进行修整，保证外形平整。

(a) 流程：节点处理

(b) 流程：节点预热

(c) 流程：模具预热

(d) 流程：模具安装

(e) 流程：SPU浇注

(f) 流程：固化开模

(g) 流程：涂层修整

(h) 流程：下海

图5-2-7　湿式保温管现场节点接长工艺流程

根据复合聚氨酯湿式保温管接长节点工艺要求，设计并研制了一套橇块式湿式保温管海上接长移动装备，包含配方浇注机、浇注设备、接长模具、保温层端面预热设备等，

如图 5-2-8 至图 5-2-11 所示。

表 5-2-5 是蓬莱 19-3 油田 1/3/8/9 区块湿式保温管铺设过程中铺管船工作站布置各工序用时。从表 5-2-5 可以看出，复合聚氨酯湿式保温管节点浇注时间约为 30min，少于管道焊接时间，并不是控制管道铺设速度的关键因素，不影响管道正常铺设。

图 5-2-8 配方浇注机

图 5-2-9 浇注设备

图 5-2-10 接长模具

图 5-2-11 保温层端面预热设备

表 5-2-5 铺管船工作站布置及各工序用时

站点	工作内容	用时 /min
1 站	对口、焊接	45～60
2 站	焊接	
3 站	焊接、NDT	5
4 站	喷砂除锈、LE 刷涂	15
5 站	节点预热、SPU 浇注	30
6 站	HDPUF 填充	4

通过研究，确定了湿式保温管接长测试项目有：涂层厚度、邵氏硬度（D）、断裂伸长率、断裂拉伸强度、密度、导热系数、与 GSPU 黏接强度、比热容、环形抗剪切强度、

模拟冲击测试、模拟弯曲测试、模拟服役环境测试（SST）。同时还确定了各检验项目的检验指标要求、测试方法、评价方法。具体见表 5-2-6。

表 5-2-6 湿式保温管接长测试检验项目、指标要求及测试方法

序号	检验项目		指标要求	检验标准
1	材料测试	涂层厚度	满足项目规格书要求	PI TAPE
2		邵氏硬度（D）	≥40	ISO 868
3		断裂伸长率	≥80%	ISO 37
4		断裂拉伸强度	≥12MPa	ISO 37
5		密度	1050～1200kg/m³	ASTM 2781
6		导热系数	≤0.195W/（m·K）	ASTM C518
7		与 GSPU 粘接强度	≥1MPa	ASTM D4541
8		比热容	1500J/（kg·℃）	ASTM E1269
9	全尺寸测试	环形抗剪切强度	涂层与钢管粘接强度≥1MPa	ISO 12736
10		模拟冲击测试	涂层耐冲击强度 10kJ	ISO 12736
11		模拟弯曲测试	涂层耐弯曲性能、涂层与主体 GSPU 材料粘接性能满足设计要求	ISO 12736
12		模拟服役环境测试（SST）	整管耐水压能力、整管 U 值、材料蠕变性能、涂层与主体 GSPU 材料粘接性能满足设计要求	ISO 12736

第三节 深水钻完井液体系

本节主要介绍了深水环境对钻完井液和固井液的影响，在此基础上分别分析了深水钻井液体系、固井水泥浆体系及其适应性，并阐述了深水钻完井液、水泥浆的性能评价方法及其设备，特别介绍了深水特殊的钻井液和固井水泥浆设计相关理论。

一、深水恒流变钻井液体系设计技术

1. 适用于深水的钻井液体系

国外典型的深水钻井设计参见表 5-3-1。

海洋深水钻井过程中会遇到许多与钻井液有关的问题，诸如钻井环境温度低、钻井液流变性调控难、钻井液用量大、海底页岩的稳定性、井眼清洗、浅水流动、浅层天然气以及气体水合物的生成等。此外，深水钻井时温度变化明显，钻井液的流变性受温度的影响很大，特别是动切力和低剪切速率下的黏度难以控制，由此引发的井漏、当量循

环密度（ECD）高压力控制难等一系列问题正在成为深水钻井面临的挑战。合成基钻井液以其机械钻速高、井壁稳定性能好等特点已成为海上油气钻探的常用钻井液体系，但该钻井液的黏度和切力受温度的影响较为明显，因而容易发生井漏，特别是在钻井液长时间静置的情况下更为严重。针对深水钻井过程中这种特殊环境下的钻井作业所设计的钻井液体系必须能够解决以下几个问题：

表 5-3-1 国外典型的深水钻井设计

管柱	井身结构	深度/ft	钻井液体系	问题
隔水管		1500～7000	容量 369bbl/1000ft	水温低、气体水合物的生成、钻井液的流体静力学
结构管柱		泥线下 200～1000	海水黏性液	浅层气/水流动、疏松地层、活性黏土、破裂梯度低
导管		泥线下 1000～2000	海水黏性液	浅层气/水流动、疏松地层、活性黏土、破裂梯度低
表层套管		泥线下 2500～3500	抑制性水基钻井液（如高盐/聚合物钻井液、强化聚合醇钻井液）	浅层气、疏松地层、活性黏土、破裂梯度低
技术套管		泥线下 5000～7000	抑制性水基钻井液（如高盐/聚合物钻井液、强化聚合醇钻井液）	活性黏土、破裂窗口小
钻井衬管		泥线下 7000～10000	合成基钻井液	活性黏土、破裂窗口小、扭矩和抽吸力
钻井衬管		泥线下 10000～12000	合成基钻井液	活性黏土、破裂窗口小、扭矩和抽吸力
裸眼段		泥线下 12000～17000	合成基钻井液	破裂窗口小、扭矩和抽吸力

（1）钻井液流变性受温度和压力影响小；
（2）能够有效预防气体水合物的生成；
（3）具有良好的抑制性能，能有效稳定弱胶结地层；
（4）具有良好的动态携砂和静态悬屑性能，从而保证井眼清洁；
（5）能够满足健康、安全、环保（HSE）的要求；
（6）具有较为经济的成本。

目前世界上深水钻井最活跃的国家和地区主要包括：墨西哥湾、西非和巴西。常用的钻井液体系有高盐/木质素磺酸盐钻井液体系、高盐/PHPA（部分水解聚丙烯酰胺）聚合物加聚合醇钻井液体系、油基钻井液体系以及合成基钻井液体系等。其中目前最有效、最常用而且又能满足环保要求的钻井液体系有高盐/PHPA（部分水解聚丙烯酰胺）聚合物加聚合醇钻井液体系和合成基钻井液体系。

2. 恒流变合成基钻井液体系

目前国外的深水钻井中使用最成功的就是合成基钻井液体系：一方面，该体系在油水比高时可以有效抑制气体水合物的生成；另一方面，该体系具有较好的润滑性、抑制性以及稳定性，大大减少了井下复杂事故的发生率，从而大幅度提高了机械钻速。但是，常规的合成基钻井液在温度和压力变化时会表现出很大的变化，这主要是由于基液的特性黏数受温度和压力影响较大。常规的合成基钻井液，在隔水管中由于低温会表现出高黏度、高凝胶强度、高抽汲压力和波动压力，而在井底高温情况下其黏度又会大幅度降低，从而导致井眼清洗效果差、加重剂沉降，还会由于钻屑床的行程而导致井漏和加重剂堵塞。与常规的合成基钻井液不同，恒流变合成基钻井液体系（FRIDF）不仅表现出了优异的井眼清洗能力、悬浮性能、ECD控制能力，更重要的是该体系的流变性不受温度影响，所以该体系在深水钻井中越来越受到广泛的关注。典型的恒流变合成基钻井液体系能够不以牺牲钻井液流变性能为代价地解决工程问题。

恒流变合成基钻井液是一种以合成基基液为连续相，以水为分散相的乳状液。通常添加乳化剂、润湿剂、亲油胶体和加重材料等处理剂后形成稳定的乳状液体系。其主要成分和作用如下：基油、水相、乳化剂、润湿剂、亲油胶体、石灰、加重材料、流变稳定剂。

试验表明，随着温度变化，聚合物和（或）表面活性剂类流变稳定剂将具有积极的变化。当与有机土复配使用时，可以使钻井液的流变性基本上不受温度和压力变化而变化。这种性质主要取决于流变稳定剂的浓度和盐水相的碱度。

早期恒流变的定义描述为：在50℃下，6r/min时的旋转黏度计读数尽可能接近100r/min时的旋转黏度计读数或用库埃特黏度计测得的屈服值，这个"平坦"的流变特征可以减少大斜度井的重晶石沉降和提高携岩能力。当前定义的恒流变描述了屈服值相对不变，在4℃、50℃和75℃时6r/min读数和3r/min读数，就像用标准库埃特黏度计测量得到的结果。开发了符合后者定义的恒流变设计的钻井液，并在马来西亚沙巴近海深水领域现场应用。该系统于2007年12月首次开始使用，并一直持续到现在。

恒流变合成基钻井液的流变性受温度的影响较小，特别是动切力、静切力和低剪切速率下的黏度等参数不随着温度的变化而改变，表现出稳定优良的流变特性。该特性主要通过两种方式实现：

一是使用少量的有机土，并配合使用聚合物类增黏剂，聚合物类增黏剂随温度的升高而伸展变长，在低温条件下则呈卷曲状态且对黏度无影响。在具有恒流变特性的钻井液体系中，随着温度升高，有机土的增黏效果会有所减弱，此时聚合物增黏剂将发挥主要的增黏作用；而随着温度降低，聚合物增黏剂逐渐紧缩，此时有机土主要起增黏作用。

二是使用一种温度活化型表面活性剂。该表面活性剂可与低浓度的有机土相互作用形成空间网状结构，从而达到增黏的目的。该空间网状结构随着温度升高而增强，随着温度降低而减弱。而有机土则正好相反，是随着温度升高而导致钻井液黏度降低，随着温度降低而导致钻井液黏度增大。正是两者之间此消彼长的互补特性实现了合成基钻井液的恒流变特性。

研究表明，以上两种方式存在着一个过度温度段，即聚合物类增黏剂提供的黏度不能完全补偿有机土降低的黏度。因此恒流变合成基钻井液的流变特性对温度的变化会呈现出 U 形曲线，即动切力随着温度的升高先略有降低后又增大，而传统合成基钻井液的动切力则随着温度的升高而逐渐降低。

在 2002 年，恒流变合成基钻井液体系被研制以应对常规钻井液引起的一系列问题。最初的恒流变合成基钻井液体系包括两种有机土、一种乳化剂、一种润湿剂以及两种流型调节剂以达到恒流变的性能。此体系能在 40~150°F 下保持 6r/min 值、屈服值、10min 的凝胶强度恒定。最初的恒流变合成基钻井液体系的典型配方见表 5-3-2。

表 5-3-2　最初的恒流变合成基钻井液体系的典型配方

材料	加量	
	lb/bbl	g/100mL
有机土 A	1~3	0.28~0.85
有机土 B	0.5~1	0.14~0.28
石灰	2~4	0.57~1.14
乳化剂	7~10	2.00~2.85
润湿剂	1~3	0.28~0.85
流型调节剂 C	1~2	0.28~0.57
流型调节剂 D	0.5~1.5	0.14~0.43
流型调节剂 E	0~10	0~2.85
降滤失剂	0.5~2.0	0.14~0.57

与常规的合成基钻井液体系在不同温度和压力下的性能对比，如图 5-3-1 所示。

自恒流变合成基钻井液最初被研制出之后，在深水区域被使用了数百次，表现出很多优点，诸如机械钻速快、井眼清洗效果好、ECD 低、井漏发生次数少等，但是，其也表现出一些缺点，例如体系配方复杂，不利于工程维护和调控；当体系被低相对密度固相污染后 10min 的凝胶强度过高等。因此，该体系也在不断地改进中，并研制出了新一代恒流变合成基钻井液（NFRS），该体系的典型配方见表 5-3-3。

NFRS 与初期恒流变合成基钻井液性能对比如图 5-3-2 所示。

由图 5-3-2 可以看出，最初的恒流变合成基钻井液当温度升高后，由于流型调节剂的降解造成体系的流型曲线恶化，而新一代恒流变合成基钻井液（NFRS）则表现出优异的性能。

目前，恒流变合成基钻井液体系已成功应用于墨西哥湾海域，并逐渐应用于亚洲近海海域以及西非近海、巴西近海等地区。

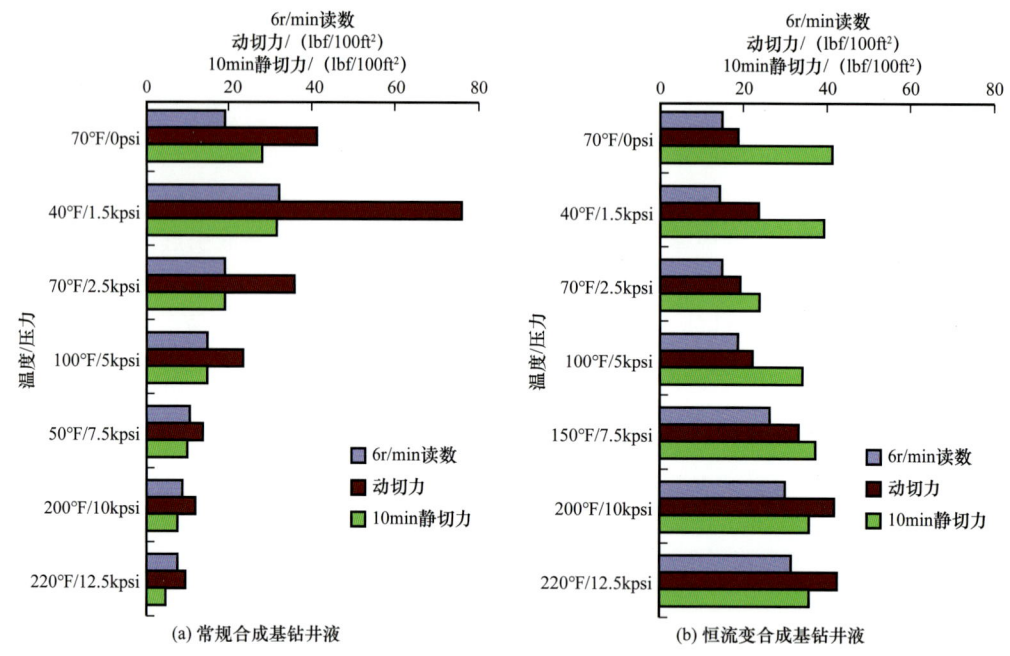

图 5-3-1　常规合成基钻井液与恒流变合成基钻井液在不同温度和压力条件下的性能对比

表 5-3-3　新一代恒流变合成基钻井液体系（NFRS）的典型配方

材料	加量	
	lb/bbl	g/100mL
有机土	1～3	0.28～0.85
石灰	2～4	0.57～1.14
乳化剂	8～12	2.28～3.42
流型调节剂	0.75～1.5	0.21～0.42
降滤失剂	0.5～2.0	0.14～0.57
加重剂	根据所需密度加入	

3. 深水钻井液的气体水合物抑制

海洋深水钻井作业环境恶劣，操作条件复杂，其中之一便是钻井液中容易形成天然气水合物。水合物的存在对钻井安全和完井效率有严重威胁，其能堵塞上部环空、BOP 和阀/压井管线，妨碍油井的压力监控，限制钻柱活动，导致钻井液性能变坏，堵塞气管、导管或隔水管，造成钻井事故。

气体水合物对钻井危害很大，它可以阻塞 BOP、压井管线、环空通道，造成钻井事故。水合物的形成会消耗钻井液中的水，使重金属沉降，使钻井液黏度增大，性能下降。水合物返到地面时也会造成危险，甚至威胁作业人员的生命安全，因为 $1m^3$ 的气体水合物会产生170m³的气体，它们冲出井口时可能会造成爆炸和火灾。

为了预防和消除气体水合物的危害，室内对气体水合物的生成及抑制机理进行研究，并对恒流变合成基钻井液的水合物抑制能力进行评价，以防钻井事故的发生。

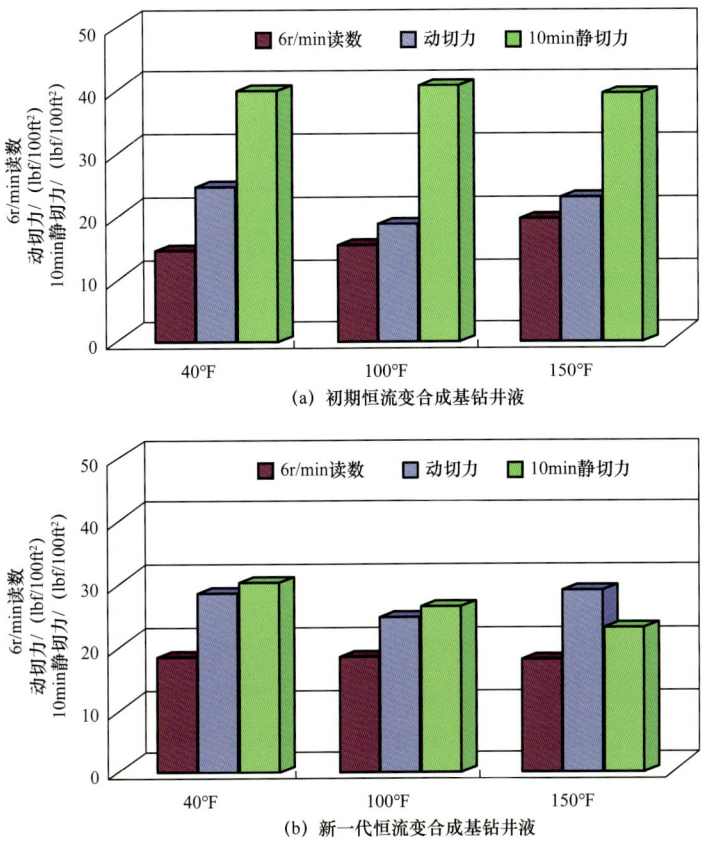

图 5-3-2　最初的恒流变合成基钻井液与新一代恒流变合成基钻井液（NFRS）的性能对比

导致气体水合物形成的原因很多，其主要原因可以整理为以下几点：

（1）气体中夹带有温度达到或低于水露点的自由水；
（2）低温条件；
（3）高压条件。

次要原因主要有以下几点：

（1）高的钻井液流速；
（2）压力的波动；
（3）各种搅拌的机械作用；
（4）混入小块水合物晶体。

深水条件下钻井时，钻井液可提供自由水，海底会遇到低温（40～45°F），钻井液的静水压头将产生高压，在这种条件下，上述导致气体水合物形成的几项主要原因都将可能存在。图 5-3-3 所示为水合物形成动力学示意图。

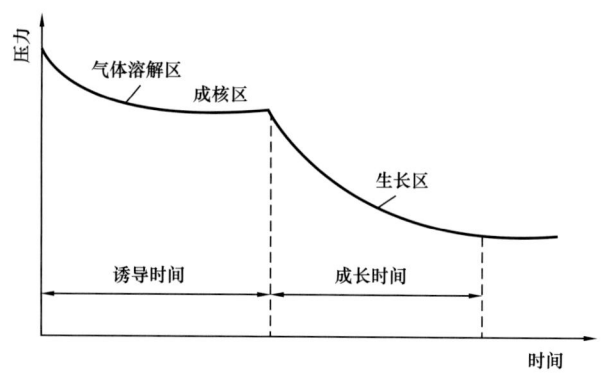

图 5-3-3 水合物形成动力学示意图

大量的研究结果表明，气体水合物的生成除了与天然气的组分和自由水的含量有关外，还需要具有一定的温度和压力条件。水合物的形成需要具备三个条件，其中两个为主要条件：天然气必须处于水汽过饱和状态或者有水存在的环境下；必须具有足够高的压力和足够低的温度；另外还需要一个辅助条件：如压力波动、气体流动方向突变而产生搅动、酸性气体的存在、微小水合物晶核的诱导等。因此，有必要在深水用钻井液中添加某种处理剂，使它能够抑制正常钻井作业时气体水合物的形成。

1）气体水合物抑制剂

国外的实验和实践表明，抑制气体水合物的方法很多，除了使用低密度的钻井液以降低钻井液柱的压力外，最常用的就是在钻井液中加入化学处理剂，抑制水合物的形成和聚集，称为水合物抑制剂。通过对国内外不同种类气体水合物抑制剂的资料调研分析，到目前为止气体水合物抑制剂可分为三大类：热力学抑制剂、动力学抑制剂和防聚集剂。

（1）热力学抑制剂。目前国外最常用的方法就是在钻井液体系中添加一定量的热力学类水合物抑制剂来防止气体水合物的生成。其作用机理主要是通过添加的抑制剂改变烃类气体分子与钻井液中水分子之间生成气体水合物所需的温度和压力条件，使之在一定温度条件下提高生成水合物所需压力，从而达到抑制气体水合物生成的效果。同时，抑制剂与已有的水合物之间进行作用，改变水合物相平衡曲线，使其不稳定而发生分解，从而得以清除。目前热力学抑制剂广泛应用于钻井液抑制气体水合物，它主要包括盐电解质类和醇类两种。

常用的盐类抑制剂包括氯化钠、氯化钙、氯化钾、溴化钠、甲酸钠和甲酸钾等，盐的浓度对气体水合物的抑制效果有决定性的影响。气体水合物的抑制效果随盐类的浓度增加而增加。目前国外最常用的抑制气体水合物的钻井液体系就是采用20%NaCl的高盐聚合物钻井液体系。为了具有更好的抑制气体水合物的能力及提高水敏性地层的抑制性和储层保护能力，体系中往往会加入聚合醇等醇类衍生物。

目前常见的醇类抑制剂有甲醇和乙二醇，但该类抑制剂必须应用在高浓度条件下才能表现出较好的效果，当浓度低时非但不能发挥抑制效果，而且还会促进水合物的生成和生长。此外，醇类抑制剂的费用也很高，而甲醇又具有毒性，对环境不友好，考虑到安全环保以及经济的问题，一般情况下不考虑采用甲醇抑制的方法。

（2）动力学抑制剂。与改变水合物热力学生成条件的热力学类气体水合物抑制剂不同，动力学类水合物抑制剂的作用原理主要是通过该类处理剂的吸附作用来完成的。在气体水合物生成过程中，动力学类气体水合物抑制剂吸附在水合物晶核表面，控制水合物晶体的生长和聚集，从而延长气体水合物生成的时间。

天然气水合物的动力学抑制剂的研究发展很快，目前动力学抑制剂主要包括有表面活性剂类、酰胺类聚合物、酮类聚合物以及亚胺类聚合物等。

（3）防聚集剂。防聚集剂是近年来应用于储运方面的一种气体水合物抑制剂，其主要特点是加量较少，但必须在体系当中还有一定的油相时才能发挥效果，它在气体水合物晶核表面进行吸附，并通过油相的包裹，从而阻止气体水合物的生长。因此它的应用受到一定的限制，只有在钻井液体系当中同时含有水和油的情况下才能起到作用。

能够抑制气体水合物生成的处理剂较多，但应用于钻井液中的相对较少，从以上对气体水合物抑制剂的分类来看，动力学抑制剂及防聚集剂均不能有效改变生成气体水合物所需的压力和温度条件。其主要原理分别是延缓气体水合物的生成或防止水合物结块。从钻井过程中的复杂性考虑，一旦钻井遇到复杂情况需要长时间静止时，动力学抑制剂将很难保证能够有效抑制气体水合物的生成，而防聚集剂适用的先决条件是钻井液体系当中必须含有一定量的油类，这有悖于海洋环境保护的要求，因此目前广泛应用于钻井液中的气体水合物抑制剂主要是热力学抑制剂类，其中由于盐类抑制剂来源广，成本低，同时能够提高钻井液的抑制性，因此应用最为广泛。

2）深水钻井液抑制水合物能力评价

恒流变合成基钻井液体系是以油基为外相、水为内相乳化而成的一种乳状液，由于天然气在油基中以溶解状态存在，因此，考察合成基钻井液体系的水合物抑制能力主要以水相的抑制能力为主，实验室对不同浓度的盐水溶液和钻井液体系的水合物抑制能力进行研究（图 5-3-4）。

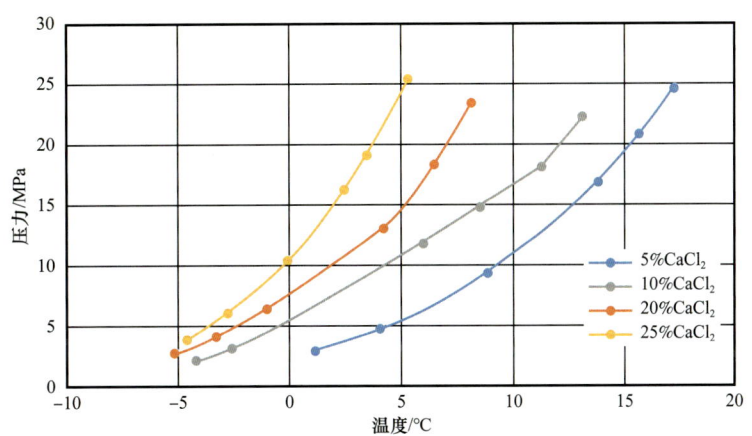

图 5-3-4 不同浓度氯化钙水溶液水合物生成模拟

通过测定不同氯化钙盐水生成水合物的模拟试验，25% 的氯化钙水溶液在 4℃时水合物的生成压力大于 20MPa。由此可以说明，合成基钻井液体系在使用高浓度盐水作内相时，4℃条件下水合物的生成压力大于20MPa，即低于该压力不加抑制剂，钻井液也不会生成气体水合物。

4. 深水恒流变合成基钻井液性能评价方法及设备

为了确保合成基钻井液体系能够满足现场安全使用的要求，需要对确定的合成基钻井液体系进行系统、全面的评价，分别评价合成基钻井液的流变性能、滤失性能、电稳定性、抗污染性能、抗温性能、对气体水合物抑制性能、储层保护性能以及防漏堵漏性能等。

用于深水钻井的恒流变合成基钻井液体系，除要满足常规钻井液的基本性能外，还必须满足深水钻井这种特殊环境下作业所要求的钻井液特殊性能，即低温条件下流变性能良好和能够有效预防气体水合物的生成。这同样给评价方法和评价装置提出新的要求，即要求能够评价低温（0～4℃）到高温以及高压下流变性，另外还要能够模拟评价深水钻井井筒内气体水合物在钻井液中生成和抑制能力。

目前，室内和现场用于评价钻井液流变特性的流变仪较多，但都存在一定的局限性。比如，广泛应用的ZNN-6型六速旋转黏度计只适用于室温常压条件下流变性的测定；OFITE900流变仪可以测定室温到高温下钻井液的流变性，但该仪器不能加压，无法满足高压钻井的评价要求；Fann50高温高压流变仪可用于测定高温高压条件下钻井液的流变参数，满足高温高压井钻井的需求，但无法实现低温条件钻井液流变性的测定。可见，现有的钻井液流变仪只能适用于特定的实验条件，不能完全涵盖钻井中面临的各种温度和压力条件。

因此，开发适用于模拟深水钻井条件下测定钻井液流变特性的新型流变仪，利用其开展深水钻井液体系研究，优选适用于深水钻井的钻井液体系对解决深水钻井作业意义重大。FannIX77全自动钻井液流变仪为国外最新研究仪器，可测试-10～316℃、最高压力达30000psi条件下流体的流变性，在评价深水钻井液的流变性方面具有独特的优势，对指导科研和实际生产都具有十分重要的意义，但该仪器价格较为昂贵，还需进口购买。为实现深水钻井液流变性测定仪器的国产化，项目对此进行研究，试制了深水钻井液井下流变温度压力动态模拟仪。

1）深水钻井液低温常压流变性评价

考虑到深水钻井，温度对钻井液流变性影响较大，尤其是在低温（4℃）下，常规钻井液易产生胶凝。相比较而言，压力钻井液流变性影响要小些。为了便于快速评价钻井液流变性，建立了深水钻井液低温常压流变性评价方法。

考虑到海洋深水钻井中低温可低至0～4℃的范围内，所以必须要对低温条件进行模拟并完成流变性测试。室内研究根据深水低温的特点采用了低温流变仪实验装置，该仪器的主要特点是一体化以及流变性测量无级变速。即采用步进电动机，带动转筒旋转；采用扭矩传感器监测黏度变化，克服传统流变仪使用弹性游丝测量不准等缺点；显示方式可数字显示，也可接入计算机进行显示，消除了传统流变仪读数困难，易造成人为误差等缺点。图5-3-5给出了低温常压流变仪实验流程图。

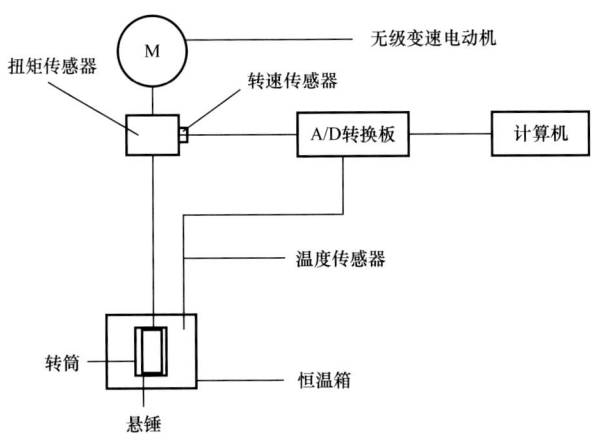

图 5-3-5　低温常压流变仪实验流程图

该仪器由一个电动机带动转筒，可在不同转速下转动，悬锤安装在转筒内部并与之同轴，悬锤上端经主轴与扭矩传感器相连，传感器与数显表相连。测试流体样品的黏度时，将盛有样品的样品杯向上移动，使转筒和悬锤浸没到液位刻线处。转筒转动时，油浴流体黏滞力的作用，带动悬锤转动，扭矩传感器测得此扭转力矩，经过计算在数显表上显示黏度值。仪器的主要工作参数为：电源为 220V（±5%），50Hz；工作温度为 –10～80℃；电动机功率为 75W；电动机转速为 750r/min 或 1500r/min；变速范围为 1～600r/min 任意调节；测量精度为 1%～2%；测量黏度范围为 0～300mPa·s。

（1）低温流变性实验评价方法。

① 步骤 1，配制钻井液体系，在室温下测定钻井液滚前流变性。

② 步骤 2，将钻井液放置在滚子加热炉在一定温度下老化 16h。

③ 步骤 3，将所测钻井液放置在深水低温流变仪中，选择低于室温的一个温度点条件下恒温冷却钻井液。当钻井液温度下降到测定温度后恒温 20min，测试该温度下钻井液的流变性。

④ 步骤 4，改变测量温度，按步骤 3 重复进行实验，测量出不同温度条件下钻井液体系的流变性。

对于深水钻井，不但要考虑温度对钻井液流变性影响，同时还要考虑压力对钻井液流变性的影响。为了能够全面评价深水钻井液在不同温度和压力条件下流变性，需建立深水钻井液井下温度与压力条件流变性评价方法。

单通道深水钻井液井下流变温度压力动态模拟仪（图 5-3-6）测量原理为：该仪器采用同轴圆筒测量系统，与 ZNN–6 型六速旋转黏度计的测量原理相似，当外筒以某一速度旋转时，它将带动内外筒间隙里的钻井液旋转。由于钻井液具有黏滞性，在内筒产生旋转扭矩使与弹簧连接的内筒转动一定角度。根据牛顿内摩擦定律，流体黏度与转动角度成正比，因此，钻井液黏度的测量就转化为内筒转角的测量。不同的是，该仪器采用特殊的磁敏传感器测量扭矩组合的磁转角来实现数据的采集，大大提高了数据的精确性。

图 5-3-6　深水钻井液井下流变温度与压力动态模拟仪实物

（2）高低温高压流变性实验评价方法。

① 配制钻井液体系，在室温下测定钻井液滚前流变性；

② 将钻井液放置在滚子加热炉在一定温度下老化 16h；

③ 打开组合釜盖，连带取出测量元件，从旋转筒的上方注入待测钻井液，将测量元件装入旋转筒内，并拧紧组合釜盖；

④ 在测试开始前，根据测试要求，对旋转筒中待测钻井液的温压条件进行调节；

⑤ 待测钻井液达到测试要求的温压条件后，开启驱动电机，通过皮带轮带动高压釜体内的下磁环转动，在磁力作用下，高压釜体内的上磁环会随着下磁环一起转动，从而带动旋转筒转动；旋转筒内的钻井液在随着旋转筒一起转动的同时，会通过钻井液的黏滞作用带动测量体转动，测量体的转动会通过其输出轴带动组合釜盖内的下磁环转动，在磁力作用下，组合釜盖内的上磁环会随着下磁环一起转动，连接上磁环的扭矩传感器的输入轴便会将输入轴感应的扭转信息输入给扭矩传感器；

⑥ 通过与扭矩传感器连接的控制系统经过计算，便可以得出待测钻井液的流变参数；

⑦ 改变测量温度或压力，按步骤③～⑥重复进行实验，测量出不同温度压力条件下钻井液体系的流变性。

2）深水钻井气体水合物生成模拟评价

对于深水钻井，必须要能够有效防止井筒气体水合物生成。为了能够评价深水钻井液在海平底井筒由于温度低是否会导致气体水合物形成，需建立深水钻井气体水合物生成模拟评价方法。

室内研究根据深水低温高压特点进行了高压动态模拟水合物热力学条件测试仪的设

计。该仪器能进行静态和动态纯水体系下的水合物形成和分解实验研究；能进行静态和动态钻井液体系下水合物形成和分解特性研究；能用于水合物抑制剂的筛选实验。同时该仪器可实现30MPa压力以下可视化，核定试验压力达到50MPa。

高压动态模拟水合物热力学条件测试仪主要由以下部分组成：钻井液贮罐、钻井泵、流量传感器、气体增压泵、反应釜、磁力搅拌机构、高低温试验箱、制冷系统、减压阀、压力测量系统、数据采集与处理系统、机箱等组成。工作温度为−40～80℃；工作压力≤50MPa；反应釜体积为1500mL；温度传感器精度为0.1℃，压力传感器精度为0.25% F.S.，质量流量传感器精度为1% F.S.；实验介质类型为水、钻井液、甲烷和天然气。图5-3-7给出了室内研究中气体水合物生成情况的照片。

图5-3-7 气体水合物生成情况

高压动态模拟水合物热力学条件测试仪的工作原理为：首先用清洗液和实验气体吹洗高压反应釜及其管路，然后通入一定体积钻井液或纯水至高压反应釜中（图5-3-8）。随后打开气体增压泵，泵入实验气体至一定压力。静置一段时间后，开启高低温试验箱和磁力搅拌装置，设定温度，记录降温过程的压力、温度和流量变化。实验结束后，打开排气口减压阀，卸载系统压力。然后打开排液口，排出钻井液或纯水。改变实验设定，可进行多种实验。

二、深水固井水泥浆体系设计技术

深水固井比陆地固井和常规海洋固井要显得困难和复杂，在深水温度、水合物、浅层流、破裂压力以及地层性质等许多变量参数变化的情况下，选择水泥浆体系，应尽可能把问题设想得更加复杂一些，结合室内的大量模拟实验，以确定水泥浆的参数变化和体系配方。随着深水作业在全球各地陆续大规模地展开，深水固井作业的设备与技术得到了较快的发展。深水固井注水泥设备与常规设备比较差异不是太大，但是，在采用充氮泡沫施工的情况下，其设备是庞大的。就整个固井设备来说，目前正逐渐区域方便化、高效化、智能化。实现准确的注水泥参数设置和实时控制、监测与分析处理是固井设备考虑的重点。在密西西比河峡谷深水区域注泡沫水泥固井作业时，采用了橇装注水泥装

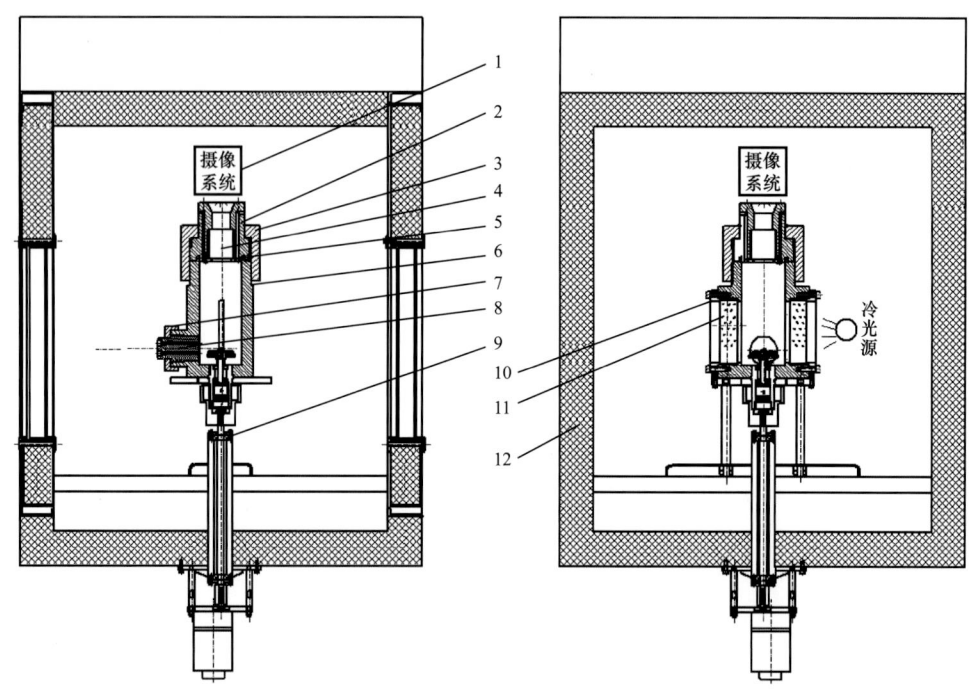

图 5-3-8 高压反应釜结构示意图

1—上部冷光源；2—上部封头；3—上部压帽；4—上部视窗；5—上部密封圈；6—反应釜筒体；7—取样压帽；
8—取样封头；9—搅拌系统；10—视窗压环；11—条形视窗；12—高低温恒温箱

置、液体外加剂添加系统、连续监测系统（CMS）和氮气系统，并通过可移动控制中心系统（MCC）将这几部分组合成一个有机整体，实现注水泥作业的实时监测与远程控制。注水泥参数的准确监测是实现当量循环密度（ECD）实时控制的关键，ECD 的实时控制对于窄密度窗口注水泥作业极其重要。深水固井材料液体化技术的发展使配套的注水泥设备和工艺技术研究成为必然。

在深水固井工艺方面，防窜固井一直是深水考虑的重点之一。在墨西哥湾地区，已采用水泥脉冲技术来阻止水泥浆在候凝过程中的浅层流灾害的发生，在泰国湾地区，使用管外封隔器（ECP）技术来克服浅层气窜的影响。这些防窜措施虽然效果较好，但施工复杂。

为方便现场作业，降低混合和配制工作量，改善水泥浆配制后的性能，适当减少平台装置上的固井设备，开发固井材料的液体化技术也是深水固井作业的研究内容和考虑的因素。

针对海洋深水固井作业的特殊要求，需要进一步改进海洋固井工艺流程、散装钻井液及固井成罐系统等，并且开发深水作业使用的相应的隔水管及防喷器组件。

深水钻井中的另一项固井技术发展是随钻固井技术的应用。该技术的实施可以节省钻井作业时间，方便套管到达预定深度，减少水窜、漏失等带来的损失。深水固井作业采用钻杆注水泥，应用平衡压力固井，改善顶替效率，提高套管居中度、设计优化流变参数等都进一步提高和改善了深水固井作业的固井质量和施工安全。

1. 适用于深水钻井作业的固井水泥浆体系

深水低温固井作业对水泥浆提出了更高的要求，不仅需要更优秀的常规性能，而且要满足深水低温固井所需的特殊性能，以有效解决深水低温固井遇到的复杂问题。深水低温表层固井对水泥浆提出了以下要求：

（1）水泥浆要有良好的低温水化性能，满足低温强度的要求。
（2）严格控制水泥浆密度，破裂压力低的地层要用低密度水泥浆。
（3）优良的控制失水能力，API 失水量<50mL。
（4）水泥浆稳定，无自由液，无沉降。
（5）候凝时间短（WOC），低温下能快速凝固。
（6）水化过渡期短（CHP），降低流体侵入机会。
（7）水泥石收缩率和渗透率低、韧性好。

值得注意的是，在深水低温固井中，高抗压强度不是必需的。在满足支撑套管需求的情况下（比如 1000psi），最重要的是液态向固态的转化期要短、水泥石的渗透率要低、韧性要强。这些性能对于建井过程和油井的长久整体性至关重要。

传统深水低温水泥浆采用超细 G 级、高铝和 A 级水泥等作为基础配浆材料，并结合充氮泡沫或高强漂珠达到低密度配浆；但在浅层流和低温并存情况下，这些水泥材料难以满足深水固井的要求；同时，水泥浆的低温稠化、低温稠化转化、早期强度、低温稳定性以及强度发展也难以满足深水作业苛刻的要求。

目前，用于现场的深水固井水泥浆体系可以较为轻松地以常规固井水泥和水泥外加剂为基础，通过加入低温早强剂和胶凝强度促进剂获得。常规固井水泥在低温下水化和硬化能力很弱，常规水泥外加剂本身对水泥的缓凝副作用使得固井水泥浆体系存在早期强度低、强度发展缓慢、防窜能力弱等严重不足，因此研究具有优异低温水化和硬化能力的固井水泥材料、无缓凝副作用的水泥外加剂和低温防窜剂是低温深水固井水泥浆体系研究的重点。深水固井水泥浆体系有低密度填料水泥浆体系、低温快凝水泥浆体系、泡沫水泥浆体系、最优粒径分布（Optimised Particle Size Distribution，OPSD）水泥浆体系、超低密度水泥浆体系。随着水深的增加，温度越来越低，浅层流风险越来越大，泡沫水泥浆体系和 OPSD 水泥浆体系也成为深水固井的重要选择。

2. 深水水泥浆设计与评价

1）深水水泥浆设计及实验的原则

在进行水泥浆设计和实验时，遵循了以下原则：

设计深水低温水泥浆时，在保证强度的条件下，应尽可能缩短水泥浆由液态向固态转化的时间，防止浅层流危害，即具有防窜性能，能在井筒环空内具有较快的胶凝强度，以防止水泥浆接触地层液体的危险时间过长而导致水泥浆窜槽。

实验室在做深水固井的水泥浆化验时，除了调节到满足该层位固井的水泥浆性能外（包括强度、稠化时间等），还应考虑将该水泥浆静止或搅拌放置在室温下 30～60min，测其流态是否具有可泵性,并且模拟井下循环温度和静止温度测其性能,而且该性能仍然满足下一钻进。

一般常用的含 $CaCl_2$ 的早强剂放热性能大,不适合有含气化物的井眼封固,所以在做深水水泥浆化验时,应避免使用含有 $CaCl_2$ 的早强剂产品。

深水固井的水泥浆早强剂应满足:短时间内形成早期强度,提供结构支撑及不浪费下一钻进时间;保证井口水泥封固质量;短候凝时间,防止浅层气窜;保证固井作业的施工安全。

根据深水作业条件在本书中所涉及的水泥浆的性能试验,均参照以下方法进行。

常规水泥浆制备(API 10B-3),按照 ISO 10426:2003 油井水泥推荐试验程序,水泥、外加剂、混合水的实验室的温度控制在所预测的井场温度的2℃误差;混合器的温度与混合水温度相同,混合设备转速误差控制在5%以下,12000r/min 时误差小于 500r/min 误差。而特殊水泥浆制备,如泡沫和 DWR-6000 玻璃微珠水泥浆所使用的评价方法需要根据现场作业工具情况进行模拟试验。

(1)配浆水。配浆水采用海水,从10~20m 深海水域抽出的海水温度在20℃左右(按照夏季情况);所以配浆使用的海水温度控制在20℃±2℃。

(2)配浆过程控制。由于水泥浆中含有 DWR-6000 玻璃微珠减轻剂,而减轻剂在12000r/min 搅拌速率下较易破损,影响水泥浆性能;而现场混配水泥浆时设备的搅拌速率仅仅相当于室内 2000r/min 转速;所以室内搅拌速率的控制应采用折中的方法进行,结合API标准与现场作业情况。室内配置方法为:在 4000r/min 的转速下,15s 内将混灰倒入浆杯,后继续搅拌 45s。

(3)水泥石强度试验。强度试验:试验的温度和压力应该尽可能地反映该井温度和压力的变化;试验过程为了保证迅速降温而使设备预先降温,让设备温度低于井场最低温度,在水泥浆放入 20min 后,将水泥浆轻轻搅拌,直到达到所需的温度,记录养护时间,24h 后测试强度;对于带压养护釜,试验完毕时泄压要缓慢进行。

强度测试过程:对于强度大于 500psi(3.5MPa)压载速率为 71.7kN/min±7.2kN/min,小于 500psi 则压载速率为 17.9kN/min±1.8kN/min。

(4)水泥浆的稠化试验。水泥浆的稠化试验直接反映水泥浆可安全泵送时间,与现场安全作业息息相关。所以在试验方法设定上要慎重。由于是深水低温试验,试验过程中比较重要的水泥浆的降温时间,根据现场的施工工艺与作业流程设定如下:结构管水泥浆的降温时间控制在 20min 内,而表层套管水泥浆的稠化试验的降温速率控制在 30min 内。

(5)水泥浆失水试验。静态及搅拌情况下的滤失试验:含有低温冷却设备;室内事先:①预先将失水桶降至试验温度;②将水泥浆在试验温度下养护 20min;③进行失水试验并记录结果。

(6)水泥浆稳定性试验。深水井眼模拟自由液及浆体稳定性试验:在常压容器中冷却到所需要的温度,放入仪器调节 20min,确定温度是否达到要求,再轻搅。

(7)流变试验。使用旋转黏度计测定流变性和凝胶强度:设备需要带有冷却装置,从最低速度开始测定 10s，最高速率 $511s^{-1}$。

（8）水泥浆水化放热试验。水泥浆水化放热的测试目的是反应水泥浆在绝热环境下水化放热而产生的浆体温度变化情况。试验时，将配置好的定量水泥浆置于水化热测试装置下进行浆体静止温度测试。

2）深水固井水泥浆评价设备与方法

（1）深水固井水泥浆评价设备。

为模拟深水低温环境针对深水固井水泥浆进行物理性能检测实验，需要一系列相关评价设备。

① 低温稠化仪。低温高压稠化仪工作原理如图 5-3-9 所示，该仪器分为三大系统：增压型双缸稠化仪系统、增压冷却循环系统和高效制冷系统。即是在现有的增压型双缸稠化仪的基础上，增加冷却循环系统与高效制冷设备。仪器按以下原则进行设计：a. 原来高温高压试验系统基本不变，保持原技术指标，只是在增压釜进出油口处加装 2 只三通和 2 只高压阀，引入低温制冷系统。b. 当低温试验时开启 2 只高压阀，高温试验时关闭这 2 只高压阀。c. 低温制冷系统分为制冷机组和自液循环系统两部分。d. 自液循环系统的核心部件为自行设计的高压循环泵。e. 制冷机组的主要部件为压缩机冷凝器节流阀和蒸发器，其中蒸发器为自行设计，其独到之处在于制冷量直接传递到自液循环系统的稠化油，

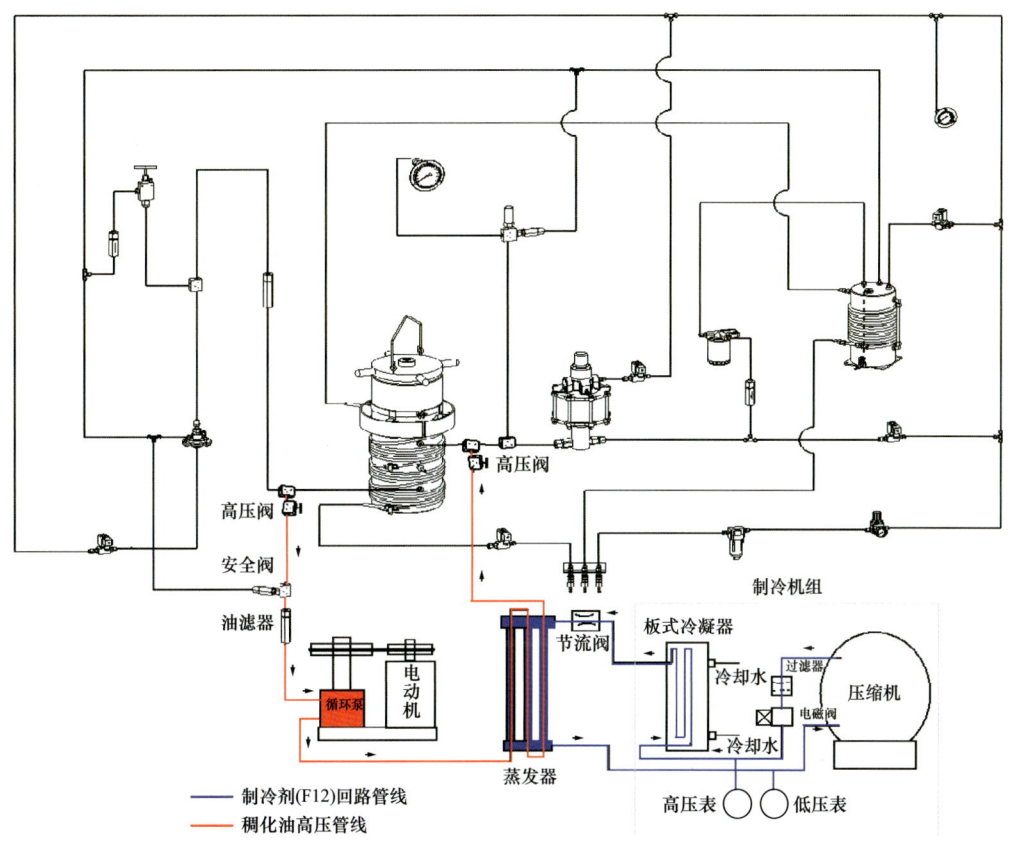

图 5-3-9 低温高压稠化仪工作原理图

与釜内热量交换。f. 图5-3-9中的红色管路为低温试验时稠化油高压管线，蓝色管路为制冷剂（F12）回路管线。

② 低温养护釜。根据低温养护釜研制原理，用于深水固井评价的低温养护釜大体分为三大系统：增压型单缸养护釜系统、增压冷却循环系统和制冷系统。

a. 增压型单缸养护釜系统应严格按照美国石油学会（API）规范10的要求进行设计。它能模拟井下高温高压条件下，使水泥浆在模拟井下条件下养护一定时间，形成标准的水泥石模块，提供给压力试验机进行抗压强度试验。该系统是由压力釜、气驱增压泵、气动液压管路系统、自动起吊装置、温度控制系统、压力报警系统及冷却系统组成。

b. 增压冷却循环系统和制冷系统组成低温制冷单缸养护釜的冷却装置。该装置的设计构思依据中国海洋石油总公司在海洋固井作业中所遇到的困难和作业所处的实际环境条件，同时该装置的生产吸收了高温高压稠化仪设备中的磁力驱动装置的生产经验。该装置由高压冷却釜、高压磁力循环泵、高压冷却釜外套及制冷源组成。该冷却设备是在增压型单缸养护釜自带的冷却系统进行初冷却后，再次对增压型单缸养护釜进行深度冷却，使其达到海洋作业所需温度。经过高温养护和低温冷却的反复试验来测试水泥石在高温与低温交替变化的条件下的抗压强度。低温高压养护釜正常工作时主要性能参数包括：最低温度0℃；最大降温速率0.5℃/min；最高压力100MPa。

③ 机械式凝胶强度测定仪。传统的静胶凝强度分析仪是利用穿透水泥浆的超声波强度，来计算水泥浆的静胶凝强度，但这种测量理论和测量方法只适用于少数特定的水泥浆体系，对大多数水泥浆体系并不适用，因此对固井作业的环境参数有限制。机械式凝胶强度测定仪如图5-3-10所示，是依靠标准稠化杯浆叶在水泥浆杯中进行微弱的相对旋转（API规范10中规定为0.02r/min），来切割水泥浆中的胶体结构。这样，在对水泥浆体系有轻微损坏的情况下，直接测得水泥浆体系的静胶凝强度。这种测试理论和测试方法是遵循API规范10B的。同时在对实际固井作业的环境参数没有任何限制，适用于所有的水泥浆体系。

机械式凝胶强度测定仪器的工作原理如下：

a. 固定式浆叶的形状是根据API规范10制定的。

b. 根据API规范10，浆杯在水泥浆体系中以恒定的速度旋转（转速是150r/min）。浆杯旋转时，水泥浆的稠度会对浆叶产生一个反作用力（f_1）。该力通过浆叶轴作用在磁力驱动器的内磁驱部件上（F_1）。

c. 内磁驱部件与外磁驱部件之间通过磁场连接，这样，内磁驱部件上的作用力（F_1）通过磁场传递给外磁驱部件（F_2）。

d. 外磁驱部件与伺服电动机之间是机械连接，外磁驱部件的作用力（F_2）通过机械连接传递给伺服电动机（F_3）。

e. 伺服电动机要以恒定的速度转动，必须克服作用力（F_3）。因此作用力的变化必然会导致伺服电动机功率的变化，如图5-3-10所示。通过测量伺服电动机电流的变化，计算出浆叶所受的反作用力（f_1）。从而测得水泥浆体系的参数。

图5-3-11所示为旋转浆杯及磁力驱动系统流程图。

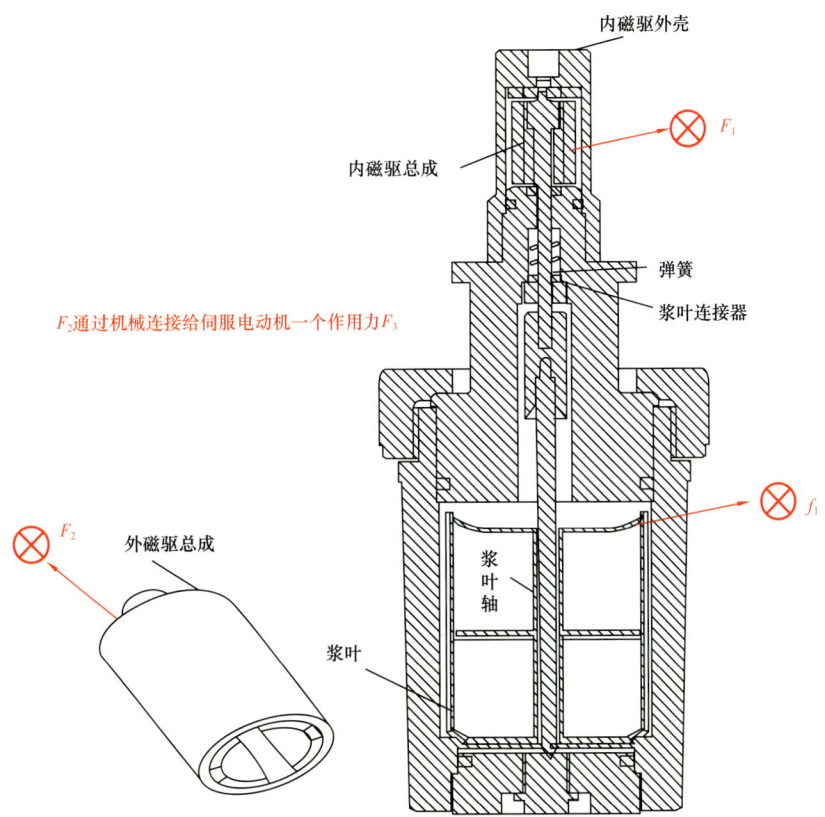

图 5-3-10 机械式凝胶强度测定仪旋转浆杯及磁力驱动系统的结构图

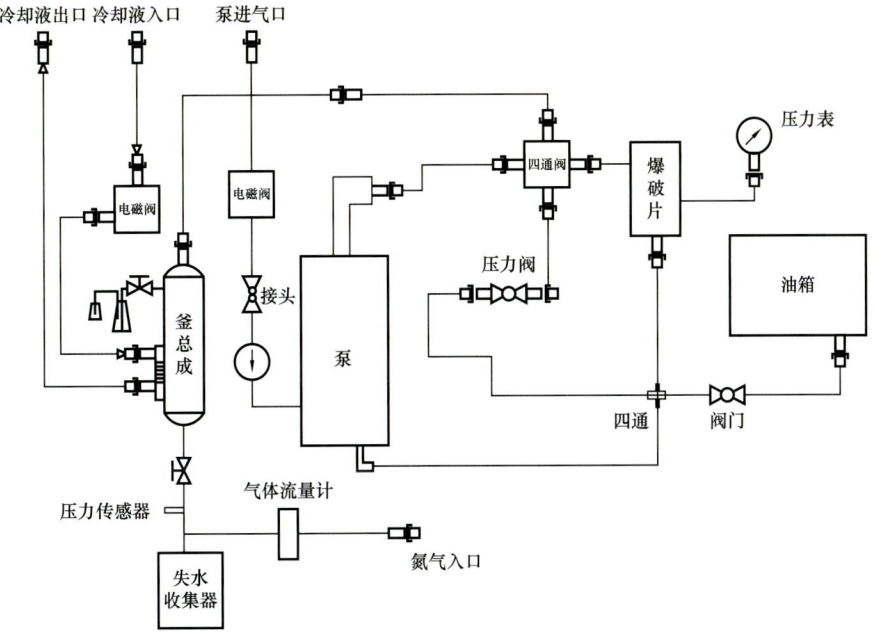

图 5-3-11 旋转浆杯及磁力驱动系统流程图

④ 模拟地层环境水泥水化放热测定仪。模拟地层环境水泥水化放热测定仪主要按照GB/T 12959—2008《水泥水化热测定方法》进行研制。可以同时记录多组水泥浆浆体温度的变化。系统采用高精度温度传感器采集热量计中水泥的温度变化，多组热量计被安装在一个带数控装置的恒温循环水槽中以保证外界温度的恒定，热量值的变化被多通道数据采集装置实时采集并传输到电脑上，软件自动分析数据。

模拟地层环境水泥水化放热测定仪如图 5-3-12 所示，其技术参数：热量计位数 16 个；控温范围 0～100℃，控温精度 ±0.1℃（温度任意可调）；制冷方式为原装进口压缩机制冷（独立制冷）；加热方式为加热管加热（PID 自动控制）；控制方式为数显 PID 温控（微电脑）；工作电源：AC 220V（±10%），50Hz。

图 5-3-12　模拟地层环境水泥水化放热测定仪

温度采集系统采用高精度芯片，传感器采集热量计中水泥的温度变化，温度分辨率为 0.001℃，高精度温度传感器具有自动修正功能，简单方便，人性化，可远程监测热量计中水泥的温度变化情况。该系统分析软件可以配任意一台电脑，以防实验时电脑出现故障而停止实验。热量值的变化被多通道数据采集装置实时采集并传输到电脑上，综合热量输出曲线的比率可给出整个热量输出曲线，并自动计算出 1～7 天热量数据。

（2）深水固井水泥浆评价方法。

① 深水水泥浆的性能试验。根据深水作业条件所涉及的水泥浆的性能试验，一般参照以下方法进行。

常规水泥浆制备（API 10B-3）：按照 ISO 10426：2003 油井水泥推荐试验程序，水泥、外加剂、混合水的实验室的温度控制在所预测的井场温度的 2℃ 误差；混合器的温度与混合水温度相同，混合设备转速误差控制在 5% 以下，12000 转时小于 500 转误差。而特殊水泥浆制备，如泡沫和 DWR-6000 玻璃微珠水泥浆所使用的评价方法需要根据现场作业工具情况进行模拟试验。

a. 配浆水。配浆水采用海水，从 10～20m 深海水域抽出的海水温度在 20℃ 左右（按照夏季情况）；所以配浆使用的海水温度控制在 20℃±2℃。

b. 配浆过程控制。由于水泥浆中含有 DWR-6000 玻璃微珠减轻剂，而减轻剂在 12000r/min 搅拌速率下较易破损，影响水泥浆性能；而现场混配水泥浆时设备的搅拌速率仅仅相当于室内 2000r/min 转速；所以室内搅拌速率的控制应采用折中的方法进行，结合 API 标准与现场作业情况。室内配置方法为：在 4000r/min 的转速下，15s 内将混灰倒入浆杯，后继续搅拌 45s。

c. 水泥石强度试验。强度试验：试验的温度和压力应该尽可能地反映该井温度和压力的变化；试验过程为了保证迅速降温而使设备预先降温，让设备温度低于井场最低温度，在水泥浆放入 20min 后，将水泥浆轻轻搅拌，直到达到所需的温度，开记录养护时间，24h 后测试强度；对于带压养护釜，试验完毕时泄压要缓慢进行。强度测试过程：对于强度大于 500PS-1I（3.5MPa）压载速率为（71.7±7.2）kN/min，小于 500PS-1I 则压载速率为（17.9±1.8）kN/min。

d. 水泥浆的稠化试验。水泥浆的稠化试验直接反映水泥浆可安全泵送时间，与现场安全作业息息相关，所以在试验方法设定上要慎重。由于是深水低温试验，试验过程中比较重要的水泥浆的降温时间，根据现场的施工工艺与作业流程设定如下：结构管水泥浆的降温时间控制在 20min 内，而表层套管水泥浆的稠化试验的降温速率控制在 30min 内。

e. 水泥浆失水试验。静态及搅拌情况下的滤失试验：含有低温冷却设备；室内实现：i. 预先将失水桶降至试验温度；ii. 将水泥浆在试验温度下养护 20min；iii. 进行失水试验并记录结果。

f. 水泥浆稳定性试验。深水井眼模拟自由液及浆体稳定性试验：在常压容器中冷却到所需要的温度，放入仪器调节 20min，确定温度是否达到，再轻搅。

g. 流变试验。使用旋转黏度计测定流变性和凝胶强度：设备需要带有冷却装置，从最低速度开始测定 10s，最高速率 $511s^{-1}$。

h. 水泥浆水化放热试验。水泥浆水化放热的测试目的是反应水泥浆在绝热环境下水化放热而产生的浆体温度变化情况。试验时，将配置好的定量水泥浆置于水化热测试装置下进行浆体静止温度测试。

② 水泥浆防窜系数评价方法。国内外有许多评价和预测水泥浆防窜性能的模式与方法，普遍采用的有以下几种。近年来人们对油气井固井的窜流问题更加关注，尽管如此，并没有任何行业认可的标准方法（API 或 ISO）来评价窜流问题，从而造成对许多方法和定义的误解。

a. 气窜因子 FGFP 法。气窜因子法是由 Sutton 等于 1984 年提出的，称之为"气体流动可能性"。定义为水泥浆柱失重的最大压降与井下过平衡静水压力的比值。

$$\text{FGFP}=p_{\text{Rmax}}/p_{\text{OBR}} \quad (5-3-1)$$

$$p_{\text{Rmax}}=0.96L/(D_{\text{h}}-D_{\text{c}}) \quad (5-3-2)$$

$$p_{\text{OBR}}=p_{\text{St}}-p_{\text{g}} \quad (5-3-3)$$

式中　FGFP——气窜因子（FGFP<1 理论上不会气窜，FGFP>1 有气窜危险）；
p_{Rmax}——水泥浆失重引起的最大压降，MPa；
p_{OBR}——初始过平衡压力，MPa；
p_{St}——注水泥浆后初始静液柱压力，MPa；
p_g——气层压力 MPa；
L——尾浆封长，m；
D_h——井径，mm；
D_c——套管外径，mm。

b. 水泥浆性能系数 SPN 法。SPN 计算公式如下：

$$SPN = FL_{API} \frac{\left(\sqrt{t_{100}} - \sqrt{t_{30}}\right)}{\sqrt{30}} \quad (5-3-4)$$

式中　SPN——水泥浆性能系数；
FL_{API}——API 失水量（6.9MPa×30min），mL；
t_{100}——稠度达到 100Bc 的时间，min；
t_{30}——稠度达到 30Bc 的时间，min。

应用 SPN 值评价水泥浆防气窜性能的标准是 SPN 值越小，防气窜能力越强，见表 5-3-4。由式（5-3-4）可看出，稠化过渡时间越短，失水量越小，SPN 值越小，即防气窜能力越强。

表 5-3-4　水泥浆防气窜能力评价标准

SPN 值	1~3	4~6	>6
评价标准	好	中等	差

c. 水泥浆性能响应系数 SRN 法。

$$SRN = \frac{(dS_{GS}/dt)/S_{GSX}}{(dl/dt)(V/A)} \quad (5-3-5)$$

式中　SRN——水泥浆性能响应系数，70≤SRN≤170 时防气窜好，170≤SRN≤230 时防气窜中等，SRN≥230 时防气窜差；
dS_{GS}/dt——静胶凝强度最大增长速率，Pa/min；
S_{GSX}——静胶凝强度增长速率最大时的静胶凝强度，Pa；
dl/dt——S_{GSX} 时的滤失速率，mL/min；
V——单位长度的环空体积，mL；
A——单位长度的井壁面积，cm^2。

③ 水泥浆对浅层流的抑制性能评价。浅层流的产生与深水泥线下的高压盐水和高压气体的存在密切相关，要抑制浅层流的危害，关键在于解决浅层流气上窜的可能性，除

了要对井场情况有充分的了解并采取针对性的预防措施外，现场水泥浆的密度及在整个候凝期间的压力传递性能是抑制浅层流的关键。无论是浅层流的高压还是浅层水可能产生的涌动，都与水泥浆的压力传递性能有关。与油、气、水的窜流一样，浅层流的窜流首先需要低密度的液柱将高压流体封闭在地层；其次，在水泥浆候凝期间，要保证水泥浆的液柱压力的传递一直持续进行，直到水泥浆完全凝固，水泥浆凝固为坚硬的水泥以前，有两个过程可能导致水泥浆丧失传递液柱压力的能力：一个是水泥浆向地层的滤失；另一个是水泥浆静凝胶强度的发展。凝胶强度的发展最终导致水泥浆的凝固，而这个过程也伴随着水泥浆的失重，只有在水泥浆的失重足够小而水泥浆的候凝强度达到足够抑制地层高压流体的进入时，浅层流的危害才能得到解除。因此要求水泥浆体系具有更好的直角凝固特征，即一旦凝胶强度开始发展即可以迅速达到抑制浅层流的水平。

经过以上理论分析可将抗浅层流水泥浆应具备以下性能：

a. 随温度升高水泥浆稠化时间应呈现严格缩短趋势，以利于水泥浆注静液注压力的传递；

b. 水泥浆稠化过渡时间控制在 30min 以内，利于水泥浆由液态过渡到固态过程中能够在足够段的时间形成较高的凝胶强度，以抑制浅层流的影响；

c. 水泥浆早期强度发展要迅速，能够在较短的时间形成足够的强度以降低浅层流作用的风险。

④ 防浅层流水泥浆体系的稳定性。自由液量是评价水泥浆体系的一个主要指标。通过研究，发现采用聚合物配制的低温低密度水泥浆体系没有自由液产生。沉降指在悬浮液体系（一般悬浮颗粒的粒径≥0.1μm）中，悬浮颗粒在重力作用下沿重力方向不断运动，直至达到新的平衡的一种物理化学现象。由于水泥颗粒的粒径一般为 1～100μm，且难溶于水，因而水泥浆处于一种悬浮分散状态。在低密度的情况下，沉降稳定性将更多地表现为减轻剂上浮的稳定性，大量的减轻剂上浮将降低上部井眼的固井水泥石强度，进一步降低固井质量。所以应该保证油井的水泥浆体系的选择及设计满足水泥浆悬浮稳定性的要求，确保水泥浆顶替后不在环空中形成连通窜槽。

对表层套管使用的硅酸盐水泥浆的沉降稳定性研究表明，该水泥浆体系具有较好的颗粒悬浮能力和颗粒携带能力。在 7℃、10℃、20℃和 30℃的不同温度情况下，静置 5h 的沉降稳定性试验表明，其上下密度差均在 0.01g/cm³ 以内，体系具有优良的沉降和悬浮稳定性能（表 5-3-5）。

表 5-3-5　水泥浆的沉降悬浮稳定性

温度 /℃	上部密度 /（g/cm³）	下部密度 /（g/cm³）	自由水体积 /mL	密度差 Δρ/（g/cm³）
7	1.40	1.40	0	0
10	1.40	1.40	0	0
20	1.39	1.40	0	0.01
30	1.39	1.40	0	0.01

由于水泥浆的增强剂和减轻剂的颗粒悬浮能力强再加上 CG88L 聚合物较好的护胶悬浮能力，可以有效地保证水泥浆在整个水泥浆的稠化凝固期间浆体的均匀稳定，能够有效地防止由水泥浆沉降失稳造成的油窜、气窜、水窜，保证固井封固质量。

第四节　深水流动安全化学药剂体系

针对深水油气田集输系统管输过程中存在的水合物生成、蜡沉积等流动安全问题以及增输问题，开展了低剂量水合物抑制剂、天然气凝析液减阻剂、蜡沉积抑制剂以及海底天然气管道内减阻涂层研制。

一、低剂量水合物抑制剂

气体水合物是由水（主体分子）与甲烷、乙烷、丙烷、丙烯、氮气和二氧化碳等小分子（客体分子）在一定的温度与压力条件下形成的非化学计量性笼形固态晶体物质，又称笼形水合物。深水油气田开发过程中，由于海底环境温度低以及集输系统中的压力高，使得在多相流集输系统中极易生成水合物，造成水合物堵塞事故。对于水合物风险防控的技术研究一直受到油气工业的重视。目前，水合物风险防控方法通常采用注入化学药剂进行水合物防控，包括传统热力学抑制剂和低剂量水合物抑制剂。热力学抑制剂方法是采用加入足够量的热力学抑制剂（如甲醇、乙醇、乙二醇、三甘醇等），从而破坏了水合物的氢键，进而提高了水合物的生成条件，抑制水合物的生成。目前该方法已在油气田生产部门得到了广泛的应用。但热力学抑制剂一般需要加入量较多（10%~60%）才能够起到一定的作用，从而导致其使用的成本较高，进而其相应的储存、运输和注入成本也较高。此外抑制剂的损失较大，并会带来环境污染等一系列问题。在过去的二十几年来，作为传统热力学抑制方法的替代物，水合物低剂量抑制剂已取得较大进展。低剂量水合物抑制剂（LDHIs）包括水合物动力学抑制剂（KHIs）和水合物阻聚剂（AAs）两类。

1. 水合物动力学抑制剂

水合物动力学抑制剂一般为一些水溶性的高分子聚合物，它能够在不改变体系水合物的热力学平衡条件下，吸附于水合物颗粒表面，从而防止或延缓水合物晶粒的进一步生长，确保在输送过程中减少堵塞现象的发生。但水合物动力学抑制剂通常抑制的能力有限，无法在过高的过冷度下使用。管路中一旦有水合物出现，水合物动力学抑制剂将失去效果。

1）水合物动力学抑制剂合成

开展了以过氧化苯甲酰为引发剂的新型抑制剂 PVP 的合成，聚乙烯吡咯烷酮（PVP）是以单体乙烯基吡咯烷酮（NVP）为原料，通过本体聚合、溶液聚合等方法得到。NVP 常温下是一种无色或者淡黄色，略有气味的透明液体，易溶于水和很多有机溶剂，如甲醇、乙醇、三氯甲烷、甲苯等。实验室研究表明，PVP 是一种性能优良的动力学抑制剂，但国内油气田还未见有将动力学抑制剂成功用于实际的油气田生产和输送中，由于工业生产的 PVP 价格昂贵，若直接用于油气田则会造成生产和运输成本增加，因此提出了以 NVP 为原料，通过加入协同剂来合成以 PVP 为主的新型水合物动力学抑制剂，这样降低了成本，合成出来的液体产品能更便捷地应用到工业中。

本书主要考察了聚合反应中溶剂的种类、单体和溶剂的配比，引发剂的用量，反应时间和反应温度对反应的影响。

经过对各个反应条件的考察，确定和优化实验室合成 PVP 的条件：

（1）称取一定量的 N-乙烯基吡咯烷酮和二乙二醇丁醚加入反应釜中，在氮气保护下（微正压）搅拌均匀并升温至 102℃；

（2）达到预定的温度后，滴加含有引发剂（1%）的二乙二醇丁醚（滴加时间为 1h），搅拌混合均匀，观察温度升高的幅度，控制反应温度在 120～140℃范围内，反应体系中加入的单体与二乙二醇丁醚的最终体积比为 1：2；

（3）反应 6h 后，停止反应。

依据上述实验步骤，实验室合成了水合物抑制剂样品，命名为 GHI，样品如图 5-4-1 所示。

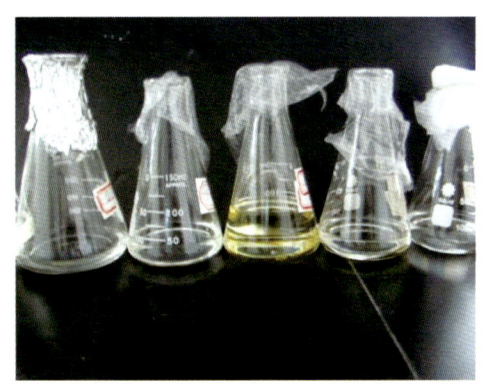

图 5-4-1　实验室研制的水合物抑制剂 GHI 样品

对实验室合成产品进行抑制性能的评价，考察实验室抑制效果，实验结果如图 5-4-2 所示，不同浓度 GHI 的 THF 溶液生成水合物的时间见表 5-4-1，结果表明实验室制备的抑制剂 GHI 具有较好的抑制效果。

2）水合物动力学抑制剂性能评价

考察合成出来的样品的抑制性能是评价产品性能的重要参数。自主设计了抑制剂性能评价装置，对合成出来的抑制剂样品进行了一系列的抑制效果测试，选取了抑制性能较好的样品的实验参数进行了放大生产。

表 5-4-1　不同浓度 GHI 的 THF 溶液生成水合物的时间

溶液	THF	THF+0.5%GHI	THF+0.8%GHI	THF+1.0%GHI	THF+2.0%GHI	THF+3.0%GHI
生成时间/h	1.35～1.53	1.81～1.97	2.32～3.99	4.58～4.89	6.02～6.33	>8

注：进口的抑制剂 KHI 8h 内不生成水合物。

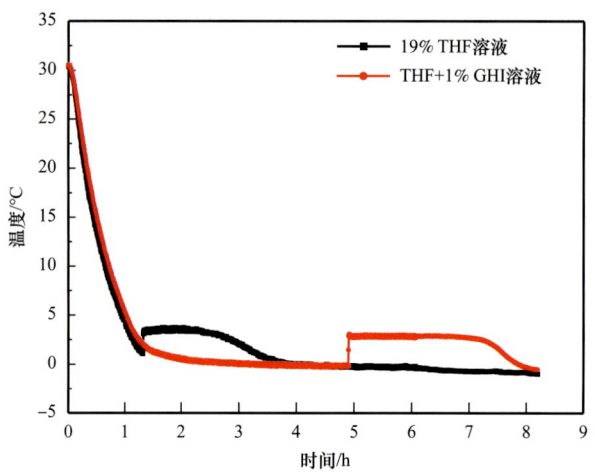

图 5-4-2　THF 溶液和 THF+GHI（1%）溶液温度随时间的变化

（1）抑制剂性能评价实验装置。

常见的水合物抑制剂性能评价装置为单个高压反应釜和动态环流装置。单个高压反应釜和动态环流装置一次只能测试一个条件下的抑制效果，工作量大，最重要的是要进行反复多次的测试，很难保证测试条件完全相同，使得结果增加了很多偶然性误差。为了克服以上两种评价装置的缺点，设计出了一种快速、高效的水合物抑制剂性能评价装置，多个高压反应釜在空气浴中同时反应。抑制性能评价装置示意图如图 5-4-3 所示，实物图如图 5-4-4 所示。

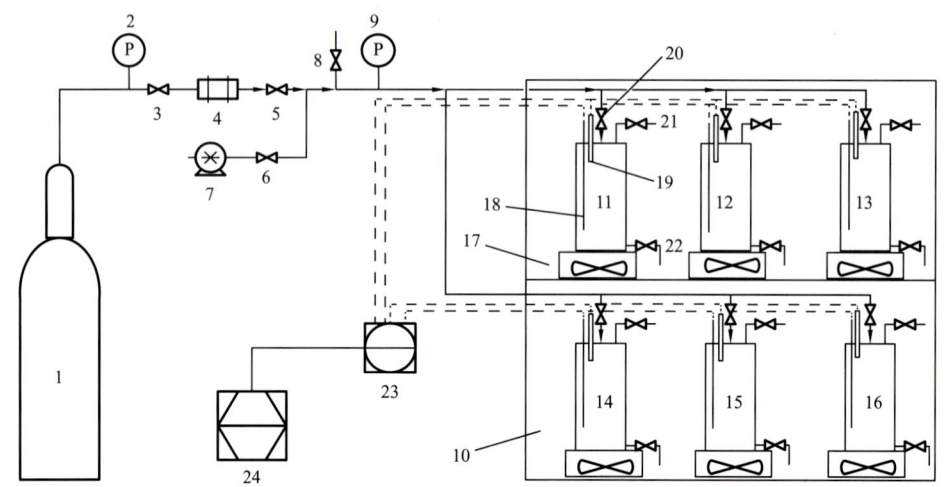

图 5-4-3　多釜式空气浴水合物抑制剂抑制性能评价装置示意图
1—气瓶；2，9—压力表；3，5，6，8，20，21，22—针形阀；4—压力调节器；7—真空泵；10—空气浴恒温实验箱；
11，12，13，14，15，16—不锈钢高压反应釜；17—磁力搅拌器；18—热电阻；19—压力变送器；
23—数据采集仪；24—计算机

该水合物抑制剂评价装置的操作范围为 -30～30℃、0～30MPa。气瓶通过高压不锈钢管线与高压反应釜相连，两者之间还有压力表、阀门和压力调节器等，最重要的是有两个支路,一个与真空泵相连,用于抽真空;另一个支路用于排气,与压力调节器一起配合调节压力。每一个高压反应釜上连接的热电阻和压力变送器用于测量水合过程中温度和压力的变化。磁力搅拌器用于搅拌反应釜内溶液,使其处于动态,避免静态带来的随机性误差。数据采集仪用于自动采集数据,记录反应釜内温度和压力的变化,通过变化来确定水合与否。

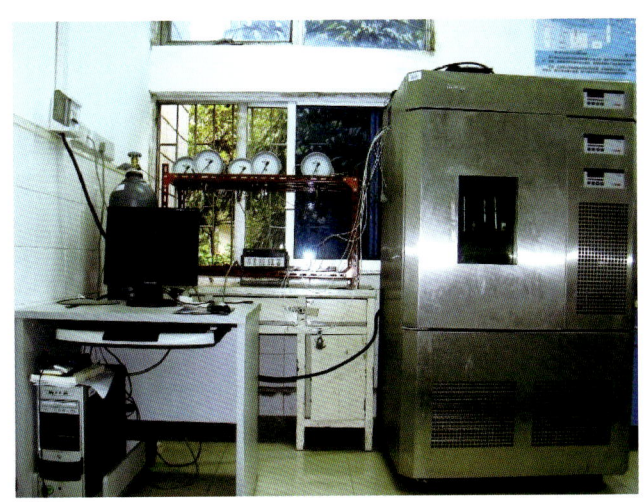

图 5-4-4 抑制剂抑制性能测试装置

（2）抑制剂性能评价试验结果。

利用水合物抑制性能评价装置对进口抑制剂 KHI 和自制抑制剂 GHI 系列产品的抑制性能进行了评价,实验结果见表 5-4-2。

表 5-4-2 加有不同浓度的自制抑制剂 GHI 的 THF 溶液诱导期

溶液	THF+0.5%GHI	THF+0.8%GHI	THF+1.0%GHI	THF+2.0%GHI	THF+3.0%GHI
诱导期/h	0.96	1.38	1.85	2.97	>7
	0.72	1.49	2.51	>7	>7

当实验体系过冷度达到约 10.4℃,常压下将 GHI 与商用抑制剂 Inhibex 501 进行抑制性能对比,实验结果见表 5-4-3。

表 5-4-3 GHI 与 Inhibex 501 的诱导期

溶液	THF	Inhibex 501	THF+0.5%GHI	THF+1.0%GHI	THF+2.0%GHI	THF+3.0%GHI
诱导期/h	0.259	0.737	0.251	0.565	1.734	0.642

由表 5-4-3 可以得出,当过冷度增加时,诱导时间显著减低,可见过冷度是水合反应的主要推动力。当 GHI 的使用浓度为 2.0% 时,诱导时间达到 1.734h,较 Inhibex 501 的 0.737h 长 1h,表现出很好的抑制性能。

2. 水合物防聚剂抑制剂

水合物防聚剂通常是一些聚合物和表面活性剂，需要在油水两相同时存在的条件下才可使用，并且含水率最好小于50%。水合物防聚剂同样可以不改变水合物的生成条件。其允许体系内可以有水合物的形成，但水合物颗粒大小可控，能够阻止水合物颗粒的聚集和沉积，使其最终呈现出稳定浆液输送。

1）水合物防聚剂研制

植物提取型水合物防聚剂的制取过程是通过有机溶剂将固体原料中的可溶性活性成分有效成分溶解，使其进入液相，再将不溶性固体与提取液分离，并将提取液进一步提浓后得到所需产品的过程，另外经冷却后的溶剂蒸汽可以回收利用。此过程如图5-4-5所示。

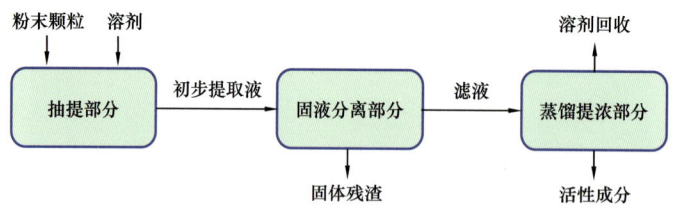

图 5-4-5　水合物防聚剂制取路线示意图

水合物防聚剂制取装置主要包括活性成分抽提装置和减压蒸馏提浓装置两部分，如图5-4-6所示。在制取过程中用到的主要设备包括真空干燥箱、鼓风干燥箱、恒温加热磁力搅拌器、循环水式多用真空泵和旋转蒸发仪等。

 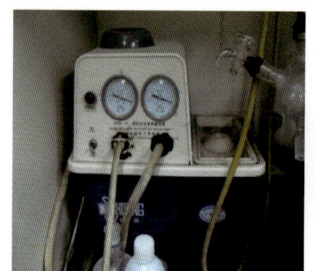 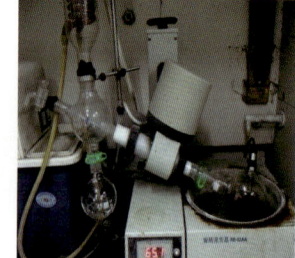

(a) 活性成分抽提装置　　　　　　　(b) 减压蒸馏提浓装置

图 5-4-6　水合物防聚剂实验室内制取装置

该天然表面活性剂活性成分的提取方法主要包括乙醇提取法和正丁醇提取法两种，但实验过程中发现，采用正丁醇提取时的初步提取液过于黏稠，难以顺利过滤，因此采用乙醇提取法来制取活性成分，其实验步骤如下：

（1）取适量的植物粉末放置于真空干燥箱中干燥8h，以除去粉末内残留的水分。另外，将实验过程中所用的玻璃仪器先用清洗液清洗干净，而后用蒸馏水冲洗两次，放置于鼓风干燥箱中干燥后备用。

（2）用电子天平准确称取适量的植物粉末，放入圆底烧瓶中，加入适量的溶剂乙醇，放入转子，顺时针手动搅拌几周，然后将其固定在恒温加热磁力搅拌器中，连接好相关抽提装置，开启磁力搅拌器，调整搅拌速率，设定温度，并记录当前开始时间。

（3）反应一段时间后，关闭恒温式磁力搅拌器，记录此时时间，待温度降至室温时，取出圆底烧瓶，然后对初步提取液进行抽滤，并将抽滤过的固体残渣烘干后称量。

（4）将装有抽滤后滤液的烧瓶固定在旋转蒸发仪上，设定搅拌速率，调整合适的水浴温度和真空度，进行减压蒸馏以提浓活性成分，蒸馏至器壁有淡黄色固体析出为止，并收集测量已回收蒸馏出的溶剂体积。

（5）改变实验体系重复以上步骤。

采用质量法来衡量不同实验条件下活性成分的提取率，计算方法如下：

$$Y = \frac{m_0 - m_1}{m_0} \times 100\%$$

式中　Y——活性成分提取率，%；
　　　m_0——原料粉末初始质量，g；
　　　m_1——抽滤后过滤的固体残渣质量，g。

2）防聚剂性能评价

（1）防聚剂性能评价实验装置。

通过高压蓝宝石釜采用恒温恒容法进行了甲烷在柴油+水+新型化学抑制剂下水合物的生成实验。图5-4-7为高压蓝宝石釜实验装置示意图。

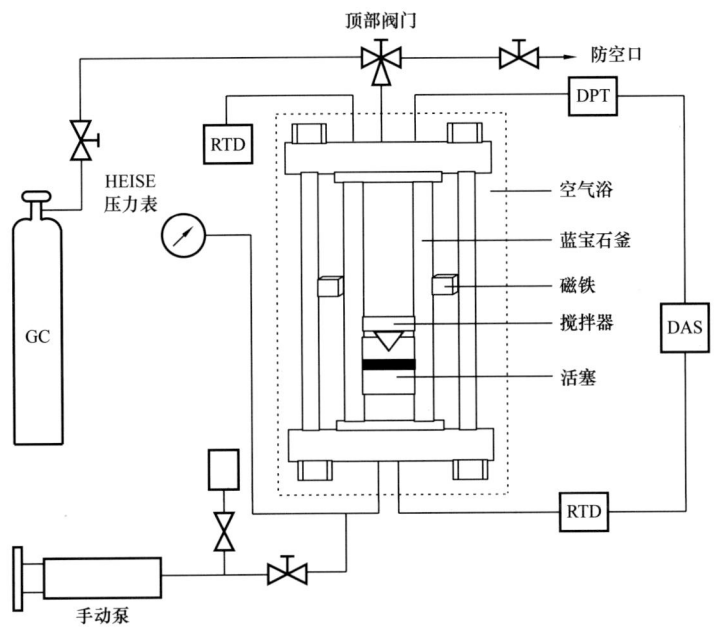

图5-4-7　高压蓝宝石釜实验装置示意图
RTD—温度传感器；DPT—压力传感器；GC—气瓶；DAS—数据采集系统

实验步骤如下：首先卸下高压蓝宝石釜，先用蒸馏水冲洗，再用去离子水清洗至无水珠悬挂于釜壁，最后用实验溶液冲洗3次；在高压蓝宝石釜中装入一定量配置好（本实验均为 10mL）的乳液，然后将高压蓝宝石釜紧固在恒温空气浴中的水合装置上；用真空泵对高压蓝宝石釜及整个高压管路系统抽真空，时间约为 15min；关闭连通真空泵的阀门，再关闭真空泵。用实验用甲烷气冲洗高压蓝宝石釜及整个高压管路系统 2～3 次，以置换抽真空后在蓝宝石釜及高压管路系统中可能残留的少量空气；启动恒温空气浴，将空气浴温度调节到预定的实验温度。恒定温度约 3h；打开气瓶进甲烷气使气相压力达到实验压力（预测的平衡压力以上），打开搅拌系统，保持一定的搅拌速度不变，维持反应体积恒定，水合物开始生成，同时，釜内气相压力开始下降，生成实验一直进行到压力不再下降时结束，压力数据由电脑自动采集；改变实验条件，按上述步骤完成其他条件下的实验。

（2）防聚剂性能评价试验结果。

新型化学抑制剂在锦州 202 油气井 4# 原油中的应用评价（表 5-4-4，图 5-4-8），实验中用到的新型化学抑制剂含量均为水量的 2%。

表 5-4-4 植物提取型新型化学抑制剂在锦州 202 油气井 4# 原油中的应用评价

含量/%（质量分数）	含水率/%（体积分数）	平衡压力/MPa	设定温度/K	现象
2	去离子水 5	7.90	274.2	水合物分散均匀无结块，如图 5-4-8（a）
2	去离子水 10	7.50	274.2	水合物分散均匀无结块，如图 5-4-8（b）
2	去离子水 15	6.65	274.2	水合物分散均匀无结块，如图 5-4-8（c）
2	去离子水 20	6.85	274.2	水合物分散均匀无结块，如图 5-4-8（d）
2	去离子水 25	7.21	274.2	水合物分散均匀无结块，如图 5-4-8（e）
2	去离子水 30	6.38	274.2	水合物比较黏稠，有粘壁如图 5-4-8（f）

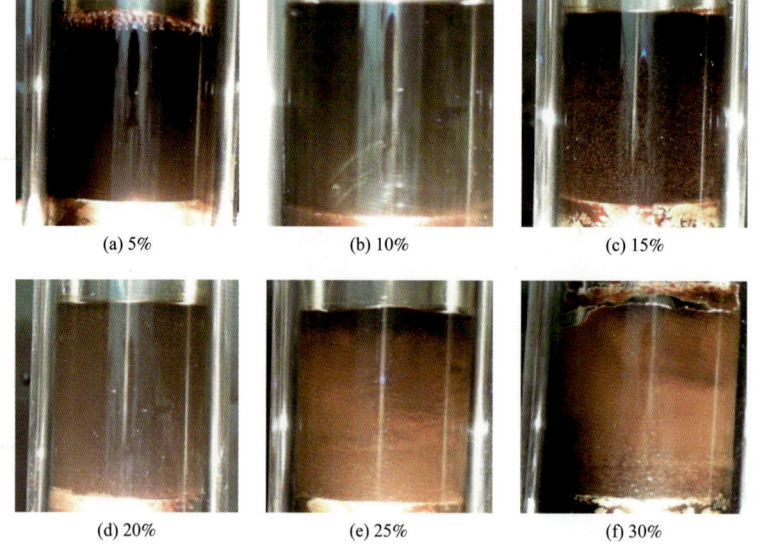

图 5-4-8 植物提取型新型化学抑制剂在锦州 202 油气井 4# 原油中的应用评价

由上述评价结果可知,植物提取型新型化学抑制剂具有较好的适应性,可以对含水率在30%以下的凝析油+水体系中水合物防止聚集成块,对各体系生成水合物后的浆液保持温度与压力停止搅拌,4h以后再启动,不会出现水合物聚结成块的现象,说明该水合物新型化学抑制剂加入体系生成水合物后的浆液体系非常稳定。

3. 现场测试

利用自主研制的移动式水合物评价装置(图5-4-9),在中国海油的某海上油气田对新研制的药剂进行现场测试。

图 5-4-9 水合物抑制剂评价装置图

该装置由水合物评价装置温场、天然气注入管汇、天然气流出管汇、组分水和添加剂注入系统、循环系统管汇、盘管进出口的压差测量系统、数据采集系统等7部分组成。通过移动式水合物抑制剂评价装置可以在管线内形成一段水合物生成管线,通过压差判定实验中水合物生成及添加剂抑制效果等。

1) 动力学抑制剂评价结果

将动力学抑制剂分别配制成浓度为1.5%、3%及5%的实验流体,测试不同抑制剂浓度实验流体在温度1℃和现场管输压力下水合物生成情况,实验结果见表5-4-5。

表 5-4-5 动力学抑制剂不同浓度下水合物生成情况

抑制剂浓度 /%	时间 /h	是否生成
1.5	1	是
3	12	否
5	12	否

由图 5-4-10 可见，加剂浓度为 1.5%HY-1 时，15min 左右压差明显升高，同时设备可视窗观测有大量白色絮状水合物生成。当加剂浓度为 3.0%HY-1 时，1h 左右压差略有升高，但可视窗未见水合物生成，气、液循环良好，直至 12h 实验结束。抑制剂 HY-1 效果良好，适合现场使用，推荐加剂浓度 3.0%。

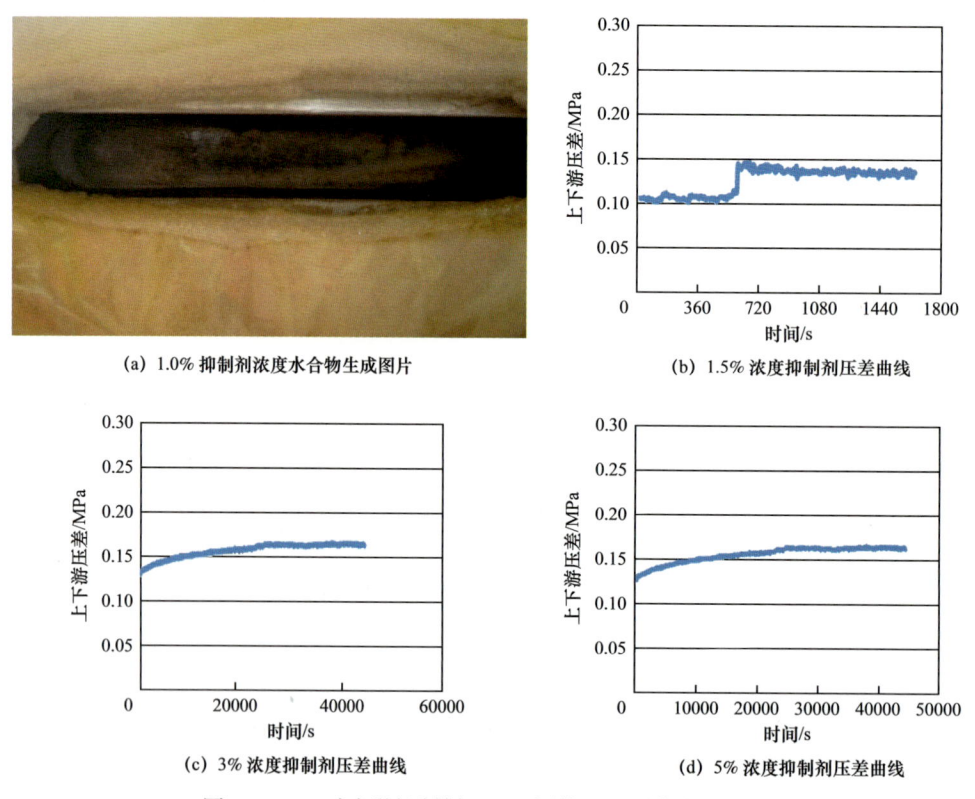

图 5-4-10　动力学抑制剂 HY-1 评价压差测曲线及图片

2）防聚剂评价结果

将水合物防聚剂分别配制成浓度为 1%、2% 和 3% 的实验流体，测试不同抑制剂浓度实验流体在温度 1℃和现场管输压力条件下水合物生成情况，如图 5-4-11 所示。

由图 5-4-11 可见，加剂浓度为 2% 时，15min 左右可视窗观测明显水合物，但气、液循环良好，直至 2h 实验结束，对水合物大量聚集有一定的抑制作用。

二、天然气凝析液减阻剂

在输气管线中，摩擦阻力是造成长输管线压降、动力损耗和输气量降低的主要原因。因此，要降低长距离输气管线运营成本和提高输气量，就得降低摩阻系数。在恒定管输流量下，加入减阻剂可使其沿程压降减小。

根据减阻剂的减阻机理和减阻剂分子的设计思路，设计合成 AEO-9 多乙烯铵盐、Gemini 型减阻剂和 Bola 型减阻剂 3 大类减阻剂；AEO-9 二乙烯三铵盐、邻二油减阻剂（OPDO）、顺二油减阻剂（CBDO）、癸二（OD）、癸二二（ODD）、PEG400 磷酸酯铵盐和 PEG600 磷酸酯铵盐 7 种药剂。通过红外结构表征证明产品的生成，得到了减阻剂的最优合成条件。

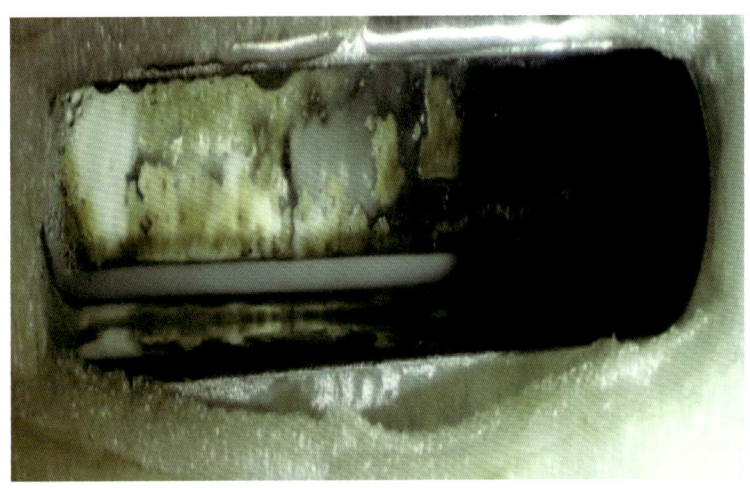

(a) 防聚剂水合物生成图片

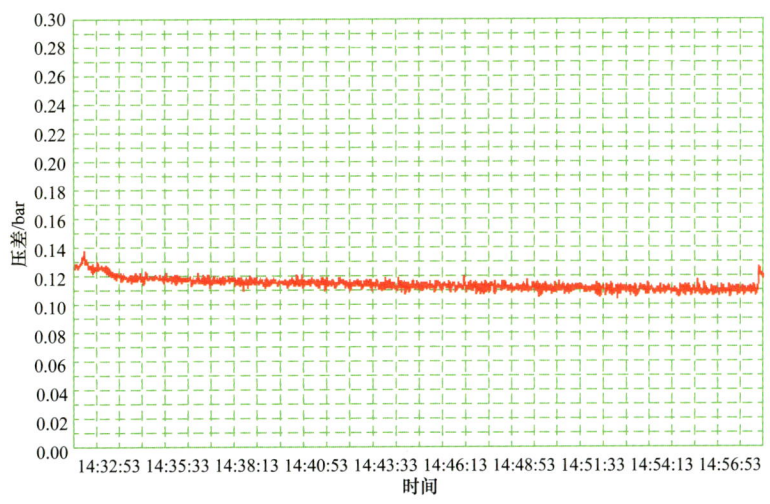

(b) 防聚剂差压曲线

图 5-4-11　HY-2 抑制剂评价压差测评曲线及图片

1. 减阻剂静态成膜检验

通过电镜扫描、缓蚀性测试、电极化曲线测试等试验对减阻剂样品进行快速评价，分析以上减阻剂的缓蚀性能和成膜能力。通过挂片法测试计算了 3 大类减阻剂的成膜厚度，为环道实验的减阻率提供参考。结果见表 5-4-6。

2. 环路减阻试验

在实验室建立了天然气凝析液减阻剂室内环道评价系统，进行天然气凝析液减阻剂浸泡成膜实验和雾化加注实验（图 5-4-12 至图 5-4-14）。

表 5-4-6　减阻剂快速筛选评价分析表

减阻剂	减阻剂类型	最大成膜厚度 /μm	成膜均匀性	成膜致密性
AEO-9 二乙烯三胺铵盐	—	3	一般	较好
OPDO	Gemini	4.9	好	好
CBDO	Gemini	4.4	好	好
癸二（OD）	Bola	7.6	较好	较好
癸二二（ODD）	Bola	8.6	较好	一般
PEG400 磷酸酯铵盐	Bola	7.1	一般	一般
PEG600 磷酸酯铵盐	Bola	4.3	一般	一般

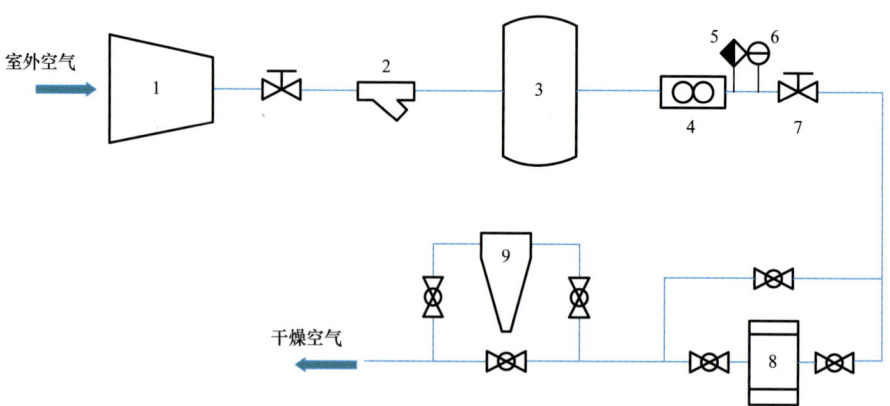

图 5-4-12　压缩空气运行管段流程图
1—压缩机；2—过滤器；3—缓冲罐；4—涡街流量计；5—压力传感器；6—温度传感器；7—精密调节阀；
8—冷冻式干燥机；9—旋风气液分离器

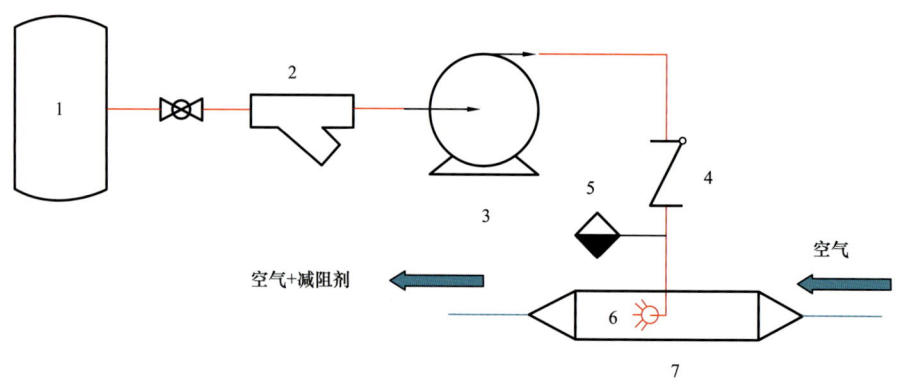

图 5-4-13　雾化加注管段流程图
1—加药罐；2—过滤器；3—柱塞式计量泵；4—止回阀；5—压力传感器；6—低压雾化喷嘴；7—加注管

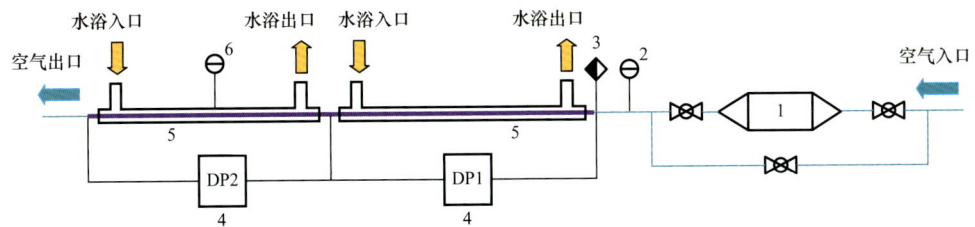

图 5-4-14 减阻剂评价测试管段流程图

1—加注管；2—温度传感器；3—压力传感器；4—差压传感器；5—水浴套管；6—温度传感器

对合成的 3 大类共 7 种药品进行了浸泡成膜评价实验，常温条件下减阻剂的减阻效果为：AEO-9 二乙烯三铵盐＞Gemini 型减阻剂＞Bola 型减阻剂。对常温下减阻效果较优的 3 种减阻剂（AEO-9 二乙烯三胺盐、OPDO 和 CBDO）进行低温浸泡成膜实验，Gemini 型减阻剂在低温条件下减阻效果更好，而 AEO-9 二乙烯三铵盐在低温条件下失效。对减阻效果最稳定的邻二油减阻剂（OPDO）进行雾化加注实验，减阻效果良好，在加注速率 4L/h、加注时间 3h、测试流量 125m³/h、测试温度 9℃的实验条件下，10% 浓度的 OPDO 减阻剂减阻率稳定后可达 18%，最大减阻率达到 19%。

同时对 Gemini 型减阻剂进行了分子筛吸附活化实验。实验表明，Gemini 型减阻剂对分子筛的重复使用基本没有影响。通过综合评价，初步选用邻二油减阻剂进行工业试生产和现场应用。

3. 现场试验

在中国海油某气田的海底天然气凝析液管线进行现场加注试验。管线规格为 ϕ273.1mm×12.7mm，全长 28km。减阻剂采用雾化加注方式，注入系统示意如图 5-4-15 所示，在天然气海管清管球发射器处的 2in 球阀处进行改造，通过法兰连接到清管球发射器放空口的 2in 球阀处，并进入管路内部，在管路中心位置处的末端安装雾化喷头，并与来流方向重合。

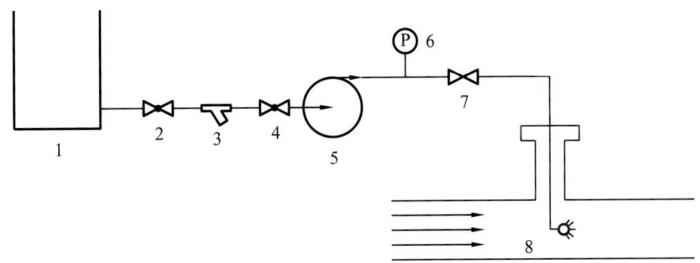

图 5-4-15 天然气减阻剂注入系统示意图

1—加药罐；2，4—球阀；3—过滤器；5—计量泵；6—压力表；7—闸阀；8—雾化喷嘴

根据相似比例推算，现场加注量 = 实验室加注量 × 湿周系数 × 沉积损耗系数 × 纵向延迟系数。湿周系数为现场管道与实验室管道的管径比。加注到管道中的减阻剂液滴，除吸附在管壁上形成液膜外，会有相当一部分液滴聚结沉积在管道中，使分散在气流中的液滴量发生较大的损耗。因此在计算加注量时，需乘以一个沉积损耗系数，根据试验

经验设定为 1.5。依据室内实验管路所得出的最佳加注条件为加注量 72kg。现场加注药剂浓度选用 15% 的溶液浓度,即加药的总体积为 480L。注入流量选择 80L/h,对应加注时间为 6h。

在实际现场试验过程中,注入流量选择 80L/h,所加注时间为 7h。通过对比减阻剂加入前后压力、流量变化得到:在加注减阻剂之后的 19 天内,平均减阻率为 21.47%,平均增输率为 13.33%。试验结果如图 5-4-16 所示。

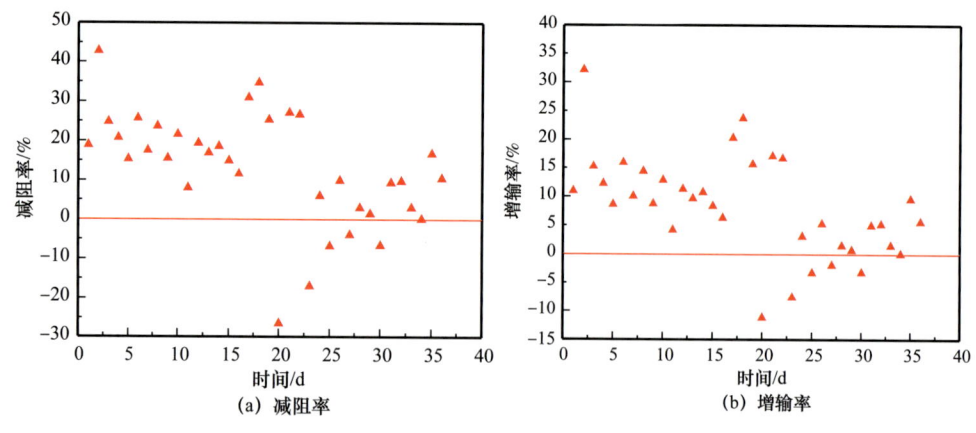

图 5-4-16 减阻能力试验结果

三、蜡沉积抑制剂

蜡沉积抑制剂(现在一般叫降凝剂,以下简称蜡抑制剂)是一种油溶性高分子有机化合物或聚合物,在原油中加入蜡沉积抑制剂可以改变原油中固体烃的结晶形态,如结晶尺寸、大小和形状等,使其不易形成空间网络结构,达到降凝、减黏、改善原油低温流动性的目的。油品失去流动性是由于溶在油中的蜡在温度降低时结晶析出,随着油温的下降,蜡的溶解度逐渐下降,从油中析出的蜡晶相应增多,致使蜡晶相互重叠联结而形成三维空间网络结构,油便失去了流动性。在油品中加入少量蜡抑制剂就能够改变油品中蜡的结晶过程,显著地降低含蜡油品的凝固点,使油品在低温下也能保持正常流动。

1. 蜡沉积抑制剂开发

为了能更有效地防止蜡析出,并适合于多种油品,尤其是深水原油,选择几种主碳链不同的蜡抑制剂或不同极性侧链的蜡抑制剂进行复配,使得主碳链碳数的范围扩大,原油不同碳数的蜡晶被覆盖的范围也相应增大,从而提高蜡抑制剂的防蜡降凝效果;或者在原有蜡抑制剂的基础上增加侧碳链碳数及侧碳链上的极性基团,也能有效提高蜡抑制剂的防蜡降凝效果。

(1)采用丙烯酸高碳醇酯、马来酸酐、醋酸乙烯酯、苯乙烯以及丙烯酰胺等单体共聚合成共聚物型蜡抑制剂,共计合成 7 种。对它们进行防蜡降凝效果评价发现降凝效果比较好。丙烯酸十八酯—马来酸酐—丙烯酰胺三元共聚物蜡抑制剂主要成分分子式如下:

$$\text{(N-vinyl pyrrolidone)} \xrightarrow[\text{引发剂}]{\text{(benzoyl peroxide)}} \text{(polymer)}$$

（2）将（1）里合成的效果相对好一些的共聚物型蜡抑制剂用高碳胺（十六胺、十八胺）进行胺解合成胺解共聚物型蜡抑制剂，共计合成 6 种。对它们进行防蜡降凝效果评价，发现降凝效果基本要好于共聚物型蜡抑制剂。丙烯酸十八酯—马来酸十八胺—丙烯酰胺共聚物蜡抑制剂主要成分分子式如下：

$$\left[CH_2-CH \right]_m \left[CH-CH \right]_n \left[CH_2-CH \right]_p$$
$$\text{COOC}_{18}H_{37} \quad O=C \quad C=O \qquad\qquad CO-NH_2$$
$$\qquad\qquad\qquad H-N \quad N-H$$
$$\qquad\qquad\qquad C_{18}H_{37} \quad C_{18}H_{37}$$

（3）将（1）里合成的效果相对好一些的共聚物型蜡抑制剂用高碳醇（十八醇）进行醇解合成醇解共聚物型蜡抑制剂，共计合成 4 种。对它们进行防蜡降凝效果评价发现降凝效果基本也要好于共聚物型蜡抑制剂。丙烯酸十八酯—马来酸十八酯—丙烯酰胺共聚物蜡抑制剂主要成分分子式如下：

$$\left[CH_2-CH \right]_m \left[CH-CH \right]_n \left[CH_2-CH \right]_p$$
$$\text{COOC}_{18}H_{37} \quad C \qquad C \qquad\qquad CO-NH_2$$
$$\qquad\qquad\qquad \parallel \quad\; \parallel$$
$$\qquad\qquad\qquad O \quad\; O$$
$$\qquad\quad _{37}H_{18}C-O \quad O-C_{18}H_{37}$$

（4）将（1）里合成的效果相对好一些的共聚物型蜡抑制剂进行复配实验得到 7 种复配型蜡抑制剂。对它们进行防蜡降凝效果评价，发现降凝效果基本也要好于共聚物型蜡抑制剂。

对比合成的 17 种蜡抑制剂和复配的 7 种蜡抑制剂的防蜡降凝效果，并考虑到蜡抑制剂的合成成本、合成难易程度等筛选出最适宜的蜡抑制剂，即丙烯酸十八酯—马来酸酐—丙烯酰胺十八醇醇解共聚物蜡抑制剂为最终的蜡抑制剂配方。

2. 蜡沉积抑制剂评价

分别对 1 号、2 号、3 号、4 号、5 号和 6 号油样进行了蜡抑制剂的降凝效果评价实验，在加剂量均为 500mL/m³ 的情况下，基本针对每种蜡抑制剂对各个油样都进行了降凝效果评价实验，这样一共 24 种蜡抑制剂（17 种合成蜡抑制剂和 7 种复配型蜡抑制剂），每种蜡抑制剂测 6 个油样，总共做了将近 288 组降凝效果评价实验（一个油样一种蜡抑制剂算一组，每一组重复测定两次）。以上这些蜡抑制剂都基本达到了降凝幅度大于 10℃ 且注入量不超过 0.05%（油样质量）的目标。

综合考虑决定选用丙烯酸十八酯—马来酸酐—丙烯酰胺十八醇醇解共聚物蜡抑制剂作为最终的蜡抑制剂配方。该配方毒性小、作用效果好、经济可行。其主要成分分子式如下：

$$\left[CH_2-CH \right]_m \left[CH-CH \right]_n \left[CH_2-CH \right]_p$$
$$COOC_{18}H_{37}\quad C\quad\quad C\quad\quad CO-NH_2$$
$$\quad\quad\quad\quad\ \|\quad\quad\ \|$$
$$\quad\quad\quad_{37}H_{18}C-O\quad O-C_{18}H_{37}$$

结构中既有长的主碳链也有长的侧碳链，还有不同的极性基团（氨基、羧基、羰基），因此相比于目前国内外使用的一些蜡抑制剂原油对它的感受性更好，其防蜡降凝效果也更好，并将其降凝效果数据单独列于表 5-4-7 中。

表 5-4-7　加入丙烯酸十八酯—马来酸酐—丙烯酰胺十八醇醇解共聚物蜡抑制剂后各油样凝点的测定结果

原油类别	凝点 /℃				
	1 号油样	3 号油样	4 号油样	5 号油样	6 号油样
空白原油	24.0	24.0	−7.0	20.0	26.0
加剂原油	12.0	9.0	−39.0	9.0	11.0

注：蜡抑制剂添加量为 0.05%（油的质量），6 号油样热处理温度为 60℃，其余热处理温度为 53℃。

由表 5-4-7 中降凝幅度数据可知，该蜡抑制剂对各油样有很好的防蜡降凝效果，降凝幅度都达到了 11℃ 以上。

四、海底天然气管道内减阻涂层

输气干线耗用能源非常大，1m 口径的输气管道所用的一座压气站主机轴功率约 18MW，年耗燃料气约 $4500×10^4 m^3$，相当一个中小城市的民用气量，因此，节约燃用天然气，以降低天然气价格是输气管道事业的一个极其重要的课题。

减少输气管道耗能的途径有两方面：一是在设计阶段优化管道的管径、工作压力与压比的选择，并且相应地优化压气站的设置及主机设备的选择；二是减少管道的摩阻损失，也即减少输气所需压力。当前减少输气管道摩阻损失的唯一办法是在管道内表面施加减阻内覆盖层。

减阻内覆盖层的直接作用是减少输气压力，同时也引起了输气量与输气所需功率的变化。可以说减阻内覆盖层的作用是可在保持既定的管径与输气量条件下，减少全管道压气站总功率；或者在已定的全管道总功率及管径条件下，增加管道的输气量。总而言之，减阻内覆盖层的作用就是增加管道的输送效益。对于大口径管道，这个效益十分巨大。内覆盖层初期投入的成本可获几倍的补偿，即使管径对于当时输量需求来说很充分，也应考虑使用内覆盖层，以便适应将来输量增加的需求。

1. 天然气管道的内覆盖层

不同国家不同机构对天然气管道内覆盖层的要求不尽相同，但是却基于同一个基本原则。典型的性能测试应符合英国天然气委员会的要求，如涂膜的机械性能要求，弹性、抗冲击性，当然得有极好的附着性，要求耐盐雾、湿度、冷凝酸、蒸馏水、三甘醇、润滑油、脂肪族和芳香族烃类化合物、乙醇及气体加味剂。

测试应模拟实际运行环境，包括压力起泡试验。在气压试验中，覆盖层要承受 6.895MPa 的压力，然后在 30s 内释放。在水压起泡试验中，用蒸馏水将压力加到 13.79MPa，然后迅速释放，涂膜必须保持良好的完整性。

天然气管道的静水压试验，是用水在管壁 90% 的最小屈服强度的钢材上进行的，管壁如有缺陷将会爆裂，内覆盖层做此试验时，应没有任何受影响的迹象，即使是在屈服强度上限 105%，管道加压后也应没有变化。

内覆盖层摩擦角是变化的，在 10°～13° 范围内，焊接处将会有 4～8mm 的烙印（如果末端不留出 1cm 或 2cm）。

实际应用喷砂或抛丸处理，而不是机械钢丝刷，所以膜层可做得较厚，为 65～75μm。

国际上对天然气管道内覆盖层的严格规定已实施多年，并被广泛应用于石油工业领域。

为了实现防蚀保护，内覆盖层必须使用厚度至少 250μm 的涂膜，根据所用环境的不同，甚至更厚。独根管子的施工，可喷砂处理后，再喷涂液体涂料，对于旧管线，只能就地施工。减阻用内覆盖层除了起防腐保护作用外，以上所列的天然气管线内覆盖层的优点，同样适用于其他有内覆盖层的管线，不管是输送天然气还是液体。减阻用内覆盖层的优点就是用在那些为了安全起见要求降低操作压力的地方，如果压力不可能降低，管道必须进行更换，或者增加环套。然而，内覆盖层将会在较低压力下允许增加流量，且成本较低。

2. 内涂涂料的选择

减阻内涂涂料的性能基本要求主要有：黏结力、渗透性、耐磨性、耐压性、耐热性、化学稳定性和耐蚀性及光泽度等。

（1）黏结力。黏结力是涂料的最重要的性能。水汽等腐蚀介质要通过涂层和被涂敷钢表面之间的界面与钢表面基体接触，黏结力强可保持此界面的稳定，避免水汽渗透到涂层下面，防止膜下腐蚀介质的富集，从而防止膜下腐蚀和漆膜起泡；黏结力强还可减少机械力的损伤。

（2）渗透性。渗透性有两个含义：一是对水的渗透；二是对气的渗透。抗渗水性对涂层来说是很重要的，因为和涂层接触的环境或介质都少不了有水，水的渗透将导致与钢表面的直接接触，发生腐蚀作用，剥离涂层，尤其是当钢表面有盐分存在时更为突出；透气性低可以防止氧气等介质渗透到钢表面，直接发生腐蚀作用。

（3）耐磨性。由于减阻内涂涂层的工作条件是处在介质的不断摩擦之中，需承受住介质和所含杂质的摩擦损耗，且作为天然气管道来说，正常的清管也会对内壁造成磨损，因此耐磨性是减阻内涂涂料的一项重要指标。

（4）耐压力变化。管道输送液体或气体介质都要有一定的压力，减阻内涂层在这种状况下工作，当管道发生故障或异常泄漏时，因其突发的降压可能造成涂层的起泡，为此对减阻内涂层要有耐压的性能要求。

（5）耐热性。耐热性要求是出于两方面的考虑：一方面是运行过程中因介质与管内壁的摩擦产生的热量造成管壁温度升高，另一方面是在管道防腐作业时，当采用"先内后外"工艺时，因为外防腐层施工过程中可能会有250℃的高温，内涂涂料应能承受住这一短时的高温作用。

（6）化学稳定性和耐蚀性。由于天然气介质可能混有汽油、醇类或润滑油等杂质，其凝聚物都有可能造成内涂层的破坏和腐蚀，所以内涂的涂料必须具有化学稳定性和耐蚀性，来抵御这些物质的腐蚀与破坏。

虽然正常的天然气中不含腐蚀性物质，但在管道施工过程中和运行中仍有腐蚀的可能性，如空气中水汽和介质中的冷凝物等，在这种条件下内涂涂料可起到防止腐蚀的作用。

（7）涂层的光泽度。用于减阻内涂的涂层要有一定的光泽度，光泽度反映出涂层的光滑程度，表面越光滑，摩阻越小，减阻的效果也就越好。

除上述性能之外还有柔韧性、硬度、耐久性和易涂装等也是内涂涂料应具有的性能。

内涂涂料的选择应符合下列原则：所选涂料的性能必须满足 Q/CNPC 37—2002《非腐蚀性天然气输送管内壁覆盖层推荐做法》和相关技术标准的要求，如 API RP 5L2 以及 GBE/CM2《钢质管道和接头内涂层涂料的技术要求》等。

所选涂料必须具有成功应用的历史业绩，并能提供跟踪记录。对于新涂料，因为没有业绩，所以在应用前应对其性能严格按照技术标准的要求进行测试，并出具权威部门的证明，使用寿命应能满足设计要求，在寿命期内不应发生剥离和脱落等问题。

调研的国内外内减阻涂料的制造工艺基本相同，均工艺流程分别制成甲、乙两种组分。国内外内减阻涂料具有共性，即，均为聚酰胺固化的环氧树脂，且均能满足 API RP 5L2 技术标准。国内内减阻涂料固体含量比国外的要低一些，服役温度低于国外的涂料，其质量水平相对要低一些。从发展趋势上，提高固体含量是提高涂料水平的一个重要的指标。表 5-4-8 对比分析了国内外内减阻涂料性能。

3. 海底天然气管道内减阻涂层研发与应用

"十三五"期间，中国海油进行了内减阻涂层涂料开发研制了涂料 TJY-8158，固体含量达到99.9%，几乎无挥发性有机化合物（VOC）排放。涂层380天海水浸泡试验，样件涂层二级、无起泡、无脱落（自检），耐海水浸泡90天试验合格（通过第三方机构检验），涂层三甘醇浸泡21天试验合格（通过第三方机构检验），涂层耐磨性能提高到2.8L/μm，是 API RP 5L2 标准值的3倍（通过第三方机构检验）。涂料整体性能优于 API RP 5L2 和 SY/T 6530 标准要求。表5-4-9为国内外内减阻涂层检测项目对比表。

表5-4-8 国内外内减阻涂料性能分析对比表

序号	涂料名称	基料	固化剂类型	固体含量/%	涂层表面粗糙度/μm	适用服役温度/℃	符合的标准
1	TJY-8158	环氧树脂	聚酰胺固化剂	≥99.5	4.5	-40～85	API RP 5L2
2	AW-03	环氧树脂	聚酰胺固化剂	≥99.5	4.5	-40～85	API RP 5L2
3	美国Permacor 337/96	环氧树脂	聚酰胺固化剂	≥73	5	-40～100	API RP 5L2
4	英国COPON EP2306HF	环氧树脂	聚酰胺固化剂	≥75	5	-40～100	API RP 5L2

表5-4-9 国内外内减阻涂层检测项目对比表

测试项目		美国Permacor 337/96	英国COPON EP 2306HF	AW-03	TJY-8158
耐盐雾试验		500h完好	800h完好	500h完好	500h完好
磨损指数		≥23	>23	33	35
弯曲（0.5in不开裂）		通过	通过	通过	通过
硬度		≥94	≥94（实测111）	95（实测）	108（实测）
耐热性（250℃，30min）		—	—	涂层完好	涂层完好
气压起泡		无起泡	无起泡	无起泡	无起泡
水压起泡		无起泡	无起泡	无起泡	无起泡
常温浸泡	蒸馏水（21d）	无水泡	涂层无变化	涂层无变化	涂层无变化
	等体积甲醇+水（5d）	无水泡	涂层无变化	涂层无变化	涂层无变化
	$CaCO_3$饱和溶液（21d）	无水泡	涂层无变化	涂层无变化	涂层无变化

同时，完成了内减阻涂敷生产线的研制（图5-4-17）。该生产线包括自加热式内减阻涂层喷涂装置1套：涂层一次成型，干膜厚度≥65μm，生产效率≥6根/h（管径≥22in）；

钢管自动化板链输送系统1套：传动速度1～3m/min。相关成果已经顺利在秦皇岛市海港区海阳片区热电联产集中供热一次管网工程、泰安市供热公司热力管线保温减阻工程、秦山核电站海水取水管道等项目中顺利应用（图5-4-17）。

图5-4-17　内减阻涂敷生产线

第六章　深海油气田开发工程监测系统的开发

自主研制了深水钻井隔水管监测系统、深水工程现场监测网络化远程实时监测系统、深水油气田流动安全管理系统、水下结构气体泄漏监测系统等，成功实施了现场监测，为保障海上深水工程设施安全作业、优化工程设计提供了技术支撑和保障，填补了多项国内空白。本章详细介绍了深水钻井隔水管监测系统、深水工程设施现场监测网络化远程实时监测系统、深水油气田流动安全监测与管理系统、海底管道泄漏监测系统以及水下结构气体泄漏监测系统的构成、设计方案以及现场应用情况。

第一节　深水钻井隔水管监测系统

一、隔水管监测系统研发的必要性

深水海洋隔水管系统整体为细长柔性结构，在复杂多变的海洋环境、浮式钻井装备的升沉运动、波浪流、风力环境的共同作用下，很难对隔水管系统结构的水下动力响应给出准确的预分析计算。现有的以海流和平台偏移为边界条件的静态分析以及以波浪和平台运动为边界条件的动态分析相结合的隔水管运动响应分析方法，形式简单、计算效率高，且至今仍被工程上所采用，给钻井作业提供了重要的数据参考。但由于计算过程的基础数据存在一定的偶然性和多变性，如海洋流剖面的变化，就无法给出一个准确的量化表达，故其分析结果仍属于一个特定情况下的分析结果，与现场作业实际情况有一定的误差。例如，2012年BP公司在墨西哥湾Kaskida油田（1800m水深）钻井期间，钻前设计阶段的分析认为隔水管系统涡激振动引起的系统寿命仅为8天，实际作业期间安装了隔水管监测系统对涡激振动引起的应力和疲劳损伤进行现场监测，实际监测表明作业海况下并未发生隔水管系统的涡激破坏，因此设计海况与实际作业海况的差异往往会造成涡激振动预测的偏差。以往一般的隔水管涡激振动监测装置大多采用离线监测方案，即不将监测数据实时传输回平台及实时计算，而是在隔水管回收之后进行数据读取和分析，以评估涡激振动对隔水管的疲劳损伤。这种方案显然无法进行数据的在线反馈及实时预测评估。为切实掌握深水/超深水钻井隔水管系统的动态响应，有必要对钻井隔水管进行隔水管水下静态/动态响应实时监测。监测作业的主要目的在于跟踪记录隔水管系统的运动和载荷响应状态，控制钻井隔水管系统关键区段的疲劳损伤值在安全范围以内，从而确保隔水管单根的结构完整性和隔水管系统水下作业安全性；调整隔水管控制参数，提升对隔水管系统作业过程中柔性变形的控制，为作业人员制定操作决策提供重要量化依据。

目前深水钻井隔水管监测系统主要分为两类：一类为单机监测系统；另一类为实时

监测系统。两监测系统各有优缺点，单机监测系统随隔水管单根一同入海，将测量数据存储在数据记录仪里，待隔水管系统回收时，提取监测数据。这种监测设备稳定、安全、能耗低，但是监测实时性较差，不能及时反馈监测信息。实时监测系统可随监测作业的进行实时将监测实测数据传输到作业平台，给作业者制订决策提供实时依据，但设备结构及信息传输装置安装均较为复杂，部件多，安装时间长，装置可靠性不高且维修成本高，增加了作业成本。

二、隔水管监测系统的组成

中国海油在"十一五"期间开展了国家科技重大专项项目隔水管监测系统研究，研制完成了一套隔水管监测系统试验样机，达到的性能指标与国外同类产品相当。"十二五"期间，在"十一五"隔水管监测系统原理试验样机的基础上，深入开展工程样机的研制工作，并对"十一五"研制的试验样机进行改进、优化，以满足样机在水下3000m 的工程实际应用，从而完成工程样机的研制工作，并完成了工程样机的海上试验验证。在前期研究的基础上，"十三五"围绕深水钻井的关键设备——隔水管系统的工程化应用需求，深入开展隔水管监测系统产品模块化、系列化开发及定型技术、水下可操作性技术研究，突破水声双向遥控关键技术，形成一套完整的可遥控的深水钻完井隔水管监测系统，并完成工程化应用研究，实现对隔水管作业安全预警的目标，为深水钻井隔水管现场监测和作业安全提供保障。

隔水管涡激振动监测系统包括三个部分：水下的监测装置、近水面的声呐信号接收装置和地面数据显示。隔水管涡激振动监测装置的主要设计原理：首先通过振动传感器采集隔水管的加速度信息，通过数字信号处理器（DSP 或者单片机）处理、编码、调制和功率放大，将模拟信号转化为通信数字信号，利用水下的发射换能器，周期性发射声呐载波信号，将采集到的振动信息传递给地面的接收换能器，在通过对数字信号的解调、解码反演出振动加速度信息，再通过对采集到的时域振动加速度数据进行傅里叶变换，就可以得到振动的频率、周期等信息。该流程示意如图 6-1-1 所示。

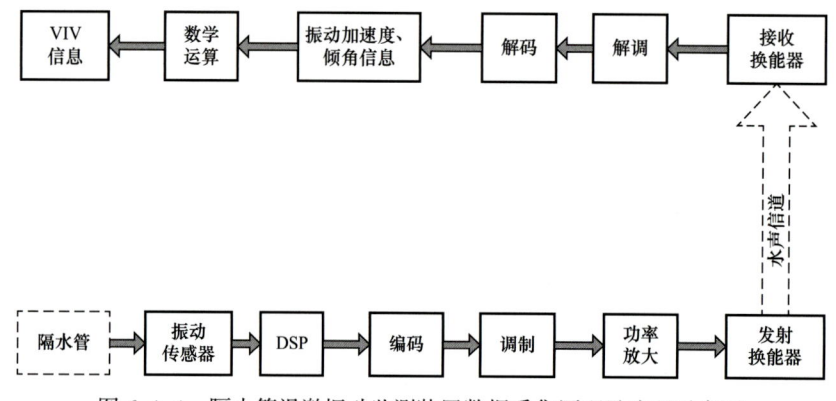

图 6-1-1　隔水管涡激振动监测装置数据采集原理及流程示意图

为了便于现场安装，隔水管监测系统将振动传感器、后处理电路、电池封装在一起，如图 6-1-2 所示，加速度传感器主要采集隔水管的振动信息，处理电路主要将采集到的模拟信号转化为数字信号，滤掉低频干扰振动信息，形成声呐载波信号回传，为了简化长距离的供电造成的安装复杂，在监测装置内部集成了电池系统用于供电。

图 6-1-2　隔水管监测系统

1. 隔水管转角监测系统

转角监测系统主要功能是测量隔水管在钻井作业时的偏转角度。如图 6-1-3 所示，转角监测系统包括筒体、电池仓、仪器仓和发射换能器，其中发射换能器与筒体间通过水密接插件及线缆连接，发射换能器外伸 1.5m 安装，直径 19cm、长度 90cm、质量 15kg。

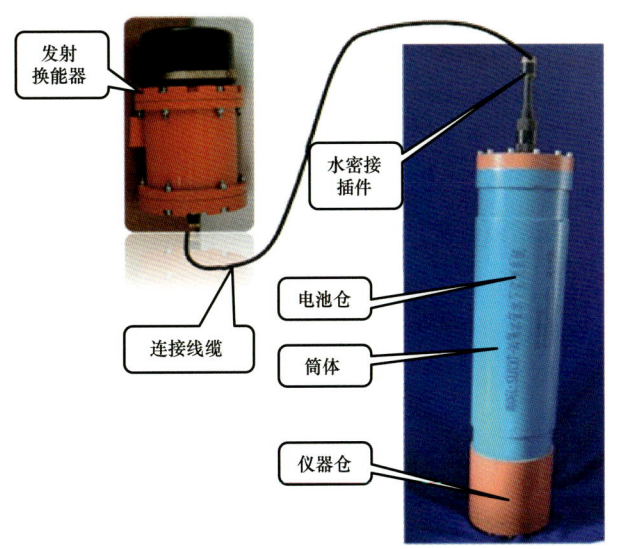

图 6-1-3　转角监测系统

2. VIV 监测系统

VIV 监测系统主要功能是测量隔水管在钻井作业时产生的涡激振动。如图 6-1-4 所示，VIV 监测系统包括筒体、电池仓、仪器仓和发射换能器，其中发射换能器与筒体间通过水密接插件及线缆连接，发射换能器外伸 1.5m 安装，直径 19cm、长度 103cm、质量 18kg。

3. 应力监测系统

应力监测系统主要功能是测量隔水管在下放及钻井作业过程中的应力，如图 6-1-5

所示，应力监测系统包括固定机构和光纤光栅应力传感器，系统通过轧带固定在隔水管上，与 VIV 监测系统通过水密线缆连接（即与 VIV 监测系统共用一个筒体和发射换能器）。

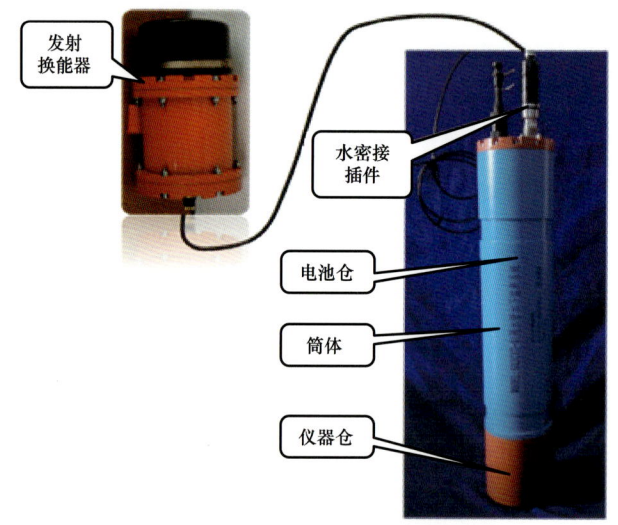

图 6-1-4　VIV 监测系统

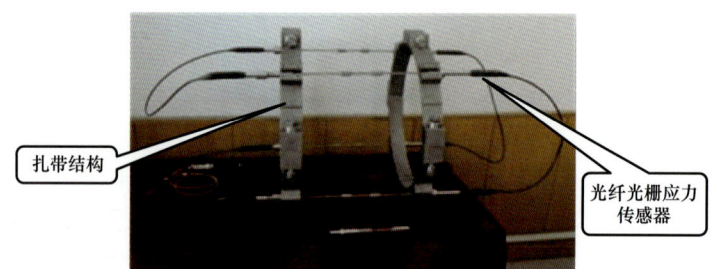

图 6-1-5　应力监测系统

4. 信号接收系统

接收换能器的主要功能是接收水下发射换能器发射出来的数据信号，然后将数据信号传输至信号处理平台。如图 6-1-6 所示，此次试验将采用两套接收系统：

（1）固定式接收系统，接收换能器通过外伸 3.5m 的支架进行安装，信号传输线缆布置到水下工作间。

（2）吊放式接收系统，接收换能器通过绳缆及配重从平台舷边下放到水面以下，信号传输线缆布置到水下工作间。

5. 系统固定支架

为了降低海水对监测系统及支架的腐蚀，所有支架设有防腐锌块，所有绑带和螺栓使用 316L 不锈钢，同时为保证隔水管外管不受电位腐蚀，绑带内壁附有橡胶层。如

图 6-1-7 和图 6-1-8 所示，其中发射换能器外伸支架分别为 1.5m 和 1.2m，接收换能器外伸支架为 3.5m（分为两段），监测装置支架长度小于隔水管 FIN（隔水管管导向架）的外径距离。

(a) 固定式接收系统

(b) 吊放式接收系统

图 6-1-6　信号接收系统

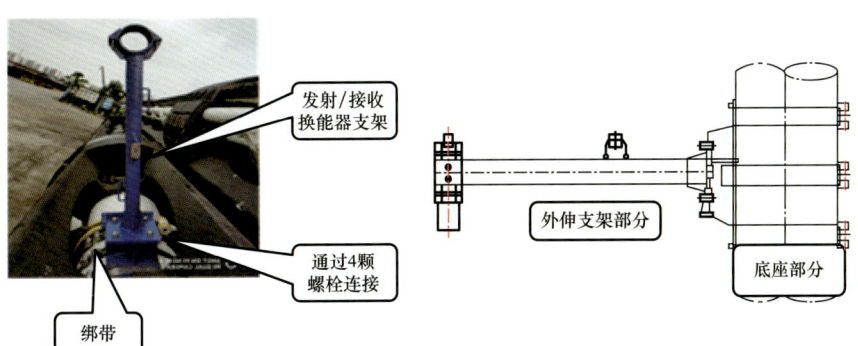

图 6-1-7　接收 / 发射换能器支架示意图

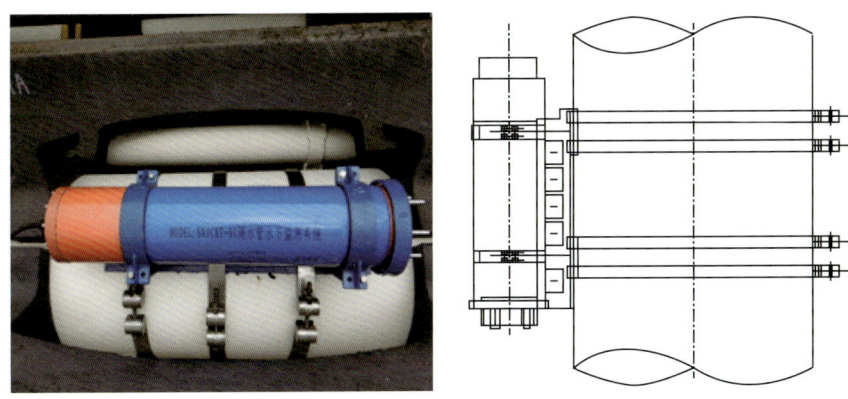

图 6-1-8　监测装置支架示意图

6. 信号处理平台

信号处理平台包括接收通道板、工控机及供电系统等。信号处理平台通过通道板滤波处理后，工控机将接收数据解码并显示在相应的界面，实现监测信号直观的显示，如图 6-1-9 所示。

 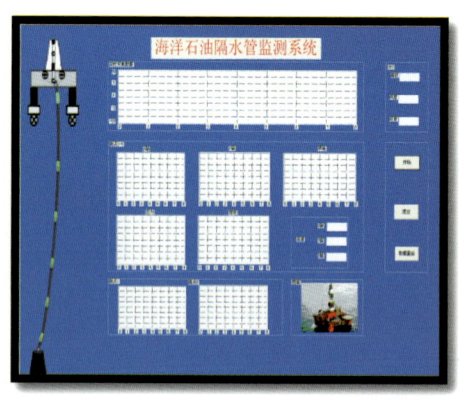

图 6-1-9 信号处理平台

中国南海某深水钻井平台在南海 X-1 井（作业水深 1363m）钻井期间，作业者在水下隔水管上安装了两个振动监测装置，通常情况下井口附近的振动对水下井口和导管的风险较大，因此底部测点选择安装在近井口附近，约水下 1300m 的位置；一般水面流速和方向变化较大，为了监测到相对稳定的振动，近水面测点安装在水面以下 60m 的位置，避开了飞溅区的干扰。同时还要对隔水管系统进行模态分析，合理设计监测点的安装位置，避免落在振型零点。水下监测到的振动数据通过声呐信号传输到平台声呐接收装置并进行数据分析和存储。监测装置对安装空间的需求不大于隔水管护板的包络范围，因此可以考虑采用离线安装，即在隔水管存放区安装，最大限度地避免了占用井口时间，减小了对作业的影响。如图 6-1-10 至图 6-1-12 所示为现场作业的照片。

 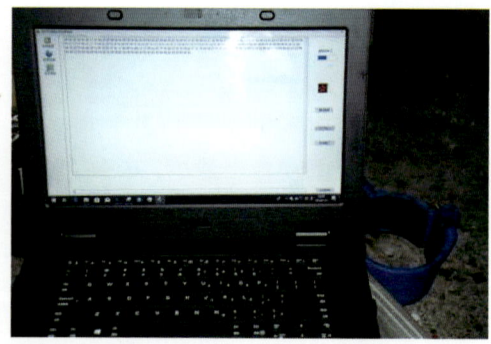

图 6-1-10 入水前的离线功能测试

图 6-1-11　监测装置月池在线安装

(a) 月池吊放位置

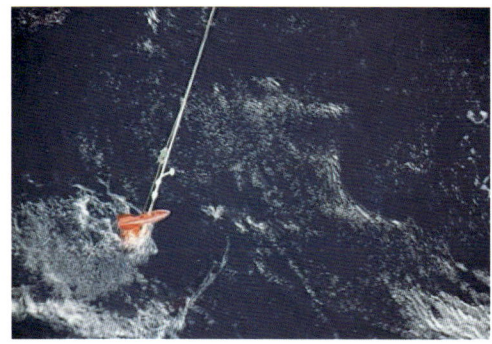

(b) 接收换能器入水

图 6-1-12　声呐信号接收装置测试

第二节　深水工程设施现场监测网络化远程实时监测系统

一、深水工程设施现场监测系统概述

深水平台在复杂的海洋环境下工作，环境荷载是导致平台运动的外部条件。特别是在恶劣条件下，例如飓风等的极端环境下，环境荷载会对平台结构安全造成巨大的威胁，甚至造成平台结构的倾覆、立管或张力腿的功能失效等灾难性后果。而且，环境荷载作为平台设计时的输入条件，是保障平台安全运行的直接条件。对环境荷载开展现场监测可以有效地确定输入量，确定平台的工作海况；依据现场的监测信息确定荷载模型，对后续的平台设计具有重要意义。

深水工程设施现场监测除对环境荷载进行监测外，通过不同监测装置，或传感器，还可以实现对平台运动、立管和系泊系统的监测，获得的监测数据可作为平台安全性评估的基础数据。监测数据的可靠性取决于监测的设计的可靠性。目前国内外已开发出各种类型的监测装置，并在海上工程设施上得到应用。

监测系统是提供获取海洋平台各类信息的工具，目的是获取完备、长期、稳定的环境荷载和结构响应信息的监测结果，检验平台的设计，保障平台的安全。因此，监测系统的功能应包括：

（1）传感装置在各种环境条件下进行自动实时在线监测。

（2）能够对各监测信息进行数据采集、存储和查询。

（3）能够反映深水平台在各种环境下的结构荷载变化，主要结构的实际工作状况。

（4）人机交互界面友好易操作，软件可靠性强；利用软件可以通过网络将数据和图片等传输到有关部门或陆地的监控中心。

（5）能够实时对监测到的数据进行分析处理，对平台结构的安全性进行评价。

（6）建立完备的数据库。深化系统监测功能与发展结构异常分析技术的研究。

深水工程设施监测系统主要有以下几个部分构成：供电系统、网络系统、环境荷载监测、响应监测。

台风期间平台人员无法正常的工作和生活，因此人员需要撤下平台，为了平台的安全，平台将关闭自身供电系统。为了获得撤离期间平台的环境条件和响应信息，必须有一套独立的供电系统，为监测系统提供电力，保证监测系统在台风期间的正常工作，实时监测平台的环境条件和响应信息。网络系统用于数据传递，网络系统的结构为：船舶、采集站工控机—光电转换器—路由器—中控监测站电脑。环境荷载监测的主要内容包括风、浪、流和气压，主要设备有：风速风向仪、波浪雷达、海流计和气压计等设备。平台响应监测指标体系主要指一系列能敏感清晰地描述平台浮体、锚泊、立管结构运动和受力状态的特征指标等内容，是监测的主要内容和基本工作。响应的监测主要包括浮体位置的监测、浮体6自由度监测、浮体结构应变监测、水深的监测、气隙高度的监测、系泊系统的监测。

二、环境监测

环境荷载监测，主要包括风、波浪、海流，相关荷载信息的确定依赖于合理的传感器选型和传感器的布点位置。

1. 风荷载监测

随着海洋资源开发逐渐向深远海发展，大型浮式海洋结构得到了广泛应用。风荷载是平台上部结构主要承受的荷载，以往在海洋结构抗风设计中只考虑静风荷载的影响而忽略脉动项。由于风荷载中的脉动项会对平台管道、拉索和薄壁等附属结构的颤振、抖振和涡激振动等行为以及浮式结构的定位能力造成显著影响，故海洋结构中脉动风特性的研究受到了广泛的重视。为了对 TLP 平台上部荷载进行准确的评估，需要对现场的风荷载进行长期实时的监测。

1）测量原理

风荷载监测主要包括对风速和风向的监测，通过风速风向传感器记录每日风向和风速的变化。传感器通过感应距地面一定高度处的空气流动，对空气流动速度及方向进行监测，并对监测结果进行数字上量化、时间上平均、采集信息存储等处理，然后利用传输系统将数据传输到集成化工作站。

2）测量设备

风速风向仪可大致分为三类，即机械式风速风向仪、传统超声波式风速风向仪以及超声波共振式风速风向仪。

机械式风速风向仪利用机械部件旋转来测量风速的大小，利用风标效应获得风向。机械式风速风向仪具有测量精度高、结构简单、价格低廉的优点，但是机械式的旋转片磨损问题严重，并且易受冰冻、雨雪的干扰，而且在飓风条件下易被破坏。

超声波式风速风向仪由超声波探头、发射接收电路、电源模块、发射接收控制及数据分析处理中心和数据结果显示单元组成。4个超声波探头呈90°布置。可以测到两个方向的风速值，经矢量合成运算，可以得到风速风向值。发射接收电路在不同时刻，即可以驱动探头发射超声波，又可以接受探头收到的超声波信号，可以完美地做到隔离、发射和接收互不影响。电源模块提供电路所需要的5V和12V直流稳压电源。发射、接收控制及数据分析处理中心产生的超声波信号，经发射接收电路放大后驱动探头发射；对探头接收到的信号进行采样，将模拟信号转换为数字信号；对探头的发射接收顺序进行控制；对发射时刻和信号到达时刻进行判断，计算出传播时间；分析处理数据结果，计算出风速风向值，传输给数据结果显示单元，数据结果显示单元将以数字形式直观地显示出瞬时风速风向值或某一段时间的平均风速值。

2. 波浪荷载监测

波浪荷载是海洋工程结构设计中首要考虑的环境荷载。相对于风和海流荷载，波浪模型和载荷计算更为困难，与结构物之间存在更为复杂的相互作用。此外，深海油气资源开发中面临的波浪形式也更为多样，包括风浪、潮汐波、海啸、地震波、畸形波、内波等。对波浪的准确监测，将对海洋工程结构设计起到指导作用。

1）测量原理

波浪参数监测主要是记录每日波高和周期。目前波浪监测设备种类较多，按照工作原理可分为压力测波仪、声学测波仪和重力测波仪三种类型。

压力测波仪通过压力传感器测量液体的压力变化，进而将其换算成波高。声学测波仪利用声学换能器垂直地向海面发射声脉冲，然后接收回波信号，测出换能器至海面垂直距离的变化，再将其换算成波高。重力测波仪利用加速度计测量质点沿重力方向的加速度，经二次积分后求得波高。

2）测量设备

测量波浪的仪器主要包括：压力测波仪、声学测波仪、雷达测波仪和重力测波仪。压力测波仪主要是通过电阻应变片将浮标垂直运动引起的压力变化转换成电压信号。声学测波仪是通过声学水下测距原理测量波高和周期的仪器。重力式测波仪利用测量海面起伏的加速度的原理来测量波高和周期。雷达测波仪是一种船载非接触海浪遥测设备，它利用雷达波入射海面时会造成布拉格散射被重力波调制的原理，从标准的X波段航海雷达中采集海杂波回波视频图像信号并进行数字化处理，可以直接生成海浪的方向谱信息，并由此得出海浪参数。压力测波仪和声学测波仪安装在水下或船上，可避免海面风浪的破坏，但前者受海水滤波作用的影响，不能准确地测量短周期波，后者又受浪花和气泡的干扰，不能准确地测量破碎波。重力测波仪能较真实地测出表面波参数，但是易受风浪以及船只的影响。不同波浪传感器之间的比较见表 6-2-1。

表 6-2-1　波浪传感器类型

类型	工作原理	测量信息						备注
		波高 /m		周期 /s		波向 /(°)		
		测量范围	分辨率	测量范围	分辨率	测量范围	分辨率	
波浪浮漂	基于运动参考单元（MRU）或卫星导航系统（GPS）	−20~20	0.01	1.5~33	0.1	0~360		精度高、价格高而且维护成本高
测波雷达	发射波与反射波的时间差	0.5~20	0.1	3.5~40	0.1	0~360		高度的可靠性和稳定性
气隙传感器	发射微波信号并接收来自水面的回声	0~60	0.01	0~20	0.1			安装在固定结构上或与 MRU 一起工作

选用波浪仪时，需要遵循以下几条原则：

（1）对测量范围的选择，要考虑平台海域 10 年一遇甚至 100 年一遇的海况；

（2）对传感器精度的选择，要满足研究所需的指标；

（3）对传感器适用条件的选择，要满足应对海洋恶劣环境的需要。

3. 流荷载监测

流荷载是水下结构承受的主要荷载，是导致水下结构涡激振动的主要因素，与结构的强度失效、疲劳失效等多种失效行为密切相关。在深水区，海流的情况往往比较复杂。深水平台在海流作用下会产生涡激振动，极易导致平台结构的共振，且对顶张式立管的振动也有较大的影响。因此，对流荷载的监测是十分必要的。

1）测量原理

海流计按照其测量方法可以分为机械式海流计、电磁式海流计、多普勒式海流计和声传播时间海流计等几种类型。机械式海流计的测量原理是通过水流带动机械旋桨旋转来测量流速；电磁式海流计基于电磁感应原理，流过一个环形线圈的电流在传感器周围产生一个磁场，流动的水体作为一个运动的导体切割磁感线，根据法拉第电磁感应定律，在磁场中运动的导体产生电势，根据电势和海流速度的比例关系得到海流的相关数据；多普勒式海流计基于多普勒效应，当波源和观察者做相对运动时，观察者接收到的频率将会与源频率不同。因此，相对于探头随水移动的小颗粒、小气泡也会使探头发出频率改变，且随着水中悬浮运动速度的增加而增加，由此测出多普勒频移，也就测出了水的流速；声传播时间海流计的原理是：声波在海水中传播时，在传播距离相同的情况下，逆流声波所用的时间要比顺流声波所用的时间长，通过测量逆流顺流的两次声波，可以计算出海水的流速。

2）测量设备

测量设备可以分为机械式海流计、电磁式海流计、多普勒式海流计和声传播时间海流计。其中最常用的是多普勒式海流计和机械式海流计。

目前有 3 种类型的声学多普勒流速仪（ADCP）：38kHz、75kHz 和 300kHz。38kHz 的 ADCP 提供的最深穿透范围可达 1100m，广泛安装在深海环境中；75kHz 的 ADCP 从甲板进行流剖面的测量，测量范围可达 750m；300kHz 的 ADCP 必须安装在平台上进行流剖面的测量。使用这 3 种类型的 ADCP 进行流剖面的测量，可以获得 1200m 水深的全范围流剖面。

单点海流监测设备提供了另一种海流监测的方法，通过将传感器安装在系泊结构上来采集不同深度的海流数据。单点测量传感器例如旋转叶片和叶轮，它们可以安装在平台的立柱或者靠近浮筒的位置。虽然传感器本身的价格不高，但是由于常规的单点海流监测设备只能在其深度处获得海流的信息，多数情况下并不采用该种传感，而 ADCP 可以获得完整的流剖面信息。

三、平台响应监测

深水平台的响应是平台在环境荷载作用下的动力学行为。响应的形式、大小以及周期会直接关系到平台的安全服役和人员作业环境的安全评价。深水平台及其附属的系泊系统和立管系统在环境荷载作用下，会产生非常复杂的耦合运动。

由于数值方法和室内模型试验方法不可避免地存在模型简化和条件假设，而原型监测是在实际结构上进行实时测量，直接面对真实的结构和真实的荷载，避免了由于模型简化或输入荷载描述不准确导致分析结果存在的不确定性。因此，基于原型监测获得平台结构的响应是一种较为可行的方法。

1. 浮体监测

浮体运动可分解为 6 个自由度的刚体运动，即垂直面内的运动（横摇、纵摇、垂荡）和水平面内的运动（横荡、纵荡、艏摇）两类。垂直面内的运动将引起平台吃水量、水线面、浮心位置和恢复力矩的改变，若某一时刻恢复力矩难以平衡风、浪、流等荷载引起的干扰力矩，将引起平台倾斜，导致稳性失效。

深水平台的位置监测可以通过差分全球定位系统（DGPS）精确测量。GPS 基站安装在固定位置，两个 GPS 移动基站纵向安装在船体上，通过定位 3 个 GPS 的三维坐标和已知的基线长度，可以计算出基线与正北的夹角。对于深水浮式平台，可以通过陆上基站实时运动学系统（RTK）进行测量。此外，由陀螺仪和加速度计组成的惯性导航系统不受外界干扰，可以可靠地监测结构的倾角和方向。而陀螺仪的漂移误差和加速度计的零漂是影响惯性导航系统精度的最直接和最重要因素。惯导系统采集的数据可能存在误差累积的现象，因此通常与 DGPS 协同使用以确保测量的精度。而且，为了保证冗余测量，还需要一个加速度和倾角传感器。不同的传感器的特点对比详见表 6-2-2。

表 6-2-2　不同的传感器的特点对比

测量信息	测量设备	特性或原理
位置和 6 自由度	惯性导航和 DGPS/RTK	抗干扰、动态精度高，厘米级精度
位移	加速度传感器	基于牛顿第二定律
角度	倾角传感器	基于惯性导航系统（INS）技术
艏摇	罗盘	磁罗盘和电罗盘
静态倾角	角速度传感器	也称为机械陀螺仪
横摇、纵摇、艏摇和垂荡	运动参考装置（MRU）	体积小、质量轻、低能耗

对平台 6 自由度的监测，传统的测量方式采用星际差分全球定位系统和惯性导航系统，二者能够相互补充获得比较精准的导航数据。INS 可短时间内提供载体高机动情况下的连续精确辅助数据，GPS 则可长时间提供离散且精确的辅助数据。但是这两种测量方式不能够有效地采集高频运动数据。

2. 监测方案设计

为了更加准确地监测平台的浮体 6 自由度响应，可采用新型浮体 6 自由度响应监测系统，如图 6-2-1 所示。

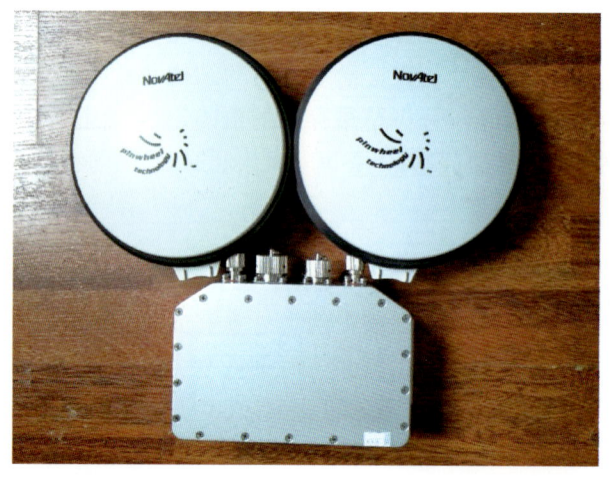

图 6-2-1　新型星际差分全球定位系统和惯性导航系统

新型 6 自由度响应监测技术主要采用新型星际差分全球定位系统、INS 惯性导航系统（图 6-2-2）、倾角传感器、低频加速度传感器和视频摄像系统。其中星际差分全球定位系统主要用于获取横荡、纵荡和垂荡的静态信息；惯性导航系统主要用于获取横摇、纵摇和艏摇的动态信息；倾角传感器用于获取横摇和纵摇的静态信息；低频加速度传感器用于获取垂荡的动态信息；摄像系统用于采集平台关键位置图像信息。

为了能够更加准确地监测船体的六自由度姿态，将星际差分全球定位系统和惯性导航系统布置在平台的中心位置；为了能够更加精确地获取倾角和加速度的状态信息，将倾角和低频加速度传感器对称布置于平台四边或四角上，以避免安装误差对测量结果的影响，同时可以通过数据之间的差分得到平台任意一点的角度和加速度信息。基于上述布置的监测系统可以得到更准确的姿态方位数据。

3. 立管监测

立管响应测量包括：立管顶部张力状态的测量、立管姿态信息的测量、立管结构振动的测量和立管静态失效的测量。

立管顶部张力状态的测量主要是采用压力传感器，该压力传感器安装在 TTR 立管顶部的对称位置。

立管姿态信息的测量使用的是自主开发的基于水声通信的水下结构姿态实时采集传感器。该传感器可以通过倾角传感器实现立管姿态的监测，通过声通信系统实现立管姿态信息的实时传输，为了保障电力的供应，该水下结构姿态实时采集传感器能够进行水下无线充电。

水下结构姿态实时采集传感器具有如下的优点：

（1）自主研发的高精度倾角传感器，能够对 TTR 立管的姿态进行较高精度的测量；

（2）高度的集成化设计，保障传感器的体积较小，从而保障对结构的影响较小；

（3）传感器能够实现在水下的快速布置，方便传感器的水下安装与更换；

（4）传感器能够进行水下无线充电，能够保障传感器的电力供应，保障传感器的长期工作；

（5）传感器采用水声通信系统，能够实现测量信号的实时传输。

立管结构振动的测量使用的是自容式加速度传感器。本样机创新地采用总线式硬件结构，保证体积的同时，缩短了开发周期初始化和激活方式：与 PC 连接进行程序初始，经设定后自动激活，按指定频率间隔采集，该传感器的精度较高，且方便后续对传输模式的改进，可对传感器的内部程序进行更改配置，满足用户对于传感器的开发需求。

立管静态失效的测量采用的是光纤光栅传感器，通过特定的夹具将光纤光栅传感器固定到立管上，测量的信息直接通过光纤与箱体外部预留的接头进行连接。测量的信息通过光纤与箱体外部预留的接头直接进行连接，通过箱体内部的光纤解调仪对信号进行解算，在中心显示系统可以查看张力腿的受力情况。

传感器的安装位置可通过程序计算得到，通过输入张力腿的几何和物理属性以及水环境的参数信息计算传感器的布点位置。此种测量方式具有如下优点：

（1）夹具结构简单，制作成本低；

（2）易安装，易拆卸；

（3）可在 TLP 平台服役期间进行安装及更换；

（4）可在不同位置进行安装，以对张力腿整体运动及受力行为进行监测；

（5）夹具体积小、质量轻，对张力腿整体结构及运动未造成影响及破坏；

（6）选择的光纤传感器具有较长的标距，对于应变的测量具有较好的测量灵敏度。

立管系统的安全性监测也集中在立管上部的应变监测和张力监测；同时对于立管中部的振动监测将主要布置加速度传感器和自容式传感器。

4. 系泊系统监测

通过对锚链姿态的测量，可以得到全锚链的受力状态，以此评估锚链的工作状况和设计指标。课题研发了高精度自容式倾角传感器，能够长期独立工作，对采集到的数据进行后评估，是评估系泊系统工作状况的重要手段。

由于锚泊系统水下工作的特点，以及监测用传感器在服役之后安装这一现状，传统的电阻应变片测量表面应变的方式已经不再适用。为确保各个探测装置能够长时间工作，就需要自容式的低功耗传感器与数据采集处理传输与控制系统。自容式传感器长期在水下工作，采用密封罐包装，起到防水、抗压、屏蔽等作用。

锚泊系统的系泊系统监测采用水下自容式传感器对锚链线型进行监测。具体监测方案为：利用专用构件将自容式传感器固定在锚链上。主要侧重于锚链承受的拉力和锚链的整体姿态，根据计算分析可知，锚链的上部拉力最大，因此锚链拉力计应主要安装在锚链顶端和上部的不同位置。同时水深计和倾角计应布置在锚链的中上部区域，监测锚链的水中线形和姿态，保证锚泊系统的安全。同时对于锚链与浮体连接处的锚链制动器需要给予特殊的关注，此处应该布置压力传感器和称重传感器等设备。

系泊系统监测采用水下自容式传感器对锚链线型进行监测。具体监测方案为：利用专用构件将自容式传感器固定在锚链上，如图 6-2-2 所示。

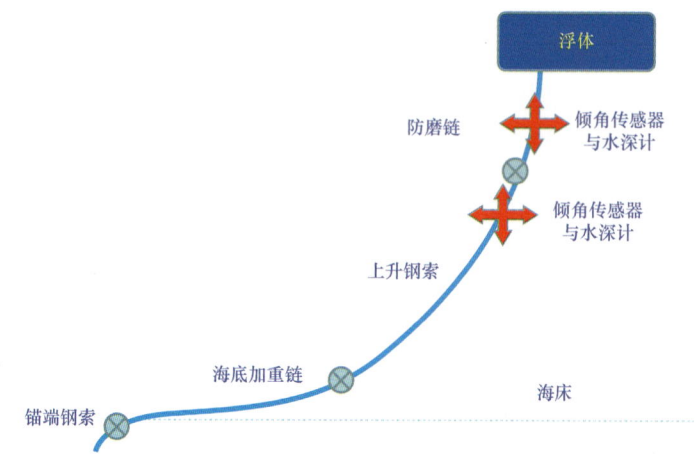

图 6-2-2 锚链与传感器布置

四、集成化远程传输

深水工程设施监测系统需具备在台风等恶劣的海况期间、平台无人值守和断网断电的情况下进行实时监测，并且能够将监测数据进行实时反馈。为了满足上述需求，监测系统需要具备独立和远程功能。独立功能指监测系统在一定的时间段内无须外界支持，可以持续工作；远程功能指工作人员在陆地端便可对监测系统进行远距离遥控。目前，实现远程功能的主要手段是建立通信链路。与此同时,要实现独立的远程信息传输,监测系统必须具备独立供电能力。

1. 监测系统集成化软件

在监测系统中,由传感器采集到大量的监测数据,通过一套先进的软件进行管理,准确地反映平台的运行状况;同时,通过软件中的数据管理系统,将大量的监测数据进行实时分析演示,对异常数据进行自动报警提示。深水平台监测信息具有种类多、数据量大等特点,而且不同传感器的协议差别较大,因此,保证数据格式的统一在数据的存储、管理和传输等方面意义重大,也是实现监测系统软件集成化的主要难点。此外,在台风等极端环境下,平台将处于断网断电的状态,在该种情况下实现数据的稳定传输,对了解平台状况、指导人员复台❶具有十分重要的意义。

利用监测系统将所有传感器的采集信号传输到集成化工作站中,进行监测数据的统一存储和处理。

1)系统的体系结构

软件系统主要由数据库管理子系统和流数据管理子系统构成,从而实现传感器统一管理、数据统一存储和监测结果实时演示等功能。数据通过传感器采集,存储到流文件,形成概要数据,从而实现系统实时三维展示,如图 6-2-3 所示。

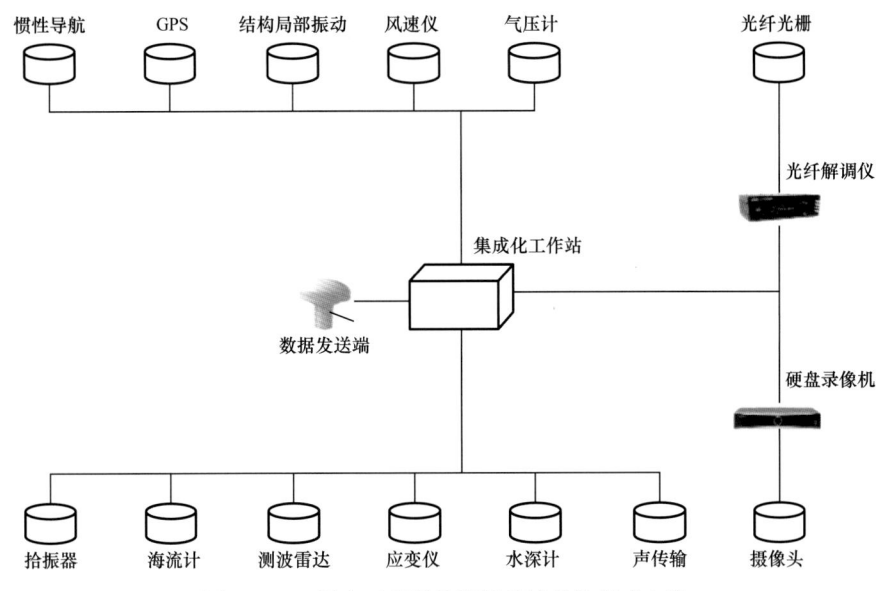

图 6-2-3 深水工程设施监测系统总体集成方案

2)TLP 平台集成软件监测系统

TLP 平台集成软件监测系统功能包括:

(1)静态数据管理(结构信息、传感器信息等);

(2)传感器监测数据实时管理(预处理、显示、报警等);

---

❶ 指台风过后恢复生产。

（3）三维动态信息实时显示（浮体、张力腿、立管等）；
（4）监测数据的模拟回放与后处理。

2. 北斗远程传输系统

北斗卫星系统可以为覆盖范围内的授权用户提供全天候与全天时的导航定位、通信和授时服务，应用领域十分广泛。目前，北斗卫星系统的一个重要用途是利用其通信功能建立远程数据传输与控制系统。北斗卫星系统通信的工作流程为：短报文发送方将包含接收方 ID 号和通信内容的通信申请信号加密后通过卫星转发至地面中心站（入站信号）；地面中心站处理接收到的入站信号，并将其发送到地面网管中心；地面网管中心接收到通信申请信号后，经解密和再加密后发送至地面中心站；地面中心站将其加入持续广播的出站电文中，经卫星广播给用户；用户机接收出站信号，解调解密出站电文，完成一次通信。通过北斗卫星实时传输给陆地指导中心，指导中心可以通过北斗远程传输系统实时了解平台所处的海洋环境荷载、平台运动响应以及传感器的工作状况等信息。此外，通过北斗远程传输系统可以在台风期间实时采集环境信息，能够对平台人员复台给予一定的参考。图 6-2-4 给出了北斗远程传输系统的整体架构。

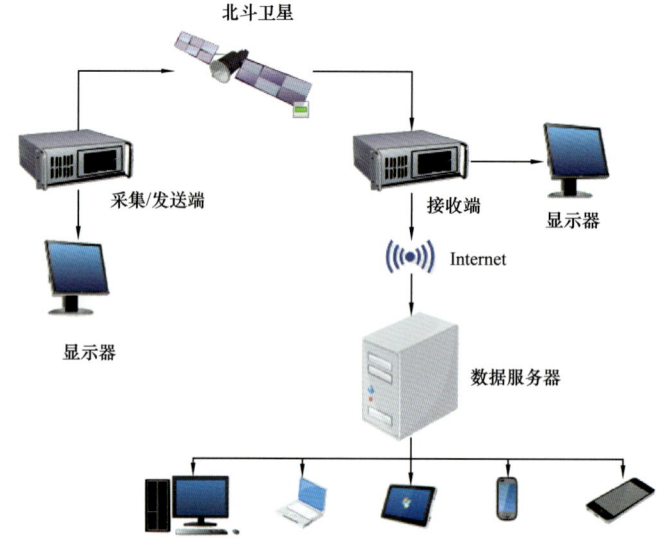

图 6-2-4　北斗远程传输系统整体架构

3. 集成化硬件系统

集成化硬件系统能够最大限度地拓展监测系统的应用范围，实现监测系统的快速安装，保障系统的稳定工作。为攻克监测系统的独立、远程两大技术难点，独立供电技术和远程传输技术的重要性可见一斑。对于集成化的硬件设计主要集中在独立供电和集成化的信号采集，其作用分别是为监测系统进行供电和对监测信息进行采集。

1）独立供电系统

由于独立远程监测系统正是在恶劣海洋环境期间所有人员撤离平台的情况下起作用，

此时平台基于操作规程，所有的电力系统都处于关闭状态，独立远程监测系统需要依靠自身的能源继续工作，因此可靠的能源供应直接关系到监测系统的正常工作。能源供应与监测设备功耗相辅相成，能源供应能力强，设备研制和选型就会相对容易。

独立供电系统主要是给监测系统提供电力支持，尤其是在台风期间平台没有电力供应的情况下，能够给监测系统提供一周的电力支持。

2）集成化独立远程数据采集传输系统

集成化独立远程数据采集传输系统包括监测系统的集成化软件和集成化硬件。集成化硬件是保障信号采集系统正常运行的关键，主要用于集成各部分传感器的采集信号。将硬件进行集中布置能够实现监测系统的高度集成化和现场布置的高效化。深水平台监测系统的集成化硬件指的是一套高度集成化、可根据需求配置外接设备的箱体，集成化箱体。深水平台监测系统集成化硬件主要由以下几个部分构成：供电系统、数据传输系统、信号采集系统。

五、深水工程网络化信息管理平台系统

深水工程网络化信息管理平台系统将先进的网络技术和成熟的数据管理技术融入深水工程设施监测系统管理中，开发一套深水工程设施监测系统信息管理平台，为深水工程设施的监测提供一个标准化管理平台。该平台具备对深水工程水面及水下关键设施进行监测方案制订、现场监测作业远程访问及可视化、监测数据采集、监测数据分析及评估等全方位功能。

管理平台的总体框架是参考 SOA 架构理论进行设计。经过对管理平台服务平台的业务进行分析，管理平台的总体框架由应用架构、数据架构、技术架构、应用集成等部分组成。通过 SOA 标准，管理平台基于同一的数据接口规范，发布各类在线监测准实时数据信息服务，为其他业务应用提供服务支撑，实现管理平台与业务应用系统的紧密集成。通过数据仓库完成数据的共享与交换，实现有限公司、各二级公司及作业区的数据贯通。该管理平台系统总体架构如图 6-2-5 所示。

管理平台的软件架构面向操作系统、数据库、中间件与 GIS 平台，为管理平台的建设提供软件环境支撑。软件平台架构设计时，遵循主流 C/S 应用和 B/S 应用的技术体系，结合支撑软件的特性，采取面向对象技术进行业务组件开发、基于 SOA 设计思想进行服务分层。

在进行软件平台架构设计时，以中国海油业务需求为驱动，结合应用架构设计、数据架构设计与物理架构设计要素，充分满足中国海油信息化规划中关于管理平台的战略定位，通过无缝融入管理平台，为相关业务系统提供实时监测数据可视化的服务，推进中国海油信息化建设战略规划的顺利实现。

软件系统包括元数据管理、数据过滤转换模块、数据分析模块、数据同步管理等信息服务模块，具体如下：

（1）元数据管理，主要接收设备数据，然后对数据进行规划及加工处理，形成标准数据，并存储到数据仓库中；

（2）数据过滤转换模块，同时对原始数据进行数据清洗、抽取、转换，形成方便统计分析的数据，并保存到数据集市中；

（3）数据分析模块，对数据进行统计分析，形成各种分析结果；

（4）数据同步模块，将数据从本地同步到服务器或进行服务器间的数据同步；

（5）信息服务模块，面向用户，给用户提供设备实时数据，数据分析评估的各类分析，预测预警预报决策结果。

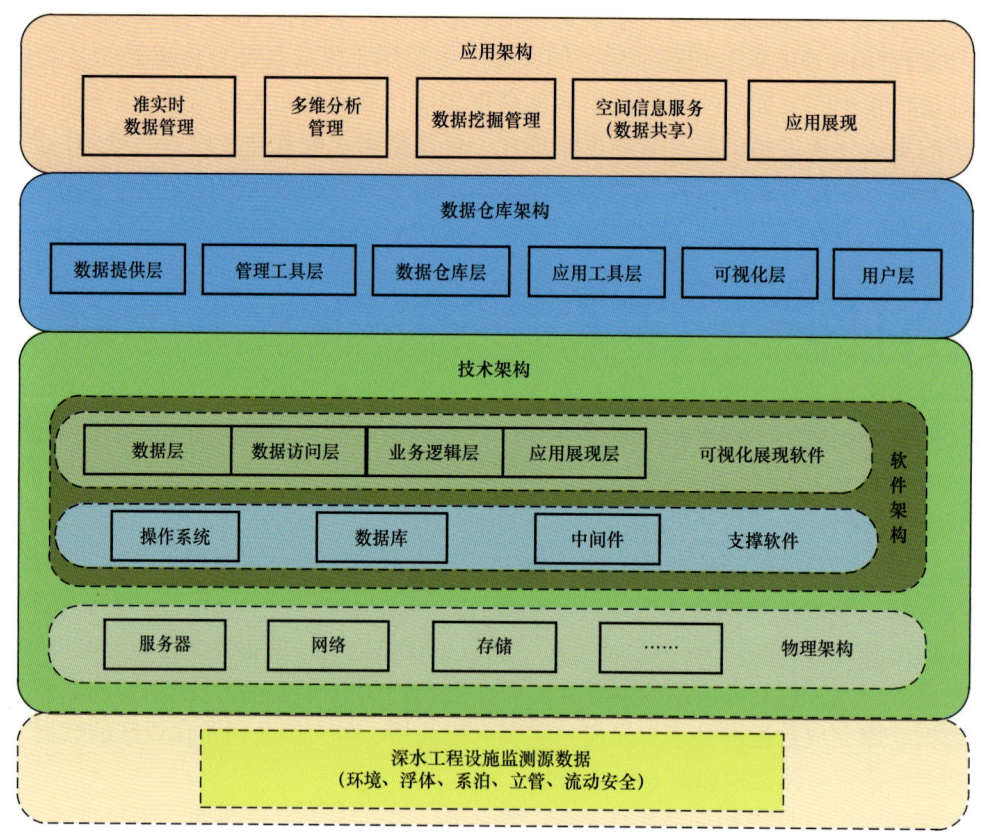

图 6-2-5　深水工程网络化信息管理平台系统总体架构图

管理平台的硬件系统包括主机、网络和存储等几个部分，为上层应用提供底层硬件相关环节的支撑；其设计重点是考虑管理平台的高可靠性和高效性，需达到支撑系统高效稳定运行的目的。

管理平台的服务器主要由数据库仓库服务器、数据集市服务器、应用服务器组（含虚拟化服务器）等构成，服务器物理架构及部署方案，如图 6-2-6 所示。

深水工程网络化信息管理平台实现监测数据由海上散布到陆上集中，通过将更多个设施的、同一类型的监测数据采用规范化的技术手段进行数据筛选、分类、整理、数据处理，以有效发挥监测数据的作用，能够通过对关键设施的实时监测，实现关键设施安全运行的预报或预警、同时又能够提升数据分析、设施评估、设计反馈的能力、为生产设施安全提供支持服务。

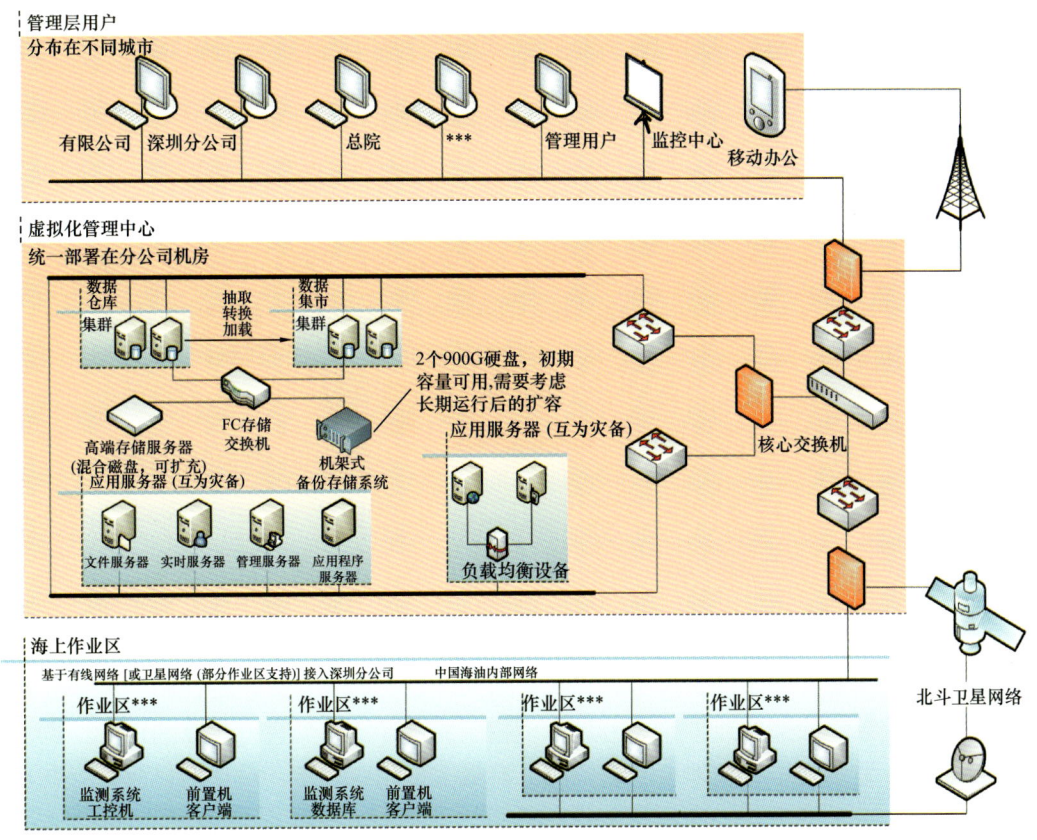

图 6-2-6　管理平台服务器物理架构及部署方案示意图

第三节　深水油气田流动安全监测与管理系统

一、总体设计方案

深水油气田流动管理系统由软件系统和硬件系统组成。硬件系统主要用于流动管理系统与平台 PCS 之间的通信，获取必要的实时生产数据，并作为系统软件运行平台；软件系统主要包括自动化组态软件、数据库软件及基于多相流模拟技术的流动管理系统核心计算软件。水下油气田流动管理系统基本构成如图 6-3-1 所示。该系统依托深水油气田中心生产平台上的 PCS 数据通信服务器作为计算数据来源，通过通信设备与平台 PCS 建立通信通道实时获取生产数据，相关软件包括数据库管理软件、流

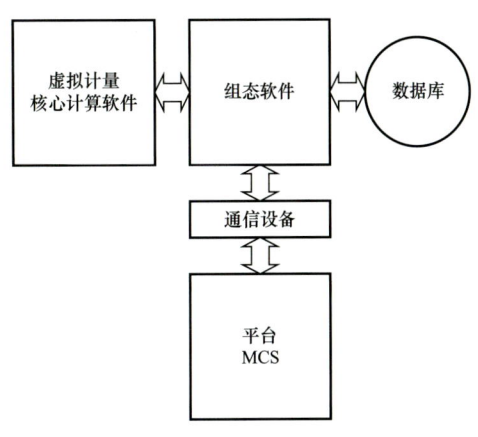

图 6-3-1　水下油气田流动管理系统基本构成

量计算核心软件以及人机界面软件。

1. 硬件与软件

深水油气田流动管理系统的硬件系统较为简单，主要是指与平台生产系统的 PCS 数据通信，并作为流动管理系统实施系统研发的运行平台。硬件设备主要包括计算机服务器 1 台、网络交换机 2 台及配套的通信线缆。软件系统是流动管理系统的核心组成部分。其中，组态软件为工业通用软件，主要用于实现数据通信、数据库管理、人机界面以及与核心计算模块进行数据交换的功能。软件系统包括：流动管理系统核心计算软件 1 套，其中提供了井筒计算模型、油嘴计算模型、IPR 计算模型、电潜泵特性计算模型等多种流量计算方法；人机界面软件提供图形操作界面；数据库包括实时数据库、历史数据库和基础参数数据库进行数据存储与管理等。

2. 计算速度

流动管理系统实际使用过程中需要通过多相流动力学模型进行大量计算，计算速度主要受到计算机运算速度及算法复杂程度影响。当采用不同的流量计算模型时，由于其复杂程度不同，相应的求解方法也有差别。当在算法中运用了迭代方法，在一些情况下也可能会使用多种方法运算，这些因素都会增加计算时间。在算法设计中，还需要对生产数据进行有效性筛选处理，并采用几种多相流流量计算模型进行计算和比对，也会增加计算时间。考虑到作为日常生产的检测，流量数据相对稳定，设计的目标是：在稳定工况时实现 10min 内更新一次流量数据的速度，这里稳定工况是指油嘴的开度不变化。而当油嘴开度正处于调节状态时，只是用计算速度较快的油嘴模型进行计算，以实现实时反映流量与油嘴开度的响应关系。

3. 计算精度

流动管理系统进行流量计量的准确性取决于多个因素，例如基础数据准确性、生产数据准确性以及计算模型中水力、热力与相态计算的准确性等。基础参数包括流体组分、井筒结构数据、油嘴结构数据等。生产数据主要包括现场仪表提供的参数，其准确性包括附加的数据采集和通信系统的误差。这些基础参数的准确性对计算结果准确性有着较大的影响。系统在设计时对主要参数的设置预留了可修改的调校参数项，可在实际运行过程中通过实际生产数据对部分基础参数和计算模型进行微调。

4. 需注意的问题

流动管理系统不是实体流量计，而是根据每口井的参数分别定制一套计算模型，因此无法在安装使用前进行标定。其标定过程必须是在实际生产过程中进行，随着数据积累和参数不断修正，其计量的精度将会逐步提高。因此在实际使用中应及时跟踪生产数据，调试各项参数。当生产流量发生较大变化时，计算结果的偏差也可能增加。这是因为计算模型与调校参数有一定的适用范围，当流量偏离其适用范围，偏差就会增加。因此在使用中，需要连续跟踪产量的变化，掌握其变化规律，以修正计算模型，提高其适应范围。此外,在生产井运行过程中,所生产流体的组分会有一定的变化。这种变化将会明显影响相态计算结果,最终会反映到流量计算的准确性。特别是重组分和含水量的增加对相态计算的影响最为明显。因此及时更新气体组分数据等基础数据也是十分重要的。

二、硬件系统方案

深水油气田流动管理系统的硬件主要实现两大功能:一是实现与油气田 DCS 系统的实时数据通信,实时获取计算所需的生产数据;二是为油气田流动管理系统的核心计算软件和人机界面提供一个运行平台。以文昌 9-2/3 气田为例,介绍深水油气田流动管理系统的硬件系统方案。文昌 9-2/3 气田上所安装的 DCS 系统由 Rockwell 公司提供,在设备间为流动管理系统预留了一个机柜的位置,同时在 DCS 端为流动管理系统预留了 6 组 Modbus 数据接口,可通过 Modbus RTU 协议进行数据信息交互。为便于中控人员及时了解气田流动管理系统工作状态,在中控室设置远程操作站 1 台。根据以上设计基础,文昌 9-2/3 气田流动管理系统硬件部署如图 6-3-2 所示。文昌 9-2/3 气田流动管理系统的硬件设备配置见表 6-3-1。文昌 9-2/3 气田 DCS 集成了虚拟计量所需的信号,气田流动管理系统服务器与 DCS 通信,通信协议采用通用的 RS485。气田流动管理系统主要硬件设备包括用于获得生产平台上 DCS 中仪表数据的通信设备以及作为气田流动管理系统软件运行平台的计算机等设备。通信系统采用冗余设计,以提高整个通信系统的物理链接可靠性。系统组成包括气田流动管理系统机柜 1 台、气田流动管理系统服务器 1 台、KVM 设备 1 台、远程操作站 1 台、信号转换器 2 台。

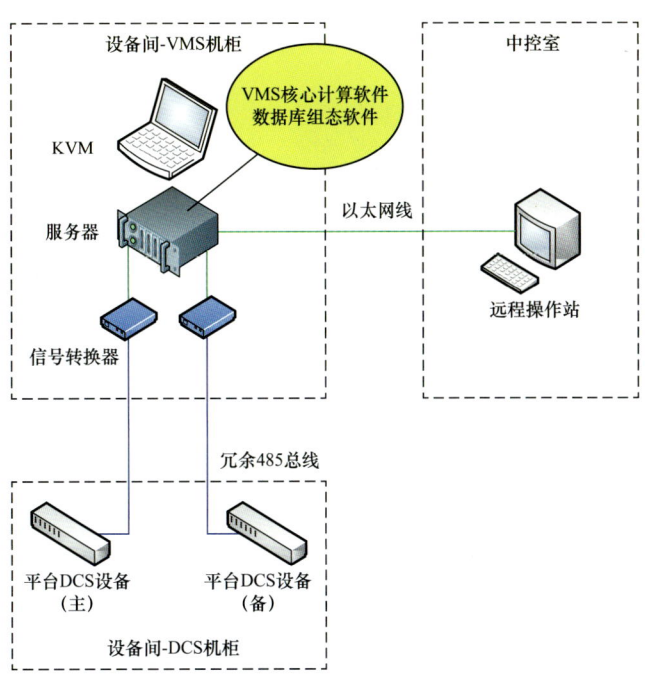

图 6-3-2 文昌 9-2/3 气田流动管理系统硬件部署图

表 6-3-1　文昌 9-2/3 气田流动管理系统的硬件设备配置

序号	名称	数量	功能
1	设备机柜	1 台	安装气田流动管理系统设备
2	气田流动管理系统服务器	1 台	气田流动管理系统软件的运行平台，存储计算的流量等数据
3	KVM	1 台	气田流动管理系统服务器配套
4	信号转换器	2 台	实现与平台 DCS 的数据通信
5	远程操作站	1 台	气田流动管理系统远程操作维护设备
6	通信线缆	1 套	实现气田流动管理系统服务器、网络服务器与 DCS 的连接

三、软件系统方案

深水油气田流动管理系统的软件指用于完成流动管理系统工作所需的全部软件，根据总体设计方案，软件系统主要包括 3 个组成部分：虚拟计量核心计算软件、人机界面软件及数据库软件，如图 6-3-3 所示。深水油气田流动管理系统软件模块见表 6-3-2。虚拟计量核心计算软件是软件系统的核心模块，设计采用多种较成熟的多相流流量计算模型，提高计算准确度和冗余度。同时该软件还将进行天然气组分相态计算和计算不同状态下的流出物物性参数；该软件还进行数据处理和筛除异常数据，判断异常工况。人机界面软件设计由工业通用组态软件作为平台，以提供开发和维护的人机交互界面，同时利用其 Modbus 数据接口与 DCS 实现数据通信。

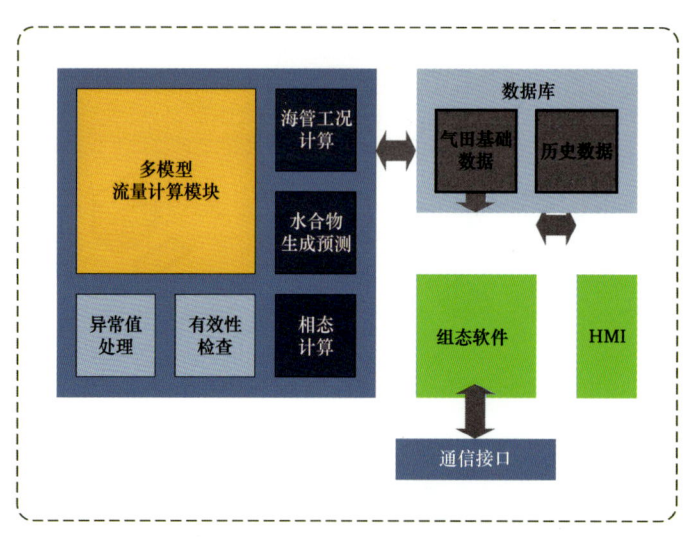

图 6-3-3　深水油气田流动管理软件系统架构

表 6-3-2　深水油气田流动管理系统软件模块

序号	名称	数量	功能
1	气田流动管理系统核心计算软件	1套	实现天然气井流量的计算
2	组态软件	1套	实现核心计算软件与平台 DCS 进行数据存取，包含数据库，实现实时数据和历史数据的存储，提供操作员人机界面
3	数据库	1套	数据管理
4	其他软件	1套	系统工作必需的其他软件，如操作系统、设备驱动软件等

四、人机界面设计及系统集成

以文昌 10-3 气田流动管理系统为例，介绍深水油气田流动安全管理系统软件人机界面设计及系统集成方案。

文昌 10-3 气田流动管理系统操作界面由组态软件开发，人机界面主界面如图 6-3-4 所示。

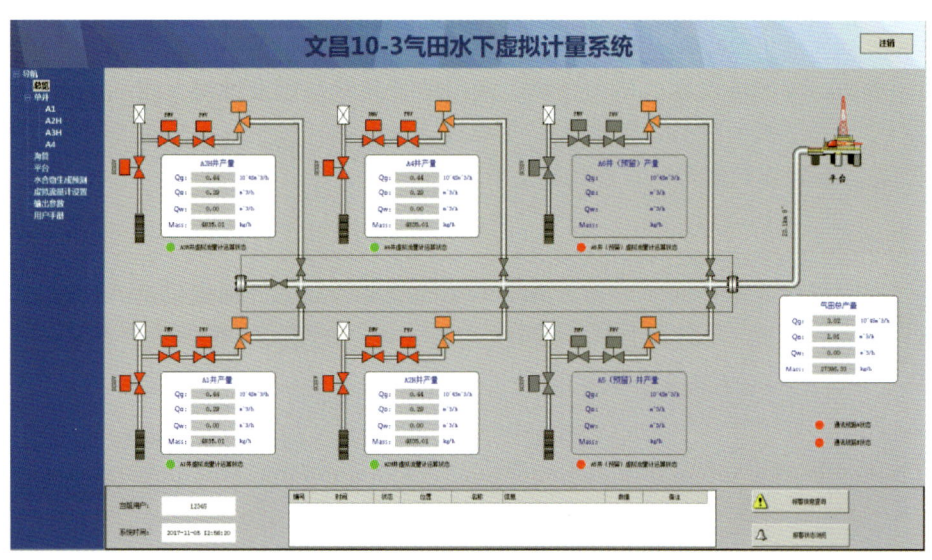

图 6-3-4　深水油气田流动管理系统人机界面主界面

1. 总览

如图 6-3-5 所示，单井实时数据显示界面显示 A1 井、A2H 井、A3H 井和 A4 井的实时数据和系统运行状态参数信息。界面中显示每口井的井底温度、压力数据，井口温度、压力和冗余的仪表的温度、压力数据，油嘴后温度、压力和冗余仪表的温度压力数据，每口井阀门的开闭状态显示，油嘴开度的数据显示，计算出的瞬时流量数据显示。阀门状态显示：井下安全阀开闭状态、主阀开闭状态、翼阀开闭状态、油嘴调节状态。系统运行状态显示：系统正常运算信息、通信系统报警信息显示。

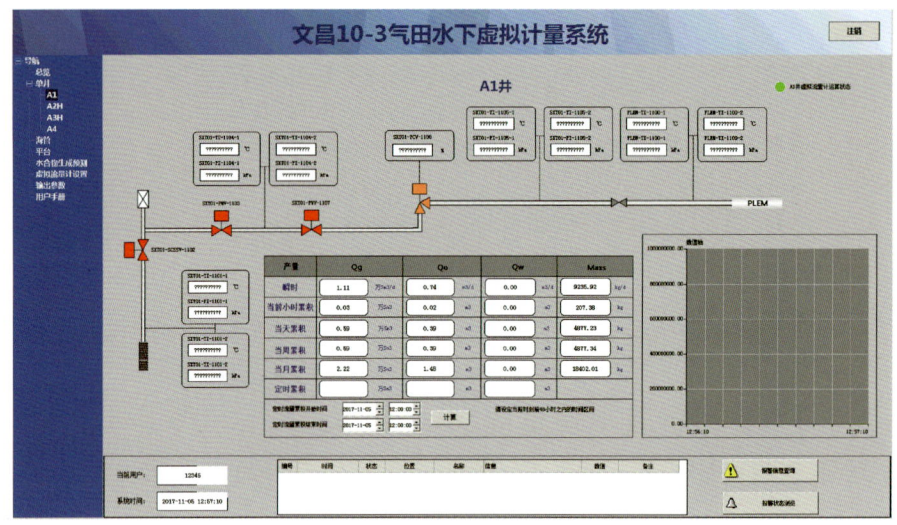

图 6-3-5　单井实时数据显示界面

2. 单井数据

单井数据界面可实时显示单井的主要仪表及阀门信息，包括井底的温度、压力，井口温度、压力，油嘴后温度、压力数据，阀门的开关状态以及油嘴开度信息等。界面中主要显示单口井的瞬时计算流量数据以及累计流量数据，包括标况下气相体积流量、油相体积流量、水相体积流量以及井流物总质量流量。

3. 海管数据

海管实时数据显示界面实时显示海管两端的温度和压力等数据信息，并通过图表方式显示井口流量数据以及海管沿程温度和压力的分布，如图 6-3-6 所示。

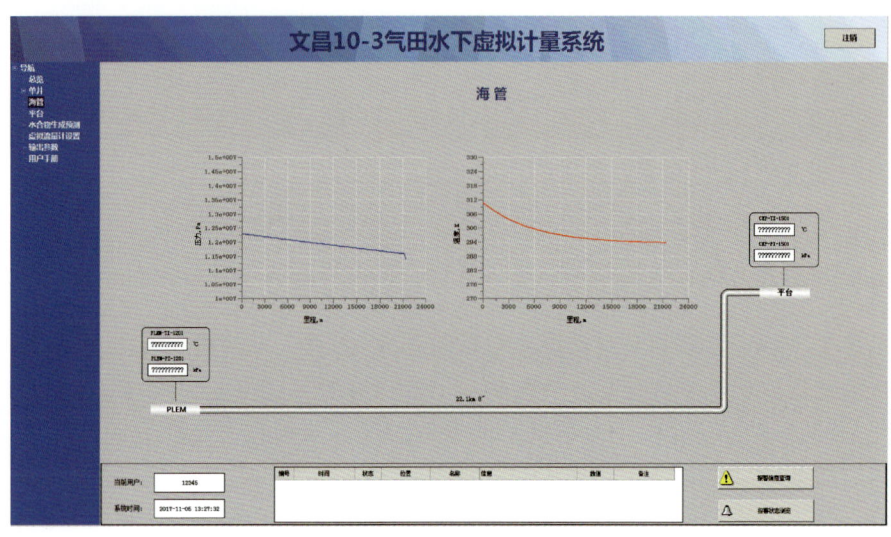

图 6-3-6　海管实时数据显示界面

4. 平台数据

如图 6-3-7 所示，平台数据界面实时显示与段塞捕集器有关的仪表数据，包括从海管末端至段塞捕集器之间流程的主要的压力和温度数据，段塞捕集器出口的气相、油相和水相的流量信息等。画面中用黄色显示的是气田流动管理系统计算出的流量，其余均为平台仪表测量的数值。

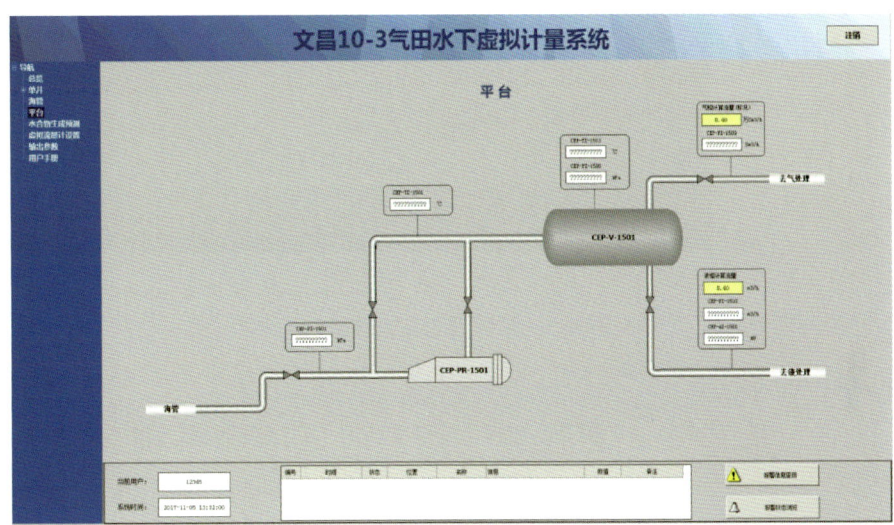

图 6-3-7　平台数据界面

5. 水合物生成预测

水合物生成预测界面显示海管沿程的温度以及相对应的水合物生成温度，如图 6-3-8 所示。

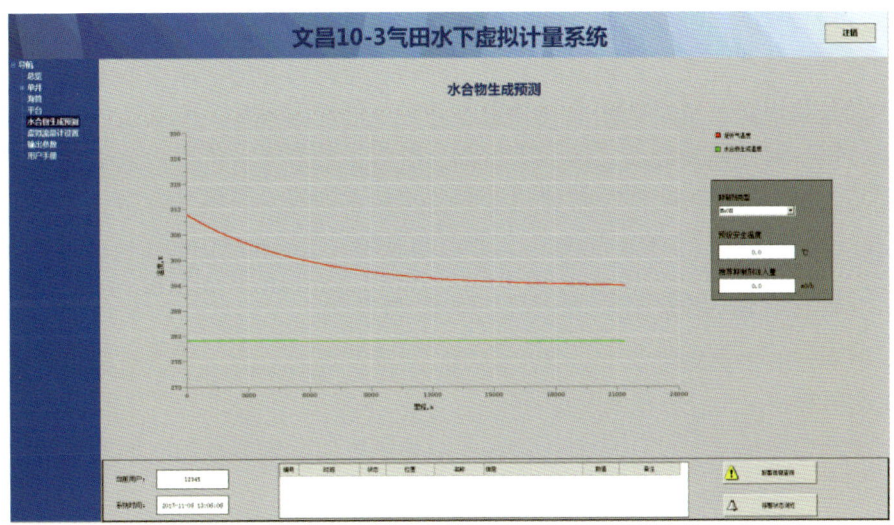

图 6-3-8　水合物生成预测界面

6. 报警及事件记录

如图 6-3-9 所示，报警记录界面的下方为报警和事件信息栏，其中会根据设定的要求显示影响计算的一些信息和报警信息，如生产中的关阀动作、通信线缆的故障等。

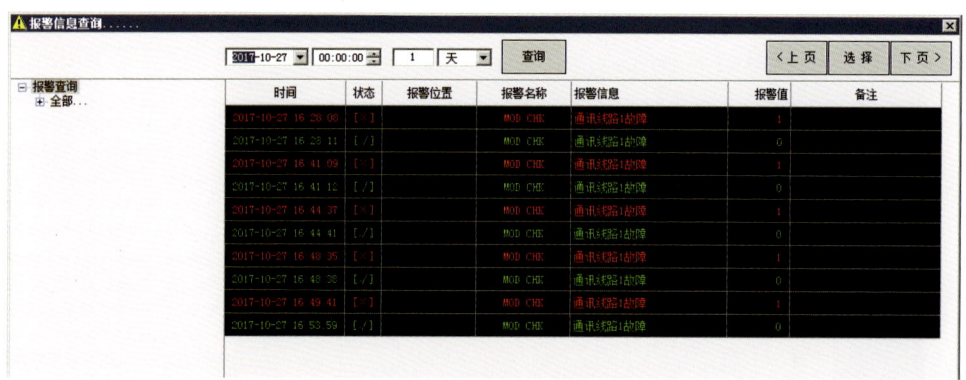

图 6-3-9　报警记录界面

第四节　海底油气管道泄漏监测系统

海底油气管道是输送石油和天然气的生命线，一般包括铺设在海底的油气集输管道、干线管道和附属的增压平台，以及管道与平台连接的主管等部分。由于海底油气管道运输量大、稳定、运输效率高、造价低廉、很少受气候影响等诸多优点，因此一直作为海上油气运输的最佳选择。然而随着管线运行年限的增加，它们会不可避免地遇到老化、腐蚀穿孔、不可抗力和外界条件变化（如地震或海床支撑坍塌据等）以及其他自然或人为损坏等问题，从而可能导致管线事故频繁发生。管线一旦泄漏，将威胁到人们的生命财产安全、生存环境，以及造成严重的资源浪费等恶劣后果。及时发现油气管道泄漏事故并排除事故是油气安全生产的重要环节，因此，建立可靠的泄漏监测系统，为管道提供连续不间断的监测，及时识别油气管道意外发生的泄漏事故，准确监测泄漏点位置及估计泄漏程度，对于陆地和海底油气管道都具有很大的意义，可以最大限度地减小经济损失和环境污染。应通过海底油气管道泄漏监测技术的研发，将其应用于运行中的海底油气管道，提前判断和及时解决海底油气管道的泄漏问题，以减少运营者的损失。

一、油气管道泄漏监测系统应具备的要求

（1）泄漏监测的灵敏性。油气管道泄漏监测系统能够监测从管道渗漏到管道断裂全部范围内的泄漏情况，发出正确的报警提示。

（2）泄漏监测的实时性。从油气管道泄漏到系统监测到泄漏的时间要短，以便管道管理人员立即采取措施，减少损失。

（3）泄漏监测的准确性。一方面要求准确地监测到泄漏的发生，另一方面也要求误

报警率低,报警系统可靠性高。

(4)泄漏定位的准确性。当长输油气管道发生不同等级的泄漏时,监测系统提供的泄漏点位置与管道真实泄漏点误差要小,以使管理人员尽快到达泄漏点进行维修。

(5)检漏系统易维护。当检漏系统出现故障时,要容易调整,尽快修好。

(6)检漏系统具有较高的性价比。

二、泄漏监测系统常用的方法

油气管道泄漏监测方法很多,适用于海底管道,并且具有工程应用业绩的泄漏监测方法主要有分布式光纤泄漏法、序贯概率法以及次声波法。

分布式光纤泄漏监测系统技术在国内陆地管道应用较多,国外的陆地及海底管道均有应用,目前国内分布式光纤泄漏监测系统在海底管道应用方面主要存在的问题为其安装计算尚未解决,由于国内外在海管铺设方面采用不同的安装方法,国外主要采用预挖沟的方式,在铺管前预先挖好管沟,将光纤铺设在管沟内,并上铺一层砂土,然后再将海管铺设至管沟内,回填。而国内主要采用后挖沟的方法,挖沟机极易给光缆造成破坏。

序贯概率法在国内还属于研究的起步阶段,调研未发现国内有较为成熟的产品进入市场,天津大学的靳世久等采用卡尔曼滤波器对原始压力信号进行预处理,提高了序贯概率法判断泄漏的准确性,借鉴了负压波法对管线进行了泄漏定位方法的改进,提高了定位精度。依托"十二五"国家科技重大专项研究了序贯概率法泄漏监测相关技术的研究,目前该方法无法应用在多相流管线中去,在泄漏定位及响应时间等技术参数上尚需进一步优化。

国外从 20 世纪 70 年代末就开始了有关管道泄漏检测与定位技术的研究,80 年代已经商品化。如今已经形成比较成熟的理论体系和专用技术,并被广泛地应用在管道泄漏监控系统上。

1993 年,特洛伊伦斯勒理工学院提出了一种可以连续检测埋地管道泄漏的声波方法。这种方法在管道沿线放置多个监控单元,每个单元能检测其 300m 范围内的 1/4in 管道直径的泄漏。

三、海底油气管道泄漏监测系统的研发

"十三五"期间中国海油以内外部油气海底管道监测技术为基础,开展了油气海底管道泄漏监测系统研制工作,形成集光纤、序贯概率以及次声波方法于一体的海底管道泄漏监测系统,建立起完善齐全的泄漏监测系统性能评价方法。

1. 分布式光纤温度监测系统

分布式光纤温度监测技术基于拉曼散射和光时域反射技术实现温度和距离的测定。

拉曼散射是依据光在光纤中传播过程中,产生后向拉曼散射光谱的温度效应。当入射的光量子与光纤物质分子产生碰撞时,产生弹性碰撞和非弹性碰撞。弹性碰撞时,光量子和物质分子之间没有能量交换,光量子的频率不发生任何改变,表现为瑞利散射光保持与入射光相同的波长;在非弹性碰撞时,发生能量交换,光量子可以释放或吸收声

子，表现为产生一个波长较长的斯托克斯光、一个波长较短的反斯托克斯光。由于反斯托克斯光受温度影响比较敏感，系统采用以斯托克斯光通道作为参考通道，反斯托克斯光通道作为信号通道，有两者的比值可以消除光信号的波动、光纤弯曲等非温度因素，实现对温度信号的采集。由于管道内输送的介质温度与环境温度存在差异，当管道发生泄漏时，会改变环境温度，从而通过拉曼散射原理实现管道泄漏监测。

光时域反射技术（即 OTDR 原理）是对空间分布的温度实现空间测量的理论基础。激光脉冲在光纤中传输，可以通过计算光在光纤中的传输时间，从而得到准确的定位。图 6-4-1 所示为分布式光纤温度监测系统开发示意图。

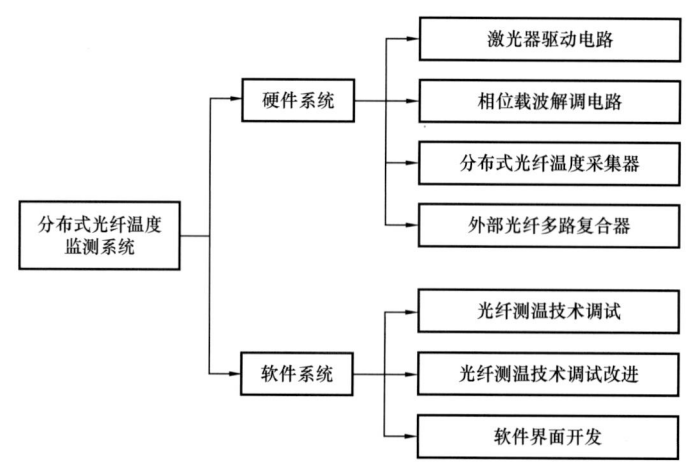

图 6-4-1　分布式光纤温度监测系统开发示意图

2. 序贯概率监测系统

序贯概率比检验是数理统计学的一个分支，其名称源出于亚伯拉罕·瓦尔德在1947年发表的一本同名著作，它研究的对象是所谓"序贯抽样方案"，以及如何用这种抽样方案得到的样本进行统计推断。序贯抽样方案是指在抽样时，不事先规定总的抽样个数（观测或实验次数），而是先抽少量样本，根据其结果，再决定停止抽样或继续抽样、抽多少，这样下去，直至决定停止抽样为止。反之，事先确定抽样个数的那种抽样方案，称为固定抽样方案。

序贯概率监测系统是利用序贯概率比检验技术，对负压波信号进行分析，进而判断管道是否发生泄漏，以及确定泄漏点具体位置（图 6-4-2）。

3. 次声波监测系统

海底油气管道次声波检测技术基于声学原理，采用频率小于 20Hz 的声波对油气管道内压力、流量和温度等参数进行综合分析，实现快速准确地判断海底油气管道运行存在的异常情况，该技术能够准确定位故障发生位置。由于海底油气管道泄漏过程是动态的过程，流体泄漏时，管道内截止的压力平衡遭到破坏，易形成管道内流体弹性力量的释放，流体外泄与泄漏处管壁产生的摩擦能够形成声波信号源。此信号源由多频率声音信号构成，通过流体导引，这些信号沿管壁以声速向两侧传播，由于频率越低的音波信号在介质中传播损耗越小，能到达管道两端的泄漏监测仪的信号主要是信号源中的低频部分，可以有效清除管道普遍存在的高频干扰，并且获得长距离监测的效果。

图 6-4-3 所示为次声波监测系统开发示意图。

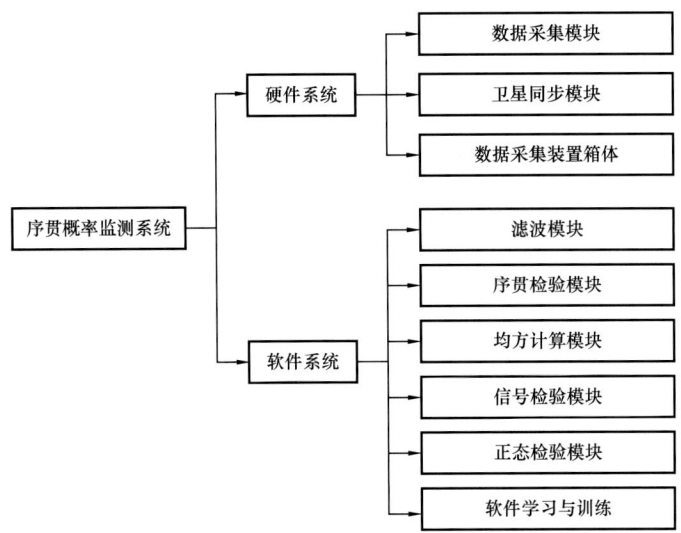

图 6-4-2　序贯概率监测系统开发示意图

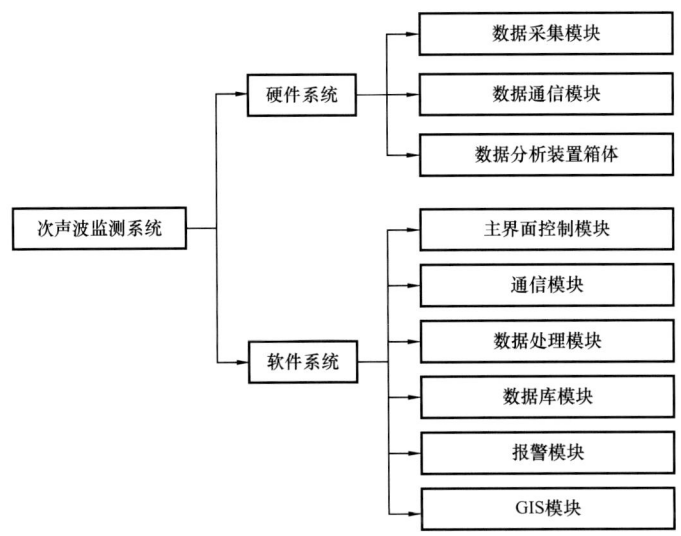

图 6-4-3　次声波监测系统开发示意图

4. 海底油气管道泄漏监测系统集成及工程应用

通过将上述三种泄漏监测系统进行集成，形成了一套集光纤、序贯概率以及次声波方法于一体的海底油气管道泄漏监测系统，泄漏监测试验误报率小于5%（图6-4-4，表6-4-1）。

图 6-4-4 海底油气管道泄漏监测系统软件界面

表 6-4-1 海底油气管道泄漏监测系统性能指标

性能指标	光纤泄漏监测法	序贯概率泄漏监测法	次声波泄漏监测法
监测范围 /km	0～30	0～50	0～50
定位精度	±30m 最小定位精度 ±2m	±10m/1km 最小定位精度 ±5m/1km	±50m 最小定位精度 ±19m
响应时间	≤100s 最小响应时间 10s	≤45min（对应泄漏率为 5%）， 最小响应时间 12s	≤100s 最小响应时间 20s
误报率	<5% 试验中无误报	<5% 试验中无误报	<5% 试验中无误报
灵敏度	环境温度变化 ±1℃ 最小灵敏度 ±0.5℃	最小可测泄漏率 5%	—

目前，中国海油研发的海底油气管道泄漏监测系统已成功应用于绥中 36-1CEP 平台原油外输海管、东方 13-2 凝析油外输管道以及汉勉线输气管道上。国内产品首次进行海底油气管道次声波泄漏监测应用，替代美国 ASI 公司产品，性能指标相当，其中监测泄漏孔径范围大于国外产品，并可进行断管监测。该研究实现了海底油气管道泄漏监测技术产业化，打破了国外公司的技术垄断，降低了国内油气田开发成本。成果能够有效保障海底油气管道安全运营，减少因泄漏引起的环境影响，具有更广泛的社会效益。

第五节 水下结构气体泄漏监测系统

对管汇、法兰和海底管道等水下结构来说，可能由于腐蚀、外物撞击或密封垫老化等原因造成局部气体泄漏。当水下结构发生气体泄漏时，会发出不同于生产噪声的异常声音，对这些异常声音信号进行采集和分析，可以获得气体泄漏位置和气体泄漏量信息，可以为水下结构气体泄漏风险评估和泄漏点修复提供依据。

在"十三五"期间，开展了基于水声技术的水下结构气体泄漏监测技术研究，开发了基于1.5维谱特征和一维二进离散小波包分解特征的气体泄漏信号提取算法、基于恒定束宽波束形成技术的气体泄漏信号提取技术、基于向量机识别方法和人工神经网络识别方法的气体泄漏位置和泄漏量评估技术，成功研制了水下结构气体泄漏监测系统。研制的水下结构气体泄漏监测系统由气体泄漏探测水听器基阵、信号汇集处理装置、光电复合缆、数据处理存储和显控设备、气体泄漏位置和泄漏量评估软件组成。通过湖试对研制的水下结构气体泄漏监测系统性能进行了验证，其有效监测半径可达226m，定位误差不大于3.4%。

研制的水下结构气体泄漏监测系统，可以实现水下结构气体泄漏在线实时监测，为水下结构的安全运行提供技术保障，填补了国内在深水油气田气体泄漏监测技术领域的空白。

一、水声信号识别和定位技术

1. 水声信号特征提取及自动识别技术

1）泄漏信号特征提取技术

基于高阶统计量理论和小波包理论，针对水下结构气体泄漏水声信号特点，研究了1.5维谱特征提取方法和一维二进离散小波包分解特征提取方法，区别水下结构气体泄漏水声信号和背景噪声信号，为监测系统目标识别方法提供特征库。

通过对水下结构气体泄漏试验数据的处理和分析，得到如图6-5-1所示的结果，表明研究的1.5维谱特征可以将受高压气体激励的水下机构产生的水声信号与环境背景噪声信号明显的分辨开来。

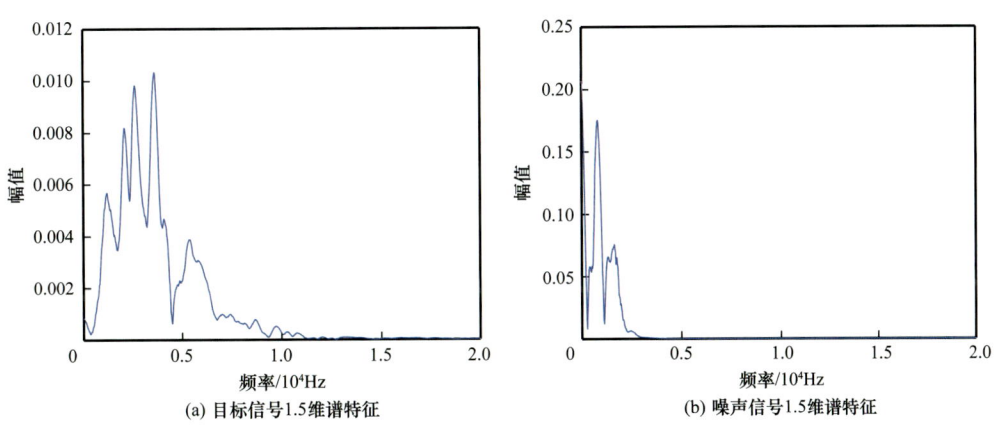

图6-5-1 水下结构气体泄漏与背景噪声双谱及1.5维谱特征对比图

水下结构气体泄漏的噪声信号往往是宽带的非平稳信号，小波变换多尺度分析法具有较强的局部化能力，对非平稳信号的分析体现出一定的优势。采用小波变换方法进行目标特征提取，从多分辨率分析出发，对信号进行多级小波分解，得到信号在各级近似空间和细节空间上的信号表示。图 6-5-2 是按上述方法进行数据处理结果，说明利用小波包进行抗干扰处理，提取小波变换域不同尺度的能量分布，确实可作为水声信号的特征使用，对水下目标辐射噪声的识别与分类有效。

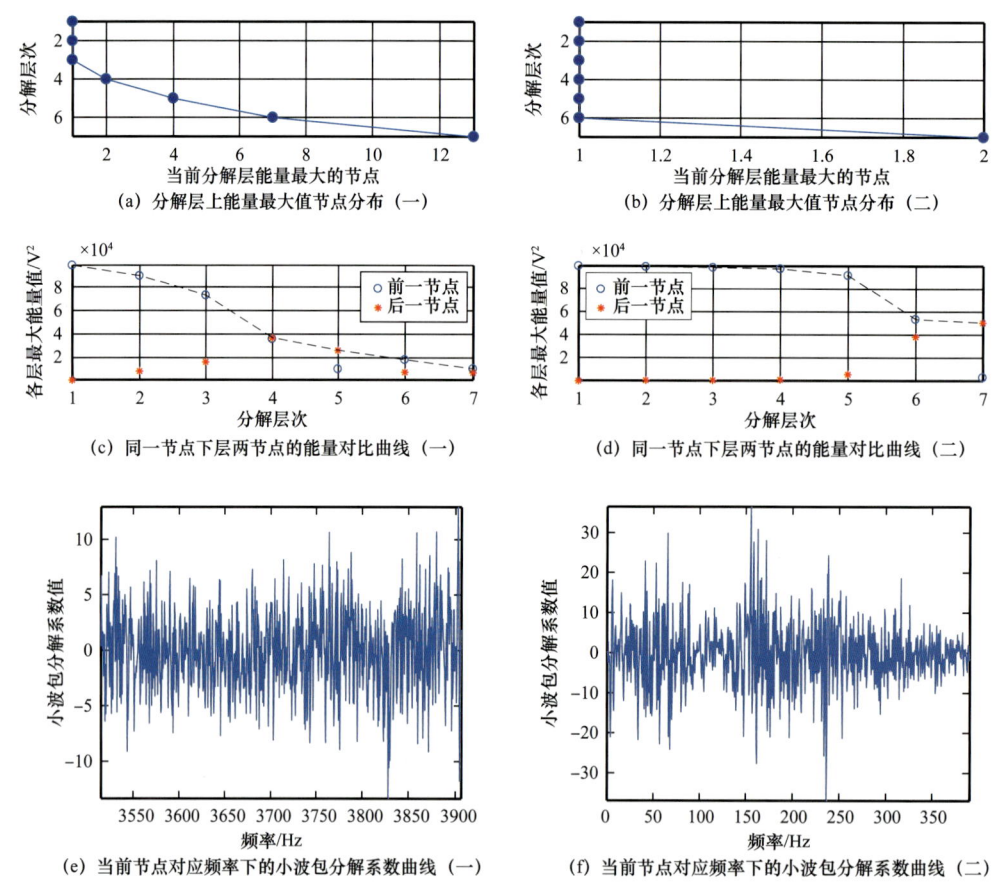

图 6-5-2　水下结构气体泄漏与背景噪声小波包分解过程和特征对比图
（左侧：气体泄漏信号　右侧：背景噪声）

2）泄漏信号特征自动识别技术

基于模式识别理论，根据水下结构气体泄漏水声信号的实际情况，研究了人工神经网络识别方法和支持向量机识别方法，为监测系统准确测报水下结构气体泄漏情况和位置提供支撑。

研究表明，利用多层感知器网络（MLP）人工神经网络对水下结构气体泄漏的一维二进离散小波包特征具有较高的 93% 的正确识别率，在实际的应用过程中是可行的。

支持向量机的实现首先通过事先选择的非线性映射将输入向量映射到一个高维特征空间中，然后在此高维空间中构建最优分类超平面。由于支持向量机把原问题转化为对偶问题，计算的复杂度不再取决于空间维数，而是取决于样本数，尤其是样本中的支持矢量数，这些特点使有效地解决水下结构气体泄漏水声信号 1.5 维谱特征这样的高维问题成为可能。研究表明,支持向量机识别算法对水下结构气体泄漏的1.5维谱特征具有较高的87%的正确识别率,在实际的应用过程中是可行的。

2. 基于主被动联合方式水声定位的气体泄漏位置估计技术

1)水听器基阵设计

利用水听器基阵对水下结构气体泄漏进行监测。水听器基阵设计为24阵元、阵元间隔0.07m的线列阵,在空间上可实现10kHz以下信号的采集,最小的波束宽度约为4.5°,能够满足水下结构气体泄漏水声信号的采集和分辨。

2)恒定束宽波束形成技术

水听器基阵要得到高质量的接收信号,理想的波束应只有主波束而无旁瓣,而且波束宽度应尽量窄,这样的理想波束的检测性能和定向精度是最高的。波束形成最主要的目的是空间定向检测,恒定束宽阵的设计就是使得宽带信号通过一基阵系统(确定的几何形状和尺寸的条件下)时,它所形成的方向性图的波束宽度保持恒定。图6-5-3是恒定束宽波束形成技术与常规波束形成技术对比。

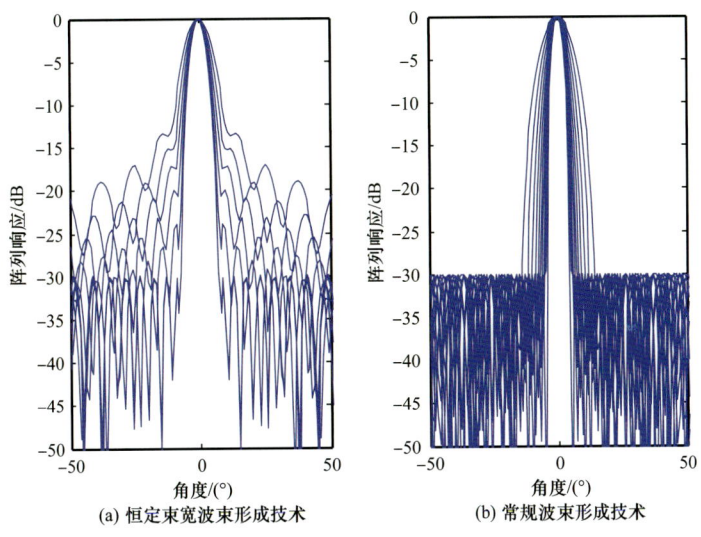

图6-5-3 恒定束宽波束形成(a)与常规波束形成(b)结果对比图

利用波束形成器进行了测试,结果表明,恒定束宽波束形成技术可以有效地处理水下结构气体泄漏产生的宽带水声信号,主瓣宽度尖锐,有效地提高了波束形成器的测向精度,为监测系统的水声定位技术提供支撑。

3)被动式水声定位技术

利用水下结构气体泄漏时产生的辐射噪声对水下结构漏气情况进行监测和定位。被动式水声定位方法是通过水听器基阵测量出目标的方位角 α 和 β,在已知两套声监测基阵位置和跨度的情况下,通过解三角形的方法计算目标位置(包括角度和距离)。

4)主动式水声定位技术

彩色图像声呐是一种利用超声波进行水下目标探测的声学设备,它通过声呐头上的换能器发射出声波,声波在水下传播,遇到介质特性与水不同的物体就会形成反射的回波,回波被换能器接收到以后,经信号处理后形成声呐图像进行显示。利用彩色图像声呐可以对水下结构气体泄漏点进行定位。

将彩色图像声呐设计为一种机械扫描式声呐,声呐头上的换能器在处理主机的控制下,可以360°旋转扫描。换能器的旋转角度可以精确控制,换能器旋转到一个角度时,换能器发射出声波,在既定的量程里,反射回波被接收到后,换能器才旋转到下一个角度。这段时间足够声波到达目标并形成反射回波,并被换能器接收到。由于声波在水下传播的速度是已知的(约1500m/s),声波发射和接收到回波的时间也是已知的(信号处理计算得出),故而可以得出目标与换能器之间的距离。换能器连续转动,就可以得到目标的连续声呐影像。在这个影像中,可以得到目标与换能器之间的方位和距离。

二、水下结构气体泄漏监测系统结构与监测软件

设计的水下结构气体泄漏监测系统由水下探测水听器基阵、信号汇集处理装置、波束形成器、光电复合缆、数据处理存储和显控设备以及泄漏量、泄漏位置估计软件组成,如图6-5-4所示。

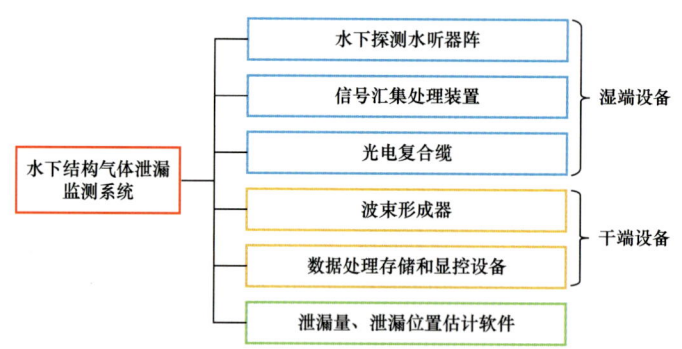

图6-5-4 水下结构气体泄漏监测系统组成

水下探测水听器阵布放在水下结构关键部位200m范围内,通过水下基阵中的水听器棒进行水下结构气体泄漏水声信号的收集,通过信号汇集处理装置进行信号采集、模拟放大、滤波整形等信号预处理后,通过光电信号复合缆将信号传输至干端设备中的泄漏量、泄漏位置估计软件进行进一步的分析处理,同时结合波束形成器利用基阵形成多个波束求取目标(漏泄点)方位,实现多个泄漏点方位定位,通过特征提取和目标识别技术对水下结构气体的泄漏量进行估计,对水下结构气体泄漏情况进行实时监测,根据泄漏情况自动判断并进行声像报警。

水下结构气体泄漏监测系统中的水下探测水听器阵结构上采用模块化设计思路,按不同功能段进行分段组合,由2个线列阵、4个刚性结构框架单元、1个回收机构、1个信号汇集处理装置和起吊梁等组成,如图6-5-5所示。

水下探测水听器阵由两组水听器基阵、水听器保护结构等组成,其中水听器基阵由24阵元组成,其测向范围为±70°,在测向范围内可形成72个波束检测信号,实现水听

器基阵两侧的目标测向。两个线列阵相距20m，中间通过刚性框架连接，线阵夹角约为170°，配合使用即可实现目标定位。

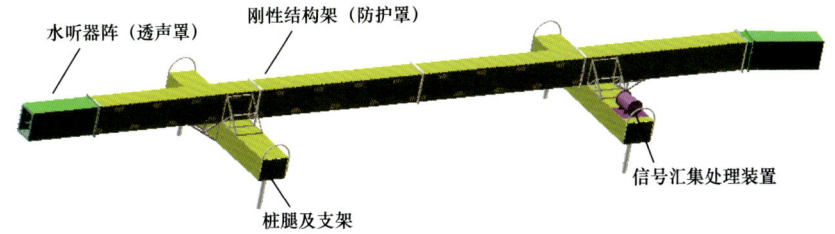

图 6-5-5　水下探测水听器阵结构设计图

由于水下基阵架整体尺度较大，为了便于装备起吊，设计了两个起吊框架梁。为了保持基阵架在海底上的稳定性，在两个起吊框架梁上安装了4个桩腿。

为了防止海生物附着影响水听器阵对声波信号接收和识别，在水听器阵上设置了防海洋生物装置，这将延长水下探测水听器阵的水下维护周期，节约维护成本。

为了便于对水下基阵架进行回收，设计了水下探测水听器阵的回收机构。采用水下声控或者通过电缆发送回收指令给水下值班电路输出继电器，打开销钉，释放固定在基阵架上回收缆的浮球，浮球带动回收缆上浮水面，水面船用回收缆实施水下基阵回收。

图 6-5-6 是加工完成的水下基阵架，图 6-5-7 和图 6-5-8 分别是水下基阵架回收机构和防生物装置。

图 6-5-6　水下基阵架静态吊装试验现场图

图 6-5-7　水下基阵架回收机构　　　图 6-5-8　水下基阵架防生物装置

用 LabView 软件开发平台开发了水下结构气体泄漏监测软件，可以评估水下结构是否发生气体泄漏以及泄漏量和泄漏位置，当识别出水下结构发生气体泄漏时及时报警。图 6-5-9 是开发的软件界面，软件左侧区域为监测区域，用于海上时可根据海管路由情况进行绘图，形象地将气体泄漏的位置显示出来，监测区域上的红点即为当前气体泄漏的位置。右方部分是软件的泄漏报警指示灯、方位距离数据显示区、能量门限控制、识别算法切换、防生物装置控制、报警测试等功能区，主要用于软件使用人员对监测系统定位状态的观看和调试人员进行软件测试时使用；右下角的指示灯分别为该软件下属两套波束形成器连接状态指示灯，闪烁表示连接正常，变暗则通信失败，需要人工重新连接以消除该故障。

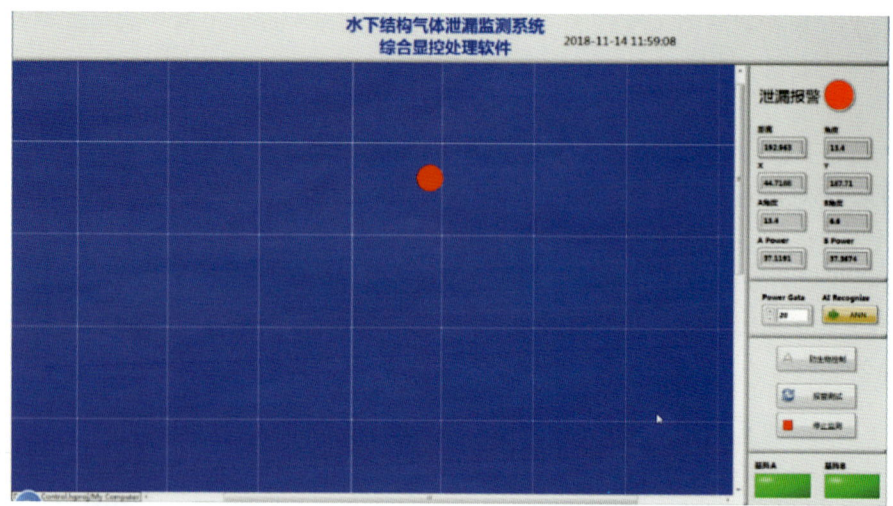

图 6-5-9　水下结构气体泄漏监测软件界面

三、水下结构气体泄漏监测系统试验

水下结构气体泄漏监测系统试验包括实验室试验和深水湖试验。

实验室试验主要进行监测系统装置联调和测试，为泄漏信号特征提取及自动识别技术提供实验数据支撑，同时进行模拟漏气装置的功能检查和性能调试，完善监测系统辅助装置的功能。实验室试验设备连接如图 6-5-10 所示。

实验室试验调试测试工作完成后，进行深水湖试验，对监测系统进行功能和性能测试。深水湖试验主要用于考核监测系统的监测范围和定位误差。试验准备时，除监测系统外，还需要气体泄漏模拟装置 1 套、湖海检查测试设备 1 套、试验船只 3 艘。试验时，按照实际使用情况的设备布置和连接方式连接，如图 6-5-11 所示。通过 3 个船载 GPS 的 GPS 信息间接确定监测系统与气体泄漏模拟装置的相对位置关系。监测系统采集信号，分析处理后获得两个漏点的位置信息，与 GPS 信息比对，考核监测系统的监测范围和定位误差。

现场试验布放示意如图 6-5-12 所示，图 6-5-13 是监测系统湖试吊装，图 6-5-14 是利用开发的监测软件对湖试过程气体泄漏进行监测。

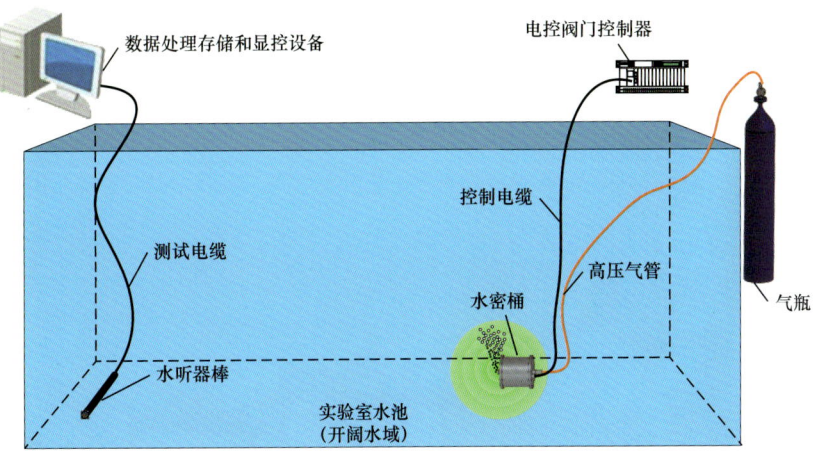

图 6-5-10 水下结构气体泄漏监测系统实验室试验设备连接方式示意图

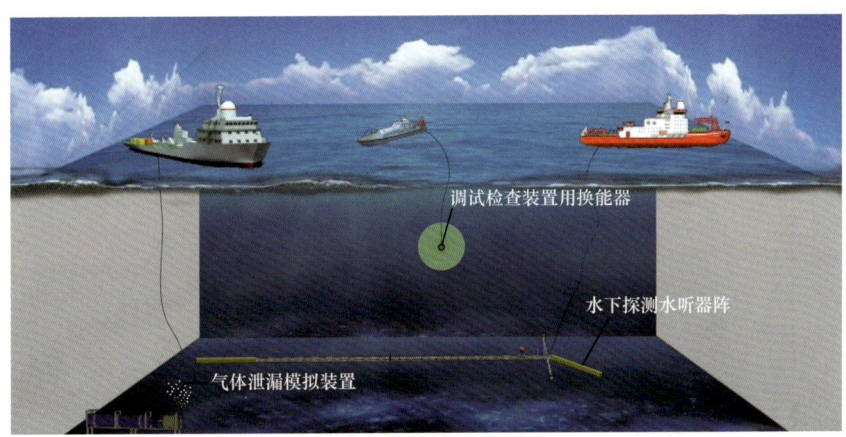

图 6-5-11 深水湖试验设备布放示意图

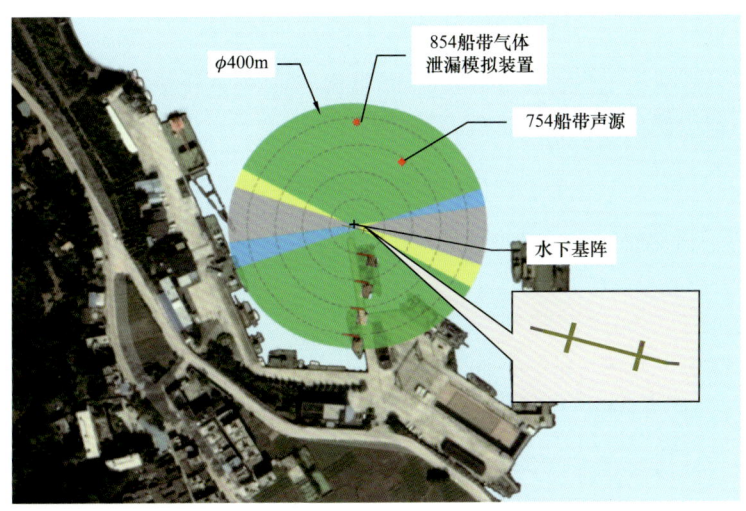

图 6-5-12 湖上验证试验布放位置示意图

图 6-5-13　监测系统湖试吊装

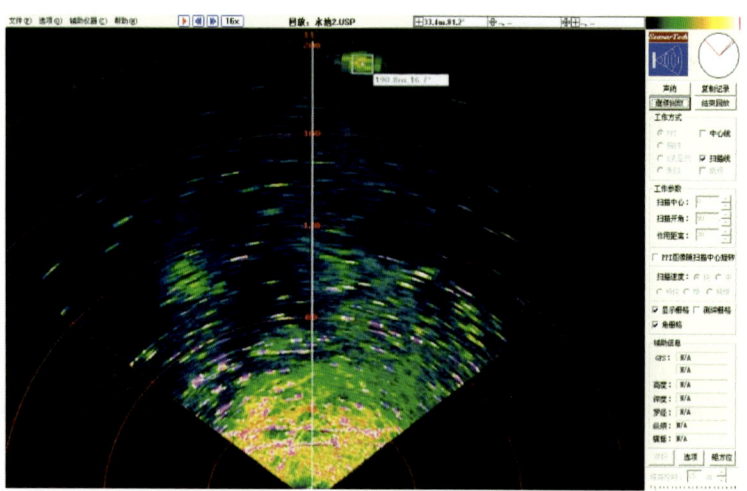

图 6-5-14　监测系统软件湖试监测

湖试结果见表 6-5-1。从表 6-5-1 可以看出，监测系统满足监测范围不小于 400m（半径 200m）、定位误差不大于 5% 的合同指标要求。

表 6-5-1　监测系统深水湖试验结果

序号	气压 /MPa	孔径 /mm	监测距离 /m	GPS 距离 /m	定位误差 /%
1	10	4	226	220	2.7
2	10	4	169	175	3.4
3	10	4	108	110	1.8
4	10	4	49	50	2.0

第七章　深水半潜式起重铺管船及配套工程技术

深水半潜式起重铺管船的设计难度大，设计技术一直被国外设计公司垄断。中国海油结合工程实际需求，借助国家科技重大专项启动了深水半潜式起重铺管船的基本设计研究项目，自主研发了半潜式起重铺管船新船型，突破了深水半潜式起重铺管船设计关键技术，并为将来建造做好了技术储备。本章重点介绍深水半潜式起重铺管船设计关键技术、深水半潜式起重铺管船 J-Lay 铺管系统设计关键技术、深水半潜式起重铺管船建造技术。

第一节　深水半潜式起重铺管船船型设计技术

一、概述

近年来，国内海洋石油开发正在向更远、更深、更恶劣的深海海洋区块进发。目前中国南海深水区域的勘探工作取得了丰硕成果，南海流花和陵水等区块的开发正稳步进行，东海也有多个油田亟待开发，但受长周期涌浪影响，传统船型海洋工程船可作业天气窗口较小。同时，为了保证我国油气能源供给，中国海油在国外的几个主要海上油气区域都正在积极参与。在这样的背景下，我国海洋石油工程界需要建立一支深水船队来支持深水油气田的开发建设。目前中国海油已经投资建设了"海洋石油 201""海洋石油 286""海洋石油 278"等深水作业船，"海洋石油 981"深水钻井船也已经投入使用，有必要建设一艘在油田开发建设领域能与世界顶级水平相匹敌的旗舰。深水半潜式起重铺管船能够在恶劣的深水环境条件下进行 J-Lay 海管铺设、大型结构物的吊装等多种海洋工程作业，能够大幅提升中国海洋石油工程的深水作业能力，是深水油气田开发的顶级工程装备，正是中国目前最急需的一种船型。

投资建设一艘深水半潜式起重铺管船，不仅能填补中国海油在深水油田建设装备上的空白，更能体现国家海洋开发的实力，符合我国建设海洋强国的国家利益。2012 年投入使用的"海洋石油 981"初步解决了中国人在深水勘探装备的问题，但是真正的深水油气建设还必须依靠半潜式起重铺管船这种高端海上建设装备，半潜式起重铺管船因为优异的耐波性能，能够大幅提高我国深水开发建设能力，建造半潜式起重铺管船的意义将不亚于"海洋石油 981"。同时该型船舶整体造价和运营费用都十分昂贵，考虑在我国深水开发到达一定程度，深水开发作业需求较多时再启动该船型的建造。

深水半潜式起重铺管船的设计难度大，设计技术一直被国外设计公司垄断。中国海油结合工程实际需求，启动了深水半潜式起重铺管船的基本设计研究项目，对该类船型的设计关键技术进行了技术攻关，并为将来建造做好了技术储备。

1. 国外同类型半潜式大型起重铺管船概况

拟建船主要用于深水海域的重型起重和铺管作业，作业水深达到3000m，同时也能兼顾300m水深的中浅水作业，起重能力达到万吨以上，采用柱稳式半潜平台结构形式。世界范围具备这一能力的柱稳式半潜平台仅有两艘在役，分别为Thialf和Saipem7000。为了扩大可比对的市场供应范围，将具有6000tf以上起重能力的两艘在役平台Balder和Hermod也考虑在内，另Heerema公司有一艘双10000tf起重船在建。5艘同类型船舶主要情况如下：

1）Thialf半潜式起重船

半潜式起重船Thialf于1985年建造完成，原型为McDermott公司的DB-102，由日本船厂Mitsui Engineering & Shipbuilding Co., Ltd. 建造。1997年，Heerema公司和McDermott公司的联合公司Heeremac公司关闭，Heerema公司接管了DB-102，并将其更名为Thialf。

Thialf的船体包括两个下壳体，每个下壳体通过4个立柱与上壳体连接。每个立柱上设有3个连接左右舷立柱的横向撑杆。Thiaf拖航吃水约12m，在一艘拖轮协助下，拖航速度可以达到最大7节航速。起重作业时，通过压载将吃水加大到26.6m，下壳体完全浸没在水中，所有水线面积由立柱提供，以减少波浪的影响。图7-1-1为Thialf处于拖航吃水时的照片。

图7-1-1 拖航中的Thialf

Thialf装有两台全回转起重机，起重能力为2×7100tf，工作半径为31.2m，目前仍是世界上起重量最大的起重船舶。两台吊机主钩的起吊高度为工作甲板以上95m。主钩在最小工作半径下可以将3500t重物下放到横倾点以下307m，起吊重物为2990t时下放深度达到横倾点以下351m，横倾点约在工作甲板上24.4m处。辅钩在最小半径时，可以下放到工作甲板以下460m的深度。为了配合重吊工作，Thialf的压载系统能力达到了

20800m³/h。由于两台全回转起重机的强大吊重能力和水下下放深度，Thialf 能够从事海洋工程中大部分的顶部模块安装、水下基础、锚系以及 SPARS 和 TLP 的安装工作。

在浅水区域工作时，Thialf 采用 12 个 Flipper 三角锚定位，每个锚重 22.5tf，配有长度为 2400m，直径为 80mm 的锚索，锚索的最小破断强度达到 480tf。

Thialf 同时装备了 DP-3 动力定位系统用于深水作业，动力定位系统装备了 6 个 5500kW 全回转推进器（可伸缩式），能提供总共为 420tf 的推力。该推进器也可用于航行功能。

Thialf 的生活区设置了 736 个床位，可以满足大型海工作业时大量工作人员的住宿需求。在整个生活区中都配置了暖气和空调系统。从生活区可以到达直升机甲板。直升机甲板按照波音 Chinook 234 型设计，起飞重量为 21tf。Thialf 的主甲板承载能力为 15tf/m²，总的甲板承载能力为 12000tf。

2）Hermod 半潜式起重船

Hermod 半潜式起重船在 1978 年由日本船厂 Mitsui 建造完成。Hermod 和她的姐妹船 Balder 是当时世界上最早建造的柱稳式半潜起重船。19 世纪 80 年代早期在北海创造了多个重吊纪录。

Hermod 的船体包括两个下壳体，每个下壳体通过 3 个立柱与上壳体连接，每个立柱设有两根横向撑杆。拖航时吃水约 12m，起重作业时，通过压载将吃水加大到 25m，下壳体完全浸没在水中，所有水线面积由立柱提供，以减少波浪和海涌的影响。

Hermod 的生活区设置了 336 个床位，可以满足在大型海工作业时工作人员的住宿需求。在整个生活区中都配置了暖气和空调系统。从生活区可以到达直升机甲板。直升机甲板按照 Sikorsky61-N 型设计。Hermod 的主甲板承载能力为 8000tf。

Hermod 在平台尾部配有 2 台 4400kW 的调距桨推进器，首部配有 2 台 1470kW 的可伸缩式调距桨推进器。采用电力推进形式，所有电力由 7 台中速柴油机提供，每台柴油机的输出功率为 2765kW。

Hermod 采用 12 个 Flipper 三角锚定位，每个锚重 22.5tf，配有长度为 4500m 的锚索，锚索的最小破断强度达到 386tf。

Hermod 装有两台全回转起重机。在出厂时，右舷吊的能力为 2700tf，左舷吊的能力为 1800tf。在 1984 年，通过改造，Hermod 的起重能力得到了加强。右舷吊升级到了 4500tf，左舷吊升级到了 3600tf。改造后的 Hermod 双吊的联合起重能力达到 8100tf，工作半径为 39m。左舷吊机主钩的起吊高度为工作甲板以上 92m，右舷吊机主钩的起吊高度为工作甲板以上 81m。辅钩在最小工作半径下可以下放到水下 3000m。为了配合重吊工作，Hermod 的常规压载系统能力达到了 8000m³/h，同时配置了重力压载系统，能力为 500m³/s。图 7-1-2 所示为 Hermod 在拆解 NW Hutton 上部平台的照片。

3）Balder 半潜式起重船

Balder 和她的姐妹船 Hermod 是当时世界上最早建造的柱稳式半潜式起重船。作为深水工程平台，Balder 能完成重吊安装、水下基础、锚系、SPARS、TLPs、上部模块的安装以及深水海管的铺设工作。

图 7-1-2　Hermod 在拆解 NW Hutton 上部平台

Balder 的生活区原有 367 个床位，在 2007 年又将床位数增加到了 392 个，可以满足在大型海工作业时工作人员的住宿需求。在整个生活区中都配置了暖气和空调系统。从生活区可以到达直升机甲板，直升机甲板按照 Sikorsky61-N 型设计。Balder 的主甲板承载能力为 8000tf。

在浅水工作时，Balder 采用 12 个 Flipper 三角锚定位，每个锚重 22.5tf，配有长度为 4500m 的锚索，锚索的最小破断强度达到 386tf。在 2001 年的改建后，Balder 装备了 DP-3 动力定位系统用于深水作业，动力定位系统装备了 7 个 3500kW 全回转推进器。动力定位系统的所有动力来自 6 台功率为 4400kW 的柴油机。Balder 的尾部还装有 2 台 4400kW 的调距桨推进器用于航行功能，由 6 台功率为 2765kW 的柴油机提供动力。

Balder 装有两台全回转起重机。在出厂时，右舷吊的能力为 2700tf，左舷吊的能力为 1800tf。在 1984 年，通过改造，Balder 的起重能力得到了加强。右舷吊升级到了 3600tf，左舷吊升级到了 2700tf。改造后双吊的联合起重能力达到 6300tf，工作半径为 33.5m。左舷吊机主钩的起吊高度为工作甲板以上 116m，右舷吊机主钩的起吊高度为工作甲板以上 98m。左舷吊机为了配合 J-Lay 的管线上结构物安装，主吊臂从传统的箱梁结构改为了 FLY-JIB 结构形式。右吊机辅钩在最小工作半径下可以下放到水下 3000m，下放物的重量为 360tf。

Balder 的 J-Lay 塔的静态能力达到 1210tf，为了提高铺管的效率，Balder 的 J-Lay 塔可以在 6 节点或 4 节点模式下工作。

Balder 通过在 2002 年的改造，由一艘重型起重平台升级为多功能的深水工程平台。这是世界上第一个结合深水工程作业和半潜起重平台概念的海上作业平台。平台上装备的多功能深水设备能保证 Balder 具备完成深水建设所需要的全方位工程作业能力。

在 Heerema 的船队中，Balder 同时具有重吊和铺管能力。和 Thialf 和 Hermod 相比，它的起重能力并不突出，但是铺管能力和深水水下安装的能力是比较强的，Heerema 的深水铺管作业几乎都是由 Balder 完成的。图 7-1-3 所示为 Balder 和 Thialf 在安装 Holstein SPAR 的照片。

图 7-1-3　Balder 和 Thiaf 在安装 Holstein SPAR

4）Saipem7000

Saipem7000 是世界上第二大起重船，1987 年完工（图 7-1-4）。其起吊能力 14000tf 时起重机回转半径为 42m，而 Thialf 却只能在回转半径 31.2m 时起吊能力为 14200tf。Saipem7000 保持着 12150tf Sabratha 模块吊装的世界纪录。

图 7-1-4　Saipem7000 照片

Saipem7000，最早的名字是 Micoperi7000。在 19 世纪 80 年代中期，海洋工程作业公司 Micoperi 计划建造一艘多功能的海洋工程安装平台。该平台装有两台全回转重型起重机，可以安装大型海洋石油平台的上部模块和导管架。在生产平台开始作业准备期间，可以提供大量的人员住宿及加工场地和设备。

Micoperi7000 造价高昂，但是由于它提供了卓越的重吊能力，使得海洋平台上部模块可以在岸上高度集成，从而大大节省海洋石油平台的建设费用。大型半潜式起重船（Semi-Submersible Crane Vessel，SSCV）的超强起重能力使得海洋平台的上部模块重量从千吨级跨越到了万吨级。

19 世纪 80 年代的低油价引起的石油行业危机影响到了 Micoperi 公司，1991 年，Micoperi7000 被卖给了 Saipem，并正式改名为 Saipem7000。1999 年，Saipem 进行了重大改装以增加 DP 定位能力和 J-Lay 铺管能力。动力系统增加了 4 台主发电机组，总功率从 47000kW 增加到了 70000kW。平台首部增加了两套 5500kW 的伸缩式全回转推进器。

Saipem7000 装备了目前世界上唯一的四节点双工作站 J-Lay 塔。铺管直径从 4in 到 32in，下放张紧器提供 750tf 的张力，摩擦夹紧器提供 2000tf 的悬挂力。为了安装新的设备，一些原有的设备被拆除了，包括两套航行锚，所有的月池以及用于蒸汽打桩的锅炉。经过这次改装，Saipem7000 具备了完成全部海洋石油平台安装建设作业的能力。由于 SSCV 的高昂造价，在全世界范围内供应量都屈指可数，且都是建造于 20 世纪七八十年代，服役年限都已经超过或接近 30 年。而 SSCV 优越的深水起重能力是其他船型难以比拟的，在市场上属于稀缺产品。在整个亚洲区域，该类型装备尚为空白。

5）Heerema 双 10000tf 起重船

Heerema 公司瞄准平台拆除市场，建设了一条配备两台 10000tf 起重机的半潜式起重船（图 7-1-5）。2018 年交船。该船配备 8 台 5500kW 全回转推进器，DP3 定位能力，船长 220m，船宽 102m，住舱人数 400 人，设计航速 10kn。

图 7-1-5　Heerema 双 10000tf 起重船

2. 国内重吊船概况

目前，国内还没有柱稳式半潜起重铺管船。所有重吊船及铺管船均是常规船型或驳船形式。表 7-1-1 列出了国内主要的全回转起重铺管船。

表 7-1-1 国内主要全回转起重铺管船

序号	船名	主吊能力 /tf	铺管方式	定位能力	船东
1	—	5000	不适用	DP-3，10 点锚泊	烟台打捞局（在建）
2	威力号	3000	不适用	DP-2，8 点锚泊	上海打捞局
3	华天龙	4000	不适用	8 点锚泊	广州打捞局
4	蓝鲸号	7500	不适用	10 点锚泊	中国海油
5	蓝疆号	3800	S-Lay	12 点锚泊	中国海油
6	海洋石油 201	4000	S-Lay	DP-3	中国海油
7	振华 30	7000（全回转） 12000（固定）	不适用	DP-3	上海振华重工（集团）股份有限公司

从表 7-1-1 可以看出，国内当前的全回转重型起重船（3000tf 以上）数目非常少，分别属于打捞局系统和中国海油。打捞局系统内的重吊船，其主要工作为抢险打捞起重作业，多在近海，锚地和港口作业，作业水深较浅。目前为止，国内具有深水作业能力的重型起重船仅有"海洋石油 201"一艘。

二、自主研发的半潜式起重铺管船概况

拟建半潜式起重铺管船是一艘整体技术性能达到世界先进水平的多功能柱稳式半潜起重铺管船，能够在复杂海况环境条件进行多种海洋工程作业。经可行性研究后，确定该船主要功能如下：

（1）深水及浅水大型结构物的吊装和拆除；

（2）深水 J-Lay 铺管作业，最大作业水深 3000m；

（3）深水水下结构物安装，最大工作水深 3000m。

该船辅助功能如下：

（1）ROV 作业支持，采用两套移动式 ROV 系统，预留甲板空间和船舶动力；

（2）为作业人员提供生活支持，住舱人数 550 人。

1. 航区和作业环境条件

（1）航区：该船航区为无限航区（除南极、北极外），重点作业海域为中国南海和东海，也可在澳大利亚、墨西哥湾、北海、巴西、西非等海域作业。

（2）考虑冰区加强：CCS B3 级，DNV 1C 级。

（3）最大作业水深：3000m。

（4）作业环境温度：-20～+45℃。

（5）海水温度：-2～+35℃。

（6）相对湿度：90%。

（7）吊装作业工况见表 7-1-2。

表 7-1-2　吊装作业工况

工况参数	数据
风速 /（m/s）	17.1
有义波高 /m	3.0
谱峰周期 /s	6.0～14.0
流速 /kn	2.0

（8）铺管作业工况见表 7-1-3。

表 7-1-3　铺管作业工况

工况参数	数据
风速 /（m/s）	17.1
有义波高 /m	3.5
谱峰周期 /s	6.0～14.0
流速 /kn	2.0

（9）待机工况见表 7-1-4。

表 7-1-4　待机工况

工况参数	数据
风速 /（m/s）	24.4
有义波高 /m	6.0
谱峰周期 /s	9.0～14.0
流速 /kn	2.5

待机工况为该船最大设计工况，船舶根据气象预报得知海况条件超过待机工况时，需驶离该海域。

（10）生存工况见表 7-1-5。

表 7-1-5　生存工况

工况参数	数据
风速 /（m/s）	51.4
有义波高 /m	16.5
波浪周期 /s	16.4
流速 /kn	4.0

生存工况不作为该船设计工况，仅对该工况的稳性、运动性能、气隙、结构强度等进行校核，供船东决策参考。主要结构满足生存工况波浪抨击载荷要求。

（11）设计寿命。

全船设计寿命至少 20 年。疲劳寿命各海域分布预估见表 7-1-6。

表 7-1-6 疲劳寿命各海域分布预估

海域	分布 /%
全球航行	20
中国南海	30
中国东海	10
欧洲北海（北部）	5
欧洲北海（南部）	5
巴西	10
墨西哥湾	10
西非	10
总计	100

2. 航速

可行性研究阶段对不同航速下的综合作业成本进行分析，结果如图 7-1-6 所示。

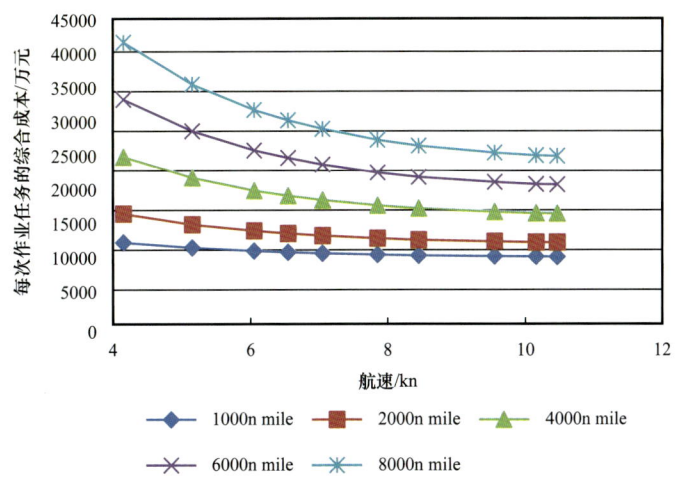

图 7-1-6 单次作业任务综合成本曲线

从图 7-1-6 可以看出，增加航速可以降低每次作业任务的综合成本，在航速 4～8kn 的区间较为明显，大于 8kn 以后变化较小，大于 10kn 以后基本没有什么变化。

推荐本船自航航速大于 8kn，根据阻力试验结果再进行调整。

3. 续航力和自持力

船舶续航力 8000n mile，自持力约 60 天。

4. 定位系统

本船配备 8 点锚泊定位系统，可在起重作业环境条件下进行起重作业，并满足起重、待机工况系泊需求。同时，本船配置 DP3 等级的动力定位系统，可进行铺管、起重、水下吊装等作业。

三、功能定位及总体方案研究

1. 主吊机设备选型

1）组块重量调研

设计公司对国内外共 77 个组块的重量进行了统计（其中传统平台 57 个，SPAR 平台 20 个），重点对其中水深超过 40m 的 25 个传统平台和 20 个 SPAR 平台（共 45 个组块）数据进行了分析，统计结果如图 7-1-7 所示。

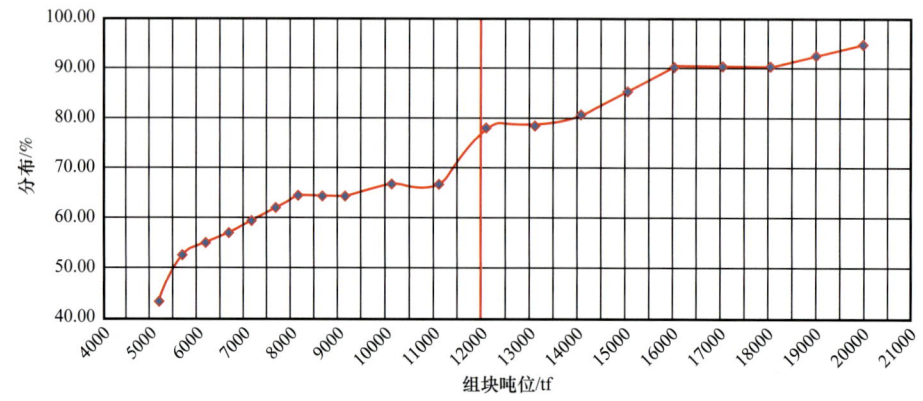

图 7-1-7　平台重量分布曲线

中国东海涌浪较大，常规船型起重船可作业天气窗口较小，东海的组块吊装是拟建船的主要市场区域，根据统计结果，东海组块最大重量为 11264.4tf，平均重量为 4913tf。12000tf 起重能力市场覆盖率为 100%。中国南海区域组块重量最大为 31385tf，平均重量为 13557tf，12000tf 起重能力的市场覆盖率为 56%，15000tf 起重能力的市场覆盖率为 77%。HZ258、LF72 和 LW31 等大型组块均为浮托安装。对于半潜、TLP 和 SPAR 等几种深水浮式平台，半潜式生产平台及 TLP 平台的上部组块很少采用海上吊装的方式进行安装，SPAR 平台的上部模块吊装是拟建船的主要市场范围，设计公司对国外 17 个 SPAR 平台进行了统计，组块重量最大 18950tf，平均重量 8314tf。7500tf 起重能力的市场覆盖率为 58.8%；12000tf 起重能力的市场覆盖率为 76.5%；15000tf 起重能力的市场覆盖率为 82.4%。根据统计结果，双吊机能力设定为 12000tf 起重能力可以覆盖 80% 的组块，基本合理。超过 12000tf 起重能力的组块应重点考虑浮托安装或者分块吊装。6000tf 起重能力吊机本身费用较高，若增大到 7500tf，吊机能力增加 25%，费用增加 25%（8000 万元人民币），但是在组块吊装市场增加的起重能力覆盖率仅 6.7%。

2）跨距及吊高

设计公司分别对 LF13-2 DPP（7450tf）、PY4-2DPPA（11300tf）和 PY34-1 CEP（13740tf）三个组块进行了吊装分析，每个组块按（1）不套井口、吊机后装，（2）不套井口、吊机先装和（3）套井口、吊机后装等 3 个方案校核，得到要求的跨距及吊高要求。

根据初步吊装分析，跨距、吊高需求结果见表 7-1-7。

表 7-1-7 初步吊装分析结果

参数		方案		
		不套井口		套井口
		吊机后装	吊机先装	吊机后装
跨距 /m	吊装 7500tf 组块	38.13	44.95	48.7
	吊装 11000tf 组块	39.68	45.2	53.7
	吊装 14000tf 组块	40.2	45.5	49.7
吊高 /m	吊装 7500tf 组块	54.63	54.63	75.63
	吊装 11000tf 组块	53.53	53.53	75.03
	吊装 14000tf 组块	49.28	49.28	72.09

根据吊装分析结果，建议主吊机最大吊重的跨距设定为 46m，考虑 6000tf 吊机各家设备商的产品吊高都在 100m 左右，建议维持吊高要求为主甲板以上 100m。

3）AHC 功能

经调研，全球采油树和全球的水下管汇重量分布如图 7-1-8 至图 7-1-9 所示，采油树的重量基本都在 75tf 以内，水下管汇重量基本都在 350tf 以内。考虑 3000m 水深作业水下钢丝绳重量约为 150tf，建议主吊机 AHC 补偿能力设定为 500tf，本船有两台主吊机，其中一台配置 AHC 即可。

4）综合结论

建议主吊机配置如下：

（1）维持吊重能力为双 6000tf，跨距 46m，吊高主甲板以上 100m。

（2）建议其中一台主吊机配置 AHC 功能，AHC 能力在水面时为 500tf，单独设置钩头，AHC 型式根据厂家情况再确定。

2. J-Lay 铺管系统设备选型

1）J-Lay 塔布置位置

经调研世界同类型船舶情况，J-Lay 塔布置方式有 3 种：舷侧布置、船尾布置及船中布置（图 7-1-10 至图 7-1-12）。

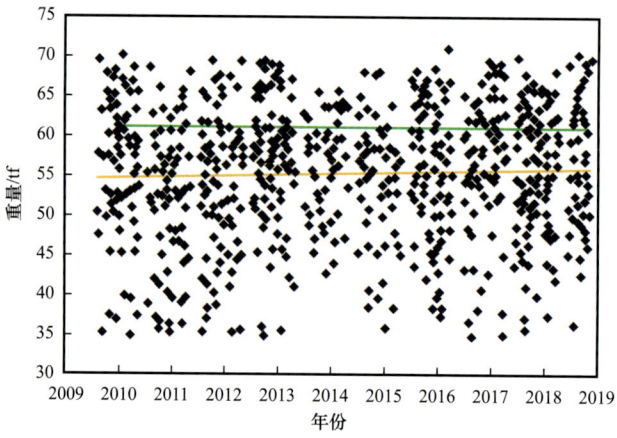

图 7-1-8　全球采油树重量分布图

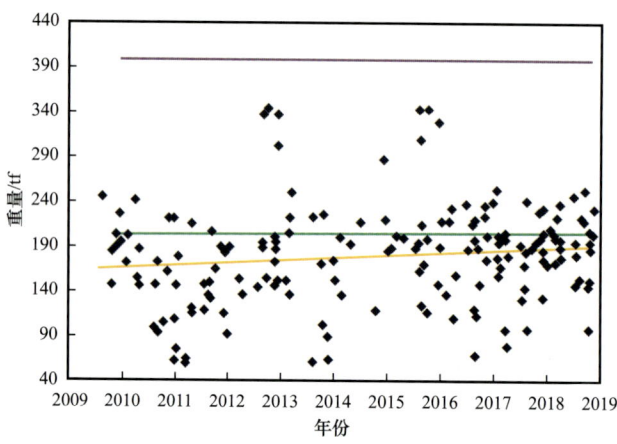

图 7-1-9　全球水下管汇重量分布图

图 7-1-10　舷侧布置

图 7-1-11　船尾布置

图 7-1-12 船中布置

3 种布置方案具体优缺点比较见表 7-1-8。

表 7-1-8 不同 J-Lay 布置方式优缺点比较

J-Lay 布置方式	优点	缺点
舷侧布置	（1）作业方便，方便立管安装及 J-lay 管中结构下放； （2）在多种作业中可不拆卸 J-lay 塔	（1）储管能力降低； （2）只能单侧上管，左舷堆管区不能上管； （3）上浮体舷侧结构难度较大； （4）由于铺管水平张力的存在增加了艏摇力矩，导致对推进器的需求增加； （5）增加船宽后，对建造船厂船坞的要求更高了； （6）由于重量分布左右舷不对称，上浮体布置亦不对称，不利于重心位置控制
船尾布置	（1）作业方便，方便立管安装及 J-lay 管中结构下放； （2）用自带吊机拆卸方便	（1）吊机与 J-Lay 相互干涉，进行起重作业必须拆除 J-Lay 塔，且尾部加强结构不能拆除，降低吊机有效跨距； （2）尾部重量过于集中，不利于船舶总体强度，且船首需要占用大量压载舱与之平衡，降低可变载荷； （3）航行阻力大，油耗高，需要对下浮体线型进行优化
船中布置	（1）重量分布相对均衡，甲板可变载荷较大； （2）吊机与 J-Lay 不干涉； （3）在多种作业中可不拆卸 J-Lay 塔	（1）船中须开月池，影响结构强度； （2）影响船中部分甲板布置； （3）立管安装相对复杂； （4）J-Lay 拆除过程相对复杂

J-Lay 塔布置在舷侧布置的最大优点是作业方便，立管安装及 J-Lay 管中结构下放都相对简单；但是缺点是由于 J-Lay 塔布置在上浮体的一侧，左右舷重量分布不均衡，总体布置不对称，不利于重心位置控制；同时由于铺管水平张力的存在增加了艏摇力矩，

- 301 -

导致对推进器的需求会有额外增加，不推荐采用。

J-Lay 塔布置在船尾可以方便 J-Lay 塔本身的安装，同时立管安装也方便，但是由于 J-Lay 塔的存在会严重影响起重作业，起重作业时须拆除 J-Lay 塔，J-Lay 塔的每次拆除安装都需重新调试，程序繁杂且耗时较长。考虑大型结构物起重作业也是本船的主要功能，不推荐采用 J-Lay 布置在船尾方案。

J-Lay 塔布置在船中的方案全船重量分布相对均衡，且起重作业和 J-Lay 铺设相互不干涉，虽然也有一些缺点，但相对影响较小，推荐采用该方案。

2）J-Lay 铺设能力

设计公司对世界上现存 J-Lay 铺管船铺设能力、世界典型深水 J-Lay 铺设项目进行了调研，具体情况见表 7-1-9。

表 7-1-9 深水 J-Lay 铺设项目调研汇总

项目名称	海域	路由起止	管径/in	壁厚/mm	最大水深/m	管材	铺管船
Ormen Lange	北海	Ormen Lange–Nyhamna	30	35.5	875	X65	Solitaire（S-Lay）/Saipem7000（J-Lay）
Independence	墨西哥湾东部	Hub––West Delta 69	20	30.73	2420	X65	Balder（J-Lay）
			24	34.29	2420	X65	Solitaire（S-Lay）
Blue Stream	黑海	Dzhubga–Samsun	24	31.8	2150	X65	Saipem7000（J-Lay）
South Stream	黑海	Anapa–Varna	32	39	2200	碳钢管	Saipem7000（J-Lay）/Pioneering Spirit（S-Lay）

根据上述调研，目前世界上的 J-Lay 系统张力最大为 2000tf，铺管管径范围为 4~32in，20~32in 大管径海管的最大铺设水深为 2000~2400m。

同时，设计公司也对世界上的深水海管生产厂家进行了调研，见表 7-1-10。

表 7-1-10 深水海管生产厂家

序号	厂家	所属国家	备注
1	Mtlo/JFE	日本	过往项目有交流，管材品种齐全
2	Cladtek International Pty Ltd	澳大利亚	世界先进的冶金海管生产厂家，曾供货荔湾深水项目
3	Tenaris	法国	主要生产无缝管，深水项目经验多
4	Europipe GMBH	德国	国际技术水平最高，管材品种范围最广
5	Thermotite	挪威	主要在涂敷和节点处理方面非常好
6	Tubos Reunidos	西班牙	生产的管材质量很好，仅生产规模相对较小
7	Proclad Group	英国	世界先进的冶金海管生产厂家

经调研，受海管生产工艺限制，不同管径的海管的壁厚都有一定范围，如32in海管，X65等级的最大壁厚为45mm（UOE），超过该壁厚则无法生产。

设计方根据调研结果，确定了拟分析的海管结构形式，并进行了海管结构校核。

根据静态分析结果，空管正常铺设时，J-Lay系统静态铺设张力最大需求为844tf，充水工况最大静态铺设张力需求为1736tf。

考虑实际铺管作业时，受风浪环境影响，铺管船及铺管系统都存在一定幅度运动，因此在铺管工况顶部张力考虑动态放大系数为1.1，底部张力考虑20tf动态余量，J-Lay系统实际铺管张力需求为1910tf，水平推力需求为146tf，见表7-1-11。

表7-1-11 32in管道注水工况需求张力和水平推力校核分析汇总

工况	管径/in	壁厚/mm	水深/m	张力/tf		安全系数		最终数据	
				顶部	底部	动态放大系数	底部张力动态余量/tf	顶部张力/tf	水平推力/tf
工况10	32	45	2060	1736	126	1.1	20	1910	146
工况14	32	39	2200	1628	121	1.1	20	1791	141

综合以上调研及分析结果，建议选定J-Lay铺设系统张力为2000tf，铺设管径范围4~32in，动力定位为铺管提供水平推力为146tf。

3) J-Lay铺管系统选型

半潜式起重铺管船的J-Lay系统通常为4节点双工作站、6节点单工作站两种，经与设备厂商调研，8节点单工作站铺管系统虽然目前没有交付业绩，但是也可以实现，设计公司对于J-Lay不同作业的作业时间进行了调研，针对4节点双工作站、6节点单工作站和8节点单工作站3种铺管系统的海管铺设效率分析见表7-1-12。

表7-1-12 海管铺设效率分析

海管管径/in	分析项目		4节点双工作站	6节点单工作站	8节点单工作站
10	作业项目耗时/min（h）	上管&对中	12（0.20）	12（0.20）	17（0.28）
		焊接	16（0.27）	16（0.27）	16（0.27）
		移船	6（0.10）	7（0.12）	9（0.15）
		检验	10（0.17）	10（0.17）	10（0.17）
		节点涂敷	15（0.25）	15（0.25）	15（0.25）
		总耗时	（0.57）	（1.00）	（1.12）
	铺管速度/(m/d)		2066.82	1756.80	2097.67

续表

海管管径/in	分析项目		4节点双工作站	6节点单工作站	8节点单工作站
22	作业项目耗时	上管&对中	15（0.25）	15（0.25）	20（0.33）
		焊接	20（0.33）	20（0.33）	20（0.33）
		移船	8（0.13）	8（0.13）	10（0.17）
		检验	15（0.25）	15（0.25）	15（0.25）
		节点涂敷	20（0.33）	20（0.33）	20（0.33）
		总耗时	（0.72）	（1.30）	（1.42）
	铺管速度/（m/d）		1634.23	1351.38	1653.46

根据分析结果，4节点双工作站与8节点单工作站两种铺管系统的铺管效率基本相同，10in海管的铺设速度约为2000m/d，22in海管的铺设速度约为1600m/d，6节点单工作站的铺管效率略低，10in海管的铺设速度约为1750m/d，22in海管的铺设速度约为1350m/d。

经调研，4节点双工作站铺管系统国外公司存在专利保护，不宜选取；设计公司对8节点单工作站和6节点单工作站两种J-Lay方案进行了甲板布置。

经比较，8节点单工作站J-Lay系统要求船长比6节点单工作站J-Lay系统长25m左右，全船钢材用量需增加约6000t，造价增加过大，且8节点单工作站J-Lay系统目前没有交付业绩，存在较大技术风险。综合考虑后，设计公司建议采用6节点单工作站J-Lay系统。

4）综合结论

综合以上分析，本船拟采用6节点单工作站J-Lay系统，铺设系统张力2000tf，铺设管径范围4~32in，J-Lay系统布置在船中，通过月池下水。

3. 总体布置方案研究

根据以上论证分析，半潜式起重铺管船结构形式为双浮体、六立柱的柱稳式结构，甲板面和船体内部舱室按照拟建半潜船的各项功能需要进行区域划分和综合布置。

整个船体由上壳体、立柱和下壳体三大部分组成，其中上壳体汇集了众多设备，布置最为复杂，按照区域可分为甲板面布置和内部舱室布置两部分。

1）上浮体甲板面布置

在上壳体的甲板面上需要实现起重作业、铺管作业和人员居住三大主要功能，整个甲板面的布置主要围绕着这三大功能的实现，并且尽量提高作业效率来考虑。

（1）艏部：在左右两舷各布置一台主吊机，为起重能力6000tf的全回转海洋工程重型起重机，并对上浮体艏部做圆弧过渡处理。

（2）中部：主要用于布置铺管系统，包括J-Lay塔、铺管作业线、堆管区等，作业线上配备适当数量的坡口打磨站等，并合理安排作业流程；同时在适当的空余位置布置其他一些必要的设备，如辅助甲板吊、ROV 系统及烟囱等。

（3）艉部：为人员生活区，布置 8 层高的上层建筑，满足船上 550 人的居住和生活需要；上层建筑的左部、右部和艉部布置三个救生艇平台；上层建筑的最高一层左侧为驾驶室，左侧布置一个直升机平台。上层建筑内的舱室布置需适当考虑人员居住的舒适性。上层建筑外形采用了 H 形的设计，凹入式的外端壁有效地改善了内部舱室的采光条件。

由于艏部的两台主吊机及 J-Lay 塔会对驾驶室视线造成一定程度的遮挡，在艏部布置了一个辅助驾驶室，尽量减小对视线的不利影响。

2）上浮体内部舱室布置

上壳体的内部空间按照功能需要和结构强度要求进行适当划分，各种功能性舱室主要布置在上浮体上层甲板和下层甲板的两层空间内，主要分为 4 个区域：

（1）生活楼下部区域，服务于生活居住功能的各种辅助舱室和房间，包括污水处理间、淡水舱、制淡间、灰水舱、黑水舱等，另外在尾部布置了两个系泊绞车间，每个房间布置两台系泊绞车。

（2）机舱区域，服务于船舶动力和推进功能的主机舱、配电间、集控室、各种辅助设备舱、机修间、储藏室，其中主机舱和配电间分为 4 组，冗余设计，以实现良好的 DP-3 动力定位能力。

（3）铺管设备区域，服务于铺管作业功能的辅助设备舱室，如 A/R 绞车舱、缆绳储藏舱等。

（4）主吊机区域，主吊机基座及辅助设备，在两舷各布置一个系泊绞车间，每个房间两台系泊绞车。

上述各个功能区域需按照规范要求进行适当的防火分隔，并布置必要的人员进出通道和安全脱险通道等。

3）立柱和下浮体内的布置

整个下浮体通过两道连续纵向舱壁分成了 3 列舱室，左右两列主要布置压载水舱，中间列主要布置柴油舱和重油舱等安全需求更高的舱室，并在底部设置了隔离空舱。在两个下浮体的前部和后部共 4 个角，分别布置 12 台 4500kW 的全回转推进器，以满足航行推进和动力定位功能。为简化管道布置，在梯道附近舱室布置了泵舱。

在立柱内安排上下的电梯通道，人员经常活动区域都布置在立柱内部，降低人员安全风险。首尾立柱均布置了抗横倾舱，中间立柱布置了重油舱，油舱外围设置隔离空舱。舱壁设置尽量和横撑对齐。

4）生活楼布置

本船生活楼住舱额定人数 550 人。生活楼主尺寸为长 90m、宽 30m、高 28m，层间距 3.5m，共 8 层。

生活楼住舱按 MLC2006 要求进行设计。其中 1 人间 70 个、2 人间 236 个、1 人套间 8 个。每个船员房间配有独立卫生单元，满足自然采光要求。

为了满足船上人员办公需求,在生活楼 D 甲板和 E 甲板设置办公室 8 间,大会议室 3 间,小会议室 3 间。

为满足船上人员平时生活中身心健康,在生活楼 A 甲板健身房 2 间、电影院 1 个、阅览室等若干。

为满足船上船员日常用餐需要,在生活楼主甲板和 A 甲板设置厨房 2 个、大餐厅 2 个、小餐厅 2 个。根据 MLC2006 要求,餐厅的位置应与卧室隔开,并应尽可能靠近厨房,餐厅的地板面积应不少于按计划容纳人数每人 1.5m²。餐厅应满足同时半数定员就餐要求。

在主甲板厨房附近布置冷库:鱼肉库(−25℃)、蔬菜库(+4℃)、干品库。

根据 IMO 要求,在船体 2 个舷侧各布置 6 艘 50 人自由落体式救生艇,船体尾部布置 5 艘 50 人自由落体式救生艇,1 艘 6 人救助艇。30 人救生筏共 20 条。救生衣和救生圈数量满足国际海事组织(IMO)要求。生活楼房间内也需布置足够的救生衣和保温救生服。

根据 CCR135 和 CEP437 要求,旋翼机甲板 210° 扇区的 180° 范围内,甲板边缘至水面 5∶1 的斜坡以外,不允许有固定障碍物。所以直升机甲板布置在生活楼右舷一侧,满足规范要求。

四、总体性能优化研究

1. 船舶主尺度优化研究

在概念设计阶段已经初步确定一套主尺度方案,基本设计阶段主要在该方案的基础上进一步进行优化。

半潜式起重铺管船主尺度的优化主要考虑以下方面:

(1)空船重量与浮力:经统计,本船空船重量在 105000tf 左右,考虑空船配平所需的压载水量以及一定的安全余量,估计该船在 10m 吃水出坞时所需的浮力需求为 115000tf 左右;考虑航行时需将重油、轻柴油的油舱加满,将淡水舱加满,再装载部分海管,12m 吃水航行时所需的浮力需求在 140000tf 左右;考虑起重作业时的起吊物重量和铺管作业时的储管重量等,25m 吃水作业时的浮力需求在 160000tf 左右。

(2)运动性能:半潜船的横摇性能一般都较好,主尺度优化的目标是在保证稳性、设备尺寸和压载需求等前提下,尽可能地增大垂荡和纵摇固有周期,避开波谱能量集中区域,使船舶具备最优的运动性能。

垂荡固有周期主要由 3 个因素决定:水线面面积、排水量和垂荡附加质量。本船排水体积较大,排水量的变化对垂荡的影响幅度有限,垂荡附加质量主要受下浮体的横截面宽高比影响,因此本船主要通过调节水线面面积和下浮体宽高比来优化垂荡性能。

纵摇固有周期主要由 3 个因素决定:排水量、回转半径和纵稳性高。排水量的可变化幅度有限;增加回转半径可以减小纵摇,但是增加回转半径的同时会增大结构总纵弯矩,且影响幅度不大;降低纵稳心高对于减小纵摇效果较明显,GM=KM−KG,

KM=KB+BM，BM 主要由水线面惯性矩决定。因此本船主要通过减小水线面惯性矩来优化纵摇性能（GM—初稳性高，KM—稳心距基线高度，KG—重心距基线高度，KB—浮心距基线高度，BM—稳心半径）。

（3）稳性：（完整稳性、破舱稳性、失荷稳性）水线面的减小在改善运动性能的同时，会使稳心高降低，对稳性不利，需考虑稳性对水线面面积的限制。本船的稳性计算要考虑失荷稳性、完整稳性和破舱稳性等内容，经初步核算，本船保证稳性要求的最小水线面面积约为 4300m^2。

（4）空船吃水、建造船厂、设备尺寸等限制及压载能力需求：本船空船吃水须在 10m 以下，吊机圆筒基座直径约为 25m，吊机吊臂长度约为 120m；J 塔宽度需求 23m 左右。

船厂对船舶尺寸的限制主要是船坞尺寸，对国内有可能建造本船的船厂船坞尺寸调研情况见表 7-1-13。

表 7-1-13 国内船厂船坞调研情况

船厂	所在地	船坞尺寸（长度×宽度×高度）/（m×m×m）	起吊能力 /tf
上海外高桥造船有限公司	上海	510×106	600×4
江南造船有限责任公司	上海	580×120	800×2
江苏熔盛重工有限公司	江苏	580×139.5	1600×1
渤海船舶重工有限责任公司	葫芦岛	480×107×12.75	960×1
烟台中集来福士海洋工程有限公司	烟台	400×120×14	20000
大连船舶重工集团有限公司	大连	180×120×12.7	400×1
广州中船龙穴造船有限公司	广州	490×106×13.1	600×4
STX（大连）造船有限公司	大连	460×135×14.5	1000×1
海洋石油工程（青岛）有限公司	青岛	420×110×13.9	800×1
青岛北海船舶重工有限责任公司	青岛	530×125	600×2
江苏扬子鑫福造船有限公司	江苏	543×137×13	900×2

船宽的取值合理与否对拟建半潜船的总体性能影响巨大，是需要首先确定的主尺度参数；在确定船宽的基础上，主要按照总布置要求，即重点考虑设备和舱室的优化布置来确定合适的船长；然后根据排水量和载重量要求确定下浮体宽度及吃水；再综合考虑气隙、总布置和压载水量等方面的要求来依次确定各个高度方向上的尺度。

2. 稳性校核

确定船舶主尺度后，对该方案的完整稳性、破仓稳性、失钩稳性、冗余浮力等进行校核，各项参数均需满足规范要求。

3. 耐波性能校核

确定船舶主尺度后，对船舶的运动性能进行校核。

通常半潜式船舶的垂荡、纵摇固有周期控制在 20s 以上即具有较好的耐波性能。

4. 气隙校核

确定船舶主尺度后，对本船的气隙进行了校核。各计算工况，船舶气隙最小值汇总见表 7-1-14。

表 7-1-14 气隙短期预报极值

计算工况	工况编号	吃水/m	静气隙/m	最小气隙/m	位置 x/m	位置 y/m	规范要求	是否满足规范要求
满载航行	LC100	12.00	24.00	5.41	0.0	−60.0	>1.5m	√
尾吊 12000t	LC200	25.00	11.00	3.33	22.5	−31.5	>1.5m	√
侧吊 5000t	LC300	25.00	11.00	3.34	22.5	−31.5	>1.5m	√
满载铺管	LC400	24.00	12.00	2.47	−19.5	36.5	>1.5m	√
尾吊待机	LC501	22.19	13.81	−0.55	−82.5	−31.5	>1.5m	×
横吊待机	LC502	22.00	14.00	−1.09	−82.5	−31.5	>1.5m	×
铺管待机	LC503	22.00	14.00	−1.09	−82.5	−31.5	>1.5m	×
生存工况	LC600	19	17.00	−39.32	−19.5	31.5	>0.0m	×

通过计算得出结论如下：

（1）作业工况最小气隙值均大于 1.5m，满足规范要求。

（2）待机工况最小气隙值为 −1.09m，位于尾立柱后 7.5m 处，此区域可能会出现波浪抨击下甲板现象，相关结构需做加强处理。

五、全船结构设计研究

半潜式起重铺管船分为上浮体、立柱和下浮体三部分，下浮体、立柱和上浮体结构主要采用屈服极限为 355N/mm² 的 AH36 高强度钢。船体结构的高应力区，如 6000tf 起重机基座、横撑结构、横撑与立柱的连接结构等，采用屈服极限为 DH36/EH36 等高强度钢。生活楼结构采用屈服极限为 235N/mm² 的普通钢。

1. 上浮体结构

本船的上浮体高 12m，距上浮体底板 2.0m 设有一层连续的双层底结构。机舱区距上浮体底板 4m（ABL42000）设有一层中间甲板。

上浮体的底板、内底板、中间甲板板和主甲板板采用纵骨架式结构，强框架间距

2.5m。平台内的横舱壁主要设垂直扶强材,立柱间的平台横舱壁设水平扶强材。

平台的尾部左右各设一台 6000tf 的全回转起重机,起重机为双层筒体结构。双层筒体间每 5°设垂直加强板结构。平台内起重机基座处设置纵向和横向围壁结构,形成"井"字结构,以利于载荷的传递。

因上浮体甲板载荷主要由框架结构承担,根据甲板载荷图,本节对上浮体结构典型区域框架进行梁系核算,应力校核标准参照 CCS MODU 规范要求。

2. 立柱结构

本船从艉至艏共设 3 对带圆角的矩形立柱,立柱高 23.5m。距下浮体甲板 6m 和 14m 处设平台,将立柱分为上、中、下 3 部分。立柱的内外围壁设垂直扶强材,设水平桁支撑垂直扶强材,水平桁间距为 3m。立柱内的强框架每 2.5m 设置,与上浮体和下浮体内的强框架对齐,支撑围壁上的水平桁。

3. 下浮体结构

本船的左右各设一个流线型下浮体,为单底单甲板结构。下浮体的型深 12.5m、型宽 35m,下浮体中心间距 63m。下浮体的甲板和船底结构采用纵骨架式,每 2.5m 设置强框架。舷侧和内部纵壁主要采用纵骨架。下浮体内的横舱壁的扶强材垂直布置,并设水平桁。

4. 总体结构强度分析

采用 SESAM/SESTRA 对船体结构进行了准静态结构分析,通过对计算结果的分析可以发现,本船体在作业和生存状况下可以满足总强度要求。

5. 疲劳强度分析

结构在交变应力作用下的疲劳损伤是一个累积的过程。通常认为交变应力的每一个循环都将造成一定的疲劳损伤,从而消耗掉一定分量的结构寿命。对于结构受交变幅交变应力作用的情况,结构总的疲劳损伤量可以通过把各个不同幅值的应力循环造成的疲劳损伤按适当的原则累加而得到。当结构总的疲劳损伤量大于某一数值时,就将发生破坏。

目前最常用的疲劳累计损伤模型是建立在 Palmgren-Miner 线性累计损伤理论的基础上的,这一理论认为,结构在多级恒幅交变应力作用下发生疲劳破坏时,其总损伤量是各应力范围水平下的损伤分量之和。

在计算短期疲劳损伤后,可以通过使用 Palmgren-Miner 线性累计损伤理论,求和计算疲劳损伤总量。然后,疲劳寿命可以用所需的设计寿命除以长期疲劳损伤得到。本船设计疲劳寿命为 20 年,疲劳设计因子(FDF)取为 1.0。长期疲劳损伤计算和疲劳校核,使用 SESAM/STOFAT 完成。

所选热点区域的最终疲劳寿命总结在表 7-1-15,更详细的结果在疲劳计算报告中体现。

表 7-1-15　疲劳校核点的疲劳损伤结果

热点位置	区域	疲劳损伤	疲劳寿命 /a
A	2 号立柱和横撑结构连接的转圆处	0.442	45.25
B	2 号立柱和下浮体连接位置的转圆处	0.382	52.36

六、主机舱及动力定位系统方案研究

1. 主机舱方案优化

1）主机舱布置方案

经概念设计阶段研究，可行的主机舱方案有 4 机舱和 6 机舱两种方案。

6 机舱方案与 4 机舱方案相比，最大故障模式 DP 冗余更小，总装机功率略低，但是机舱需配置的冗余设备增多，如分油机、滑油系统、燃油系统、冷却水系统、通风系统、SCR 系统等。综合比较后，两个机舱方案的整体造价差别不大，但是 6 机舱方案的电气、轮机系统设计难度更高，全船电缆布置复杂，且缺乏海工船舶实例，建造阶段项目风险过高。

综合考虑后，推荐采用系统配置更为简单的 4 机舱方案。

主机舱区域有主机、辅机、锅炉、配电盘柜、日用油柜和制冷压缩机等众多设备，机舱区域的布置方案主要需考虑以下几个方面：

（1）主机舱之间相互分隔，满足 DP3 的要求；

（2）电缆及燃油管线的布置；

（3）整体舱壁结构的布置合理性；

（4）烟囱管道布置及烟囱位置的影响。

2）主电站机组选型

半潜式起重铺管船的主电站机组主要有两种类型：

（1）以 LNG 为主燃料的燃气及其多种燃料电站机组；

（2）以船用柴油（MDO）和重油（HFO）为主燃料的燃料电站机组。

对两种机组类型进行了比较，见表 7-1-16。

通过对两种方案的对比可知，往复式天然气双燃料电站机组（燃料为 LNG& 重油）初始投资费用较高，需要配备专门的气化装置和 LNG 存储装置；LNG 加注船技术尚不成熟，大部分港口 LNG 补给设施不配套；LNG 储存系统复杂，布局难，安装圆筒形储罐对舱室空间需求较大；该半潜船为无限航区，作业区域 LNG 燃料受限。而以 MDO&HFO 为主燃料的燃料电站机组各项技术都比较成熟，通过加装 SCR 系统就可以使排放达到 Tier III 要求。

因此，推荐选用燃料为 MDO&HFO 的往复式内燃机驱动电站机组作为主电站。

经初步电力负荷计算，拟建半潜式起重铺管船预计总用电负荷约为 61MW，考虑 80% 的负荷率，总装机功率约为 76MW。

表 7-1-16　主电站方案比选

方案 项目	第一方案： 往复式内燃机驱动电站机组 （燃料为轻柴油＆重油）	第二方案： 双燃料电站机组 （燃料为LNG＆重油）
1. 方案构成简介	（1）采用国外厂家的往复式多燃料电站机组；可在国内成橇； （2）辅助设备：重油、柴油、滑油分油机，海水冷却器，启动空气压缩机等设备、机房通风机组、机房等	（1）采用国外厂家的往复式天然气双燃料电站机组；在国内成橇供货； （2）辅助设备：LNG气化装置、海水冷却器，启动空气压缩机等设备、机房通风机组、机房等
2. 技术成熟性和可靠性	低压双燃料发动机在国内外船舶应用十分广泛，是十分成熟的机型	低压双燃料发动机在国内外船舶已有较多使用经验，是较为成熟的机型
3. 转速控制	有条件限制	有条件限制
4. 电站机组的重量、尺寸	（1）电站机组重量（kg/kW）：8～10，同时如果考虑辅助设备、机房以及附属结构等重量，整个电站机组重量较大； （2）尺寸：由于辅助设备较多，因此总体尺寸较大	（1）燃气电站机组重量（kg/kW）：8～10，同时如果考虑辅助设备、机房以及附属结构等重量，整个天然气电站机组重量较大； （2）尺寸：由于辅助设备较多，因此总体尺寸较大
5. 初始投资	总体投资较高，但相对于LNG电站稍低	由于还需专门的LNG气化装置和存储装置，故初始投资相对于第一种方案高5%～10%
6. 年维修费用	中	中
7. 机组的环境效应	（1）排气中的NO_x值为9.6g/（kW·h）左右，需要配置专门的SCR装置达到Tier III排放要求； （2）噪声值：101～105dB（A）； （3）振动较大	（1）排气中的NO_x值小于2g/（kW·h），可以达到Tier III排放要求； （2）噪声值：101～105dB（A）； （3）振动较大
8. 开机与停机时间	长	长
9. 自动化程度	中	中
10. 燃料供给	加注船技术成熟，全球大多数港口均能实现补给	加注船技术尚不成熟，需要专门港口实现补给，特别是在非洲等不发达地区无法实现补给
10. 其他要求	非成橇供货，需放置在机舱等	非成橇供货，需放置在机舱等

2. 推进器方案优化

在进行推进器方案设计前，需先行确定动力定位DP等级要求。拟建半潜船的主要功能为深水铺管和起重，经调研，一般深水起重作业要求船舶达到DP3，铺管作业要求船舶达到DP2。铺管作业因为铺设海管时水平力的存在，对推进器的需求更大。经初步计算，铺管作业若要求达到DP3，则12台推进器需求为5500kW；铺管时若只要求DP2，推进器需求为 4500kW，两款推进器价格差别在 10%~15%。为降低全船初始投资和运营日费率，建议拟建船 DP 等级为：起重作业时 DP3，铺管作业时 DP2。

功率在 4500kW 左右的推进器有水下安装全回转推进器、吊舱式全回转推进器、可伸缩全回转推进器几种类型。考虑到可升缩式推进器造价昂贵，且需要约 20m 的安装空间，不推荐采用，其他两种类型推进器可根据采办策略及供应商价格情况进行选择。

1）推进器布置方案

推进器的布置方案要考虑以下几个方面：

（1）尽量避免推进器之间的相互干扰，经计算，4500kW 推进器相互距离在 28m 以上时，相互干扰才可以忽略；

（2）推进器的布置位置应尽量远离船舶旋转中心，提供最大的回转力矩；

（3）推进器舱应有足够空间能布置下电机、变频器、滑油系统等辅助设备；

（4）航行工况时，应尽量使推进器来流稳定，提高推进器推力输出。

2）推进器损失方案

确定推进器位置后，还需确定推进器的损失方案。全船共有 12 台推进器，设置 4 个主机舱，每个主机舱连接 3 台推进器。当出现最大 DP 故障时，需要确定具体损失哪 3 台推进器对全船的动力定位能力影响最小。

同一主机舱连接的 3 台推进器位置越集中，电缆布线越简单，但是定位能力越弱；3 台推进器位置越分散，船舶在损失工况的定位能力越强，但是电缆布线越复杂，建造难度和风险越大。针对本船，推进器的损失有损失同一角、损失同一下浮体、损失对角线、损失三个角等损失模式。考虑到如果损失的 3 台推进器分别布置在 3 个角，全船的电缆布置过于复杂，建造难度过高，设计公司不推荐这种损失模式。

3. 电气系统方案

1）电力负荷计算

本船发电机配置为：

主发电机 8×8910kW；

应急发电机 1×1600kW。

对于各种工况，系统的运行方式如下：

（1）正常吊装（动力定位），吊装 DP3 故障工况，正常铺管（动力定位），铺管 DP2 故障工况：每两个主配电板（MV-001+MV-004，MV-002+MV-003）连接成一个汇流排运行，各低压配电板分开运行。

（2）正常吊装（系泊工况），航行工况：4 个主配电板连接成一个汇流排，采用环网运行方式。

说明：本报告中，推进器功率采用的是设计基础中列举的最恶劣海况下的对应数据，在常规海况下，推进器功率会降低，系统中投入的发电机数量将相应减少，在上述各工况中，如果投入发电机数量不大于 4 台，系统均可以采用环网运行方式。

另外，在正常吊装作业时，系统中压柜连成两个汇流排，每个汇流排中运行 4 台发电机。当汇流排一上损失一台发电机时，此汇流排可能会因损失发电机而过载。此时，可以通过电力管理系统（PMS）断开 MV-001 上为吊机（4000kW）供电的 VCB109，之后投入 MV-002 中的 VCB110 继续为吊机供电。调整后，各汇流排上发电机负荷率，见表 7-1-17。

表 7-1-17　汇流排上发电机负荷率

项目	正常吊装时负荷 / kW	1 台主机故障，停止工作后负荷 / kW	投入发电机数量 × 功率 / 台 ×kW	发电机负荷率 / %
汇流排一	29109	25109	3×8910	94
汇流排二	27186	31186	4×8910	88

同理，如果汇流排二上损失一台发电机时，也可通过类似方式处理。

同样，在正常铺管作业时，当汇流排一上损失一台发电机时，此汇流排可能会因损失发电机而过载。此时，可以通过电力管理系统（PMS）断开 MV-004 上为铺管设备（2750kW）供电的 VCB128，之后投入 MV-003 中的 VCB124 继续为铺管设备供电。调整后各汇流排上发电机的负荷率见表 7-1-18。

表 7-1-18　调整后各汇流排上发电机的负荷率

项目	正常吊装时负荷 / kW	1 台主机故障，停止工作后负荷 / kW	投入发电机数量 × 功率 / 台 ×kW	发电机负荷率 / %
汇流排一	28271	25521	3×8910	95
汇流排二	27892	30642	4×8910	86

同理，如果汇流排二上损失一台发电机时，也可通过类似方式处理。

由上述两种情况可以得出，在运行 8 台发电机的工况下，当任意 1 台发电机停止运行时，系统仍能通过由 PMS 调配负载的方式，来保证平台正常作业和满足正常生活条件，而不需求助于应急电源。

2）电气系统设计

为 DP 配套的电力系统包括发动机组、主配电板、与推进器供电相适应的变频器、UPS 电源等，它们是保证推进器推力输出满足定位要求，保证控制系统电源供应的关键。根据各工况下 DP 等级需求，整船电力系统将按照闭环运行的方式进行设计。DP 环网供电系统近些年逐渐成熟，并广泛应用于各类工程船舶上。DP 闭环设计的基本原则包括：

（1）尽力避免故障（采用高集成配电板、注意电缆的机械保护、连锁防止人为故障）；

（2）系统设计高度自治；

（3）避免暂态现象——变压器和电容预充磁；

（4）若故障发生，快速并有选择性的开断（考虑燃油和励磁故障、故障穿越）；

（5）需考虑隐藏故障的后备保护；

（6）扩展测试程序，保护短路故障测试；
（7）快速黑启动。

相对于常规的开环系统，电力系统闭环运行具有以下优势：

（1）节约燃油，系统灵活，可根据实际需求开启发动机，减少有害气体排放；
（2）降低主机运行时间，减少主机维修成本；
（3）加强了电力系统的稳定性；

同时，闭环运行电网需要进行实船短路电流试验，会给设备及项目进度带来一定风险。

综合考虑后，闭环运行系统相对于传统的开环运行系统具有相对明显的优点，因此本项目推荐使用闭环电力系统。

4. 动力定位能力分析

推进器完整及单台损失情况下，对横浪时船舶能抵抗的最大风速及有义波高进行计算。

七、模型试验验证

1. 风洞试验

风载荷和流载荷对整个船舶的设计有重大影响。为了给半潜式起重铺管船的设计提供试验验证与数据支撑，达到科研成果可直接应用于生产的目的，对半潜式起重铺管船的风荷载与流荷载开展专题试验研究。采用可靠的风洞试验确定风荷载将为合理的结构设计提供可靠保障。哈尔滨工业大学风洞与浪槽联合实验室完成了半潜式起重铺管船风洞物理模型试验工作，如图 7-1-13 所示，取得了设计方案的风洞试验数据。

图 7-1-13　风洞试验水上部分试验模型

1）变风速临界雷诺数试验结果

半潜式起重铺管船水下模型变风速临界雷诺数试验结果表明，水上结构比水下结构进入"自模状态"的风速小，说明水上结构为不规则钝体，较低的试验风速就能实现与原型相似的流动分离，与其理论分析具有一致性。

2）结构风荷载系数试验结果

根据结构模型风荷载测试结果，结合数据处理方法可计算得到原型结构的原始风荷载力和力矩系数，模拟结果可知，结构不同风方向的风荷载不一样，主要变化规律随结构迎风面面积变化，结构迎风面面积越大风荷载越大；这与风荷载计算理论具有一致性。

3）结构流荷载系数试验结果

根据结构模型流荷载测试结果，结合数据处理方法可计算得到原型结构的原始流荷载力和力矩系数，考虑等效均匀流剖面修正方法，得到了均匀流剖面对应的流荷载力和力矩系数，根据试验结果可知，结构不同流方向的流荷载不一样，主要变化规律随结构迎流面面积变化，结构迎流面面积越大流荷载越大，这与流荷载计算理论具有一致性。

2. 水池试验

完成设计方案后，为了验证船舶的总体性能，在上海交通大学深水实验室完成了半潜式起重铺管船水池试验工作，如图7-1-14所示，试验结果与计算结果相符，证明该船确实拥有良好的运动性能。

图7-1-14　水池试验照片（生存工况）

八、小结

本船一艘综合性能达到世界先进水平的深水半潜式起重铺管平台，能够在复杂海况环境条件下进行多种海洋工程作业。

本船具有以下3项主要功能：

（1）深水J-Lay铺管作业，采用6节点单工作站铺管系统，最大顶部张力2000tf，最大作业水深3000m，铺设管径范围4~32in。

（2）深水及浅水大型结构物的吊装和拆除，吊重能力为双6000tf，跨距46m，吊高主甲板以上100m。

（3）深水水下结构物安装，最大工作水深3000m，AHC能力为水面500tf。

DP等级在起重作业时为DP3，铺管作业时为DP2，设置4个主机舱，共8台主机，总装机功率约76MW，全船电网采用闭环的形式。

在深水采用 DP 系统进行定位，在下浮体共设置 12 台 4500kW 的全回转推进器；在 300m 水深以内采用锚泊定位，设置 8 点锚泊定位系统。

本船重点目标作业海域为中国东海和南海，也可在墨西哥湾、北海、巴西和西非等海域作业。

生活楼满足 550 人的生活起居需要，所有住舱都有自然采光。

第二节　深水半潜式起重铺管船 J-Lay 铺管系统设计技术

借鉴国外的 J 形铺管工程的技术和经验，结合设计基础和功能要求，在优快分析基础上，完成 J 形铺设系统基本设计。在进行 J 形铺设系统的基本设计研究中，主要侧重于 J 形塔的总体布置设计、管道传送系统的设计、角度调节系统设计等铺设系统基础结构的结构设计和空间布置。在该项研究中，J 形铺设系统的基本设计流程如图 7-2-1 所示。

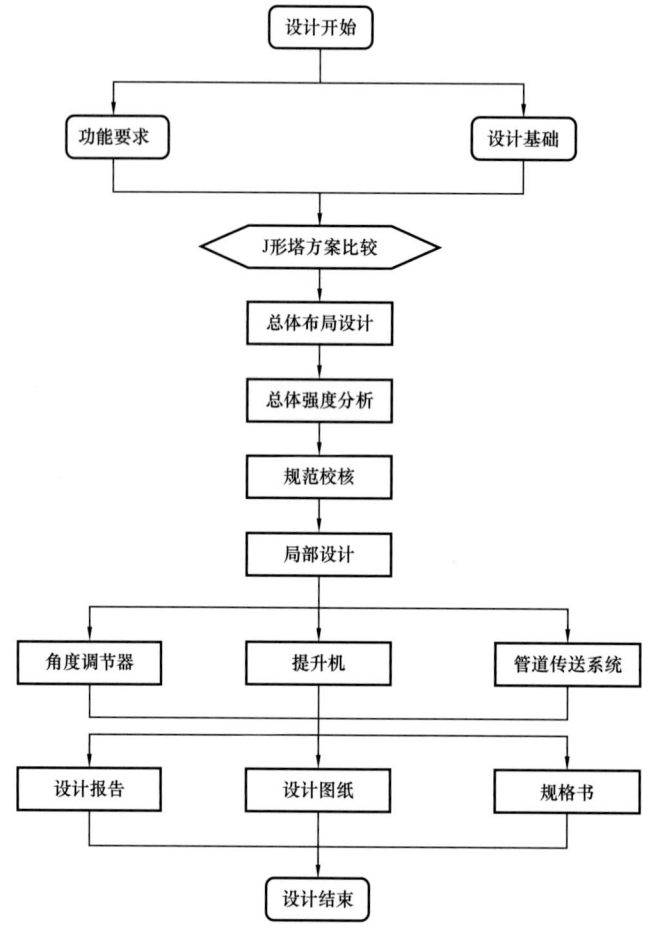

图 7-2-1　J 形铺设系统设计流程图

按照概念设计方案，首先完成总体布局的设计，在此基础上，分别对J形铺设的关键结构进行局部设计，其中包括J形塔结构设计和角度调节器结构设计。并借助有限元软件ANSYS完成总体结构的强度校核，校核结果均能满足相关规范的要求。在局部结构设计的基础上，完成包括张紧器绞车、A&R系统、工作站等关键结构的布置设计；在设计基础和功能要求的基础上，对相关的设备进行选型研究，给出相应的选型报告及规格书。随后对上管系统的控制、张紧器组的控制、A&R绞车的控制以及焊接站/检测站/涂装站的联合控制等控制系统和监测系统进行了初步设计，通过监测系统对各个系统工作状态的监测，来确定每个系统的正常工作，保证顺利完成管道的铺设。

一、J形铺设系统整体设计方案

1. J形铺设系统的组成

J形铺设系统主要由：J形塔、J形塔角度调节系统、J形铺设管道传送系统、J形铺设关键设备（焊接站、无损检测站、涂层站和张紧器等）和J形铺设系统控制系统组成。将在下面的章节里详细介绍各个系统。

2. J形铺设系统的布置

如图7-2-2所示，J形塔置在艏部，采取半开放式结构，铺管塔的角度调节范围为$90°\sim115°$，船首J形铺设系统的两侧留有生活区。两个主吊机布置在船尾，靠近船尾两侧各有一管段存储区，两管段存储区的总面积约为$2\times25\times75=375000\text{m}^2$，预计储管能力能达到35000tf。

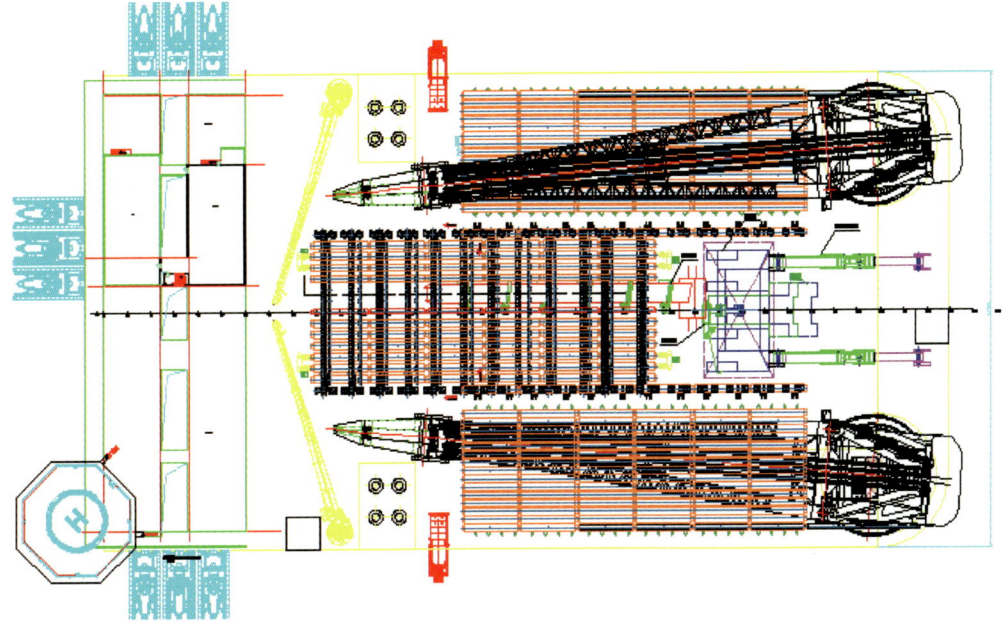

图7-2-2　J形铺管船甲板整体布局图

铺管船甲板上海布置有龙门吊机、管线水平传动系统、管线焊接站、无损监测站、涂层站和不合格管线返修区。

同时在J形铺管船船首两侧布置有A&R绞车，用于管线的弃置和回收。

6节点管段（73.2m）已在岸上生产完成，由运管船运送到铺管船上。新吊运的管道被船尾的两个吊机吊运存储于管线存储区，并由管线存储区的龙门吊机将管段吊运至管线传送作业线上。

将检测合格的6节点管段用横移小车传送至J形铺管系统装载臂的下方，由装载臂夹住管段并旋转使管线竖直，经转动臂旋转至J形塔内部，经顶部管领式张紧器、垂向滚轮、内/外部对中器等设备完成焊接、无损检测和涂层作业，最后下放至海底。

该设计方案的J形铺设系统布置模型如图7-2-3所示。

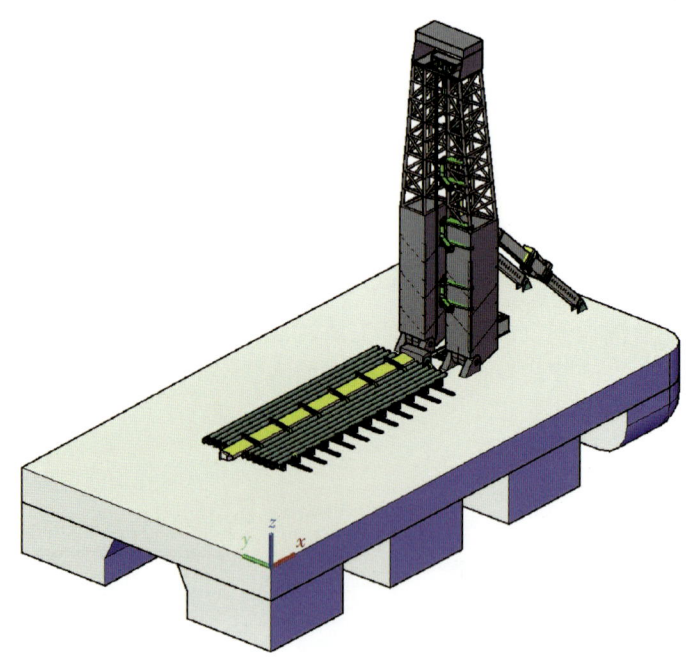

图7-2-3　J形铺设系统布置模型

3. 设计方案特点

该J形铺设系统主要有以下特点：

（1）铺管塔安装在船首，这种布局形式使得铺管系统设计空间不受限制；

（2）J形塔上部向内倾斜，减小对于起重机运动的干扰；

（3）采用顶部张紧形式，相比于摩擦张紧形式，管线下放更安全；

（4）铺管形式：1×6节点；

（5）塔架高度：94.5m；

（6）张紧形式：管领式张紧器 + 管领；

（7）塔架布置：设置一个工作站位于J形塔底部，焊接、无损检测、涂装依次进行。

二、J形塔结构设计

在本项目中,借鉴国外的技术和经验,同时结合相关的设计参数和要求,将J形塔设计安装在半潜式铺管船的艉部,由于J形塔安装后会对铺管船的稳定性产生影响,所以应尽可能地降低其重量和垂心,因此将J形塔上部设计为稳定的桁架结构,以减轻重量,下部设计为四周带封板的箱体结构,以增加其稳定性。塔体尺寸为:长×宽×高=25m×11.3m×94.5m(包含底座的高度),总重量约1800tf。由于铺管塔很重,安装上铺管塔后,将会对铺管船的重心产生比较大的影响,所以应尽量降低铺管塔的重量和重心。为了达到降低重量和重心的目的,将J形铺管塔上部设计为稳定的桁架结构,这样可以有效地降低铺管塔的重量。把铺管塔的下部设计为盒子结构,用以增加铺管塔的稳定性。从底座至甲板上41m为加外封板桁架结构;上部为稳定桁架结构,顶部留有两个箱形结构用来安装绞车和顶部管领式张紧器绞车。J形塔整体结构设计如图7-2-4所示。

图 7-2-4 J形塔整体结构模型

在设计J形塔顶部设有两个箱形结构,高度分别为2.5m和6m,为提升机绞车和内部对中器装置提供布置空间。上部为稳定桁架结构,外侧立柱随高度向内倾斜,既可防止铺设过程中与管段的碰撞,又为起重机提供更大回转作业空间。下部为加封板的桁架结构,在增加J形塔结构稳定性的同时为电力设备、液压设备提供布置空间。J形塔中部设计4个外伸耳朵结构,用来和角度调节器连接,调节范围为0°~25°。耳朵结构位于J形塔后壁,可减小J形塔宽度。底座为偏心转动设计,更利于J形塔朝设计方向转动。顶部通过纵横交叉的横梁和加强材进行加强,耳部通过纵向连接板对外伸耳部进行加强,底座通过大型纵向板和交叉横向板进行加强。

管领式张紧器由提升机和定型夹持爪组成,提升机绞车位于J形塔顶部第一层箱型体中,定型夹持爪可沿轨道进行上下移动,完成管段的下放。在J形塔桩腿上布置三个转动臂,用于将待铺设6节点管段由装载臂处转移至J形塔内部。在J形塔后侧布置4个垂向滚轮,用于控制管段的横向运动。

分析的工况以及校核结果见表7-2-1。

三、角度调节系统结构设计

J形塔角度调节系统主要由J形塔上连接角度调节器结构、角度调节器、甲板上连接角度调节器结构和液压缸组成。

表 7-2-1　J 形塔强度分析结果

满载航行	工况编号		LC01	LC11
	是否满足强度要求	Shell 单元	满足	满足
		Beam 单元		
尾吊 12000tf	工况编号		LC02	LC12
	是否满足强度要求	Shell 单元	满足	满足
		Beam 单元		
横吊 5000tf	工况编号		LC03	LC13
	是否满足强度要求	Shell 单元	满足	满足
		Beam 单元		
满载铺管	工况编号		LC04	LC14
	是否满足强度要求	Shell 单元	满足	满足
		Beam 单元		
尾吊待机	工况编号		LC05	LC15
	是否满足强度要求	Shell 单元	满足	满足
		Beam 单元		
横吊待机	工况编号		LC06	LC16
	是否满足强度要求	Shell 单元	满足	满足
铺管待机	工况编号		LC07	LC17
	是否满足强度要求	Shell 单元	满足	满足
生存工况	工况编号		LC08	LC18
	是否满足强度要求	Shell 单元	满足	满足

角度调节器主体尺寸为：47.5m×3m×2.4m，钢材采用 Q345 钢，总重量为 142tf。其中主要结构尺寸如下：

板架结构：下部支撑臂上下板及内部加强板（浅绿色）10mm；上部支撑臂上下板（绿色）14mm；上下支撑臂开孔处板（蓝色）25mm；上部支撑臂左右非开孔处板（黄色）20mm；铰接处（紫红色）40mm。

角度调节器强度分析结果见表 7-2-2。

表 7-2-2 角度调节器强度分析结果

工况编号	J 形塔状态	是否满足强度要求
LC01	直立	满足
LC02	直立	满足
LC03	直立	满足
LC11	外倾 25°	满足
LC12	外倾 25°	满足
LC13	外倾 25°	满足

四、J 形铺设管道传送系统

J 形铺设管道的运输、存储、水平传输、上管及正常铺设过程描述如下：

（1）在岸上预制带管领的 6 节点（73.2m），并打坡口，对坡口采取保护措施；

（2）运管船把 6 节点运送到 J 形铺管船处；

（3）管线吊机将 6 节点管起吊到甲板上的管段储存区；

（4）对 6 节点进行焊接质量检测，把检测合格的管线运送到横向传送结构上；

（5）横向传送机构把打磨好坡口的 6 节点运送至装载臂下方；

（6）装载臂夹具在水平位置夹紧 6 节点管段；

（7）旋转装载臂，使管段竖直；

（8）转动臂上夹具夹紧管段，松开装载臂夹具；

（9）打开垂向滚轮夹具，转动臂向内旋转，同时旋转装载臂至水平位置，准备装载下一个 6 节点；

（10）转动臂把管线移至 J 形塔内；

（11）顶部管领式张紧器上定型夹持爪夹紧管领，垂向滚轮夹具闭合，外部对中器夹具向上移动，夹紧 6 节点底部；

（12）打开转动臂夹具，转动臂向外旋转，准备运送下一个 6 节点；

（13）外部对中器夹紧 6 节点管段水平方向移动，此过程中垂向滚轮控制管线位置（6 节点管线重量由顶部管领式张紧器承受）；

（14）对中后把管道输送至焊接点；

（15）使用焊接系统对节点进行焊接；

（16）焊接完成，把内部对中器从管道上端移出；

（17）焊接完成后，待焊接点冷却到合适温度，对焊接点进行无损检测；

（18）如果焊接点合格，进行涂装作业；焊接不合格，则重新进行焊接；

（19）完成涂装后，管领式张紧器沿轨道向下移动；

（20）管领下端到达悬挂平台，入水管段张力由悬挂夹提供，管领式张紧器沿轨道向下移动，准备下一根管段的下放。

第三节　深水半潜式起重铺管船建造技术

一、深水半潜式起重铺管船整体建造工艺流程

深水半潜式起重铺管船建造工艺流程如图 7-3-1 所示。

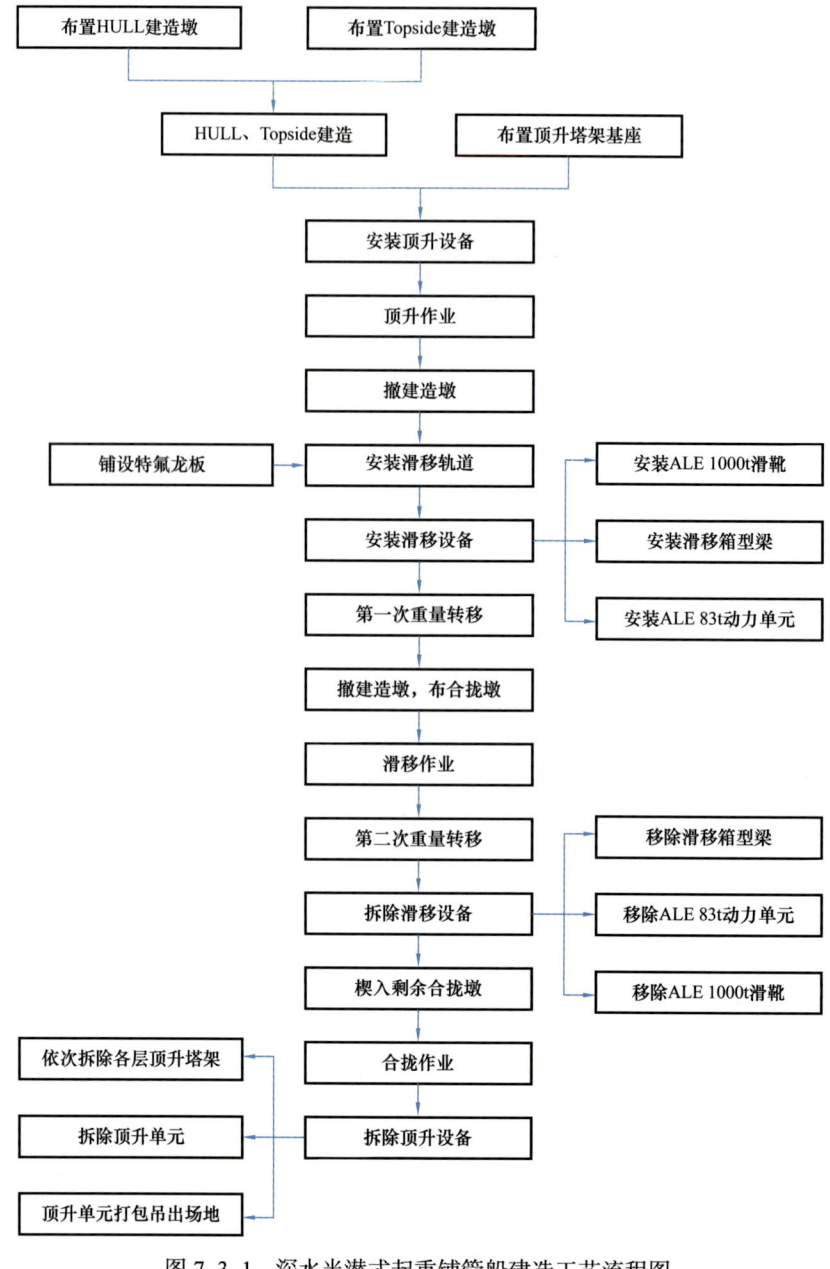

图 7-3-1　深水半潜式起重铺管船建造工艺流程图

二、建造技术要求及精度尺寸控制

1. 材料

所有结构材料须根据业主规格书、相关的 API 和国家标准进行订货。所有应用于深水半潜式起重铺管船结构的材料需要生产厂家的材质证书，并提交业主或者其代表批准。所有替换的或修补的材料在使用前必须得到业主和权威部门的书面许可。

1）材料鉴定

所有接收的材料须根据材料等级、类型（管材、板材、型材）和项目名称来进行鉴定，以确保仅仅是适当的材料被用于现场建造，建造结构的每一部件可以和相关的材料文件相对应。没有被鉴定的材料将不允许使用。

2）保存和搬运

材料应按种类存储在料场。海洋石油工程（青岛）有限公司（以下简称青岛公司）拥有一个完善的体系来保存、搬运、保护用于建造的材料。详细信息如下：

（1）材料的接收。所有材料应按加工设计提供的料单接收。检查项目名称、材料类别、规格、质量、数量等。只有确认每一条均无误后才能从料场领料。

（2）起吊、卸货、转移。利用起吊机械，例如履带吊、汽车吊、磁力吊、索具（包括尼龙绑带、钢丝绳、卡环、夹具、钢板夹）等。用平板车转移材料。

管材使用仰角抓钩或滑钩吊管材两端进行吊卸；管材如果过长（≥12m）或者两端马鞍口已加工完毕，使用尼龙绳索或者钢丝绳直接围兜吊卸。

型材成捆吊卸时，使用钢丝绳并在型钢翼缘处垫放木头直接围兜吊卸；单根型钢吊卸时，使用型钢卡子吊卸。板材的吊卸使用专用工具层板钳或者磁力吊，板材的翻身可使用钢板卡子。

材料吊装上平板车前在平板车上放置木块，板材与板材之间也要垫放木块以方便吊卸。小型成品件的吊卸视其具体情况进行吊卸。

（3）材料的储存。当材料转运到施工现场后，材料的储存应符合下列要求：材料按类别分开存放，并摆放整齐；离开地面 200mm 以上；材料避免与油脂、油漆和其他腐蚀性物质接触；管材的堆放根据管径、壁厚来限制堆放高度，堆放场地两边安装阻挡装置，以防滚动；板材存放时，存放在平整的场地，避免板材变形。

（4）建造过程中的保护。材料下料完毕后分类堆放整齐，离开地面 200mm 以上。材料吊装组对过程中需要焊接临时吊点或马排等临时附件的，临时附件使用后必须在距离材料母材表面最少 5.0mm 的地方进行切割，切割完毕后需打磨光滑。受到气候和机械损伤影响的材料不得使用。在卸载和建造过程中，材料不得损伤且不能有较大变形。

2. 焊接

1）概述

所有焊接工作必须依据业主规格书及相关标准。焊接之前，需提交一份焊接程序（WPS）并得到业主和检验机构的认可。焊接程序需按一般做法编制，并要满足业主规格书及相关标准的要求。焊接时，所有相关变量必须严格按照 WPS 执行。

2）焊接耗材

用于本项目的焊接耗材需满足业主规格书及焊接控制程序的要求。焊接耗材要储存在仓库内，使用前需在烘箱内烘干，烘干温度及控制流程必须严格按照经过业主批准的《焊材保管及控制程序》执行。

3）焊工资格证书

只有经过业主批准的具有焊工资质的焊工、焊接操作工及定位焊焊工才能从事焊接工作，包括结构焊接及焊缝返修。焊工只能从事资格证书范围内的焊接工作。焊工和焊接操作工需根据业主指定的规格书或标准的要求进行资质认定。

4）焊接返修

在没有得到业主或权威机构认可的情况下，不得进行焊缝的校正、修复和修正。所有修复工作包括缺陷的清除和返修焊接应符合批准的《结构返修控制程序》。确保所有返修工作都按照批准的程序控制执行，并提供焊口号、焊工号、WPS 编号、焊工号、NDT 报告号、缺陷类型、缺陷尺寸和位置、建议返修方法和建议返修程序编号等。返修区域应使用和检验原始焊缝相同的无损检验方法进行检验。

3. 涂装

1）总体要求

除非业主许可，喷砂和涂装施工必须在满足下述条件下才能进行：

（1）表面温度至少比露点高 3℃。

（2）空气相对湿度低于 85%。

（3）其他条件都要符合油漆商的推荐。

（4）喷砂作业和涂装施工应在白天或者等同于白天的人造灯光且无阴影下进行。

2）表面处理

（1）喷砂前处理。锐边、棱边、拐角和焊缝应打磨光滑（倒角半径至少为 $R=2mm$）。

表面处理之前，去除所有可能影响涂层系统质量的表面缺陷。去除所有的切割瑕疵、工件毛刺、焊接飞溅、夹层、起皮、缺口和锐边。在大面积打磨的区域，重新处理去除铁锈，提供足够的油漆附着力。在喷砂处理前应完成螺栓孔的钻孔和铰孔工作。

（2）磨料。喷砂磨料应干燥、清洁、无污染。磨料应是钢砂、钢砂和钢丸的混合物以及矿渣、石榴石或氧化铝。

（3）喷砂操作。所有喷砂处理的表面处理等级和表面粗糙度应遵循涂层系统中的要求或依据油漆厂家的推荐。喷砂作业应远离喷涂区作业区和新喷涂层表面。喷涂底漆之前，残留在喷砂处理结构表面的磨料必须采用真空吸尘器清理或压缩空气吹扫去除。

至少应在喷砂区域边缘周围留出 150mm 距离不要涂底漆；如果有毗邻层表面时，喷砂应延至毗邻涂层 50mm 以上区域。不能采用喷砂清理的表面应采用动力工具清理至 SSPC-SP3 级别。

（4）最终表面状况。表面灰尘数量和粒度不超过 ISO 8502-3 的 2 级或遵从油漆商推荐。喷砂处理表面按标准 ISO 8502-6 取污物蒸馏水溶液，按照 ISO 8502-9 等效 NaCl 含量测试最大值不超过 50mg/m^2。

3）涂装施工

所有油漆施工都应严格按照油漆商产品说明书规定进行。涂层厚度必须满足各涂层系统规定膜厚，平均测量值必须超过标准干膜厚度 90% 以上。最小膜厚测量值不能低于标准干膜厚度的 80%。涂层应该均匀喷涂，保证连续均匀无凹陷、流挂、污点、损害或污染。在做面漆前，边缘、角落、焊缝和其他不易喷涂的区域都应先刷涂，然后再进行喷涂。喷涂后道油漆之前，前道油漆必须固化或干燥至合适状态。车间喷涂油漆在转运至建造场地之前应充分固化且进行适当保护，防止过度破坏。

第一道底漆和封孔剂涂层不允许使用辊涂施工。

4. 精度控制

建造主要有如下施工特点：

（1）建造周期长、工序多，建造过程中的累积误差比较大。

（2）建造过程中的变形情况复杂，要掌握由切割、焊接、矫形以及吊运等所引起的弹塑性与热塑性变形的规律较困难。

（3）建造过程中有相当一部分工件是在高空、室外相互交叉，冷热加工相互交叉，工件完工后的误差难以控制。

以上施工特点充分表明，要在船体建造中使工件的几何形状、尺寸和位置都处于可控状态具有很大的复杂性。本节主要从工艺技术上分析和探讨有关船体建造尺寸精度控制的原则与方法。

1）统一划线原则

（1）平直分段的网络线、边框线、板口检查线和重要结构对位线由精度员指导施工人员统一划出，划完先自检，然后由精度员确认并签字。

（2）曲面分段的胎架十字线、外板基准线、网络线、边框线、板口检查线、内部结构线和重要结构对位线由精度员指导施工人员统一划出，划完先自检，然后由精度员确认并签字。

（3）所有网络线、板口检查线及重要结构对位线用双面尺过到反面并打上洋冲标记，再由精度员统一标记。

2）统一测量数据公差原则

（1）分段主尺度公差以一个环形段为单位，以先完工分段为参照同公差。

（2）相邻分段保形值同公差。

（3）分段划线与分段数据测量使用同公差。

3）统一余量净荒基准原则

（1）自下而上原则。

（2）从中心向两侧原则。

（3）直角边线（最大边）转角原则。

（4）同船台、大坞合拢定位同步原则。

提高分段的建造精度目前主要有两种方式：

一种方式是在严格精度管理的条件下，通过建造测量系统误差、反馈、修正补偿（或反变形）、再建造，即可逐步提高船体建造精度水平。

另一种方式是在每个建造阶段实行严格精度管理的方式，即在各个建造阶段每一工序中进行尺寸精度控制，诸如加放必要补偿量（或反变形）、（水火）矫正等，以期建成的船体符合精度标准。

三、深水半潜式起重铺管船总体建造方法

建造方案主要对深水半潜式起重铺管船的吊机、J-Lay 铺管塔架及船体结构的建造及合拢方式进行研究，目的是要根据青岛场地的建造环境及建造能力，探索一种针对深水半潜式起重铺管船的工艺方法，从而使深水半潜式起重铺管船的建造能够快速、高效、高质量地进行。在深水半潜式起重铺管船建造之前要充分考虑青岛公司各个车间的预制建造能力，以及设备运输及吊装能力，在船体进行分段划分时，要在可操作性的前提下，最大限度地实现各个吊装总段的大型化和集成化，有效开展壳、舾、涂一体化，提高各个大型总段的预舾装程度，提高生产效率，缩短平台建造周期。吊机、J-Lay 塔和推进器的安装需与设备厂家共同进行具体设计，本节不再详述，主要介绍船体部分的建造方案。

1. 深水半潜式起重铺管船船体分段划分

1）底部模块分段划分

该平台底部模块左右两个浮体，单浮体宽度为 35m。单浮体平均单位长度重量为 91t，如果将各浮体横向作为一个分段（大环段），则经估算分段的长度不能超过 9m，增加了多道环缝，整体经济性较差。所以在浮体居中 29300mm 纵舱壁位置处设置一道分段线（居中 29500mm 为纵舱壁），将各浮体横向划分为 2 列分段。建造中采购长度为 12000mm 的钢板板，将各浮体纵向间隔 12000mm 划分为一个分段，纵向划分为 11 行分段。

2）立柱分段划分

平台共 6 个立柱，各立柱垂向划分为 3 个分段，分段线的位置在各层平台上方 200mm 位置（垂向扶强材分段线在平台位置）。共计 18 个立柱分段，分别为 1 号立柱的 6 个分段 201P、211P、221P、201S、211S 和 221S；2 号立柱的 6 个分段 202P、212P、222P、202S、212S 和 222S；3 号立柱的 6 个分段 203P、213P、223P、203S、213S 和 223S。

将立柱的 12500A.B 平台（HULL 甲板位置处）划分至 HULL 分段中，将立柱的 12500A.B 平台（Topside 底板位置处）划分至 Topside 模块中。

3）Topside 模块分段划分

Topside 底部有双层底，高度为 2000mm。在 Topside 在双层底上方 200mm 处设置水平分段线（垂向扶强材分段线在双层底处）。Topside 型宽为 98m，在左右舷居中

19000mm 处有一道连续纵舱壁。在左右舷居中 19200mm 处设置纵向分段线（横向扶强材分段线在 19000mm 处），将 Topside 横向划分为 3 列分段，其中居中 19000mm 两道纵舱壁划分在中间列分段内。考虑到轮机系统模块化建造的要求，以舱室完整性为原则，在 Topside 内，根据舱室的布置情况，纵向设置 11 道分段线。按上述原则，将 Topside 划分为 72 个分段，分别为双层底分段 401P～412P、401C～412C、401S～412S、501P～512P、501C～512C 和 501S～512S。

对于 6000t 吊机底座，考虑到加工工艺与加工精度要求，尽量不在圆筒型结构设置除水平以外的分段线。根据上述原则，将左右舷 6000t 吊机圆形基座各设置为上下两个分段，分别为 520P 和 530P 及 520S 和 530S。上述 4 个分段外缘为圆形基座的外部圆筒形板，并且包括圆形板内部的所有结构、管线与设备。501P 与 502P 的分界线在吊机圆形基座直径处，上面包含吊机圆形基座外部的肘板。501S 与 502S 分段相同。吊装过程中，先安装双层底分段，然后安装 520P 与 530P，然后安装 501P 与 502P，右舷类似。

2. 深水半潜式起重铺管船顶升合拢方法

深水半潜式起重铺管船的合拢方法主要有：顶升法、吊装法和浮托法等，需要根据建造船厂的设备设施能力进行具体确定，本书主要介绍比较常用的顶升法。

1）半潜式起重铺管船 Topside 和 Hull 重量

由青岛公司提供的空船重量，参考半潜式起重铺管船布置图，去除生活楼和可以整体建造完整后上平台的设备和装置，得到 Topside 和 Hull 重量，该半潜式起重铺管船 Topside 重 34083t，Hull 重 44850tf。

2）Topside 模块整体顶升所用设备

本书所介绍方案选取顶升设备时参考了国内外大型海洋结构物顶升成功案例和国内外顶升服务商的设备能力和顶升经验。根据提交的《半潜式起重铺管船设备分析研究报告》中的调研结果，国内外大型海洋结构物顶升的成功案例中，设备安全储备系数都在 1.46 以上，如下所示：

本项目 Topside 重 34083t，因此，该报告的顶升方案参考了调研结果和项目实际情况，采取 ALE 厂商的设备，并将设备安全储备系数控制在了经验安全范围内。

3）Hull 模块滑移所用设备

本项目 Hull 重 44850t。根据不同的施工方案，经过研究报告的分析和总结，可以得到所用设备的拉力系数和支撑系数取值表，以及各种滑移方案和建造方式所用设备信息表。

4）施工流程

方案施工流程如图 7-3-2 所示。

（1）在坞内布置 Hull 建造墩和 Topside 建造滑靴，在墩上分别建造 Hull 和 Topside。

（2）Hull 和 Topside 建造即将完工时布置顶升塔架基座。

（3）在顶升塔架基座上安装 ALE 顶升设备。

（4）进行顶升设备测试，之后进行顶升作业。

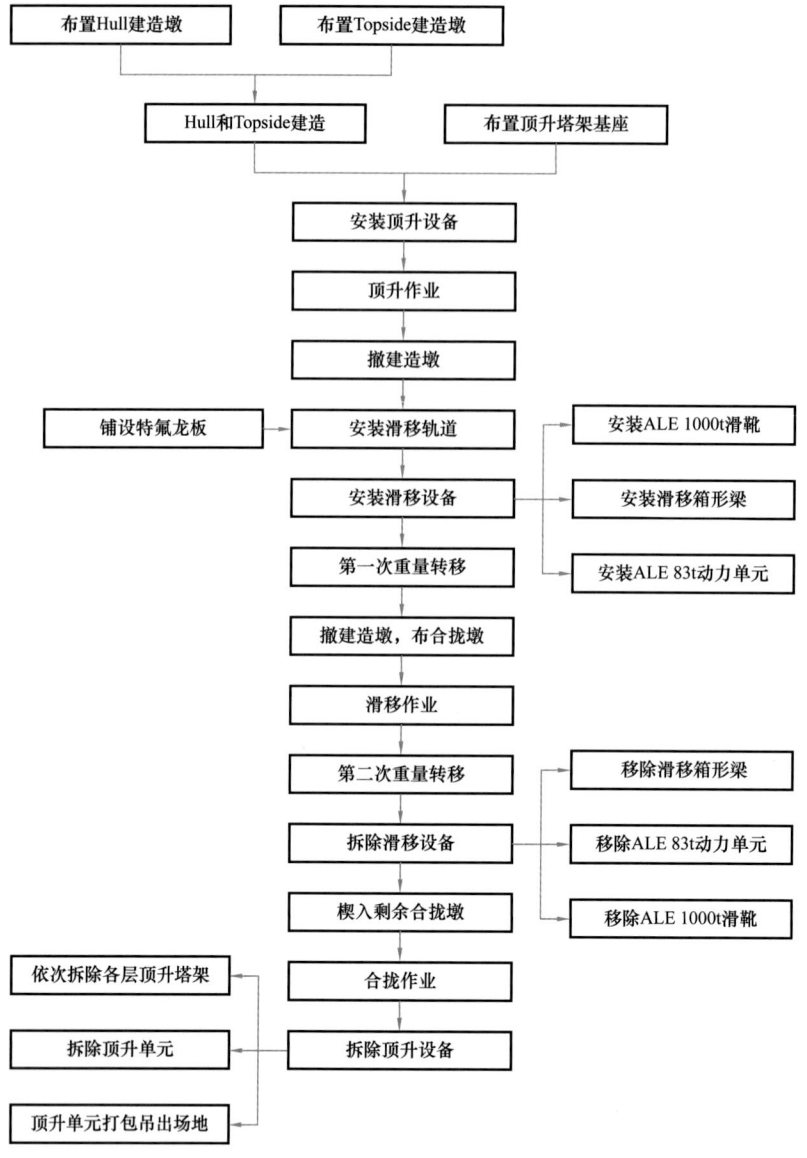

图 7-3-2 深水半潜式起重铺管船方案施工流程图

（5）Topside 被顶起后撤 Topside 建造滑靴。

（6）安装滑移轨道，滑移轨道上铺设特氟龙板。

（7）安装滑移设备，包括 ALE 1000t 滑靴、ALE 83t 推拉动力单元和滑移箱型梁。

（8）第一次重量转移，通过 ALE 升降式滑靴将 Hull 从支墩上转移到滑靴上。

（9）撤建造墩，布置 Hull 滑移后落座需要的支墩。

（10）进行滑移设备测试，开始滑移作业。

（11）Hull 分段滑移到指定位置后进行第二次重量转移，通过 ALE 升降式滑靴将 Hull 从滑靴上转移到支墩上。

（12）Hull 坐墩后拆除滑移设备和滑移轨道。

（13）拆除滑移轨道后在滑移轨道处楔入剩余 Hull 所需剩余合拢墩。

（14）进行合拢作业。

（15）合拢作业完毕后拆除顶升设备，将顶升设备打包吊出场地。

（16）坞内顶升滑移合拢作业结束。

5）详细流程

（1）顶升设备。

根据项目调研结果，国内外大型海洋结构物顶升的成功案例中，设备安全储备系数在 1.43 以上。

本方案在 Topside 下方布置 12 套 MJS5200 顶升系统，每套顶升系统包括 4 个顶升基座、4 个液压缸、2 套顶推梁输送系统、1 个顶推块和若干顶推梁组成。每个顶升梁高 1.1m，预计本方案每套顶升系统需要 100 根顶推梁。每套顶升系统的顶升能力为 5200tf，总顶升能力达 62400tf，安全系数达 1.83，大于调研案例中 1.46 的安全系数，满足经验要求。MJS5200 顶升系统信息见表 7-3-1，示意图如图 7-3-3 所示。

表 7-3-1　MJS5200 顶升系统信息

序号	名称	数量/个	质量/t
1	顶升基座	4	15.5
2	液压缸	4	13.55
3	临时支撑	4	1.95
4	顶推梁输送系统	2	—
5	顶推梁	100	2.57
6	人工操作平台	1	—

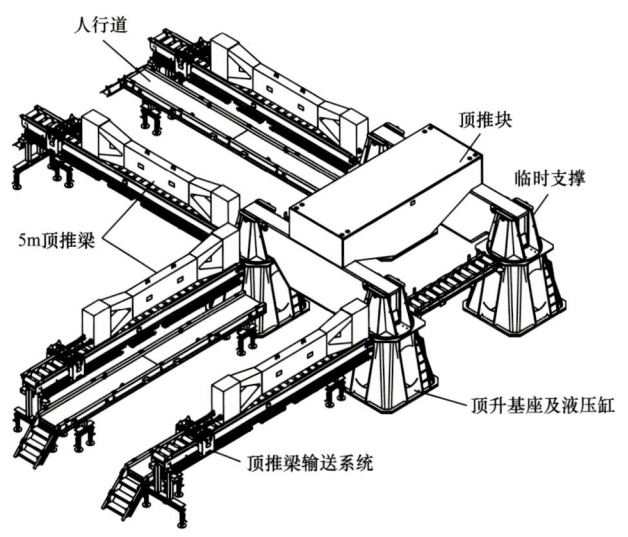

图 7-3-3　MJS5200 顶升系统总体示意图

（2）滑移设备。

根据调研结果，本项目滑移方案采用72个ALE1000t液压滑靴和48个ALE83t动力单元（图7-3-4至图7-3-6）。

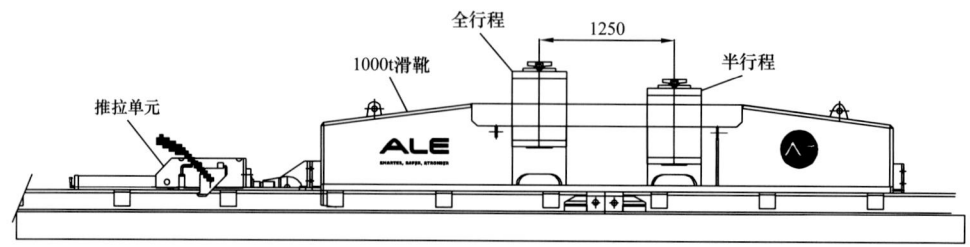

图7-3-4　ALE1000t滑靴主视图

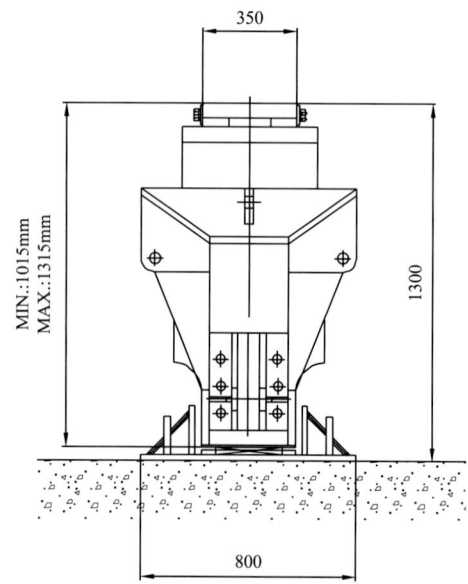

图7-3-5　ALE1000t滑靴侧视图

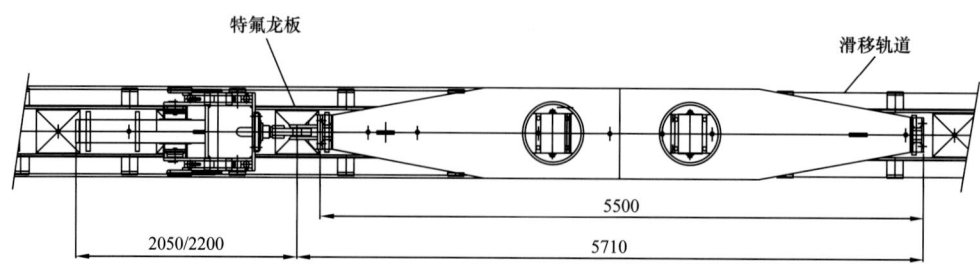

图7-3-6　ALE1000t滑靴俯视图

（3）半潜式起重铺管船场地布置。

在坞内建造，Hull分两个分段建造，沿船坞长度方向布置坞口边上，Hull分段和Topside组块均沿布置在船坞中心线对称布置。

（4）青岛公司船坞及其承载力分析。

① 顶升过程中地基承载力分析。

② 滑移过程中地基承载力分析。

（5）顶升与滑移施工方案。

① 安装滑移轨道定位线。在距离船坞中心线21.5m和43m处的两侧，安装滑移轨道定位线，定位线从坞墙开始向坞口延伸，总长390m，供铺设滑移钢板轨道用（图7-3-7）。

② 安装定位线。

③ 顶升点处结构加强。

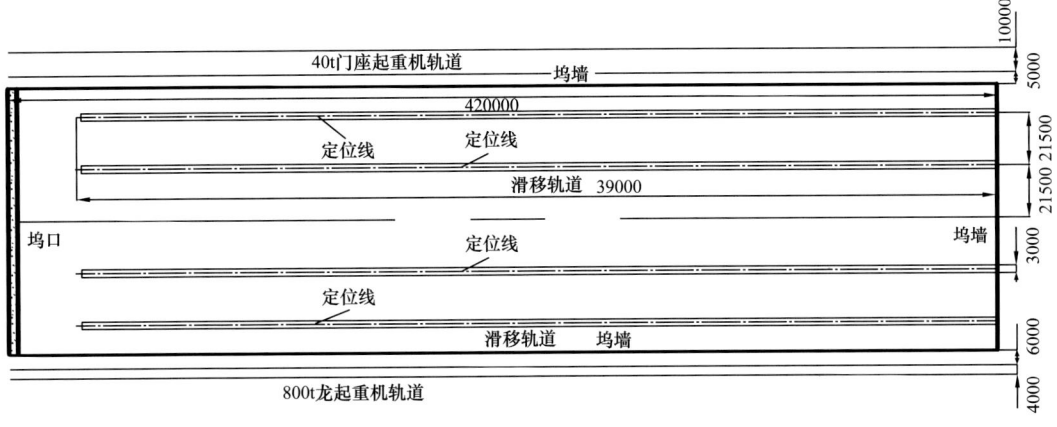

图7-3-7 滑移轨道定位

顶升过程必然对Topside结构造成一定影响，为了缩短工期，顶升过程的影响需要在Topside建造之前进行有限元计算，所设计的结构加强部分在Topside建造时一起完工能大大缩短周期和成本。

④ 顶升设备基座布置。经过地基承载力计算，船坞坞底布置顶升设备基座。该基座由服务商设计，青岛公司自制。基座主要由沙箱和箱形梁构成。首先布置沙箱，然后沙箱上布置箱形梁以均布载荷，本次工程顶升Topside总重34083t，采用12套ALE公司的MJS5200液压顶升系统，布置在Topside下方。12套ALEMJS5200液压顶升系统需要12个顶升基座。

⑤ 顶升设备的安装。将顶升设备通过平板车或叉车运送至Topside下方。在已经布置好的基座上进行现场组装，顶升设备布置在基座中央。将施工过程需要的顶推梁通过平板车运送至Topside下方。组装完毕之后，将叉车预留在Topside下方以备之后顶推梁的运送和顶升设备的拆卸。若实际情况不方便预留叉车，顶升作业结束后需要将叉车吊入Hull内部。

⑥ Topside顶升作业准备工作。

a. 密切收集未来一周内气象预报，选择气象条件相对较好，无风或风力等级在1~2级时段进行顶升作业，并做好相关关键位置的测量和记录工作。

b. 对安装好的顶升系统进行全面检查，包括液压系统、电力系统、基座布置及控制系统，之后进行设备调试。

c. 调试完毕后，需要先对 Topside 进行测重，确定 Topside 重心以及各个顶升系统的受力分布。

d. 重点检查坞内顶升作业区域边缘与组块结构间的安全距离，确保顶升过程无障碍实施。合拢总装好的半潜式起重铺管船高度上会跟龙门吊产生干涉，为了不影响顶升作业和半潜式起重铺管船出坞作业，需要将龙门吊移动到船坞内侧不干涉的位置。

⑦ Topside 顶升作业。准备工作全部完毕后可以开始顶升作业（图 7-3-8）。

a. 顶升设备采用基座正交方向交替加入顶推梁的形式作业。

b. 通过叉车运送顶推梁。

c. 顶升过程中需要电脑同步控制减小顶升误差，同时注意观测顶升过程水平及侧向误差变化情况并记录。在误差出现时及时调整顶升系统纠正误差。

d. 注意观测顶升过程对相关结构和构件的影响并随时记录。

e. 注意随时观测顶升设备运行情况，监控负载和场地周围情况。

f. 顶升作业正式开始后，负载从建造滑靴转移到顶升系统，顶起 Topside 1.1m（一个顶推梁的高度）后，保持此高度，先将建造过程中起支撑作用的假腿切割掉，避免高空作业。

g. 顶升工作结束后，叉车预留在 Topside 下方进行拆卸作业。

h. 顶升作业指定高度为 39m（Topside 支腿下缘的高度，等于支墩高度加 Hull 支腿上缘高度），顶升 Topside 到超过指定高度 500mm 后停止提升，顶升液压缸自锁。

i. 可以进行滑移作业。Hull 滑移到指定位置后，液压系统将 Topside 下落 500mm 到 Topside 支腿和 Hull 支腿接触，进行焊接合拢。

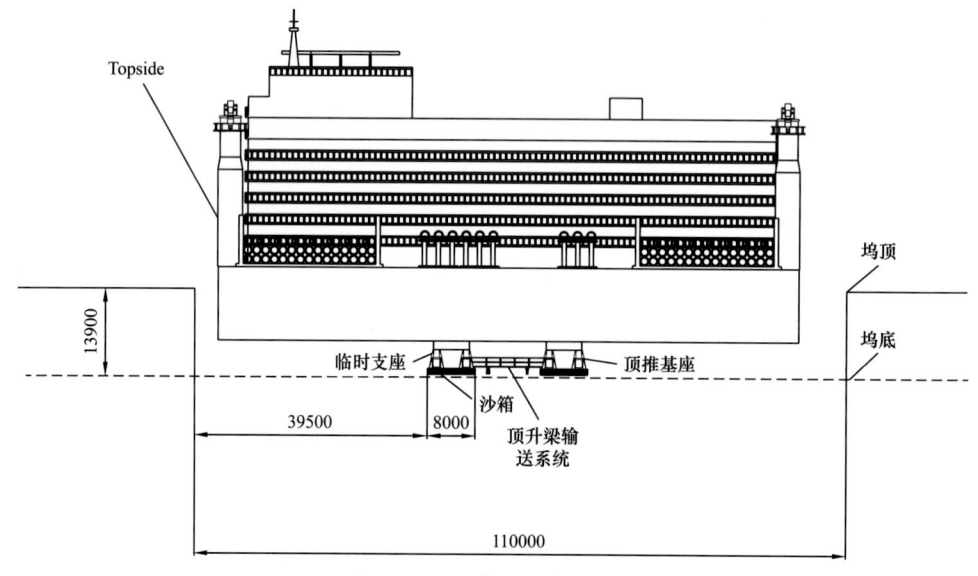

图 7-3-8　顶升到要求高度图

⑧ 在此进行顶升合理性论证。

⑨ 撤建造木墩，布滑移后支墩。顶升作业开始后，撤 Topside 的建造木墩，布合拢后 Hull 所需支墩，考虑到滑道干涉。

⑩ 滑移钢板轨道和特氟龙板的铺设。在定位线的两侧分别布置 3 条钢板滑道（共计 4 条滑道），铺设过程中需要避免并排滑靴干涉，滑道与定位线的间隔为 0.3m，从坞墙开始铺设滑道，两侧滑道长度均为 390m（灰色区域）。之后在滑移钢板上安装特氟龙板。两侧有滑移挡板，中间有特氟龙板的滑移钢轨（图 7-3-9）。

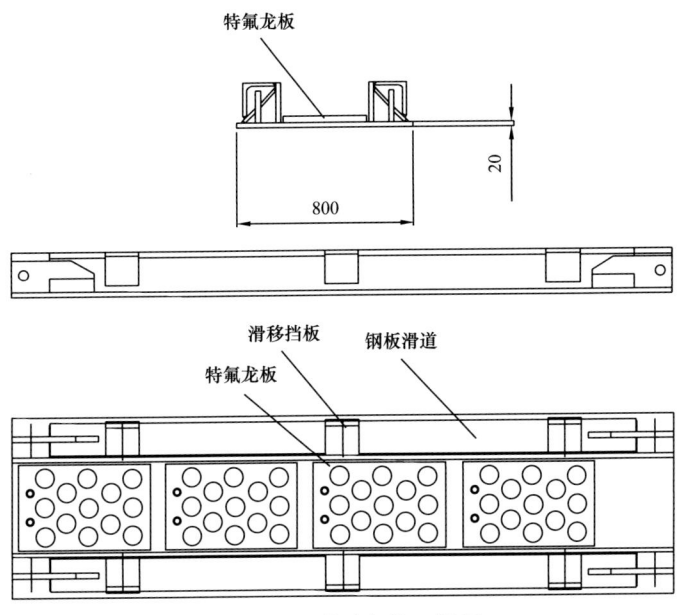

图 7-3-9 滑移钢轨三视图

⑪ 滑靴和箱形梁的布置。Hull 模块分段滑移采用 ALE 的 1000t 滑靴。滑靴总长 5.5m，动力设备推拉单元总长 2.05m/2.2m，滑靴支撑采用两个液压缸，可以通过液压缸的收缩对 Hull 进行升降，完成 Hull 在滑靴和支墩上的重量转移，液压缸行程 300mm，滑靴高度可在 1.015m 到 1.315m 之间变化。

在分段建造位置，每个 Hull 模块下方两条并列的 2 条滑道（同一定位线两侧）布置了 3 列滑靴，每列布置 6 个滑靴，每个 Hull 模块下方为 6 列 6 排滑靴，共计 36 个滑靴，每 3 个滑靴上面放置一个箱形梁，滑靴在其下面均匀布置，采用的箱形梁尺寸为 2.6m×4m×0.5m（长度×宽度×高度），总共使用 24 个箱形梁。箱形梁采用 70mm 厚的钢板，箱内十字形加强肋板，经估算单个箱形梁重 14.26t。

⑫ 动力装置的布置。滑靴和滑移梁布置好后，就可以布置动力设备（两者也可以同时进行）。

动力装置采用 ALE 的 83t 推拉单元。

推进器的布置方式为：Hull 分段模块下面的液压缸连接到滑靴的右侧，总共使用了 72 个推进器，连接方式如图 7-3-10 所示。

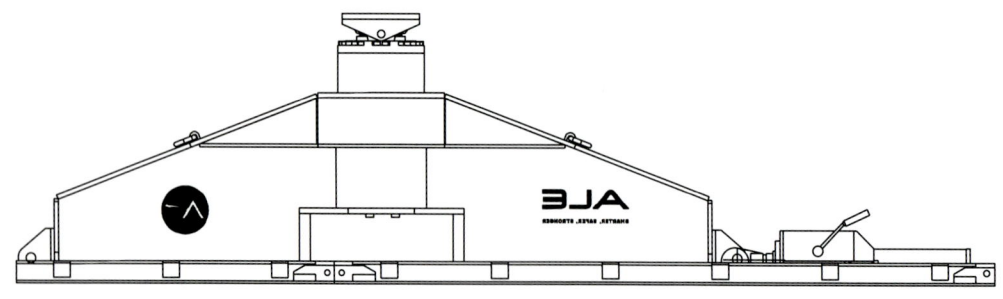

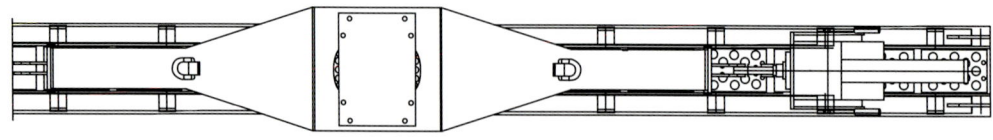

图 7-3-10 推进器连接方式

⑬ Hull 模块的滑移和大合拢。全部滑移工作就绪后,开始进行滑移的准备和操作。当 Hull 滑移到指定位置后 Hull 先坐墩,此时不进行合拢作业,将滑靴和滑道依次撤出,将其余支墩推拉至原来滑道位置处,楔入垫木。在全部合拢墩布置完毕之后即可进行合拢作业。

采用 6 列滑靴,将 Topside 两侧的 Hull 分段模块滑移到 Topside 下边的中间合拢位置,在此期间,需要保证这两个 Hull 分段模块的合拢精度,当对接好后,完成 Hull 分段合拢,Hull 模块焊接完后,由于滑靴的支撑重量不能够承载整个半潜式起重铺管船重量,所以需要利用滑靴上的液压缸将 Hull 模块降落到合拢支墩上,这样就可以在合拢支墩上完成 Topside 模块和 Hull 模块的大合拢,此时,也需要控制支柱的对接精度,大合拢完成后,整个半潜式起重铺管船的重量载荷完全由合拢支墩承担。顶升大合拢示意图如图 7-3-11 所示。

⑭ 拆除滑移设备。利用滑靴上的液压推进器,将滑靴移出 Hull 合拢位置,将液压推进器拆解并回收,最后拆除滑移轨道。

四、出坞

深水半潜式起重铺管船出坞主要包含三大部分,即出坞前准备工作、出坞操作和拖航至码头,等出坞工作结束后,便紧接着开展码头系泊作业。以下简要分析平台出坞流程以及个人注意事项。

1. 出坞前准备

(1) 出坞作业之前,青岛公司各部门应召开协调会,明确各部门职责,合理安排计划和人员,每项工作都落实到个人,务必保证出坞过程的安全性及高效性。也必须详尽安排出坞后续工作,避免出坞后无法及时码头系泊。

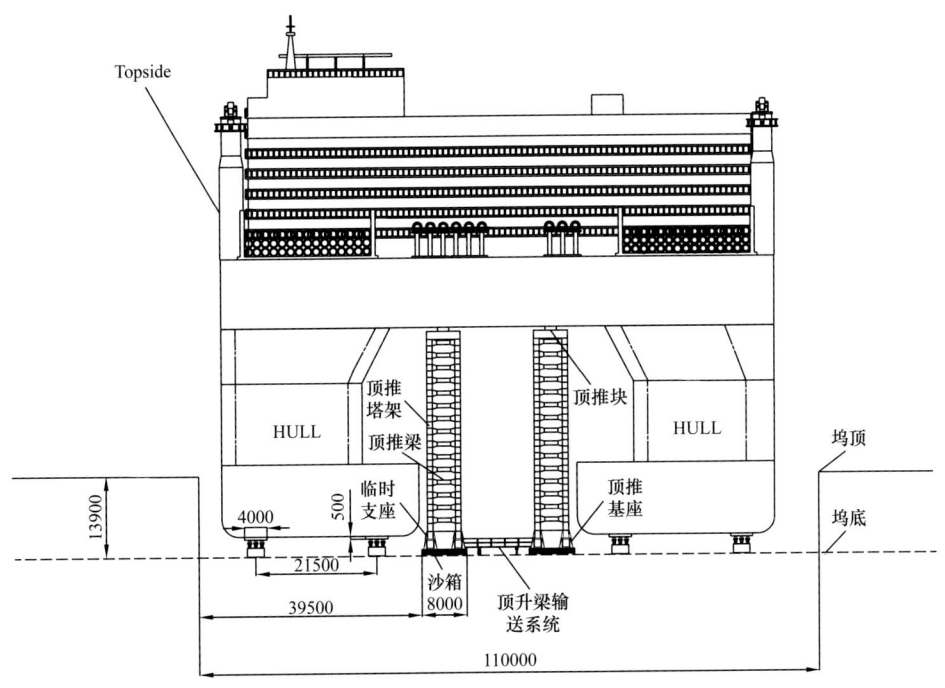

图 7-3-11 顶升大合拢示意图

（2）协助平台下水、拖带和靠泊的拖轮应及时到位，并合理布局，拖轮应使用强度足够的拖缆绑定。

（3）在实施拖带前，应向海事主管机关申请海巡艇进行现场维护，以便于进行临时交通管制。

（4）船坞灌水前，检查确认平台被安全系于船坞两边的系缆桩，另外，坞内两侧也必须绑扎防撞靠球，防止平台起浮后漂移撞到船坞，破坏平台结构。

（5）注水前，须检查所有与平台的连接全部切除，并且检查所有墩木完全被固定在坞墩上，防止注水后漂浮移位。

2. 出坞过程

1）出坞流程

（1）注水前，将平台进行带缆，与引船小车相连接。

（2）当坞内停止灌水后，确认平台已起浮至正常水位，各方面无异常后，启动引船小车进行牵引。

（3）当引船小车行至坞口时，平台船首距离坞口约 10m，然后拖轮进坞接平台。

2）注意事项

（1）引船时，要求天气状况良好，风力不大于 5 级。

（2）引船速度应尽可能小，坞内操作空间小，必须谨慎。

（3）平台引至坞口处，在接船拖轮未将缆绳系到平台之前，禁止将与引船小车连接缆绳解开。

3）拖航过程

（1）当平台被引船小车拖出至船坞门口后，解开平台与引船小车的连接。

（2）两艘吊拖拖轮与平台艉部立柱接在一起，并在左右侧两傍吊拖拖轮的辅助下将平台拖出船坞。

（3）待平台完全离开船坞后，4艘拖轮共同作用，进行湿拖作业，将平台拖航至码头进行下一步施工作业。

第八章 深水油气工程技术和设备的工程实践

2008年,国家科技重大专项"海洋深水油气田开发工程技术"项目和"南海LW气田群和LH油田群开发示范工程"启动,由中国海油牵头历经10余年的技术攻关,构建了深水油气田开发工程设计技术体系,攻克了1500m深水油气田开发工程设计、建造、施工作业和运维等全产业链关键技术,打破了国外垄断,构建了1500m深水油气田开发工程技术体系,形成了1500m深水油气田开发工程设计、建造、安装和运维能力,形成了1500m深水工程设计技术、实验/试验技术、关键设备/材料国产化技术、监测技术、安全作业仿真测试平台及模拟培训系统等技术创新,形成了我国深水油气田工程项目的自主开发能力。项目自主研制了一批1500m水深水下关键设备、深水保温输送软管、深水水下管汇、水下多相流量计、水下控制系统深水高端装备、设备和材料,初步实现了国产化应用,具备了1500m水深复杂水下生产设施的设计、制造、测试和海上安装能力,带动了我国海洋石油设备制造能力由陆上向海洋、由浅水向深水的跨越式发展,带动了我国深水工程装备能力的提升,提升国家综合竞争力。依托海洋深水油气田开发工程技术创新,建成了中国南海LW气田群、LH油田群和LS17-2深水气田等示范工程项目,2020年分别实现了LH29-1气田、LH16-2油田和LH20-2油田的提前投产,建成了年产50亿立方米级的LW气田群和百万吨级LH油田群示范工程。通过示范工程实现了一批1500m深水高端装备、设备和材料的国产化和产业化应用。形成的深水气田工程设计技术体系成功应用于LW3-1周边LH29-1/LH29-2气田、LH油田群、LS17-2深水气田等中国南海及海外尼日利亚EGINA MAIN、刚果和加蓬等深水油气田项目,形成了年产$850 \times 10^4 t$油当量的产能;通过示范工程应用,累计支撑约$2200 \times 10^4 t$油当量产能;自主研制的部分深水工程高端设备、产品和材料国产化应用,带动国内油气服务行业跨越式发展。

第一节 中国南海典型的深水油气田开发工程

一、LW3-1深水气田及周边气田开发工程

1. 项目概况

LW3-1深水气田是中国第一个真正意义上的深水气田,位于南海东部,香港东南300km处。平均水深1500m,在2014年3月全面建成投产。LW3-1深水气田探明储量为$1000 \times 10^8 \sim 1500 \times 10^8 m^3$,年产量可望达到$50 \times 10^8 \sim 80 \times 10^8 m^3$。作业者是Husky公司。开发模式:水下井口通过2根22in海底管线回接79km到位于200m水深浅水平台,

在平台处理后的天然气和凝析油混合后通过 1 根 30in 外输管线到珠海高栏终端进行最终处理。LW3-1 深水气田设计寿命为 30 年。依托 LW3-1 深水气田已建设施成功建设投产了 LH34-2 和 LH29-1 两个气田,其中 LH34-2 是 2014 年 12 月投产,水深 1100m,产量为 $4\times10^8\sim5\times10^8 m^3/a$,通过 12in 海底管到回接到 LW3-1 气田东区管汇;2020 年 11 月,LH29-1 气田顺利投产,这是继 LW3-1 气田和 LH34-2 气田后,中国南海投产的第 3 个深水气田,LH29-1 气田规模为 $5.6\times10^8 m^3/a$,水深 640~785m,气田开发项目包含 7 口开发井,依托 LW3-1 和 LH34-2 等气田的已有设施实现区域联合开发,投产后高峰日产量达 $170\times10^4 m^3$;LH29-2 气田通过管道回接到距离约为 15km 的 29-1 气田进行开发,属于中国南海北部珠江口盆地深水自营作业区(金晓剑等,2018)。

截至 2020 年底,LW3-1 及周边气田已累计生产天然气超过 $300\times10^8 m^3$,年供气量约占广东省天然气消费总量的 25%,为粤港澳大湾区经济社会发展注入了动力。图 8-1-1 所示为 LW3-1 深水气田及周边气田开发工程项目示意图。

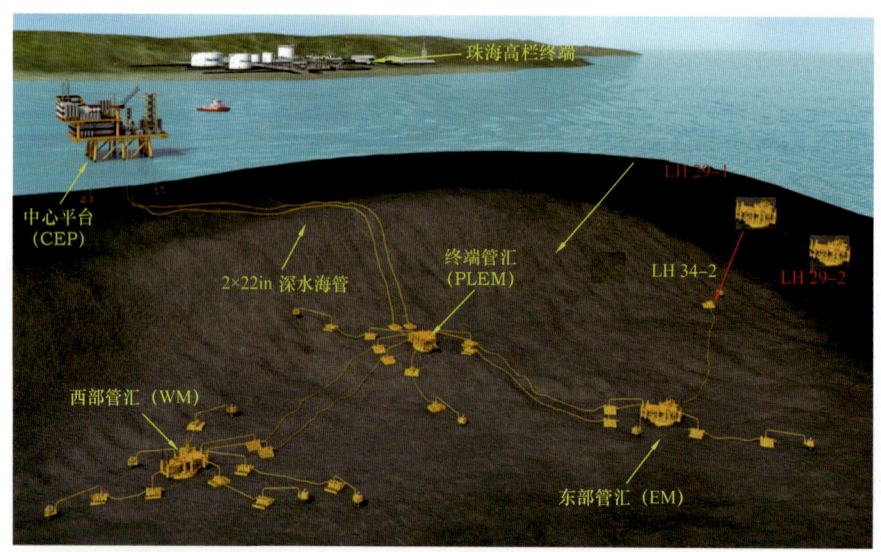

图 8-1-1 LW3-1 深水气田及周边气田开发工程项目示意图

2. 技术创新和取得的效果

从 2008 年开始,国家科技重大专项"海洋深水油气田开发工程技术"项目组就以 LW3-1 及周边深水气田为科研项目的研究基础,以工程项目中遇到的技术挑战作为科研项目攻关的出发点和落脚点,开展总体方案设计、浮式设施选型设计、深水气田远距离回接的深水流动安全、深水立管设计等系列专题研究,最终解决了关键技术难题,形成了涵盖水面、水中和水下,包括深水钻完井工程、浮式生产装置、水下生产系统、深水流动安全、深水海管及立管等系列化和一体化的深水气田开发工程设计技术体系。通过项目技术攻关,实现了水下井口钻完井优化设计、水下系统布置及回接优化方案、水合物 MEG 管线优化、深水海底管道流动安全设计、深水海底管道设计和建设、水下生产系统的控制方案等关键技术在 LW3-1 深水气田及周边气田开发工程开发工程中工程应用。

（1）深水气田开发工程设计技术成功应用于LW3-1及周边气田开发。

利用本项目形成的深水油气田开发工程设计技术对中国南海LW3-1深水气田各种工程开发方案进行了比选和优化，并形成了最终的LW3-1深水气田工程方案（LW3-1深水气田采用水下生产系统回接到位于200m水深的浅水固定平台，天然气在平台上进行处理后通过长距离外输管道输送到珠海高栏天然气处理终端），为2014年我国第一个深水气田LW3-1气田投产提供了技术保障，对中国南海深水油气田开发具有示范作用。

本项目形成的深水油气田开发工程设计技术解决了LW3-1周边LH29-2自营边际气田开发的难题，提出深水气田水下回接优化方案。

LH29-2气田离岸距离300km，所在海域水深741.8~753.3m，属于深水气田，经测算传统的独立开发模型无法满足经济需求，一直是气田开发的难点。该区域水下生产系统设计方案考虑到管汇、井口、跨接管、海底管道和飞线等各个设备的相关制约因素，还要考虑安装布置和操作可行性。影响因素多，界面交叉多，做好水下布置，一直是水下设计需要突破的领域。项目重点分析LH29-2气田生产井特殊性，提出了3个气田开发方案，最后经过优选采用LH29-2气田回接LH29-1—LH34-2气田的开发方案，解决了深水边际气田开发的难题。

（2）依托LW气田群现有设施，通过深水气田设计技术提高了区域的整体经济效益。

第一，通过依托现有气田设施进行LH29-2气田开发，不断调整LH29-2气田配产，优化管径设计满足周围管网压力需求，进而保证本气田生产不影响周围气田原有生产工作。考虑到分摊周边气田投资和操作费问题，通过依托LH29-1气田开发，分摊LH29-1气田投资和操作费以及LW3-1的操作费，实现LH29-2气田具备经济效益可开发的条件。

第二，优化了水合物MEG管线设计方案，即将一条水合物MEG管线集成在脐带缆内，减少了一条MEG管线。

第三，由于回接距离长，LH29-2气田作为中国海油自营气田，需要接入和外方合营的LH29-1气田和LW3-1气田，通过方案优化解决了水下生产系统的控制接口问题、气田物流计量问题等。

本项目形成的深水浮式平台、水下生产系统、深水流动安全和深水海管和立管等深水气田开发工程设计技术成功应用于我国第一个深水气田LW3-1及周边PY35-1/2气田、LH34-2气田、LH29-1/LH29-2气田和LH19-5气田等10多个气田项目的设计、建造、安装和运维，极大支持了荔湾及周边$50\times10^8m^3/a$天然气产能的建设。

（3）自主研发的深水工程关键设备和产品应用并支持了LW3-1周边气田工程项目，实现了部分水下设备的国产化。

国内首次完成了深水紧凑式、高压力等级、关键部件可更换式国产化水下多相流量计产品研制，如图8-1-2所示，已通过国际权威第三方DNV认证，各项技术指标

图8-1-2 自主研制的水下多相流量计

达到国际同等产品水平。技术指标如下：设计标准 API 17S；设计水深：1500m；设计压力：34.47MPa。水下多相流量计已在 LH16-2 油田和 LH29-2 气田项目实现了工程应用。

自主研发的水下管汇在 LW 气田周边 LH29-1 和 LH29-2 气田中得到工程应用（图 8-1-3）。

图 8-1-3　自主研制的水下管汇

二、中国南海 LH16-2/LH20-2/LH21-2 油田群联合开发工程

1. 项目概况

LH16-2/LH20-2/LH21-2 油田群联合开发项目位于中国南海东部，油田区水深分别为 404m、392m 和 437m，该项目新建 1 艘 15 万吨级 FPSO、3 座水下生产系统、6 条海底混输管道、9 条海底电缆和 3 条海底脐带缆。海域开发产量最大的油田群，高峰年产量可达 $420 \times 10^4 m^3$，能满足 400 多万辆家用汽车一年的汽油消耗。LH20-2 油田和 LH16-2 油田分别于 2020 年 9 月 20 日和 10 月 26 日投产；LH21-2 油田将于 2021 年投产。LH 油田群工程开发方案（王春升等，2020）如图 8-1-4 所示。

图 8-1-4　LH 油田群开发工程方案示意图

2. 面临的挑战

LH16-2/LH20-2/LH21-2油田群开发建设工程技术挑战主要包括：（1）该油田群所在海域是中国南海环境条件较为恶劣的海域，百年一遇有义波高达13.6m，最大内波流速达1.55m/s，恶劣海洋环境条件给FPSO、系泊系统、立管、海底管道、海上安装和运维等带来巨大的挑战。（2）该油田群具有井数多、原油含蜡且伴生气量大、井温高、电潜泵回接距离远等特点，导致长距离电潜泵变频供电、水下含蜡原油长距离输送流动安全保障、高温深水海底管道侧向屈曲等带来巨大的挑战。

3. 技术创新

通过项目技术攻关，针对LH16-2/LH20-2/LH21-2油田群联合开发项目，实现了总体开发方案比选、水下高温钻完井优化、水下生产系统优化、深水海管蜡沉积分析及清管流程设计、长距离水下供电系统设计分析、深水FPSO单点系泊系统、"系链缓波"构型动态管缆、水下多相流量计等技术创新。

1）LH油田群工程总体开发方案比选

LH16-2油田设计8口井，LH20-2油田设计10口井，LH21-2油田设计8口井，面对平均水深400m的实际情况，采用常规导管架开发模式已经无法实现，可供选择的只有张力腿平台（TLP）、顺应式平台和FPSO，经过比选，单个油田少于12口井采用张力腿平台和顺应式平台均无优势，且张力腿平台的张力筋腱被国外垄断，无论设计、材料和安装均受国外制约，而中国南海在FPSO上已经积累了丰富的运营维保经验，因此基于技术可行性与经济合理性，最终确定LH16-2/LH20-2/LH21-2油田群开发采用共用1艘FPSO，在3个油田各建1座水下生产系统的工程开发方案。

2）国内最深最复杂最庞大的FPSO及滑环数量最多的系泊系统

LH油田群开发项目FPSO"海洋石油119"是我国自主设计、建造和集成的FPSO，船体总长约256m，宽约49m，甲板面积相当于2个标准足球场，甲板上集成了14个油气生产功能模块和1个能够容纳150名工作人员的生活楼。"海洋石油119"满载排水量达19.5×10^4t，是中国最大极地科考船"雪龙号"的9倍多，能够抵抗百年一遇的台风。作业水深420m是目前国内作业水深最大的深水FPSO；该FPSO拥有国内最复杂的海上油气处理工艺流程，每天可以处理原油$2.1\times10^4m^3$，天然气$54\times10^4m^3$；其单点系统是我国首次建造集成的世界上技术最复杂、集成精度最高、滑环数达最多（19个）的单点系泊系统之一，且在综合考虑可操作性和对油田生产的影响，系泊系统按照台风期不解脱设计，其水下部分按照国际公认的设计规范进行设计，最终确定采用3×3、系泊半径约1250m的锚腿布置方案。

3）国内最长的水下含蜡原油长距离输送流动安全保障技术

本油田群的原油都属于低凝点含蜡原油，且析蜡点高，尤其LH16-2油田的原油，析蜡起始点为25.2℃，而油田最低环境温度达8.1℃，从水下管汇到FPSO的水下回接距离为23.1km，是国内目前最长的含蜡原油由水下井口直接输送到依托设施的长距离回接管道，需要解决深水含蜡原油长距离回接的输送和流动安全保障问题。通过研究分析，提出了 LH16-2/LH20-2 采用单层钢管，LH21-2 采用软管，推荐双管输送、环路清管方案。通过开展水下含蜡原油管径优化和流动安全保障技术专题研究，通过相关模拟得到典型年份下蜡沉积位置、蜡沉积量及蜡沉积后引起的压力变化等，提出了含蜡原油不同生产年份下的清管周期以及清管操作建议。

4）世界最远距离的水下供电关键技术

从 FPSO 上部模块至 LH16-2 井下电潜泵直接变频驱动供电电缆总长达 27km，而目前国际上为水下电潜泵直接变频驱动的最远距离只有 21km。对于 27km 直接变频驱动方案，面临长电缆对谐波反射产生放大效应、在海底电缆及电动机端引起过电压问题以及长电缆驱动电压降和损耗都相对较大，长电缆造成电动机阻抗分量低、电动机启动难度大等问题。利用软件潮流分析及理论公式对比计算，提出的前端电压补偿的控制策略，以及在变频器启动过程采用可变压频比控制方式，能够实现远距离电潜泵变频启动，解决了启动难度大的问题。

4. 取得的效果

通过 LH 油田群深水工程项目，形成了我国 500m 深水油田自主设计、建造和安装能力，实现中国南海深水油田的自主开发。通过方案优化和降本增效措施，降低投资约 20 亿元，预计经济年限内，累计产油量约为 $2300 \times 10^4 m^3$，高峰年产油量约为 $422 \times 10^4 m^3$。

三、"深海一号"能源站助力 LS17-2 深水气田开发

1. 项目简介

LS17-2 深水气田是 2014 年我国自主勘探开发的第一个大型深水气田，该气田位于琼东南盆地北部海域，距离海南省三亚市约 150km，距离西北侧已生产的 YC13-1 气田约 160km，距 YC13-1 气田至香港输气管线约 87km，气田水深 1220～1560m。该气田在 2021 年 6 月投产，每年将为粤港琼等地稳定供气 $30 \times 10^8 m^3$，助力粤港澳大湾区、海南自贸港建设，可以满足大湾区 1/4 的民生用气需求。LS17-2 气田采用水下生产系统回接至半潜式生产储卸平台（又称"深海一号"）进行油气分离处理，凝析油存储在半潜式生产储卸平台立柱内，由穿梭游轮运输至岸上，气体通过 30in 立管和海底管道接入崖城—香港管道（朱海山等，2018），如图 8-1-5 所示。

2. 面临的挑战

LS17-2 深水气田开发建设工程上的挑战前所未有，主要体现在：（1）气藏分散，南北跨度约 30.4km、东西跨度约 49.4km，水下生产系统优化布置艰难；（2）所处海域存在内波、台风和海底陡坡陡坎、沙波沙脊，除海底管道路由和平台、系泊系统、立管、脐带缆多浮体涡激振动、疲劳、干涉设计挑战前所未有外，还面临着海上多工程船舶协调作业保障各设施安全的挑战；（3）气体中含有凝析油，世界上尚无半潜式生产储卸平台

立柱储油和外输经验可借鉴；（4）10万吨级"深海一号"上部组块与下部浮体大合龙精准对接；（5）10万吨级"深海一号"长距离海上湿拖作业。

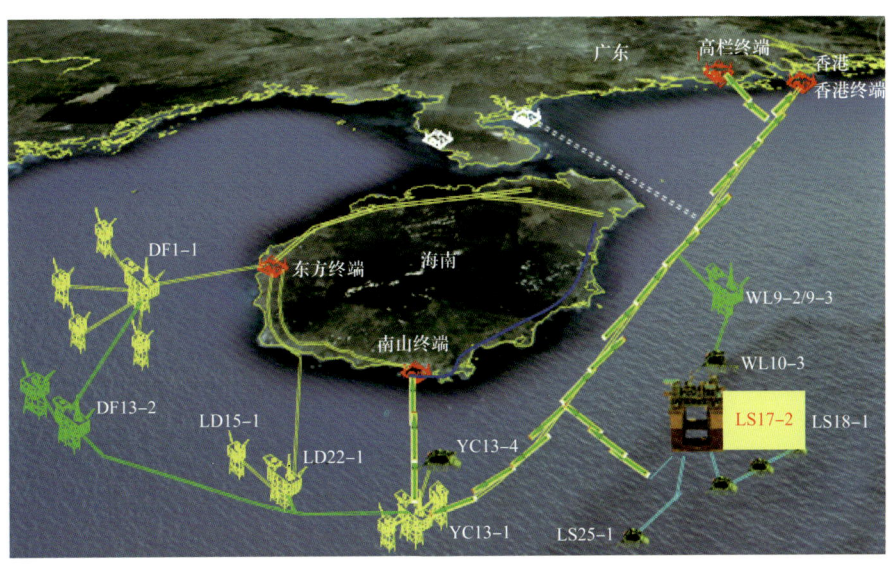

图 8-1-5　LS17-2 深水气田开发工程项目概况

3. 技术创新

通过项目技术攻关，针对 LS17-2 深水气田项目，实现了油藏、钻完井和工程一体化设计、水下生产系统优化、半潜平台/钢悬链式立管（SCR）/系泊系统一体化设计、具备凝析油储存和外输功能的半潜式平台设计/安装和运输、目标海域恶劣环境的结构疲劳分析、首次采用钢制悬链线（SCR）立管设计、国内首次井筒到下游一体化流动安全设计、深水半潜式铺管等技术创新。

1）钻完井和工程一体化设计

针对油藏分散的特点，采用分块集中原则，优化井位靶点和钻井中心，以减少管汇数量、管道长度为目的，提出了水下生产系统采用东、西分支单独回接至半潜式生产储卸平台方案，减少大型中心管汇及大口径钢悬链式立管登临平台安装作业难度、释放半潜式生产储卸平台承载能力。LS17-2 水下生产系统东部分支采用 3 套 4 井式管汇串联、2 条 12in 总长约 22.5km 海底管道和 2 条 12in 钢悬链式立管（SCR），西部分支采用 2 套 4 井式管汇串联、2 条 10in 约 26.9km 海底管道和 2 条 10in 钢悬链式立管（SCR），并通过 6in MEG 管道和脐带缆中甲醇、化学药剂管线确保投产后的流动安全保障。LS17-2 深水气田工程开发模式如图 8-1-6 所示。

2）半潜式平台、钢悬链式立管（SCR）和系泊系统一体化设计

LS17-2 所处海域内波、台风频发，海床存在陡坡陡坎和沙波沙脊，而立管系统是连接海底油气设施和水面半潜式生产储卸平台的唯一通道，是实现将海底油气顺利输送至平台、保障油气田资源的"生命线"。立管、脐带缆、系泊缆均是通过特定结构回接至半

潜式生产储卸平台，在波浪、海流、内波联合作用下平台、立管、脐带缆、系泊缆运动并非同步，任何单体的设计不合理都会造成平台总体性能下降、立管疲劳寿命降低、相互之间干涉碰撞等本质安全问题，通过将平台偏移和垂荡、系泊缆数量和张力、立管水中构型和重量整体考虑、反复迭代设计，最终确定了 4×4 系泊缆定位、平台北部 1 根 18in 立管、平台南部 2 根 12in 立管、平台西部 2 根 10in 立管，且相邻立管、脐带缆在平台处采用不同脱离角和立管整体绑扎螺旋列板装置抑制涡激振动的设计方案，从而优化了平台尺度，避免了平台、立管、脐带缆和系泊系统相互干涉，并确保了立管生命周期的动态服役安全。

图 8-1-6　LS17-2 深水气田工程开发模式

3）具备凝析油储存和外输功能的半潜式平台

LS17-2 气田半潜式生产储卸平台在船型开发中受到诸多制约，这些制约包括建造及合龙场地能力、合龙后的吃水要求、南海特殊环境条件下的凝析油装卸载能力、对钢悬链立管的运动适应性、上部模块处理规模和以往建造经验等。这些因素注定了中国南海气田开发的半潜式生产储卸平台无法完全借鉴国外成熟船型，不得不量身定制适应我国特点的半潜式生产储卸平台船型。该平台设计 30 年不进坞，通过在船体立柱中布置储油舱，并在储油舱周围设置 1.8m 的隔离空舱来实现凝析油的保温，实现满足安全性要求的前提下提供储油功能，在开展外输油轮与平台碰撞风险评估后，确定了采用 DP 油轮进行原油外输的方案。该平台为世界首个带万吨级凝析油储存和外输功能的半潜式生产储卸平台。

4）自主实现 10 万吨级"深海一号"上部组块与半潜式生产储卸平台立柱高精度大合龙

"深海一号"能源站，总高度达 120m，相当于 40 层楼高，最大排水量达 11×10^4t，相当于 3 艘中型航母，按照"30 年不回坞检修"的标准建造，设计疲劳寿命要求最低为 150 年，船体能经受南海百年一遇的恶劣海况。平台搭载近 200 套关键油气处理设备，同时具备凝析油储存和外输功能,最大储油量近 $2\times10^4m^3$,"深海一号"能源站如图 8-1-7 所示。

图 8-1-7 "深海一号"能源站

"深海一号"能源站船体分为 82 个分段,分别在青岛公司青岛和烟台两个场地同时建造,最终集中到青岛场地进行总装搭载,为平衡大合龙和平台稳性,突破了半潜式平台桁架式组块的最大跨度,达到 49.5m,世界首次在陆地上采用船坞内湿式半坐墩大合拢技术。在对船体定位精度、坞底承载能力等进行反复论证和风险分析后,实现了上面立柱和甲板下结构只有 5mm 偏差精准、安全、高效合龙,在我国深海工程发展史上创造了新的里程碑式奇迹。

5) 10 万吨级"深海一号"能源站长距离湿拖作业

"深海一号"能源站自山东省烟台市启航,需要跨越渤海、黄海、东海和南海等 4 个海域,总航程超过 1600n mile,沿途面临海况复杂多变、极端天气、拖航运动幅值大、多艘拖轮并行航行碰撞、航渡过程穿越多个密集航道、避让操纵难度大等多重风险,调节平台吃水深度保持平稳航行状态、及时调整拖缆长度和拖缆张力,于 2021 年 2 月 6 日顺利抵达目的地。

4. 取得的效果

通过半潜式生产储卸平台的储油功能,可取消长距离输油管线;通过采用半潜式生产储卸平台为主体的油气开发模式和国际领先的深水平台设计技术,现有方案和导管架平台等其他开发方案相比,大幅降低开发工程投资;水下生产系统回接半潜式生产平台的工程模式可多生产天然气 $29\times10^8m^3$。

第二节 深水装备及工程技术应用

一、自主研制的深水钻完井关键设备和机具的工程应用

1. 深水弃井井口切割工具

依靠国内企业自主研制国际首套外悬挂式三合一功能的水下井口高效深水弃井井口切割工具,如图 8-2-1 所示。配备外悬挂和动力马达设计实现了钻柱不旋转的提拉切割,避免了钻柱受压和旋转甩动导致的事故;防松脱的定位卡爪锁紧/解脱机构实现钻柱在受拉状态的对中切割,可避免因涌浪导致卡爪松开造成井口落海事故;系统定位机构、离合解(锁)卡机构和水下旋转头旋转机构集中组装在外悬挂器内腔里,结构紧凑,整套装置实现"水下井口切割 + 井口注水泥塞 + 井口头提捞"一趟钻完成,显著提高作业效率和安全稳定性。形成了水下井口切割回收装置的配套工具。研制新型高效水力割刀及配套装置,包括直径大于 14in 的割刀、新增限位装置和泄压系统、新设计刀杆支撑机构、一组 4 刀 8 刃新型刀杆和中间开槽、改进切屑侧排为直排、增加环形过滤装置等,增加切割的稳性和线速度,改善切屑的排屑效率,延长刀片的使用寿命;研制自动调节全尺寸滚轮式非旋扶正器,降低扶正器由井口下降至套管时受到的阻力,提高对变径结构的适应性,极大减少切割时产生晃动。针对海上作业要求,开发了深水弃井水下井口切割回收的施工技术。包括:深水外悬挂弃井切割作业工艺流程,深水弃井作业钻具组合优选,弃井作业时现场切割状态判断方法和应对措施,现场弃井切割工具作业参数的

图 8-2-1 深水弃井井口切割工具海上作业

优选等，作业设计软件等；提高了设计和作业的效率及安全性，YL8-1-2井现场，应用最大水深达到1930m，耗时仅11h，创造了中国南海水下井口切割回收的纪录。该系统彻底打破了国外在深水水下井口切割回收方面的垄断，迫使国外提供的水下井口切割回收服务降价40%以上，"十三五"期间，水下井口切割作业78口井，实现了工程化应用的目标。

2. 井口连续循环钻井系统

依靠国内企业自主研发一套阀式流道转换连续循环钻井系统装置，如图8-2-2所示。实现接立柱、起下钻、划眼、倒划眼工况下的连续循环钻井作业，有效控制ECD值，减少井下复杂情况，提高钻井效率。连续循环钻井技术解决了接立柱期间保持井下连续循环的难题，有效减少压力激动，保持井内压力稳定，高效安全钻进复杂地层。连续循环钻井技术对于提高清屑效果，降低摩阻和扭矩，有效控制ECD值，保持井眼压力稳定，防止井下垮塌、井漏、井涌井喷等复杂情况的发生，保证钻井作业的安全顺利实施，提高钻井时效，降低钻井成本，有着重要意义。连续循环钻井技术经过技术集成，实现了多参数实时联运调控微压差连续循环钻井，保持全井段井下ECD值恒定在高于地层压力$0.01\sim0.2g/cm^3$，其井下压力波动小于1%，满足极窄压力窗口的高难度井的钻井作业要求。连续循环作业可确保连续返回屑带砂，大大提高井眼的清洗效果，可防止和大大减少岩屑床的形成，对于大角度的稳斜段和深井段，大大减少阻卡等复杂情况的发生；连续循环作业可以有效消除压力激动，保持井眼系统的压力稳定，有效控制ECD值，防止压力激动引起的井漏、涌、喷问题，同时更便于控制提高钻井液低剪切速率下的剪切动力，更有利于调整好流变性，更有利于井眼清洗的同时，保持井底压力稳定，可以适当降低钻井液密度，提高钻井速度。连续循环钻井技术在海上8个平台25口井成功应用，提高井眼清洗效果，稳定井底压力，很好地控制ECD，在顺利钻深水窄压力窗口复杂地层、大位移复杂井以及安全过断层等方面都取得好效果，实现了工程化应用。

图8-2-2 井口连续循环钻井系统

二、深水工程设施现场监测系统的工程应用

利用国家科技重大专项自主研制的深水工程设施现场监测系统可以在台风环境下获取海洋环境信息和平台响应信息,并通过北斗系统将数据实时传输到陆地,为优化平台设计、平台人员复台等提供重要的数据支持。

"十三五"期间,"南海挑战号"FPS经历数次超强台风等极端海况。历次台风期间,服役于"南海挑战号"FPS的原型监测系统较为出色地完成了极端海况下的实时监测工作,采集到了大量极端海况下的海洋环境荷载与平台运动响应数据。2018年,该监测系统成功监测到该年度最强台风"山竹"过境时的环境荷载及平台运动响应数据,如图8-2-3所示。

台风"山竹"是2018年第22号台风,其于2018年9月7日20时在西北太平洋洋面生成。9月15日从菲律宾北部登陆,16日17时在广东省台山市海宴镇登陆,登陆时中心附近最大风力14级,中心最低气压95.5kPa。台风"山竹"为2018年度最强台风,其造成我国广东省、广西壮族自治区、海南省、湖南省和贵州省5省(区)近300万人受灾,5人死亡,1人失踪,直接经济损失达52亿元。

"南海挑战号"FPS也受到了台风"山竹"过境影响。为研究极端海况下的平台响应,首先针对在此期间平台的实测运动响应数据进行统计分析。

此次台风数据监测时间从2018年9月15日11时9分至2018年9月16日18时59分,监测数据应为1911条,实际获得监测数据为1729条,北斗卫星系统接收成功率为90.5%。由于数据存在一定的缺失,分别采用拉格朗日插值及牛顿插值的方法对缺失值进行补充。

对2018年9月15日至2018年9月16日台风"山竹"过境期间平台6自由度运动响应实测数据进行统计值及相关性分析。计算和整理了实测数据的均值、方差、标准差、极值、峰度、偏度等统计值,见表8-2-1。

表8-2-1 平台6自由度统计值

名称	最大值	绝对值均值	方差	标准差	偏度	峰度
横摇/(°)	7.81	3.73	1.29	1.14	0.15	0.34
纵摇/(°)	−2.26	0.49	0.40	0.63	0.06	0.50
艏向角/(°)	309.96	306.42	0.91	0.95	−0.16	1.14
海拔高度/m	41.96	33.95	4.26	2.06	−0.43	1.83
横荡/m	15.5	9.49	12.83	3.58	−0.85	−0.40
纵荡/m	24.42	15.48	12.82	3.58	−0.54	0.52

从最大值和均值可以看出,平台在该海况下的6个自由度运动相当剧烈;从方差和标准差可以看出,这种剧烈运动持续时间很长,可能对平台的安全服役造成威胁。

三、水下多相流量计在 LH29-2 和 LH21-2 油田项目中的应用

利用国家科技重大专项自主研制的水下多相流量计，设计水深 1500m，设计压力 10000psi，可满足目前国内外大多数水下油气田应用需求。该产品已取得第三方 DNV 认证。

2018 年底，自主研制的国内首台套水下多相流量计确定将应用在 LH21-2 油田项目（与进口水下多相流量计并联安装在水下管汇）。LH21-2 油田项目水下多相流量计从设计、制造、测试、表面处理及保温等过程，均按照客户要求文件执行，而且全程 DNV 见证，并由第三方 DNV 出具产品合格证。该项目产品已于 2021 年 5 月完成下水安装，如图 8-2-3 和图 8-2-4 所示，目前已经完成通电调试和投产调试。

图 8-2-3 水下多相流量计与 FMC 水下连接器集成现场

继 LH21-2 油田项目后，商业化项目中，海默科技公司于 2019 年 10 月和中海石油深海开发有限公司签订了水下多相流量计在 LH29-2 气田的供货合同，将用于 LH29-2 气田项目的单井气液及含水率测量，其价格相对于国外同类产品降低 40% 以上。该产品由 DNV 完成设计认证，加工和测试等全程由第三方 DNV 见证，并由 DNV 出具产品合格证，如图 8-2-5 所示。该项目产品安装在管道终端（PLET）上面，可与安装在采油树的进口水下多相流量计串联计量。该产品已于 2020 年 9 月完成下水安装（图 8-2-6），于 2021 年 5 月顺利完成投产调试，测试结果良好。

图 8-2-4 水下多相流量计安装在 FMC 管汇中

图 8-2-5　LH29-2 气田项目水下多相流量计安装在 PLET

图 8-2-6　LH29-2 气田项目水下多相流量计下水安装

四、海上油气田流动安全管理技术的工程应用

突破了水下虚拟计量关键技术，完成了海上油气田流动安全管理系统研制，分别以 WC10-3 气田和 LH4-1 油田为目标，研制了一套海上气田流动安全管理系统和一套海上油田流动安全管理系统，国内首次实现水下气田和水下油田的流动安全管理系统的国产化应用。

1.海上气田流动安全管理系统研发及应用

以 WC10-3 气田为目标气田，完成了一套海上气田流动安全管理系统的研制，并实现了现场应用。WC10-3气田为边际气田，依托WC9-2/WC9-3CEP平台作为外输中转站，采用水下生产系统开发，包含4套水下井口及相关设施。对于水下生产系统，通常需要为每口生产井单独安装一台多相流量计，而每台水下多相流量计购置费用在600万元以上，且需要占用安装资源，并且在油藏的高温高压环境下很容易出现失效，若维修又需要动用安装资源，动复员费用十分高昂。而水下虚拟计量技术则可以有效避免这些问题，其安装方便、占用空间小、便于维护、投资价格低，可以作为边际气田计量方式的备选方案。

WC10-3水下气田流动管理系统根据气田水下设施特性及参数建模，及时从监测对象（井筒、管线、段塞流捕集器等）处的传感器及仪表获取数据（压力、温度、阀门开度等），接着将采集到的输入数据传递到系统内开展计算，实现各水下井口虚拟计量功能（经校准后气相计量误差基本在5%以内），并可实时监测流动参数、水合物风险等，从而为生产作业人员提供操作建议，并可导出数据进行远程维护。2018年9月，项目组在WC9-2/WC9-3CEP上安装了WC10-3水下气田流动管理系统并完成初步调试。2019年1月成功在WC10-3气田投入使用。一年多来，通过远程维护和现场作业人员的合理使用，该装置运转顺利。该成果在国内首次实现水下气田流动管理系统自主研制，以不到170万元的投资节省了4台水下多相流量计的购置费约2400万元（按每台600万元测算），降本增效2230万元。本成果可为油气田生产智能化提供支撑，为水下气田安全运行及流动风险预警、防控提供技术保障。

2. 海上油田流动安全管理系统研发及应用

以LH4-1油田为目标油田，完成了海上油田流动安全管理系统研制，并实现了现场应用，如图8-2-7所示。LH4-1油田开发方案采用"丛式井+中心管汇"方案，水下井口位于中心管汇的两侧，采用8口生产井开发。为了更科学地安排油田生产，油田现场需要准确掌握油田各单井的生产数据及信息，因此对水下单井计量有需求。鉴于LH4-1油田为已投产油田，采用新购置和安装水下多相流量计并不实际。经流花作业区操作人员与课题组技术人员沟通，决定采用水下虚拟计量系统来实现此功能。为此课题组完成了LH4-1油田油田流动管理系统研制，利用LH4-1油田水下生产系统所获取的井筒、电潜泵、桥接管汇等位置传感器的压力和温度等信息，以及上部平台工艺数据，通过合理的多相流计算模型，实时计量LH4-1油田8口井水下井口单井各相（油气水）产量。2020年8月在LH4-1油田投入使用并稳定运行至今。

LH4-1油田流动管理系统可实现8个水下井口虚拟计量功能（经校准后液相计量误差基本在10%以内），并可实时监测流动参数、段塞风险等，从而为生产作业人员提供操作建议，并可导出数据进行远程维护。通过远程维护和现场作业人员的合理使用，该装置运转顺利。该成果在国内首次实现水下油田虚拟计量系统的国产化，采用本方案与按照8台水下实体流量计比较，以不到170万元的投资节省了8台水下实体流量计的购置费用4800万元（按每台600万元测算），可节省4630万元。投用后可以有效减少因测量产量而开展的倒井作业，按照每年减少倒井1次可减少产量损失20000bbl测算（油价按照 40 美元 /bbl 考虑），每年可减少产量损失 80 万美元（约 550 万人民币）。本成果可以为数字化智能油田建设打下基础，为水下油田的流动安全提供操作建议。

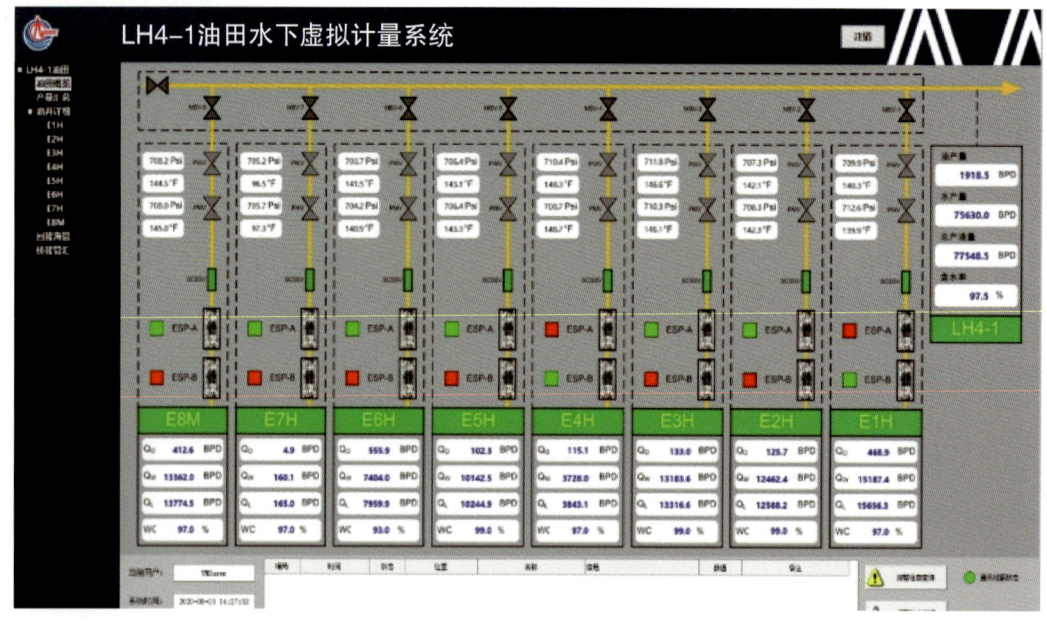

图 8-2-7　LH4-1 油田流动管理系统

五、保温输送软管的工程应用

通过"十二五"和"十三五"国家科技重大专项研究，在非粘结保温输送软管设计、制造和试验技术方面取得了突破，实现了非粘结保温输送软管从设计、材料选择和制造的全部国产化，建立了非粘结保温输送软管生产线，实现了非粘结保温输送软管产业化。

在"十二五"和"十三五"期间，利用开发的非粘结保温输送软管设计、制造和试验技术，设计和制造了近 170km 的注水、注气、注 MEG 以及油、气、水混输软管，这些软管应用到国内渤海、东海和南海 12 个海上油气田开发项目和国外马来西亚 3 个海上油气田开发项目，应用最大水深 142m、最大管径 12in、最大压力 27.23MPa、最高温度 88℃。非粘结输送软管具体工程应用信息见表 8-2-2。

表 8-2-2　保温输送软管工程应用

序号	项目名称	设计参数	长度 /km	应用时间
1	WC19-1 油田 A 平台至 B 平台间混输管道	管径：8in 压力：6MPa 温度：60℃	0.5	2012 年
2	WC13-6 油田混输管道	管径：10in 压力：6MPa 温度：60℃	18.33	2013 年

续表

序号	项目名称	设计参数	长度/km	应用时间
3	YC13-1 气田至香港终端输气管道	管径：10in 压力：6MPa 温度：45℃	0.37	2013 年
4	WC19-1 油田 A 平台至 B 平台间混输管道整体更换	管径：8in 压力：6MPa 温度：80℃	5.5	2014 年
5	SHX36-5A 到 HY1-1A 气田 2in MEG 管道	管径：2in 压力：3.15MPa 温度：50℃	0.13	2014 年
6	BZ28/34 油田群注水管道	管径：6in 压力：20MPa 温度：88℃	17.6	2014 年
7	DF1-1 气田输气管道	管径：12in 压力：9.35MPa 温度：63℃	9.6	2015 年
8	WZ12-1B 至 WZ12-1A 平台 10in 注水管道	管径：6in 压力：6.25MPa 温度：48℃	18	2015 年
9	WC10-3 SPS 至 WC9-2/WC9-3 CEP 混输管道	管径：8in 压力：27.23MPa 温度：55℃	20.9	2017 年
10	WC9-2/WC9-3 CEP 至 WC8-3 WHPB 混输管道	管径：6in 压力：6.25MPa 温度：48℃	18	2017 年
11	WZ6-13 油田混输管道	管径：10in 压力：4.5MPa 温度：85℃	5.04	2017 年
12	WZ6-13 油田注水管道	管径：6in 压力：5.04MPa 温度：77℃	5.04	2017 年
13	马来西亚 KPOC 平台项目混输管道	管径：10in 压力：13MPa 温度：75℃	5.5 （其中动态 500m）	2019 年
14	马来西亚 NBO-H4 开发平台项目注水管道	管径：6in 压力：17.05MPa 温度：60℃	6	2020 年

续表

序号	项目名称	设计参数	长度/km	应用时间
15	JZ25-1油田611井区开发项目混输管道	管径：8in 压力：11MPa 温度：70℃	8.8	2020年
16	马来西亚PL429 & PL430置换项目混输管道	管径：12in 压力：9.67MPa 温度：75℃	0.9	2021年
17	马来西亚PL429 & PL430置换项目混输管道	管径：6in 压力：8.44MPa 温度：60℃	3.41	2021年
18	BZ26-3油田扩建项目注水管道	管径：6in 压力：14.9MPa 温度：78℃	4.23	正在制造
19	BZ26-3油田扩建项目混输管道	管径：8in 压力：3.2MPa 温度：62℃	4.275	正在制造
20	JZ31-1油田项目混输管道	管径：6in 压力：19.8MPa 温度：51℃	16.7	正在制造

在马来西亚KPOC平台项目中，除了5000m的静态软管外，还有500m动态软管，如图8-2-8所示，图8-2-9所示是安装后的动态软管。

图8-2-8 马来西亚KPOC平台项目动态软管

图8-2-9 马来西亚KPOC平台项目安装后的动态软管

六、湿式保温管技术的工程应用

在"十二五"期间开发了复合聚氨酯湿式保温材料配方和复合聚氨酯湿式保温管涂覆预制技术，建立了复合聚氨酯湿式保温管生产线。在"十三五"期间开发了复合聚氨酯湿式保温管节点接长工艺并研制了节点接长装置，形成了复合聚氨酯湿式保温管从制造到海上施工的全部技术。

在"十三五"期间，开发的复合聚氨酯湿式保温管制造和节点接长技术在国内PL19-3油田、KL3-2油田和PL25-6油田的4个工程项目17.2km海底管道中得到应用，具体工程应用信息见表8-2-3。

表8-2-3 复合聚氨酯湿式保温管技术成果工程应用

管道参数	PL19-3油田 1/3/8/9区块	PL19-3油田 4区块	KL3-2油田	PL25-6油田 3井区
管径/in	24	16	8	12
壁厚/mm	20.6	17.5	12.7	12.7
主管涂层结构	FBE+GSPU+CWC	FBE+PUF+HDPE+CWC		
节点涂层结构	LE+SPU+HDPUF	HSS+SPU	HSS+SPU	HSS+SPU+HDPUF
湿保温层厚度/mm	50	73.4	77	33.4
最大操作压力/MPa	12.9	10.6	—	12
最大操作温度/℃	79	86	70	79
应用水深/m	27	29	16	27
管道长度/km	1.7	2.5	10	3
施工效率（单节点）/min	30	25~30	10~15	10~12

图8-2-10至图8-2-12分别是PL19-3油田1/3/8/9区块项目预制的复合聚氨酯湿式保温管、复合聚氨酯湿式保温管海上接长节点和节点接长后铺设入水。

图8-2-10 PL19-3油田1/3/8/9区块复合聚氨酯湿式保温管

图 8-2-11　PL19-3 油田 1/3/8/9 区块湿式保温管 SPU 接长节点

图 8-2-12　PL19-3 油田 1/3/8/9 区块湿式保温管接长后下水

第九章　展　　望

由于我国在深水油气田开发工程技术方面研发起步较晚，深水油气田开发产业才刚刚起步。无论是在深水油气田开发工程技术还是在深水工程装备方面，我国与国外先进水平相比仍存在较大差距。同时，中国南海还面临与国外其他海域不同的环境条件和技术挑战。因此，我国深水油气田开发工程装备和技术的研发仍然任重道远，需要继续加大科技投入，充分发挥国内外科技资源的作用，以产、学、研、用协同攻关的模式，大力提升原始创新能力，进一步突破尚未攻克的深水工程关键技术和产品。

因此，就深水油气田开发工程的未来研究和发展方向，提出以下5点建议：

（1）加强深水工程卡脖子装备和技术的基础研究。我国在深水油气田开发工程技术和装备领域落后国外10~15年，根本原因在于基础研究比较薄弱，必须加强基础理论、实验模拟方法和工程设计软件等方面的科研攻关。

（2）大力提升深水工程装备和技术自主创新能力。重点开展：深水钻完井装备（采油树、防喷器、水下井口、隔水管等），深水水下生产系统（水下控制系统、深水动态脐带缆、全电水下设备、高效水下油气处理、湿气增压设备等），深水浮式平台（深水单点系泊系统、浮式液化天然气生产装置、新型深水浮式生产平台等）等方面的研究突破。

（3）加快推进核心零部件及高端材料的自主研发。重点开展高精度的监测/检测传感器和数据传输系统、高可靠性的执行机构、大型轴承和滑环堆栈、深水立管柔性接头/张紧器等关键配件和核心零部件研发，开展低温、抗腐蚀、抗高温和高压等高端材料的研发。

（4）着力提高国产装备及产品质量的稳定性和可靠性。重点开展深水工程核心装备、关键设备、关键产品的现场测试、第三方认证和检验，提高装配及产品的稳定性和可靠性。

（5）推动深海装备、设备及油气田数字化、智能化发展。重点开展：智能化钻井装置、海底钻机、海洋无钻机钻井装备，数字化、智能化浮式生产平台，智能化、长距离全电水下生产系统，智能高效水下生产系统及油气处理设施，海洋工程装备智能制造工厂等研究。

第一节　深水钻完井工程技术

（1）持续完善深水钻完井技术体系建设，加强技术成果的现场应用，提升钻完井设计软件的自主掌控能力。开发钻井设计软件平台，并进行推广试用，进一步利用物联网、5G技术加强软件平台与实时钻井数据库进行数据在线交互效率，实现深水钻完井作业的实时动态预测，提升钻完井作业时效和对复杂情况的预警能力，保障深水钻完井作业的安全。

（2）深水的高温高压钻井技术仍然存在挑战，常规水深的高温高压钻完井技术在我国已经取得了部分关键技术的突破，但是面对深水和高温高压两者叠加，导致钻进难度系数指数上升，由于井筒压力和温度变化大，压力窗口更窄，井壁稳定性更差等造成钻完井设计所需更精确的模拟分析难度大，所需钻井液及固井水泥浆的性能要求更高，所需要的钻井工艺（水力学分析、压力控制等）、井下工具、井控安全等方面面临一系列技术挑战更大。

（3）加强自主技术装备的研发，改变在深水钻完井业界技术跟跑的角色，针对南海深水特殊工况，自主开发深水钻井技术和装备。包括深水钻井恶劣海况的悬挂隔水管系统及配套的安全监测设备，应对南海台风的深水快速避台钻井模式和配套装备，深水井下、井口、水中和地面多维早期井涌监测技术，救援井探测工具的工程化，深水复杂井控压钻井技术和装备，深水优快钻井技术，深水高效完井修井技术和装备，深水钻井装备的完整性管理技术、深远海油气井井喷应急救援安全保障技术和装备。

（4）加快大数据和智能化技术在油气田建设中的应用。从顶层设计出发，使得大数据技术在智能油田建设中变得常态化、标准化和制度化，统筹规划大数据技术应用于油气田勘探开发生产管理的各个领域。通过大数据技术能够使工作更加智能化、科学化。通过数据，可以优化钻完井及油田管理的工艺、预测未知的风险，进一步实现油田低成本安全环保等建设要求。

第二节　深水平台工程技术

深水油气田的开发，推动了深水平台工程技术发展，随着深水平台在世界范围内的推广应用，深水平台技术已发展为成熟技术。深水平台工程技术涉及的关键技术包括：设计、建造和安装、水池试验以及现场监测技术。在国内，自"十一五"以来通过持续的研究，突破深水浮式平台设计、建造和安装、水池试验以及现场监测等关键技术，形成深水浮式平台工程化技术应用能力。建立深水浮式平台设计、建造和安装、水池试验关键技术体系，实现监测设备的自主研发，已将深水浮式平台监测技术推广到实际应用。

深水平台工程技术研究经过"十一五"和"十三五"的研究，虽然获得一些技术上的突破，但仍有多种难题和挑战亟待解决。以张力腿平台（TLP）和深吃水立柱式平台（SPAR）等为代表的典型深水浮式平台的波流联合的涡激运动水池试验与理论分析计算，以及结合南海油气田特殊环境条件内波的工程化设计有些多技术难题有待解决；国际上平台原型监测仍是被广泛关注的难点，其难度在于项目开展需集成海洋工程、工程力学、电子工程和机械工程等多种优势学科，研发具有自主知识产权的监测设备，如水声传输信号的传感器等以及系统集成。国外相关技术领域领先的国家正在海洋工程设施监测技术上进行大力开发研究，而我国在该领域仍处于起步阶段，海上工程设施监测数据的收集、处理与分析，以及应用仍存在许多没有解决的问题；针对上述问题，以南海油气田为目标，开展深水平台关键技术问题研究，并推广应用，将为深水油气田开发提供有力支持。

中国南海深水油气田开发尚处在早期。海洋环境恶劣，深水油气田离岸距离远，没有依托设施，开发一种能满足干式采油，带有钻井和储油功能的浮式生产设施对于南海深水油气田的开发有重要的现实意义。在国内，近年来已研发出多种新型浮式平台概念，将新型浮式平台概念推广到应用是一个长期的过程，需要依据目标深水油气田，不断优化设计，使建造、安装技术可行、可靠，体现出经济性优势，从而达到过程应用的目的。

第三节 水下生产系统技术

从全球大型机械装备的设计、研制与应用方面来看，深水油气田水下生产系统堪称与航空、航天工程一样，可以列为当代人类科技成果的顶峰。

经历了60多年的发展，水下生产技术和装备逐渐成熟，同时为了适应海洋石油向更深更远的目标发展，水下生产技术正在发展与更深、更远相适应的技术和装备。目前国际水下生产系统向着超深水、超高温、超高压方向发展，国际主流设备制造厂家在水下油气处理设备、全电控水下生产系统、模块化紧凑式水下生产设施、水下油气生产系统智能化等方面不断加大研发力度，并有部分产品已投入实际油气田使用。国内目前的水下产品研制处于起步阶段，与国外的技术水平差距较大。国际的主流发展趋势如下：

（1）水下油气处理设备。

采用水下油气处理设备进行水下分离和增压，可以大幅减小上部组块的占地以及远距离输送管线尺寸，适用于深水及远距离回接项目，大幅提升深水开发模式的经济性。

为适应水下油气处理设备应用，还需要开展水下远距离输电技术、水下控制系统及冷却技术、水下模块化安装及回收技术等配套技术，是一项系统性、集成化的技术体系。

（2）全电控水下生产系统。

深水油气田的水下电力必须要通过高压输送实现，水下电力输送包括水下变电站和水下直流输送等方面。通过开发相关的水下电气设备，可以克服目前200km以内的电力输送瓶颈。目前，水下生产系统中广泛采用液压流体和电气控制的复合方式，即复合电液控制技术，而不依赖液压流体的全电控制的概念在水下生产控制系统中具有较大的吸引力。水下全电控制技术能够提高整个水下系统的可靠性，同时在开发成本和运行成本方面也具有一定的优势，尤其是液压控制流体的放空或者泄漏对环境保护存在风险，而全电控制技术能够从根本上解决这个问题。

随着电子技术的不断发展，各大水下控制系统供应商逐步研制，正在开展试应用全电控水下控制系统。全电控系统的出现为水下油气生产开发向更深水深、更远距离的水下控制发展提供了可能。

（3）模块化紧凑式水下生产设施。

由于深水项目的水下设施安装施工和维护费用随着水深呈现几何级的增长，因此国外通过数十年项目经验积累，近年来投入大量经费开展探索模块化紧凑式水下生产设施技术，该技术对水下产品的标准化研发，尤其在设计与建造理念上全面提升了装置的可靠性和紧凑性，且在后期施工安装和运维的费用成本优势显著，已经成为今后水下生产系统产品研发的方向和热点。

国外深水公司正在开展模块化高效紧凑的新型水下采油树和水下管汇等水下生产设施研发，以适应深水安装与回收的经济性问题。采用模块化紧凑式水下管汇，预期较传统方案重量减少50%以上。

（4）水下油气生产系统智能化。

水下油气生产系统智能化在水下油气生产系统全生命周期可靠性和完整性方面发挥了重要作用，未来该项领域包括两方面技术发展趋势：一方面是水下油气生产系统专家诊断决策系统；另一方面是水下油气生产系统基于虚拟现实的数字孪生技术。

（5）极地水下开发技术。

极地范围内蕴藏有丰富的油气资源，俄罗斯和挪威等靠近北极圈国家的石油公司已经拉开了开发极地能源的序幕。极地的环境非常恶劣，低温和冰山对于传统的水面设施是极大的威胁。而水下生产系统由于在水面以下，对于极地环境具备一定的抵抗能力，因此水下生产系统在极地海洋工程开发中具有非常大的竞争力。极地水下生产技术需要开发满足寒冷气候的材料，同时低温下的流动保障也是其中较为关键的方面。由于极地的自然生态环境较为脆弱，一旦发生油气泄漏则进行处理的成本高昂，因此对于水下生产系统的可靠性要求更高。

（6）水下安装技术。

水深和水下生产设施质量的增加对于水下安装技术提出了更大的挑战。当水深增加到2000～3000m范围时，如果采用传统的钢丝绳进行吊装则吊绳的质量较大，吊装操作不可行，因此采取轻质的纤维绳成为深水水下安装的一种解决方案，而与纤维绳配套的安装船舶、下放和回收系统、运动补偿系统、浮力块、连接和配重、定位和通信等相关的技术问题则需要解决。

第四节　深水流动安全保障技术

随着深水油气田开发水深的逐步增加，由多相流自身组成（含水、含酸性物质等）、海底地势起伏、运行操作等带来的流动安全问题更为突出。因此，围绕深水流动安全设计及相关研究工作亟待加强，主要体现在新理论、新工艺、新技术以及新装备等方面的研发。深水流动安全技术发展方向主要在于以下几方面：

（1）建立国际先进的深远海流动安全保障技术中试评价基地。

在目前各个科研院所建立的多相流环路的基础上，针对深远海的特点，以及高压、低温、长距离等特征，自主研制并建设具有高压、低温、油气水多相流动安全保障技术的中试评价基地并形成相应的评价方法，实现从室内机理到中试之间的转变的有效衔接，同时成为新技术、新工艺应用到现场之间的技术指标、性能测试基地；对新研制产品如水下多相流量计等，可进行性能测试，同时还可以对化学药剂动态特性进行筛选，对现场清管作业等提供技术支持和保障，也为软件的研制奠定实验基础。

（2）形成自主的流动安全模拟分析与设计技术。

① 深水流动安全保障模拟分析与设计技术决定了深水油气田开发模式，即干式采油、湿式采油，或者采用全水下生产系统以及深水浮式生产设施等油气田开发工程组合开发模式；同时该方面技术也决定了深水油气田开发的半径。

② 目前国外具有大型试验研究系统和较为成熟的商业软件，形成了相对成熟的技术产品，并得到较为广泛的应用。国内已经建立室内机理研究的试验系统，具备独立设计的能力，但所用软件全部依赖进口，因此迫切需要自主研制。

③ 依托所建立的国际先进的实验室、中试基地，利用大数据技术完善水合物、蜡沉积、段塞预测等模型；研发智能设计软件，实现设计与工程实践循环验证，提升设计软件对现场自适应、自学习能力，是该项技术的发展趋势。

（3）形成自主产权的深水流动安全工程设计软件。

① 建立蜡与水合物共存的W/O体系黏度计算方法，并综合其与水合物诱导期模型及生长模型，提出适用于复杂混输条件下蜡晶析出前后、水合物生成前后的压降预测方法，以期为深海油气开采混输工艺提供必要的理论支撑与参考。

② 明确各组分对蜡沉积规律的影响：海底混输及地面集输管道内含水乳化原油蜡固相沉积已成为流动安全保障研究关注的重点问题，油水体系中乳化微结构及蜡晶聚集体的复杂性制约着其沉积机理的发展，在已获得广泛认同的蜡晶界面吸附作用基础上，深入探索界面吸附蜡微观传热传质与管道宏观流动沉积的本质性关联，可为油水两相及油气水多相混输蜡沉积预测模型的建立提供理论依据。

③ 流动体系中段塞及有害流型识别与控制：在大量实验室数据和现场数据的基础上，改进算法，缩短段塞流识别时间，细化段塞等流型的特征描述，并开展智能控制技术研究。

（4）形成固相沉积等防控新方法。

开展低剂量化学药剂应用研究，为水合物、蜡防控降本增效；同时考虑多种防控方法，如加热、清管、降压等。

（5）形成系统的深水流动安全监测和管理技术。

① 深水流动安全保障技术及其相关装备是世界深水油气田勘探开发核心技术，其中的深水流动安全监测和管理技术是保障深水油气田安全经济运行的关键技术之一，具体主要包括管道流动参数监测及运行管理优化、堵塞、泄漏监测等技术。目前国外已经形成了相对成熟的技术产品。国内已形成技术产品样机，在我国海上油气田得到初步应用。

② 基于大数据的深水流动安全监测和管理技术，实现对深水油气田流动安全的区域化智能管理且具有一定的自学习功能，有助解决深水油气田的安全运营，是本项技术的

发展趋势。

（6）形成系统的深水多相流动态腐蚀及防护技术。

① 进一步研究深水油气管道典型流型腐蚀风险的模拟软件，充分考虑现场更复杂、苛刻的工况环境，提高软件预测的准确性。

② 将所建立深水油气田管道缓蚀剂应用导则应用到实际工作中，指导现场缓蚀剂应用，规范现场缓蚀剂使用。

（7）形成系统的水下油气管网可靠性评估技术。

① 针对水下油气管网，建立全生命周期的水下油气管网可靠性评估方法和系统分析方法，概率化定量表征水下油气管网多相流动的安全程度或可靠度，为水下油气管网规划、设计、运行管理等决策提供技术支撑，保障海底油气管网的本质安全和运行安全。

② 研究海底油气管道多相流动机理与流动保障问题；同时采用概率来表征管网的本质安全和运行安全的程度，完成定性评价到定量表征的转变，是该项技术的发展趋势。

③ 深水水下生产系统流动安全评价与应急处理技术：针对水下生产系统中油气管道和设备在发生失效后，水下生产系统的动态响应预测及相应的流动保障技术，以及溢油（气）在深水水下环境与风、浪、流作用下流动扩散规律预测及相应的应急处理技术。

（8）形成系统的水下油气分离集输装备和工艺。

重点开展水下气液分离、水下增压泵、水下压缩机、水下存储等新的技术方向。

① 结合LW气田群、LS深水气田群的实际需求，开展针对性的管道式水下气液分离器、水下湿气增压、水下供电及配套的仪控系统的研究。

② 结合在建设LH深水油气田群，重点生产中遇到新问题，缓蚀剂沉降、水合物和蜡同时存在，清管策略等。

更深更远是海洋油气开发的必然趋势，意味着进一步提升单井的控制半径，延长深海油、气、水多相流体的集输半径，突破深远海油气田多相集输流动安全关键技术和核心装备，形成深远海油气田流动安全工程技术体系，构建深远海油气田流动安全监测、控制与管理技术和装备体系，推动流动安全保障技术成果的产业化，为深水油气田安全开发提供技术支撑和保障。同时，深远海流动安全保障技术涉及多学科领域交叉，其深入研究将逐步推动相关基础研究、应用基础研究、核心技术和关键装备的协同发展，促进学科建设和产业升级，建立从室内基础研究、机理实验到核心技术攻关、中间试验和评价，从陆地到海上，从水面、水中到水下再到产业化的技术路径，为深远海油气田安全开发工程设计、建造、运维提供全方位的、系统的、持续的技术支撑和保障。

第五节　深水海底管道和立管技术

经过"十一五""十二五"和"十三五"国家科技重大专项研究，在深水海底管道和立管方面取得了许多突破性的成果，建立了深水海底管道和立管工程设计方法，开发了深水立管涡激振动、疲劳和深水管道屈曲试验技术，研发了复合聚氨酯、聚偏氟乙烯、中空玻璃微珠等国产化材料，研制了水下结构气体泄漏监测系统，建立了保温输送软管和湿式保温管生产和试验基地，实现了保温输送软管和湿式保温管国产化和产业化，部分研究成果在国内外海上油气田开发中得到应用。

尽管通过重大专项研究，我国的深水海底管道和立管工程技术取得巨大进行，但是目前我国深水海底管道和立管工程技术仍面临的许多挑战，主要表现在以下几方面：

（1）深水海底管道和立管工程设计技术。

目前，国内实际应用的深水立管工程项目仅 LS17-2 气田钢悬链立管一项，LH16-2 油田仅是开展了顶张紧立管 FEED 设计而没有实际工程应用，国内缺乏深水海底管道工程设计经验，还不具备深水立管独立设计能力，许多问题如 SCR 立管触地区管土相互作用、内波作用下立管涡激疲劳等还未研究清楚，深水海底管道和立管工程设计技术体系还不完善。此外，目前国内深水海底管道和立管工程设计所采用的标准和分析软件都来自国外公司，存在卡脖子的可能性。

（2）深水海底管道和立管制造技术。

目前许多深水立管关键部件如柔性接头、应力接头、张紧器和抗弯器等国内还不具备制造能力，国内钢厂也缺乏制造深水立管用钢板和钢管的制造经验，已实现国产化的柔性软管和湿式保温管距离深水应用还有一定的差距。目前我国深水海底管道和立管制造方面卡脖子问题比较突出，影响我国深水油气田自主开发。

（3）深水海底管道和立管铺设安装技术。

目前，我国已基本掌握深水海底管道的铺设工艺，但在深水立管安装工艺方面基本处于空白，不具备深水立管铺设安装能力，缺乏大直径深水海底管道铺设经验。国外对我们实行技术封锁，严格保密核心技术，亟须依托基于现有的深水铺管装备，开发自主的深水海底管道和立管铺设安装技术。

（4）深水海底管道和立管安全维保和完整性管理技术。

深水海底管道和立管恶劣的工作环境条件，使其面临更大的安全风险，需要建立综合海底管道和立管监测、检测、风险识别评估、维护和修复技术的深水海底管道和立管完整性管理系统，保证其安全运行。目前国内所建立的安全维保技术都是针对浅水海底管道和立管，对于深水海底管道和立管安全维保和完整性管理技术尽管也开展了一些研究，缺乏系统研究，还没有建立深水海底管道和立管完整性管理系统。

目前，我国已进入南海深水油气田快速开发期，迫切需要解决制约我国深水油气田自主开发的深水海底管道和立管工程关键技术：

（1）深水海底管道和立管工程设计技术。

主要针对目前尚未掌握的深水海底管道和立管工程设计问题开展研究，开发具有自主知识产权的深水立管设计软件，建立完备的深水海底管道和立管工程设计技术体系。攻关方向包括但不限于：

① 内波作用下立管涡激疲劳分析方法；
② SCR 立管触地区管土相互作用分析技术；
③ 高温高压和陡坡海底管道屈曲设计技术；

④深水海底管道和立管设计分析软件开发。

（2）深水海底管道和立管制造技术。

主要针对目前存在卡脖子风险的深水海底管道和立管管材和关键部件国产化进行研究，打破对国外产品依赖，提高国内企业技术实力。攻关方向包括但不限于：

①深水立管关键部件柔性接头等国产化；

②高性能深水立管管材开发；

③适于深水应用的高性能软管和复合管开发。

（3）深水海底管道和立管铺设安装技术。

主要针对目前中国南海开发迫切需要解决的深水海底管道和立管铺设安装技术开展研究，开发深水立管铺设安装工艺，建立深水海底管道和立管铺设安装技术体系。攻关方向包括但不限于：

①S形立管安装工艺；

②J形海底管道和立管铺设安装工艺；

③厚壁管和复合管海上焊接和检测工艺；

④缓波形立管浮力块安装工艺。

（4）深水海底管道和立管完整性管理技术。

主要针对我国南海深水油气田开发特点，建立综合海底管道和立管监测检测技术、风险识别评估技术、维护修复技术等的深水海底管道和立管完整性管理系统，实现对深水海底管道和立管运行安全智能管理。攻关方向包括但不限于：

①深水海底管道和立管监测/检测技术；

②深水海底管道和立管风险评估技术；

③深水海底管道和立管维保技术；

④深水海底管道和立管完整性管理系统开发。

通过技术攻关，进一步完善我国具有自主知识产权的深水海底管道和立管工程技术体系，为中国南海深水油气田自主开发提供技术支持，保证国家能源安全。

参 考 文 献

曹静，张恩勇，等，2021. 深水海底管道和立管工程技术［M］. 上海：上海科学技术出版社.

洪毅，郭宏，闫嘉钰，等，2021. 水下生产系统关键技术及设备［M］. 上海：上海科学技术出版社.

金晓剑，陈荣旗，朱晓环，2018. 南海深水陆坡区油气集输的重大挑战与技术创新：荔湾3-1深水气田及周边气田水下及水上集输工程关键技术［J］. 中国海上油气（3）：158-163.

李朝玮，王嘉松，周建良，等，2019. 考虑附属管的钻井隔水管绕流场流动特征分析［J］. 中国海上油气（3）：133-139.

李梦博，许亮斌，罗洪斌，等，2018. 深水高温钻井井筒循环温度分布与控制方法研究［J］. 中国海上油气（4）：158-162.

李清平，姚海元，程兵，等，2021. 深水流动安全保障技术［M］. 上海：上海科学技术出版社.

李志刚，姜瑛，王立权，等，2018. 水下油气生产系统基础［M］. 北京：科学出版社.

潘云鹤，唐启升，2017. 海洋强国建设重点工程发展战略［M］. 北京：海洋出版社.

潘云鹤，唐启升，2020. 海洋工程科技中长期发展战略［M］. 北京：海洋出版社.

王春升，陈国龙，石云，等，2020. 南海流花深水油田群开发工程方案研究［J］. 中国海上油气（3）：143-151.

王世圣，谢文会，等，2021. 深水平台工程技术［M］. 上海：上海科学技术出版社.

谢彬，王世圣，喻西崇，等，2012. FLNG/FLPG工程模式及其经济性评价［J］. 天然气工业（10）：99-102.

谢彬，谢文会，喻西崇，2016. 海上浮式液化天然气生产装置及关键技术［M］. 北京：中国石化出版社.

谢彬，喻西崇，2021. 海洋深水油气田开发工程技术总论［M］. 上海：上海科学技术出版社.

谢彬，喻西崇，韩旭亮，等，2017. FLNG研究现状及在中国南海深远海气田开发中的应用前景［J］. 中国海上油气（2）：127-134.

谢彬，曾恒一，2021. 我国海洋深水油气田开发工程技术研究进展［J］. 中国海上油气（1）：166-176.

谢彬，张爱霞，段梦兰，2007. 中国南海深水油气田开发工程模式及平台选型［J］. 石油学报（1）：115-118.

许亮斌，盛磊祥，肖凯文，等，2021. 深水钻完井工程技术［M］. 上海：上海科学技术出版社.

喻西崇，谢彬，李玉星，等，2018. 南海深水气田开发FLNG液化工艺的优化［J］. 油气储运（2）：228-235.

周守为，2014. 中国海洋工程与科技发展战略研究. 海洋能源卷［M］. 北京：海洋出版社，

周守为，李清平，朱海山，等，2016. 海洋能源勘探开发技术现状与展望［J］. 中国工程科学（2）：19-31.

朱海山，李达，魏澈，等，2018. 南海陵水17-2深水气田开发工程方案研究［J］. 中国海上油气（4）：170-177.